唯美

中文版Photoshop CC数码照片 处理从入门到精通

（微课视频 全彩版）

250集同步视频+手机扫码看视频+在线服务

☑ 配色宝典 ☑ 构图宝典 ☑ 创意宝典 ☑ 商业设计宝典 ☑ 行业色彩应用宝典

☑ Illustrator基础 ☑ CorelDRAW基础 ☑ PPT课件 ☑ 资 源 库 ☑ 工具速查表

唯美世界 瞿颖健 编著

U0280812

中国水利水电出版社

www.waterpub.com.cn

·北京·

内 容 提 要

　　《中文版Photoshop CC数码照片处理从入门到精通（微课视频 全彩版）》是一本系统讲述使用Photoshop软件从事摄影后期处理相关行业的Photoshop完全自学教程与视频教程，以案例的形式介绍了大量数码照片（如个人写真、风光摄影、照片创意合成等）常见问题的处理技能和方法。

　　《中文版Photoshop CC数码照片处理从入门到精通（微课视频 全彩版）》共分3部分，第1部分是Photoshop基础知识，概括介绍了Photoshop中照片文件的基本操作、图层的基本操作和编辑以及辅助工具的使用等；第2部分是Photoshop核心功能，主要学习照片的细节修饰、调色、抠图与合成、模糊与锐化、滤镜的使用、照片排版、批处理、Camera Raw照片处理等；第3部分为综合实战，通过大量案例介绍Photoshop在风光照片处理、人像细节修饰、高端人像精修、静物照片处理、照片创意合成等方面的具体应用。

　　《中文版Photoshop CC数码照片处理从入门到精通（微课视频 全彩版）》的各类学习资源有：

　　1. 250集同步视频+素材源文件+手机扫码看视频+在线交流。

　　2. 赠送《配色宝典》《构图宝典》《创意宝典》《商业设计宝典》《行业色彩应用宝典》等电子书。

　　3. 赠送PPT课件、素材资源库、工具速查表、色谱表等。

　　4. 赠送《Illustrator基础视频》（36集）《CorelDRAW基础视频》（77集）等。

　　《中文版Photoshop CC数码照片处理从入门到精通（微课视频 全彩版）》采用四色印刷，图文对应，效果精美，适合Photoshop CC 初、中级用户，特别是摄影爱好者使用，适合作为Photoshop图像处理的入门教材，也适合作为培训机构的教学参考书。

图书在版编目（CIP）数据

中文版 Photoshop CC 数码照片处理从入门到精通：微课视频 全彩版：唯美 / 唯美世界编著 .— 北京：中国水利水电出版社 , 2019.8（2020.3 重印）

ISBN 978-7-5170-7525-7

Ⅰ . ①中… Ⅱ . ①唯… Ⅲ . ①图像处理软件—教材
Ⅳ . ① TP391.413

中国版本图书馆 CIP 数据核字 (2019) 第 051171 号

丛 书 名	唯美	
书 名	中文版Photoshop CC数码照片处理从入门到精通（微课视频 全彩版） ZHONGWENBAN Photoshop CC SHUMA ZHAOPIAN CHULI CONG RUMEN DAO JINGTONG	
作 者	唯美世界　瞿颖健　编著	
出版发行	中国水利水电出版社 （北京市海淀区玉渊潭南路1号D座 100038） 网址：www.waterpub.com.cn E-mail：zhiboshangshu@163.com 电话：（010）62572966-2205/2266/2201（营销中心）	
经 售	北京科水图书销售中心（零售） 电话：（010）88383994、63202643、68545874 全国各地新华书店和相关出版物销售网点	
排 版	北京智博尚书文化传媒有限公司	
印 刷	河北华商印刷有限公司	
规 格	203mm×260mm 16开本 30印张 1071千字 4插页	
版 次	2019年8月第1版 2020年3月第2次印刷	
印 数	5001—10000册	
定 价	128.00元	

第14章　照片创意合成
自然主题创意合成

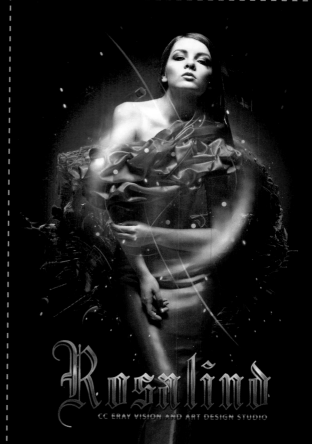

第4章　照片抠图与合成
使用钢笔工具为人像抠图

第4章　照片抠图与合成
长发人像抠图换背景

第3章　照片调色
校正偏暗的图像

第8章　批量处理大量照片
为商品照片批量添加水印

第9章　使用Camera Raw处理照片
夕阳下的城市

第9章　使用Camera Raw处理照片
hdr效果城市风光

第9章　使用Camera Raw处理照片
使用去薄雾拯救偏灰的照片

第9章　使用Camera Raw处理照片
简单调整儿童照片

When keeping the ambiguity with you ,I fear I will fall in love w

第14章　照片创意合成
魔幻风格创意人像

第14章　照片创意合成
复古感电影海报

第9章　使用Camera Raw处理照片
复古色调

第4章　照片抠图与合成
通道抠图

第10章　风光照片处理
制作宽幅风景照

第4章　照片抠图与合成
复杂植物抠图换背景

第10章　风光照片处理
夏季变秋季

第10章　风光照片处理
浓郁色感的晚霞

第3章　照片调色
使用"可选颜色"制作小清新色调

第12章　高端人像精修
冰雪主题彩妆

第10章　风光照片处理
迷幻森林

第10章　风光照片处理
浪漫樱花色

第8章 批量处理大量照片
综合实例：批处理制作清新美食照片

第14章 照片创意合成
梦幻儿童摄影

第11章 人像细节修饰
塑造立体感面孔

第2章 照片细节修饰
使用仿制图章净化照片背景

第11章 人像细节修饰
轻松增高

第5章 照片模糊与锐化处理
快速净化背景布

第9章 使用Camera Raw处理照片
清爽夏日色调

第6章 滤镜
使用云彩滤镜制作云雾

前 言

Preface

　　Photoshop（简称PS）软件是Adobe公司研发的一款功能强大的图像处理软件，广泛应用于平面设计、插画设计、服装设计、室内设计、建筑设计、园林景观设计、创意设计等艺术与设计领域，本书将详细介绍Photoshop在数码照片后期处理领域的具体应用，如人像摄影精修、风光摄影图片处理、产品图片处理、创意摄影后期等。

　　本书以Photoshop CC 2018版本为基础进行编写，建议读者安装对应版本的软件学习。

本书显著特色

1. 内容极为全面，注重学习规律

　　本书涵盖了Photoshop针对数码照片处理需要用到的几乎所有工具、命令，是市场上内容非常全面的图书之一。同时本书采用"知识点+理论实践+练习实例+综合实例+技巧提示"的模式编写，也符合轻松易学的学习规律。

2. 实例极为丰富，强化动手能力

　　"动手练"便于读者动手操作，在模仿中学习。"举一反三"可以巩固知识，在练习某个功能时触类旁通。"练习实例"用来加深印象，熟悉实战流程。大型综合案例则是为将来的设计工作奠定基础。

3. 案例效果精美，注重审美熏陶

　　PS只是工具，优秀的作品一定要有美的意识。本书案例效果精美，目的是加强对美感的熏陶和培养。

4. 配套视频讲解，手把手教您学习

　　本书配备了大量的同步教学视频，涵盖全书几乎所有实例，如同老师在身边手把手教您，可以让学习更轻松、更高效！

5. 二维码扫一扫，随时随地看视频

　　本书在章首页、重点、难点、知识点等多处设置了二维码，通过手机扫一扫，可以随时随地看视频（若个别手机不能播放，可下载到计算机上观看）。

6. 配套资源完善，便于深度广度拓展

　　除了提供几乎覆盖全书的配套视频和素材源文件外，本书还赠送了与当下热门艺术与设计领域相关的大量软件学习资源、设计理论及色彩技巧资源以及练习资源。

　　（1）软件学习资源包括《Illustrator基础视频》（36集）和《CorelDRAW基础视频》（77集）。

　　（2）设计理论及色彩技巧资源包括《配色宝典》《构图宝典》《创意宝典》《商业设计宝典》《行业色彩应用宝典》。

　　（3）练习资源包括实用设计素材、Photoshop 资源库、常用颜色色谱表、工具速查表、PPT课件等。

7. 专业作者心血之作，经验技巧尽在其中

本书编者系艺术设计专业高校讲师、Adobe创意大学专家委员会委员、Corel中国专家委员会成员，设计、教学经验丰富，大量的经验技巧融在书中，可以让读者提高学习效率，少走弯路。

8. 提供在线服务，可随时随地交流

提供公众号、QQ群等多渠道互动、下载等服务。

本书服务

1. Photoshop CC 2018软件获取方式

本书依据Photoshop CC 2018版本编写，建议读者安装Photoshop CC 2018版本进行学习和练习。可以通过如下方式获取Photoshop CC简体中文版：

（1）登录Adobe官方网站http://www.adobe.com/cn/下载试用版或购买正版软件。。

（2）可到网上咨询、搜索购买方式。

2. 关于本书资源下载

（1）关注右侧的微信公众号（设计指北），然后输入"shuma57"，并发送到公众号后台，即可获取本书资源的下载链接，然后将此链接复制到计算机浏览器的地址栏中，根据提示下载即可。

（2）登录网站xue.bookln.cn，输入书名，搜索到本书后下载。

（3）加入本书学习QQ群：1016757758（请注意加群时的提示，并根据提示加群），可在线交流学习。

说明：为了方便读者学习，本书提供了大量的素材资源供读者下载，这些资源仅限于读者个人学习使用，不可用于其他任何商业用途。否则，由此带来的一切后果由读者个人承担。

关于作者

本书由唯美世界组织编写，瞿颖健担任主要编写工作，其他参与编写的人员还有荆爽、瞿玉珍、瞿雅婷、林钰森、董辅川、王萍、孙晓军、韩雷、靳国娇、孙长继、李淑丽、孙敬敏、杨力、刘彩杰、邢军、胡立臣、刘井文、刘新苹、刘彩艳、邢芳芳、胡海侠、张书亮、曲玲香、刘彩华、石志庆、曹元俊、曹元美、孙翠莲、张吉太、张玉秀、朱于凤、张久荣、瞿君业、曹元杰、张连春、冯玉梅、张玉芬、唐玉明、闫风芝、张吉孟、瞿强业、石志兰、曹元钢、朱美娟、瞿红弟、朱美华、陈吉国、瞿云芳、张桂玲、张玉美、魏修荣、孙云霞、郗桂霞、荆延军、曹金莲、朱保亮、赵国涛、张凤辉、仲米华、瞿学统、谭香从、李兴凤、李芳、瞿学儒、李志瑞、李晓程、尹聚忠、邓霞、尹高玉、瞿秀芳、尹菊兰、杨宗香、尹玉香、邓志云、尹文斌、瞿秀英、瞿学严、马会兰、韩成孝、瞿玲、朱菊芳、韩财孝、瞿小艳、王爱花、马世英、何玉莲等。本书部分插图素材购买于摄图网，在此一并表示感谢。

编 者

目 录

Contents

扫一扫，看视频

Photoshop入门

本章内容简介：

　　Photoshop是一款"图像处理"软件。在Photoshop中对图像进行编辑操作的方式有很多，在进行这些操作的学习之前，首先需要熟练掌握Photoshop的基础操作。本章主要讲解Photoshop的一些基础知识，包括熟悉Photoshop工作区，在Photoshop中进行新建、打开、置入、存储、打印等图像文件基本操作，并在此基础上学习在Photoshop中查看图像细节的方法、图层的基本操作以及调整图像大小的方法。

重点知识掌握：

- 熟悉Photoshop的工作界面
- 掌握新建、打开、置入、存储、存储为命令的使用
- 掌握缩放工具、抓手工具的使用方法
- 掌握图层的基本操作
- 掌握图像大小以及裁剪的方法
- 掌握图像变换的方法

通过本章学习，我能做什么？

　　本章是基础知识章节，通过本章的学习我们应该能够使用Photoshop将多个图片添加到一个文档中，制作出简单的拼贴画；或者为照片添加一些装饰元素；还可以调整照片的尺寸或"裁剪"照片进行二次构图。而这些操作都是基本又非常实用的功能，一定要用心学习，以适应Photoshop的图像编辑模式，为后面章节的学习打好基础。

优秀作品欣赏

1.1 Photoshop 第一课

正式开始学习使用Photoshop进行数码照片处理之前，你肯定有很多问题想问。例如：Photoshop是什么？能干什么？对我有用吗？Photoshop怎么学？这些问题将在本节中解决。

1.1.1 Photoshop是什么

大家口中所说的PS，也就是Photoshop，全称是Adobe Photoshop，是由Adobe Systems公司开发并发行的一款图像处理软件。

为了更好地理解Adobe Photoshop CC，在此把这3个词分开来解释。Adobe就是所属公司的名称；Photoshop是软件名称，常被缩写为PS；CC是这款软件的版本号，如图1-1所示。就像"腾讯QQ 9.0"一样，"腾讯"是企业名称，QQ是产品的名称，9.0是版本号，如图1-2所示。

Adobe Photoshop CC

图 1-1

腾讯 QQ 9.0

图 1-2

提示：关于 Photoshop 的版本号

额外介绍一些"冷知识"。Photoshop版本号中的CS和CC究竟是什么意思呢？CS是Creative Suite的首字母缩写。Adobe Creative Suite(Adobe创意套件)是Adobe Systems公司出品的一个图形设计、影像编辑与网络开发的软件产品套装。CS套装的第一个版本于2002年推出。从那以后，Adobe公司的创意设计软件的名称由原来的版本号结尾(如Photoshop 8.0)变成以CS结尾(如Photoshop CS)。2013年，Adobe在MAX大会上推出了Photoshop CC。CC即Creative Cloud的缩写，从字面上理解，可以翻译为"创意云"，至此Photoshop进入了"云"时代。图1-3为Adobe CC套装中包括的软件。

图 1-3

随着技术的不断进步，Photoshop的技术团队也在不断对软件功能进行优化。从20世纪90年代至今，Photoshop经历了多次版本的更新。比较早期的是Photoshop 5.0、Photoshop 6.0、Photoshop 7.0，前几年的Photoshop CS4、Photoshop CS5、Photoshop CS6，时至今日的Photoshop CC、Photoshop CC2015、Photoshop CC2017、Photoshop CC2018等。图1-4为部分Photoshop不同版本的启动界面。

图 1-4

目前, Photoshop 的多个版本都拥有数量众多的用户群。每个版本的升级都会有性能的提升和功能上的改进, 但是在日常工作中并不一定非要使用最新版本。这是因为, 新版本虽然会有功能上的更新, 但是对设备的要求也会有所提高, 在软件的运行过程中就可能会消耗更多的资源。如果在使用新版本(如 Photoshop CC2018)时感觉运行起来特别"卡", 操作反应非常慢, 非常影响工作效率, 这时就要考虑是否因为计算机配置较低, 无法更好地满足 Photoshop 的运行要求。可以尝试使用低版本的 Photoshop, 例如 Photoshop CS6。如果卡顿的问题得以解决, 那么就安心地使用这个版本吧! 虽然是较早期的版本, 但是功能也非常强大, 与最新版本之间并没有特别大的差别, 几乎不会影响到日常工作。图 1-5 和图 1-6 所示为 Photoshop CC 以及 Photoshop CS5 的操作界面, 不仔细观察甚至都很难发现两个版本的差别。因此, 即使学习的是 Photoshop CC2018 版本的教程, 使用近几年的低版本去练习也是完全可以的, 除了几个小功能上的差异, 几乎不影响使用。

图 1-5

图 1-6

虽然老版本对设备要求较低，运行相对较为流畅，但是也不要一味追求软件的"低能耗"而使用Photoshop 5.0、Photoshop 6.0这样的"古董级"版本，除非你使用的是一台同样"古董级"的计算机，否则生活在"Adobe CC时代"的你会发现，20世纪末的软件操作起来还真的是有些别扭呢。图1-7为Photoshop 5.0操作界面。

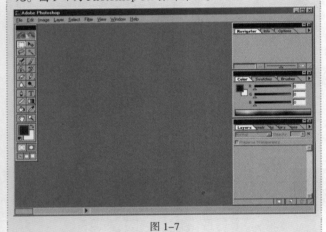

图1-7

1.1.2　Photoshop 与图像处理

我们都知道Photoshop是一款大名鼎鼎的"图像处理"软件，那么什么是"图像处理"呢？简单来说，图像处理就是指围绕数字图像进行的各种各样的编辑修改过程。例如，把原本灰蒙蒙的风景照变得鲜艳亮丽、进行瘦脸或者美白、裁切掉证件照中多余的背景等，都可以称为图像处理，如图1-8～图1-12所示。

图1-8

图1-9

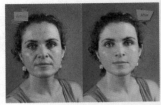

图1-10

图1-11

图1-12

其实Photoshop图像处理的功能远不限于此，对于摄影师来说，Photoshop绝对是集万千功能于一身的"数码暗房"。模特闭眼了？没问题！场景乱七八糟？没问题！服装商品脏了？没问题！外景写真天气不好？没问题！风光照片游人入画？没问题！集体照缺了个人？还是没问题！有了Photoshop，再加上熟练的操作，这些问题统统搞定，如图1-13、图1-14所示。

图1-13

图1-14

充满创意的你肯定会有很多想法。想要和大明星"合影"？想要去火星"旅行"？想生活在童话里？想美到没朋友？想炫酷到炸裂？想变身机械侠？想飞？想"上天"？统统没问题！在Photoshop的世界中，只有你的"功夫"不到位，没有实现不了的画面，如图1-15～图1-18所示。

图 1-15

图 1-16

图 1-17

图 1-18

【重点】1.1.3　Photoshop 不难学

千万别把 Photoshop 想得太难！Photoshop 其实很简单，就像玩手机一样。手机可以用来打电话、发短信，也可以用来聊天、玩游戏、看电影。同样的，Photoshop 可以用来工作赚钱，也可以给自己修美照，或者恶搞好朋友的照片……所以，在学习 Photoshop 之前希望大家一定要把 Photoshop 当成一个有趣的玩具。首先你得喜欢去"玩"，想要去"玩"，像手机一样时刻不离手，这样学习的过程将会是愉悦而快速的。

前面铺垫了很多，相信大家对 Photoshop 已经有一定的认识了，下面开始真正地告诉大家如何有效地学习 Photoshop。

Step 1　短教程，快入门。

如果非常急切地要在最短的时间内达到能够简单使用 Photoshop 的程度，建议你看一套非常简单而基础的教学视频。恰好本书配备了这样一套视频教程：《Photoshop 必备知识点视频精讲》。这套视频教程选取了 Photoshop 中最常用的功能，每个视频讲解一个或者几个小工具，时间都非常短，短到在你感到枯燥之前就结束了。视频虽短，但是建议你在观看前一定要打开 Photoshop，跟着视频一起尝试使用。

由于"入门级"的视频教程时长较短，部分参数的解释无法完全在视频中讲解到。在练习的过程中如果遇到了问题，

马上翻开本书找到相应的小节，阅读这部分内容即可。

当然，一分努力一分收获，学习没有捷径。2 个小时的学习效果与 200 小时的学习效果肯定是不一样的，只学习了简单视频内容是无法参透 Photoshop 的全部功能的。不过，到了这里你应该能够做一些简单的操作了，比如照片调色、祛斑、祛痘、去瑕疵等，如图 1-19 ～ 图 1-22 所示。

图 1-19

图 1-20

图 1-21

图 1-22

Step 2　翻开教材+打开 Photoshop=系统学习。

经过基础视频教程的学习后，看上去似乎学会了 Photoshop。但是实际上，之前的学习只接触到了 Photoshop 的皮毛而已，很多功能只是做到了"能够使用"，而不一定能够达到"了解并熟练应用"的程度。因此，接下来要做的就是开始系统地学习 Photoshop。本书以操作为主，在翻开教材的同时一定要打开 Photoshop，边看书边练习。因为 Photoshop 是一门应用型技术，单纯的理论学习很难使我们熟记功能操作；而且 Photoshop 的操作是"动态"的，每次鼠标的移动或单击都可能会触发指令，所以在动手练习过程中能够更直观、有效地理解软件功能。

Step 3　勇于尝试，一试就懂。

在软件学习过程中，一定要"勇于尝试"。在使用 Photoshop 中的工具或者命令时，我们总能看到很多参数或者选项设置。面对这些参数，看书的确可以了解参数的作用，但是更好的办法是动手去尝试。比如随意勾选一个选项；把数值

调到最大、最小、中档分别观察效果；移动滑块的位置，看看有什么变化。例如，Photoshop 中的调色命令可以实时显示参数调整的预览效果，试一试就能看到变化，如图 1-23 所示。又如，设置了画笔选项后，在画面中随意绘制，也能够看到笔触的差异。从中不难看出，动手试试更容易，也更直观。

图 1-23

Step 4 别背参数，没用。

另外，在学习 Photoshop 的过程中，切记不要死记硬背书中的参数。同样的参数在不同的情况下得到的效果肯定各不相同。比如同样的画笔大小，在较大尺寸的文档中绘制出的笔触会显得很小，而在较小尺寸的文档中则可能显得很大。所以在学习过程中，我们需要理解参数为什么这么设置，而不是记住特定的参数。

其实 Photoshop 的参数设置并不复杂。在独立制图的过程中，涉及参数设置时可以多次尝试各种不同的参数，肯定能够得到看起来很舒服的效果。图 1-24 和图 1-25 为同样参数在不同图片上的效果对比。

图 1-24

图 1-25

Step 5 抓住重点快速学。

为了更有效地快速学习，需要抓住重点。在本书的目录中可以看到部分章节内容被标注为重点，这部分知识需要优先学习。在时间比较充裕的情况下，可以将非重点的知识一并学习。此外，书中的练习案例非常多。案例的练习是非常重要的，通过案例的操作不仅可以练习本章节所讲的内容，还能够复习之前学习过的知识。在此基础上还能够尝试使用其他章节的功能，为后面章节的学习做铺垫。

Step 6 在临摹中进步。

经过上述阶段的学习后，相信读者已经掌握了 Photoshop 的常用功能。接下来，就需要通过大量的练习提升我们的技术。如果此时恰好有需要完成的设计工作或者课程作业，那将是非常好的练习机会。如果没有这样的机会，那么建议在各大设计网站欣赏优秀的设计作品，并选择适合自己水平的优秀作品进行"临摹"。仔细观察优秀作品的构图、配色、元素的应用以及细节的表现，尽可能一模一样地制作出来。在这个过程中并不是教大家去抄袭优秀作品的创意，而是通过对画面内容无限接近的临摹，尝试在没有教程的情况下，实现独立思考、独立解决制图过程中遇到的技术问题的能力，以此来提升我们的"Photoshop 功力"。图 1-26 和图 1-27 为难度不同的临摹作品。

中文版 Photoshop CC 数码照片处理从入门到精通（微课视频 全彩版）

图 1-26

图 1-27

Step 7 网上一搜,自学成才。

当然,在独立作图的时候,肯定也会遇到各种各样的问题。例如,临摹的作品中出现了一个火焰燃烧的效果,如图 1-28 所示。这个效果可能是我们之前没有接触过的,那么这时"百度一下"就是最便捷的方式了,如图 1-29 所示。网络上有非常多的教学资源,善于利用网络进行自主学习是非常有效的自我提升途径。

图 1-28

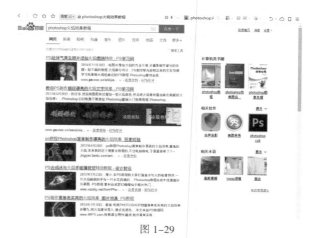

图 1-29

Step 8 永不止步地学习。

到这里,Photoshop 软件技术对我们来说已经不是问题了。克服了技术障碍,接下来就可以尝试独立设计了。有了好的创意和灵感,通过 Photoshop 在画面中准确有效地表达,才是我们的终极目标。要知道,在设计的道路上,软件技术学习的结束并不意味着设计学习的结束。国内外优秀作品的学习,新鲜设计理念的吸纳以及设计理论的研究都应该是永不止步的。

想要成为一名优秀的摄影师/数码美工,自学能力是非常重要的。学校或者老师都无法把全部知识塞进我们的脑袋,很多时候网络和书籍更能够帮助我们。

> **提示:快捷键背不背**
>
> 为了提高操作效率,很多新手朋友会执着于背快捷键。的确,熟练掌握快捷键的操作起来很方便,但是快捷键速查表中列出了很多快捷键,要想背下所有快捷键可能会花上很长时间;而且并不是所有的快捷键都适合我们使用,有的工具命令在实际操作中可能几乎用不到。所以建议大家先不用急着背快捷键,逐渐尝试使用 Photoshop,在使用的过程中体会哪些操作命令是我们经常要用到的,然后再看下这个命令是否有快捷键。
>
> 其实快捷键大多是有规律的,很多命令的快捷键都是与命令的英文名称相关。例如"打开"命令的英文是 Open,而快捷键就选取了首字母 O 并配合 Ctrl 键使用,即 Ctrl+O;"新建"命令则是 Ctrl+N(New 的首字母)。这样记忆就容易多了。

1.2 开启你的 Photoshop 之旅

带着一颗坚定要学好 Photoshop 的心,接下来我们就要开始美妙的 Photoshop 之旅啦。首先来了解一下如何安装 Photoshop。不同版本的安装方式略有不同,本书讲解的是

Photoshop CC 2018，所以在这里介绍的也是 Photoshop CC 2018 的安装方式。如要安装其他版本的 Photoshop，可以在网络上搜索一下具体方法，非常简单。完成安装后，有必要认识一下 Photoshop 的工作界面，为后面的学习做准备。

1.2.1 安装 Photoshop

（1）想要使用 Photoshop，首先要做的就是安装 Photoshop。从 CC 版本开始，Photoshop 开始了一种基于订阅的服务。首先打开 Adobe 的官方网站(www.adobe.com/cn)，单击右上角的"支持与下载"按钮，在弹出的下拉列表中选择"下载和安装"选项，如图 1-30 所示。在弹出的页面中单击 Photoshop 按钮，如图 1-31 所示。

图 1-30

图 1-31

（2）在弹出的页面中单击"开始免费试用"按钮，如图 1-32 所示。在弹出的页面中可以选择"登录"或"注册"Adobe 账号，如图 1-33 所示。如果已有 Adobe 账号，则可以单击"登录"按钮，如图 1-34 所示。如果没有 Adobe 账号，可以在注册页面输入基本信息，如图 1-35 所示。

图 1-32   图 1-33

图 1-34   图 1-35

（3）注册完成后，登录 Adobe 账号。接下来，需要选择自己的软件操作水平，如图 1-36 所示。启动 Adobe Creative Cloud 后，在出现的软件列表中找到想要安装的软件，然后单击后方的"安装"按钮，如图 1-37 所示。

图 1-36   图 1-37

 提示：试用与购买

在没有付费购买 Photoshop 软件之前，我们可以免费试用一小段时间；如果需要长期使用，则需要购买。

重点 1.2.2 认识一下 Photoshop

成功安装 Photoshop 之后，可以在"程序"菜单中找到 Adobe Photoshop 选项，单击即可启动 Photoshop。或者双击桌面上的 Adobe Photoshop 快捷方式启动 Photoshop，如图 1-38 所示。到这里我们终于见到了 Photoshop 的"芳容"，如图 1-39 所示。如果曾在 Photoshop 做过一些文档的操作，在欢迎界面中会显示之前操作过的文档，如图 1-40 所示。

扫一扫，看视频

图 1-38

中文版Photoshop CC数码照片处理从入门到精通（微课视频 全彩版）

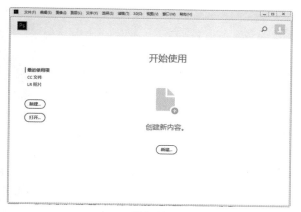

图 1-39

图 1-40

虽然打开了 Photoshop，但是此时我们看到的却不是 Photoshop 的完整样貌，因为当前并没有能够操作的文档，所以很多功能都未显示。为了便于学习，在这里打开一张图片。单击"打开"按钮，在弹出的"打开"窗口中选择一张图片，然后单击"打开"按钮，如图 1-41 所示。接着文档被打开，Photoshop 的全貌才得以呈现，如图 1-42 所示。Photoshop 的工作界面由菜单栏、选项栏、标题栏、工具箱、状态栏、文档窗口以及多个面板组成。

图 1-41

图 1-42

1. 菜单栏

Photoshop 的菜单栏中包含多个菜单项，单击某一菜单项，即可打开相应的下拉菜单。每个下拉菜单中都包含多个命令，其中某些命令后方还带有▶符号，表示该命令还包含多个子命令；某些命令后方带有一连串的"字母"，这些字母就是 Photoshop 的快捷键。例如，"文件"下拉菜单中的"关闭"命令后方显示了 Ctrl+W，那么同时按下键盘上的 Ctrl 键和 W 键，即可快速执行该命令，如图 1-43 所示。

对于菜单命令，本书采用诸如：执行"图像 > 调整 > 曲线"命令的书写方式。也就是说，首先单击菜单栏中的"图像"菜单项，接着将光标向下移动到"调整"命令处，在弹出的子菜单中单击"曲线"命令，如图 1-44 所示。

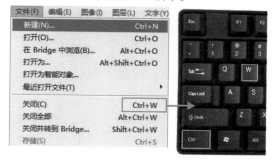

图 1-43

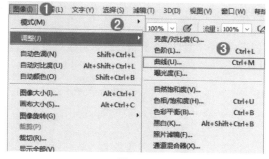

图 1-44

2. 文档窗口

执行"文件>打开"命令，在弹出的"打开"窗口中随意选择一张图片，单击"打开"按钮，如图1-45所示。随即这张图片就会在Photoshop中打开，在文档窗口的标题栏中就可以看到关于这个文档的相关信息了(名称、格式、窗口缩放比例以及颜色模式等)，如图1-46所示。

状态栏位于文档窗口的下方，可以显示当前文档的大小、文档尺寸、当前工具和窗口缩放比例等信息。单击状态栏中的 〉按钮，在弹出的菜单中选择相应的命令，可以设置要显示的内容。

图1-45

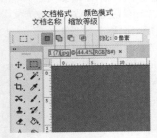

文档名称　　缩放等级
文档格式　　颜色模式

图1-46

3. 工具箱与工具选项栏

工具箱位于Photoshop工作界面的左侧，其中以小图标的形式提供了多种实用工具。有的图标右下角带有 ◢ 标记，表示这是个工具组，其中可能包含多个工具。右击工具组按钮，即可看到该工具组中的其他工具；将光标移动到某个工具上单击，即可选择该工具，如图1-47所示。

选择了某个工具后，在其选项栏中可以对相关参数选项进行设置。不同工具的选项栏也不同，如图1-48所示。

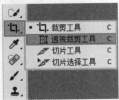

图1-47

图1-48

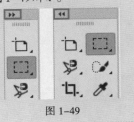
4. 面板

面板主要用来配合图像的编辑、对操作进行控制以及设置参数等。默认情况下，面板堆栈位于文档窗口的右侧，如图1-50所示。面板可以堆叠在一起，单击面板名称(标签)即可切换到相对应的面板。将光标移动至面板名称上方，按住鼠标左键拖曳即可将面板与堆栈进行分离，如图1-51所示。如果要将面板堆栈在一起，可以拖曳该面板到界面上方，当出现蓝色边框后松开鼠标，即可完成堆栈操作，如图1-52所示。

图1-50

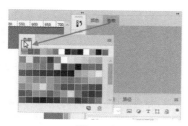

图 1-51

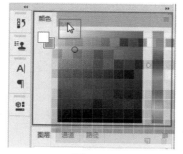

图 1-52

单击面板右上角的 ◀◀ / ▶▶ 按钮,可以折叠或展开面板,如图1-53所示。在每个面板的右上角都有"面板菜单"按钮 ☰,单击该按钮可以打开该面板的相关设置菜单,如图1-54所示。

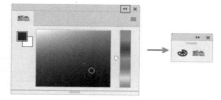

图 1-53

图 1-54

在Photoshop中有很多的面板,通过在"窗口"菜单中选择相应的命令,即可将其打开或关闭,如图1-55所示。例如,执行"窗口>信息"命令,即可打开"信息"面板,如图1-56所示。如果在命令前方带有 ✓ 标记,说明这个面板已经打开

了,再次执行该命令可将这个面板关闭。

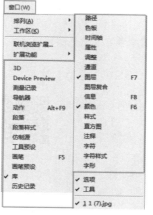

图 1-55

图 1-56

提示:如何让工作界面恢复默认状态

完成这一节的学习后,难免打开了一些不需要的面板,或者一些面板并没有"规规矩矩"地堆栈在原来的位置,一个一个地重新拖曳调整费时又费力。这时执行"窗口>工作区>复位基本功能"命令,就可以把凌乱的界面恢复到默认状态。

当不需要使用Photoshop时,就可以将其关闭了。在Photoshop工作界面中单击右上角的"关闭"按钮 ✕ ,即可将其关闭;也可以执行"文件>退出"命令(快捷键:Ctrl+Q)退出Photoshop,如图1-57所示。

图 1-57

1.3 进行照片文件的基本操作

熟悉了Photoshop的工作界面后,下面就可以开始正式接触Photoshop的功能了。不过,在打开Photoshop之后,我们会发现很多功能都无法使用,这是因为当前的Photoshop中没有

可以操作的文件。这时就需要新建文件，或者打开已有的图像文件。在对文件进行编辑的过程中，还会经常用到"置入"操作。文件制作完成后需要对文件进行"存储"，而存储文件涉及文件格式的选择。下面就来学习一下这些知识。

【重点】1.3.1 在Photoshop中打开照片

想要处理数码照片，或者想要继续编辑之前的设计方案，就需要在Photoshop中打开已有的文件。执行"文件>打开"命令(快捷键：Ctrl+O)，在弹出的如图1-58所示"打开"窗口中找到文件所在的位置，单击选择需要打开的文件，然后单击"打开"按钮，即可在Photoshop中打开该文件，如图1-59所示。

扫一扫，看视频

图1-58

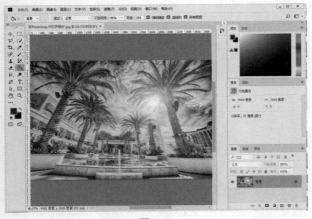

图1-59

提示：找不到想要打开的文件怎么办

有时在"打开"窗口中已经找到了图片所在的文件夹，但却没找到要打开的图片，怎么办？

遇到这种情况时，首先查看一下"打开"窗口底部，"文件名"下拉列表框右侧是否显示的是 所有格式 。

如果显示为"所有格式"则表明此时所有Photoshop支持的格式文件都可以被显示。一旦此处显示为某种特定格式，那么其他格式的文件即使存在于文件夹中，也无法被显示。解决办法就是单击下拉按钮，设置为"所有格式"就可以了。

如果还是无法显示要打开的文件，那么可能这个文件并不是Photoshop所支持的格式。如何知道Photoshop支持哪些格式呢？可以在"打开"窗口底部打开格式下拉列表框，查看一下其中包含的文件格式。

提示：在 Photoshop 中打开图片却出现了 Camera Raw 窗口

如果在Photoshop中打开图片却出现了Camera Raw窗口，可以在下方单击"打开图像"按钮，即可在Photoshop中打开图片，如图1-60所示。

图1-60

【重点】1.3.2 同时在Photoshop中打开多张照片

扫一扫，看视频

1. 打开多张照片

在"打开"窗口中可以一次性选择多个文档，同时将其打开。可以按住鼠标左键拖曳框选多个文档，也可以按住Ctrl键逐个单击多个文档。然后单击"打开"按钮，如图1-61所示。接着被选中的多张照片就都被打开了，但默认情况只能显示其中一张照片，如图1-62所示。

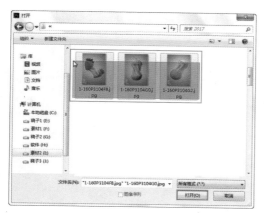

图 1-61

图 1-62

2. 切换不同照片文档

虽然一次性打开了多个文档，但在文档窗口中只能显示一个文档。单击标题栏上文档名称，即可切换到相应的文档窗口，如图1-63所示。

图 1-63

3. 切换文档浮动模式

默认情况下打开多个文档时，多个文档均合并到文档窗口中，除此之外，文档窗口还可以脱离界面呈现"浮动"的状态。将光标移动至文档名称上方，按住鼠标左键向界面外拖曳，如图1-64所示。松开鼠标后，文档即呈现为浮动的状态，如图1-65所示。若要恢复为堆叠的状态，可以将浮动的窗口拖曳到文档窗口上方，当出现蓝色边框后松开鼠标即可完成堆栈，如图1-66所示。

图 1-64

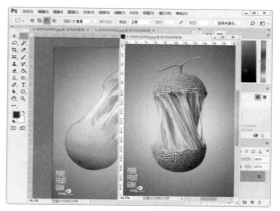

图 1-65

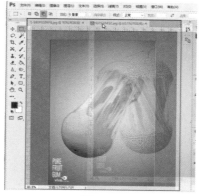

图 1-66

4. 多文档同时显示

要一次性查看多个文档,除了让窗口浮动之外还有一种办法,就是通过设置"窗口排列方式"来查看。执行"窗口 >排列"命令,在弹出的子菜单中可以看到多种文档显示方式,选择适合自己的方式即可,如图1-67所示。例如,打开了3张图片,想要同时看到,可以选择"三联垂直"方式,效果如图1-68所示。

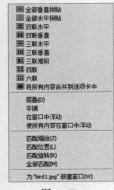

图1-67

图1-68

1.3.3 在Photoshop中新建文件

如果想要从零开始制作,首先要执行"文件 >新建"命令,新建一个文档。

新建文档之前,我们要考虑几个问题:这个文件是用来做什么的?我要新建一个多大的文件?分辨率要设置为多少?颜色模式选择哪一种?这一系列问题都可以在"新建文档"窗口中得到解答。

扫一扫,看视频

(1)启动Photoshop之后,执行"文件 >新建"命令(快捷键:Ctrl+N),如图1-69所示。随即就会打开"新建文档"窗口,如图1-70所示。这个窗口大体可以分为3个部分:顶端是预设的尺寸选项卡;左侧是预设选项或最近使用过的项目;右侧是自定义选项设置区域。

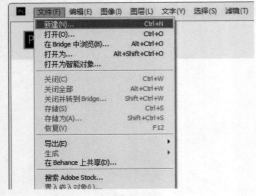

图1-69

图1-70

(2)如果需要选择系统内置的一些预设文档尺寸,可以选择顶端的预设尺寸选项卡,在左侧的列表框中选择一种合适的尺寸,然后单击"创建"按钮,即可完成新建。例如,要新建一个A4大小的空白文档,选择"打印"选项卡,在左侧的列表框中选择A4选项,即可在右侧查看相应的尺寸。接着单击"创建"按钮,即可完成文件的新建,如图1-71所示。如果需要比较特殊的尺寸,就需要自己进行设置,直接在窗口右侧进行"宽度""高度"等参数的设置即可,如图1-72所示。

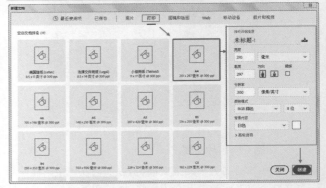

图1-71

图1-72

- 宽度/高度:设置文件的宽度和高度,其单位有"像素""英寸""厘米""毫米"等多种。
- 分辨率:用来设置文件的分辨率大小,其单位有"像素/英寸"和"像素/厘米"两种。新建文件时，文档的宽度与高度通常与实际印刷的尺寸相同（超大尺寸文件除外）。而在不同情况下，对分辨率需要进行不同的设置。通常来说，图像的分辨率越高，印刷出来的质量就越好；但也并不是任何文档都需要将分辨率设置为较高的数值。一般印刷品分辨率为150~300dpi，高档画册分辨率为350dpi以上，大幅的喷绘广告（1米以内）分辨率为70~100dpi，巨幅喷绘分辨率为25dpi，多媒体显示图像为72dpi。当然，分辨率的数值并不是一成不变的，需要根据计算机以及印刷精度等实际情况进行设置。

- 颜色模式：设置文件的颜色模式以及相应的颜色深度。对于需要印刷或打印的设计作品，颜色模式需要设置为CMYK；而用于计算机、手机、电视等电子设备上显示的图像，其颜色模式需要设置为RGB。
- 背景内容：设置文件的背景内容，有"白色""背景色"和"透明"3个选项。

提示：认识"棋盘格"

当"背景内容"设置为"透明"时，文档背景会显示为灰白格子的棋盘格图案；同样，将背景图层的"不透明度"设置为0时，所选图层中的像素消失了，也会露出灰白色的格子，通常称之为"棋盘格"，如图1-73所示。当看到"棋盘格"时，就代表这个位置的像素处于隐藏或没有的状态。如图1-74所示为将选区内像素删除后露出"棋盘格"的效果。

图1-73　　　　　　图1-74

- 高级选项：展开该选项组，在其中可以进行"颜色配置文件"以及"像素长宽比"的设置。

{重点}1.3.4　置入：向文档中添加其他图片

使用Photoshop进行照片排版或者合成作品时，经常需要向当前的文档中添加其他的照片或图像元素来丰富画面效果。前面学习了"打开"命令，但"打开"命令只能将图片在Photoshop中以一个独立文件的形式打开，并不能添加到当前文档中，而通过"置入"操作则可以实现向当前文档中添加其

扫一扫，看视频

他图片。

在已有的文件中执行"文件>置入嵌入对象"命令，在弹出的如图1-75所示窗口中选择要置入的文件，单击"置入"按钮，随即选择的对象就会被置入到当前文档内。此时置入的对象边缘处带有定界框和控制点，如图1-76所示。

图1-75

图1-76

将光标定位到定界框的一角，按住Shift键的同时按住鼠标左键拖曳定界框上的控制点可以放大或缩小图像。将光标放在定界框以外，当它变为带有弧线的双箭头形状时还可进行图像旋转。将光标放在图像中间，按住鼠标左键拖曳图像可以调整置入对象的位置（缩放、旋转等操作与"自由变换"操作非常接近，具体操作方法将在1.9节介绍），如图1-77所示。调整完成后按Enter键即可完成置入操作，此时定界框会消失。在"图层"面板中也可以看到新置入的智能对象图层(智能对象图层右下角带有图标)，如图1-78所示。

图1-77

图 1-78

置入后的素材对象会作为智能对象。"智能对象"有几点好处,如可以对图像进行缩放、定位、斜切、旋转或变形操作且不会降低图像的质量。但是"智能对象"无法直接进行内容的编辑(如删除局部、用画笔工具进行绘制等),例如使用"橡皮擦工具"直接擦除"智能对象",那么光标显示为 ⊘ ,如图 1-79 所示。如果继续进行擦除,则会弹出提示对话框,从中单击"确定"按钮即可将智能图层栅格化,如图 1-80 所示。

图 1-79

图 1-80

如果想要对智能对象的内容进行编辑,需要在该图层上单击鼠标右键,在弹出的快捷菜单中选择"栅格化图层"命令(见图 1-81),将智能对象转换为普通对象后再进行编辑,如图 1-82 所示。

图 1-81　　　　　　图 1-82

提示:栅格化

"栅格化"不仅仅是针对智能对象进行操作,还可以"栅格化"图层,就是将"特殊图层"转换为"普通图层"。选择需要栅格化的图层,然后执行"图层>栅格化"命令,或者在"图层"面板中选中该图层,然后单击鼠标右键,执行"栅格化图层"命令。随即可以看到"特殊图层"转换为"普通图层"。

1.3.5　复制文件

对于已经打开的文件,可以执行"图像>复制"命令,将当前文件复制一份,如图 1-83 所示。当想要一个原始效果作为对比时,可以使用该命令复制出当前效果的文档,然后在另一个文档上进行操作。执行"窗口>排列>双联垂直"命令,即可同时看到两个文档,如图 1-84 所示。

图 1-83

图 1-84

中文版Photoshop CC数码照片处理从入门到精通(微课视频 全彩版)

【重点】1.3.6 存储文件

对某一文档进行编辑后，可能需要将当前操作保存到当前文档中。这时需要执行"文件>存储"命令(快捷键：Ctrl+S)。如果文档存储时没有弹出任何窗口，则默认以原始位置进行存储。存储时将保留所做的更改，并且会替换掉上一次保存的文件。

扫一扫，看视频

如果是第一次对文档进行存储时，则会弹出"另存为"窗口，从中可以重新选择文件存储位置，并设置文件存储格式以及文件名称。

如果要将已经存储过的文档更换位置、名称或者格式后再次存储，可以执行"文件>存储为"命令(快捷键：Shift+Ctrl+S)，在弹出的"另存为"窗口中进行存储位置、文件名、保存类型的设置，然后单击"保存"按钮，如图1-85所示。

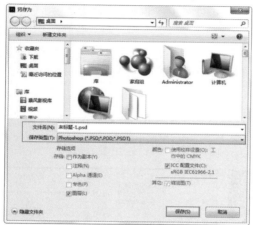

图 1-85

举一反三：照片处理常用的图像格式

存储文件时，在弹出的"另存为"窗口的"保存类型"下拉菜单中可以看到有多种格式可供选择，如图1-86所示。但并不是每种格式都经常使用，选择哪种格式才是正确的呢？下面就来认识几种常见的图像格式。

图 1-86

1．PSD：Photoshop 源文件格式，保存所有图层内容

在存储新建的文件时，我们会发现默认的格式为Photoshop(*.PSD；*.PDD；*.PSDT)，PSD格式是Photoshop的默认存储格式，能够保存图层、蒙版、通道、路径、未栅格化的文字、图层样式等。在一般情况下，保存文件都采用这种格式，以便随时进行修改。

选择该格式，然后单击"保存"按钮，在弹出的"Photoshop格式选项"对话框中勾选"最大兼容"复选框，可以保证在其他版本的Photoshop中能够正确打开该文档。默认勾选该复选框，在这里单击"确定"按钮即可。也可以勾选"不再显示"复选框，接着单击"确定"按钮，就可以每次都采用当前设置，并不再显示该对话框，如图1-87所示。

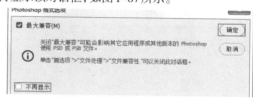

图 1-87

2．JPEG：最常用的图像格式，方便存储、浏览、上传

JPEG格式是平时最常用的一种图像格式。它是一种最有效、最基本的有损压缩格式，被绝大多数的图形处理软件所支持。JPEG格式常用于对质量要求并不是特别高，而且需要上传网络、传输给他人或者在计算机上随时查看的情况。对要求极高质量的图像输出打印，最好不使用JPEG格式，因为它是以损坏图像质量来提高压缩质量的。

存储时选择这种格式，会将文档中的所有图层合并，并进行一定的压缩，存储为一种在绝大多数计算机、手机等电子设备上可以轻松预览的图像格式。在选择格式时可以看到保存类型显示为JPEG(*.JPG；*.JPEG；*.JPE)，JPEG是这种图像格式的名称，而这种图像格式的后缀名可以是JPG、JPEG或JPE。

选择此格式并单击"保存"按钮之后，在弹出的"JPEG选项"对话框中可以进行图像品质的设置。品质数值越大，图像质量越高，文件大小也就越大。如果对图像文件的大小有要求，那么就可以参考右侧的文件大小数值来调整图像的品质。设置完成后单击"确定"按钮，如图1-88所示。

图 1-88

3. TIFF：高质量图像，保存通道和图层

TIFF格式是一种通用的图像文件格式，可以在绝大多数制图软件中打开并编辑，而且也是桌面扫描仪扫描生成的图像格式。TIFF格式最大的特点就是能够最大程度地保持图像质量不受影响，而且能够保存文档中的图层信息以及Alpha通道。但TIFF并不是Photoshop特有的格式，所以有些Photoshop特有的功能（如调整图层、智能滤镜）就无法被保存下来。这种格式常用于对图像文件质量要求较高，而且还需要在没有安装Photoshop的计算机上预览或使用。例如，制作了一个用于高精度喷绘的商业摄影作品，需要发送到印刷厂。选择该格式后，在弹出的"TIFF选项"对话框中可以对"图像压缩"等内容进行设置。如果对图像质量要求很高，可以选择"无"，然后单击"确定"按钮，如图1-89所示。

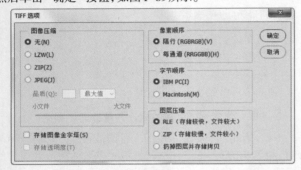

图 1-89

4. PNG：透明背景、无损压缩

当图像文件中有一部分区域是透明的时，存储成JPG格式会发现透明的部分被填充上了颜色。如果存储成PSD格式不方便打开，存储成TIFF格式文件又比较大，这时不要忘了"PNG格式"。PNG是一种是专门为Web开发的，用于将图像压缩到Web上的文件格式。PNG格式与GIF格式不同的是，PNG格式支持244位图像并产生无锯齿状的透明背景。PNG格式由于可以实现无损压缩，并且背景部分是透明的，因此常用来存储背景透明的素材。选择该格式后，在弹出的"PNG选项"对话框中对压缩方式进行设置后，单击"确定"按钮完成操作，如图1-90所示。

图 1-90

1.3.7　关闭文件

执行"文件>关闭"命令（快捷键：Ctrl+W），可以关闭当前所选的文件，如图1-91所示。单击文档窗口右上角的"关闭"按钮，也可关闭所选文件。执行"文件>关闭全部"命令或按Alt+Ctrl+W组合键，可以关闭所有打开的文件。

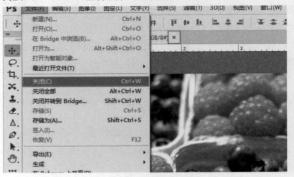

图 1-91

> **提示：关闭并退出 Photoshop**
>
> 执行"文件>退出"命令或者单击工作界面右上角的"关闭"按钮，可以关闭所有的文件并退出Photoshop。

练习实例：使用"置入嵌入的智能对象"命令制作拼贴画

文件路径	资源包\第1章\使用"置入嵌入的智能对象"命令制作拼贴画
难易指数	★★★★★
技术要点	"打开"命令、"置入嵌入的智能对象"命令、栅格化智能图层

扫一扫，看视频

案例效果

案例效果如图1-92所示。

图 1-92

操作步骤

步骤 01 启动软件，执行菜单栏中的"文件>打开"命令，在弹出的"打开"窗口中找到素材位置，选择素材"1.jpg"，单击"打开"按钮，如图1-93所示。图片就被打开了，可以看到其中带有参考线，主要是为了方便用户进行操作，如图1-94所示。

中文版Photoshop CC数码照片处理从入门到精通（微课视频 全彩版）

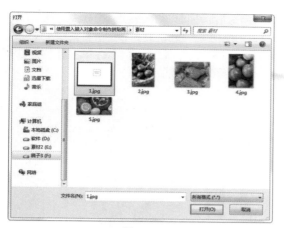

图 1-93

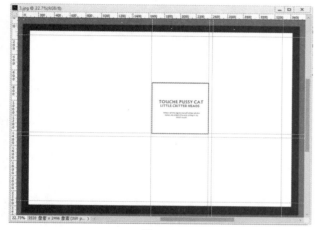

图 1-94

步骤 02 执行"文件>置入嵌入的智能对象"命令,在弹出的"置入嵌入的对象"窗口中找到素材位置,选择素材"2.jpg",单击"置入"按钮,如图1-95所示。置入后的效果如图1-96所示。

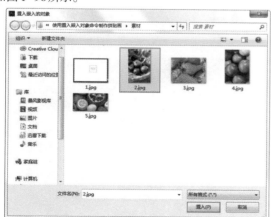

图 1-95

图 1-96

步骤 03 将光标放到图片中,按住鼠标左键向左移动。移动到左侧后将光标定位到右上角的控制点处,按住Shift键的同时按住鼠标左键向内拖动,调整图片大小,如图1-97所示。按Enter键完成置入操作,如图1-98所示。

图 1-97

图 1-98

步骤 04 此时置入的对象为智能对象，可以将其栅格化。在界面右下角找到"图层"面板（如果"图层"面板还没有打开，可以执行"窗口>图层"命令），单击选择智能图层，然后单击鼠标右键，在弹出的快捷菜单中执行"栅格化图层"命令，如图1-99所示。此时智能图层变为普通图层，如图1-100所示。

图 1-99

图 1-100

步骤 05 以同样的方式依次置入其他素材，最终效果如图1-101所示。

图 1-101

1.4 查看照片细节

使用Photoshop编辑图像文件的过程中，有时需要观看画面整体效果，有时需要放大显示画面的某个局部，这时就要用到工具箱中的"缩放工具"以及"抓手工具"。除此之外，"导航器"面板也可以帮助我们方便地定位到画面某个部分。

{重点}1.4.1 缩放工具：放大、缩小、看细节

进行图像编辑时，经常需要对画面细节进行操作，这就需要将画面的显示比例放大一些。此时可以使用工具箱中的"缩放工具"来完成。单击工具箱中的"缩放工具"按钮 Q，将光标移动到画面中，单击鼠标左键即可放大图像显示比例，如图1-102所示。如需放大多倍，可以多次单击，如图1-103所示。此外，也可以直接按快捷键Ctrl键+"+"放大图像显示比例。

"缩放工具"既可以放大，也可以缩小显示比例。在"缩

扫一扫，看视频

放工具"的选项栏中可以切换该工具的模式，单击"缩小"按钮 Q 可以切换到缩小模式，在画布中单击鼠标左键可以缩小图像，如图1-104所示。此外，也可以直接按快捷键Ctrl+"-"键缩小图像显示比例。

图 1-102

图 1-103

图 1-104

在"缩放工具"选项栏中可以看到一些其他选项设置，如图1-105所示。

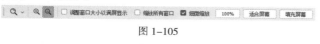

图 1-105

- ☐ 调整窗口大小以满屏显示：勾选该复选框后，在缩放窗口的同时自动调整窗口的大小。
- ☐ 缩放所有窗口：如果当前打开了多个文档，勾选该复选框后可以同时缩放所有打开的文档窗口。
- ☑ 细微缩放：勾选该复选框后，在画面中按住鼠标左键向左侧或右侧拖动，能够以平滑的方式快速放大或缩小窗口。
- 100%：单击该按钮，图像将以实际像素的比例进行显示。
- 适合屏幕：单击该按钮，可以在窗口中最大化显示完整的图像。
- 填充屏幕：单击该按钮，可以在整个屏幕范围内最大化显示完整的图像。

【重点】1.4.2 抓手工具：平移画面

当画面显示比例比较大的时候，有些局部可能就无法显示。这时可以选择工具箱中的"抓手工具"🖑，在画面中按住鼠标左键拖动，如图1-106所示。画面中显示的图像区域随之产生了变化，如图1-107所示。

扫一扫，看视频

图 1-106

图 1-107

1.5 错误操作的处理

在暗房中冲洗照片时，一旦出现失误照片可能就无法挽回了。相比之下，使用Photoshop等数字图像处理软件最大的便利之处就在于能够"重来"。操作出现错误，没关系，简单一个命令，就可以轻轻松松地"回到从前"。

【重点】1.5.1 撤销与还原操作

执行"编辑>还原"命令(快捷键：Ctrl+Z)，可以撤销最近的一次操作，将其还原到上一步操作状态。如果想要取消还原操作，可以执行"编辑>重做"命令。这两个命令仅限于一个操作步骤的还原与重做，所以使用的并不多。

扫一扫，看视频

很多时候，在操作中需要对之前执行的多个步骤进行撤销，这时就需要用到"编辑>后退一步"命令(快捷键：Alt+Ctrl+Z)。默认情况下，这个命令可以后退最后执行的20个步骤，多次使用该命令即可逐步后退操作；如果要取消后退的操作，可以连续执行"编辑>前进一步"命令(快捷键：Shift+Ctrl+Z)来逐步恢复被后退的操作。"后退一步"与"前进一步"是很常用的操作，所以一定要学会使用快捷键，以便快速、高效地完成，如图1-108所示。

编辑(E) 图像(I) 图层(L) 文字(Y) 选
还原(O) Ctrl+Z
前进一步(W) Shift+Ctrl+Z
后退一步(K) Alt+Ctrl+Z

图 1-108

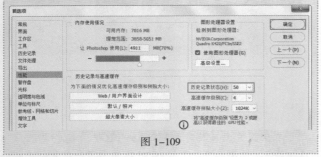

提示：增加可返回的步骤数目

默认情况下，Photoshop能够撤销20步历史操作。如果想要增加更多的历史操作，可以执行"编辑>首选项>性能"命令，在弹出的"首选项"对话框中把"历史记录状态"的数值设置成更大的数值，然后单击"确定"按钮即可，如图1-109所示。但要注意将"历史记录状态"的数值设置得越大，就会占用更多的系统内存。

图 1-109

【重点】1.5.2 使用"历史记录"面板还原操作

在Photoshop中，对文档进行过的编辑操作被称为"历史记录"。而"历史记录"面板就是用来存储对文件进行过的操作记录的。

扫一扫，看视频

（1）执行"窗口>历史记录"命令，打开"历史记录"面板，如图1-110所示。对文档进行一些编辑操作后，会发现"历史记录"面板中出现刚刚进行的操作条目。单击其中某一项历史记录操作，就可以使文档返回之前的编辑状态，如图1-111所示。

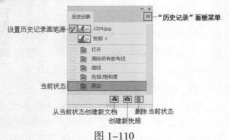

图 1-110

图 1-111

（2）"历史记录"面板还有一项功能，即快照。这项功能可以为某个操作状态快速"拍照"，将其作为一项"快照"，留在"历史记录"面板中，以便在多个操作步骤之后还能够返回到之前某个重要的状态。选择需要创建快照的状态，然后单击"创建新快照"按钮 📷 ，如图1-112所示。在"历史记录"面板中即可出现一个新的快照，如图1-113所示。如需删除快照，在"历史记录"面板中选择需要删除的快照，然后单击"删除当前状态"按钮 🗑 或将快照拖曳到该按钮上，接着在弹出的对话框中单击"是"按钮，即可将其删除。

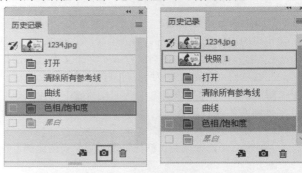

图 1-112   图 1-113

（3）"历史记录画笔"是以"历史记录"为"颜料"，在画面中绘画，被绘制的区域就会回到历史操作的状态下。那么以哪一步历史记录进行绘制呢？这就需要执行"窗口>历史记录"命令，打开"历史记录"面板，在想要作为绘制内容的步骤前单击，使之出现 ✏ 即可完成历史记录的设定，如图1-114所示。然后单击工具箱中的"历史记录画笔"工具按钮 ✏ ，适当调整画笔大小，在画面中进行适当涂抹（绘制方法与"画笔工具"相同），被涂抹的区域将还原为被标记的历史记录效果，如图1-115所示。

图 1-114

图 1-115

1.5.3 "恢复"文件

对一个文件进行了一些操作后,执行"文件>恢复"命令,可以直接将文件恢复到最后一次保存时的状态。如果一直没有进行过存储操作,则可以返回到刚打开文件时的状态。

1.6 打印照片

设计作品制作完成后,经常需要打印成纸质的实物。想要进行打印,首先需要设置合适的打印参数。

(1) 执行"文件>打印"命令,打开"Photoshop打印设置"对话框,在这里可以进行打印参数的设置。首先需要在右侧顶部设置要使用的打印机,输入打印份数,选择打印版面。单击"打印设置"按钮,可以在弹出的对话框中设置打印纸张的尺寸。

(2) 接着可以在"位置和大小"选项组中设置文档位于打印页面的位置和缩放大小(也可以直接在左侧打印预览图中调整图像大小)。勾选"居中"复选框,可以将图像定位于可打印区域的中心;取消勾选"居中"复选框,可以在"顶"和"左"文本框中输入数值来定位图像,也可以在预览区域中移动图像进行自由定位,从而打印部分图像。勾选"缩放以适合介质"复选框,可以自动缩放图像到适合纸张的可打印区域;取消勾选"缩放以适合介质"复选框,可以在"缩放"文本框中输入图像的缩放比例,或在"高度"和"宽度"文本框中设置图像的尺寸。勾选"打印选定区域"复选框,可以启用对话框中的裁剪控制功能,移动定界框或缩放图像,如图1-116所示。

图 1-116

(3) 全部设置完成后,单击"完成"按钮,将保存当前的打印设置。单击"打印"按钮即可打印文档。

1.7 图像常见操作

【重点】1.7.1 调整照片尺寸

(1) 想要调整照片的尺寸,可以使用"图像

扫一扫,看视频

大小"命令来完成。选择需要调整尺寸的图像文件,执行"图像>图像大小"命令,打开"图像大小"窗口,如图1-117所示。

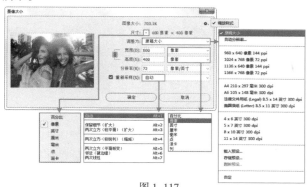

图 1-117

- 尺寸:显示当前文档的尺寸。单击☑按钮,在弹出的下拉列表中可以选择尺寸单位。

- 调整为:在该下拉列表框中可以选择多种常用的预设图像大小。例如,想要将图像制作为适合A4大小的纸张,则可以在该下拉列表框中选择"A4 210*297厘米 300dpi"选项。

- 宽度/高度:输入数值即可设置图像的宽度或高度。输入数值之前,需要在右侧的单位下拉列表框中选择合适的单位,其中包括"像素""英寸""厘米"等。

- ⑧:启用"约束长宽比"⑧功能时,对图像大小进行调整后,图像还会保持之前的长宽比。未启用时⑧,可以分别调整宽度和高度的数值。

- 分辨率:设置分辨率大小。输入数值之前,也需要在右侧的下拉列表框中选择和适合的单位。需要注意的是,即使增大"分辨率"数值也不会使模糊的图像变清晰,因为原本就不存在的细节只通过增大分辨率是无法"画出"的。

- 重新采样:单击▾按钮,在弹出的下拉列表框中可以选择重新取样的方式。

- 缩放样式:单击窗口右上角的✿.按钮,在弹出的菜单中选择"缩放样式"命令,此后对图像大小进行调整时,其原有的样式会按照比例进行缩放。

(2) 调整图像大小时,首先一定要设置好正确的单位,接着在"宽度"和"高度"文本框中输入数值。默认情况下启用"约束长宽比"⑧,修改"宽度"数值或"高度"数值时,另一个数值也会发生变化。该按钮适用于需要将图像尺寸限定在某个特定范围内的情况。例如,作品要求尺寸最大边长不超过1000像素。首先设置单位为"像素";然后将"宽度"(也就是最长的边)数值改为1000像素,"高度"数值也会随之发生变化;设置完毕后单击"确定"按钮,如图1-118所示。

图 1-118

（3）如果要输入的长宽比与现有图像的长宽比不同，则需要单击⑧按钮，使之处于未启用的状态⑧。此时可以分别调整"宽度"和"高度"的数值；但修改数值之后，可能会造成图像比例错误的情况。

例如，要求照片尺寸为宽300像素、高500像素（宽高比3：5）。而原始图像宽度为600像素、高度为800像素（宽高比为3：4），那么修改了图像大小之后，照片比例会变得很奇怪，如图1-119所示。此时应该先启用"约束长宽比"⑧，按照要求输入较长的边（也就是"高度"）数值，使照片大小缩放到比较接近的尺寸，然后利用"裁剪工具"进行裁切，如图1-120所示。

图 1-119

图 1-120

【重点】1.7.2 　动手练：修改画布大小

执行"图像>画布大小"命令，打开"画布大小"窗口，在这里可以调整可编辑的画面范围。在"宽度"和"高度"文本框中输入数值，可以设置修改后的画布尺寸。如果勾选"相对"复选框，

扫一扫，看视频

"宽度""高度"数值将代表实际增加或减少的区域的大小，而不再代表整个文档的大小。输入正值表示增加画布，输入负值则表示减小画布。如图1-121为原始图像，图1-122为"画布大小"窗口。

图 1-121

图 1-122

* 定位：主要用来设置当前图像在新画布上的位置。图1-123和图1-124为不同定位位置的对比效果。

图 1-123

图 1-124

- 画布扩展颜色：当新建画布大小大于原始文档尺寸时，在此处可以设置扩展区域的填充颜色。图1-125和图1-126分别为使用"前景色"与"背景色"填充扩展颜色的效果。

图 1-125

图 1-126

> 提示："画布大小"与"图像大小"的区别
> "画布大小"与"图像大小"的概念不同，"画布"指的是整个可以绘制的区域而非部分图像区域。例如，增大"图

像大小"会将画面中的内容按一定比例放大，而增大"画布大小"则在画面中增大了部分空白区域，原始图像没有变大，如图1-127所示。如果缩小"图像大小"画面内容会按一定比例缩小，而缩小"画布大小"，图像则会被裁掉一部分，如图1-128所示。

| 600像素*600像素 | 图像大小: 1000像素*1000像素 | 画布大小: 1000像素*1000像素 |

图 1-127

600像素*600像素　　图像大小:　　画布大小:
　　　　　　　　　300像素*300像素　300像素*300像素

图 1-128

【重点】1.7.3　动手练：裁剪照片

如要裁掉画面中的部分内容，最方便的就是使用工具箱中的"裁剪工具" ，直接在画面中绘制出需要保留的区域即可。图1-129为"裁剪工具"选项栏。

扫一扫，看视频

图 1-129

（1）选择工具箱中的"裁剪工具" ，如图1-130所示。在画面中按住鼠标左键拖动，绘制一个需要保留的区域，如图1-131所示。接下来，还可以对这个区域进行调整。将光标移动到裁剪框的边缘或者四角处，按住鼠标左键拖动，即可调整裁剪框的大小，如图1-132所示。

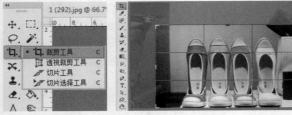

图 1-130   图 1-131

图 1-132

（2）绘制完裁剪框后，将光标放置在裁剪框外侧，光标变为带弧线的箭头形状，此时按住鼠标左键拖动，即可旋转裁剪框，如图 1-133 所示。调整完成后，按下 Enter 键确定裁剪操作，如图 1-134 所示。

图 1-133

图 1-134

（3）"裁剪工具"也可用于放大画布。当需要放大画布时，若勾选选项栏中的"内容识别"复选框，则会自动补全由于裁剪造成的画面局部空缺，如图 1-135 所示；若取消勾选该复选框，则以背景色进行填充，如图 1-136 所示。

图 1-135

图 1-136

（4）在 比例 下拉列表框中可以选择裁切的约束方式。如果想要按照特定比例进行裁剪，可以在该下拉列表框中选择"比例"选项，然后在其右侧文本框中输入比例数值即可，如图 1-137 所示。如果想要用特定的尺寸进行裁剪，则可以在该下拉列表框中选择"宽×高×分辨率"选项，接着在其右侧文本框中输入宽、高和分辨率的数值，如图 1-138 所示。想要随意裁剪的时候，则需要先单击"清除"按钮，清除长宽比。

图 1-137

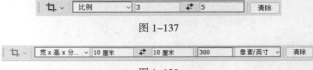

图 1-138

（5）单击选项栏中的"拉直" 按钮，在图像上按住鼠标左键画出一条直线，松开光标后，即可通过将这条线校正为直线来拉直图像，如图 1-139、图 1-140 所示。

中文版Photoshop CC数码照片处理从入门到精通（微课视频 全彩版）

图 1-139

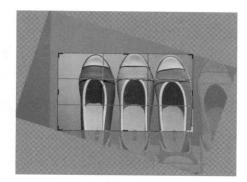

图 1-140

1.7.4　动手练：透视裁剪工具

"透视裁剪工具" ▦ 可以在对图像进行裁剪的同时调整图像的透视效果，常用于去除图像中的透视感，或者在带有透视感的图像中提取局部，还可以用来为图像添加透视感。

例如，打开一幅带有透视感的图像，然后右击工具箱中的裁切工具组按钮，选择"透视裁剪工具"，在建筑的一角处单击鼠标左键，如图 1-141 所示。接着将光标依次移动到带有透视感的建筑的其他点上，如图 1-142 所示。绘制出 4 个点即可，如图 1-143 所示。

图 1-141

图 1-142

图 1-143

按下 Enter 键完成裁剪，可以看到原本带有透视感的建筑被"拉"成平面了，如图 1-144 所示。

图 1-144

如果以当前图像透视的反方向绘制裁剪框(如图 1-145所示)，则能够起到强化图像透视的作用，如图 1-146 所示。

图 1-145

图 1-146

【重点】1.7.5　旋转照片

使用相机拍摄照片时，有时会由于相机朝向使照片以横向或竖向呈现。这些问题可以通过"图像>图像旋转"子菜单中的相应命令来解决，如图 1-147 所示。图 1-148 分别为"原图"、"180 度""顺时针 90 度""逆时针 90 度""水平翻转画布""垂直翻转画布"的对比效果。

图 1-147

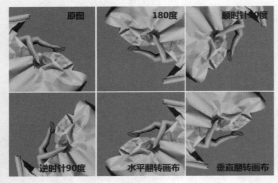

图 1-148

执行"图像>图像旋转>任意角度"命令,在弹出的"旋转画布"窗口中输入特定的旋转角度,并设置旋转方向"度顺时针"或"度逆时针",如图1-149所示。如图1-150所示为顺时针旋转60度的效果,旋转后画面中多余的部分被填充为当前的背景色。

图 1-149

图 1-150

1.8 掌握"图层"的基本操作

扫一扫,看视频

Photoshop是一款以"图层"为基础操作单位的制图软件。换句话说,"图层"是在Photoshop中进行一切操作的载体。顾名思义,图层就是图+层,图即图像,层即分层、层叠。简而言之,就是以分层的形式显示图像。来看一幅漂亮的Photoshop作品:在鲜花盛开的草地上,一只甲壳虫漫步其间,身上还背着一部老式电话机,如图1-151所示。实际上该作品就是将不同图层上大量不相干的元素按照顺序依次堆叠形成的。每个图层就像一块透明玻璃,最顶部的"玻璃板"上是话筒和拨盘,中间的"玻璃板"上贴着甲壳虫,最底部的"玻璃板"上有草地花朵。将这些"玻璃板"(图层)按照顺序依次堆叠摆放在一起,就呈现出了完整的作品。

图 1-151

在"图层"模式下,对图像进行操作非常方便、快捷。如要在画面中添加一些元素,可以新建一个空白图层,然后在新的图层中绘制内容。这样新绘制的图层不仅可以随意移动位置,还可以在不影响其他图层的情况下进行内容的编辑。

如图1-152所示为打开的一张图片,其中包含一个背景图层。接着在一个新的图层上绘制了一些白色的斑点,如图1-153所示。由于白色斑点在另一个图层上,所以可以单独移动这些白色斑点的位置(如图1-54所示),或者对其大小和颜色等进行调整(如图1-55所示),所有的这些操作都不会影响到原图内容。

图 1-152

图 1-153

改变斑点的位置

图 1-154

改变斑点的颜色

图 1-155

除了方便操作以及图层之间互不影响外，Photoshop的图层之间还可以进行"混合"。例如，上方的图层降低了不透明度，逐渐显现出下方图层，如图1-156、图1-157所示；或者通过设置特定的"混合模式"，使画面呈现出奇特的效果，如图1-158、图1-159所示。这些内容将在后面的章节学习。

图1-156

图 1-157

图1-158

图 1-159

了解图层的特性后，我们来看一下它的"大本营"——"图层"面板。执行"窗口>图层"命令，打开"图层"面板，如图1-160所示。"图层"面板常用于新建图层、删除图层、选择图层、复制图层等，还可以进行图层混合模式的设置，以及添加和编辑图层样式等。

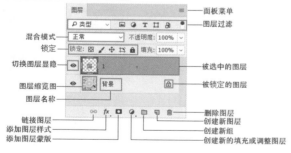

图 1-160

其中各项功能介绍如下。

* 图层过滤 ：用于筛选特定类型的图层或查找某个图层。在左侧的下拉列表框中可以选择筛选方式，在其右侧可以选择特殊的筛选条件。单击最右侧的 按钮，可以启用或关闭图层过滤功能。

* 锁定锁定： ：选中图层，单击"锁

定透明像素"按钮 ，可以将编辑范围限定为只针对图层的不透明部分；单击"锁定图像像素"按钮 ，可以防止使用绘画工具修改图层的像素；单击"锁定位置"按钮 ，可以防止图层的像素被移动；单击 按钮，可以防止在画板内外自动套嵌；单击"锁定全部"按钮 ，可以锁定透明像素、图像像素和位置，处于这种状态下的图层将不能进行任何操作。

* 设置图层混合模式 正片叠底 ：用来设置当前图层的混合模式，使之与下面的图像产生混合。在该下拉列表框中提供了多种混合模式，选择不同的混合模式，产生的图层混合效果不同。

* 设置图层不透明度 不透明度：100% ：用来设置当前图层的不透明度。

* 设置填充不透明度 填充：100% ：用来设置当前图层的填充不透明度。该选项与"不透明度"选项类似，但是不会影响图层样式效果。

* 处于显示/隐藏状态的图层 / ：当该图标显示为 时表示当前图层处于可见状态，而显示为 时则处于不可见状态。单击该图标，可以在显示与隐藏之间进行切换。

* 链接图层 ：选择多个图层后，单击该按钮，所选的图层会被链接在一起。被链接的图层可以在选中其中某一图层的情况下进行共同移动或变换等操作。当链接好多个图层后，图层名称的右侧就会显示链接标志，如图1-161所示。

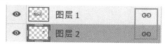

图 1-161

* 添加图层样式 fx ：单击该按钮，在弹出的菜单中选择一种样式，可以为当前图层添加该样式。

* 创建新的填充或调整图层 ：单击该按钮，在弹出的菜单中选择相应的命令，即可创建填充图层或调整图层。此按钮主要用于创建调色调整图层。

* 创建新组 ：单击该按钮，即可创建出一个图层组。

* **创建新图层** ：单击该按钮，即可在当前图层的上一层新建一个图层。

* **删除图层** ：选中某一图层后，单击该按钮，可以删除该图层。

 提示：特殊的"背景图层"

当打开一张JPG格式的照片或图片时，在"图层"面板中将自动生成一个"背景"图层，而且"背景"图层后方带有 图标。该图层比较特殊，无法移动或删除部分像素，有的命令可能也无法使用(如"自由变换""操控变形"等)。因此，如果想要对"背景"图层进行这些操作，需要按住Alt键双击"背景"图层，将其转换为普通图层后，再进行操作，如图1-162所示。

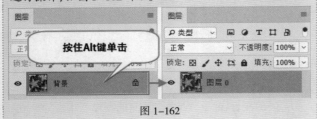

图 1-162

<重点>1.8.1 图层操作第一步：选择图层

当打开一张JPG格式的图片时，在"图层"面板中将自动生成一个"背景"图层，如图1-163所示。此时该图层处于被选中的状态，所有操作也都是针对这个图层进行的。如果当前文档中包含多个图层(例如，在当前的文档中执行"文件 > 置入嵌入的智能对象"命令，置入一张图片)，此时"图层"面板中就会显示两个图层。在"图层"面板中单击新建的图层，即可将其选中，如图1-164所示。在"图层"面板空白处单击鼠标左键，即可取消选择所有图层，如图1-165所示。没有选中任何图层时，图像的编辑操作就无法进行。

图 1-163   图 1-164

图 1-165

想要对多个图层同时进行移动、旋转等操作时，就需要同时选中多个图层。在"图层"面板中首先单击选中一个图层，然后按住Ctrl键的同时单击其他图层(单击名称部分即可，不要单击图层的缩览图部分)，即可选中多个图层。

<重点>1.8.2 复制图层：避免破坏原始效果

选中图层，按快捷键Ctrl+J可以快速复制图层。如果包含选区，则可以快速将选区中的内容复制为独立图层。

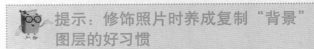

提示：修饰照片时养成复制"背景"图层的好习惯

在对数码照片进行修饰时，建议复制"背景"图层后进行操作，这样可以避免由于操作不当而无法还原回最初状态。

<重点>1.8.3 新建图层

如要向图像中添加一些绘制的元素，最好创建新的图层，这样可以避免因绘制失误而对原图产生影响。在"图层"面板底部单击"创建新图层"按钮，即可在当前图层的上一层新建一个图层如图1-166所示。单击某一个图层即可选中该图层，进行绘图操作，如图1-167所示。当文档中的图层比较多时，可能很难分辨某个图层。为了便于管理，我们可以对已有的图层进行命名。将光标移动至图层名称处双击鼠标左键，图层名称便处于激活的状态。接着输入新的名称，按Enter键确定，如图1-168所示。

图 1-166   图 1-167

图 1-168

中文版Photoshop CC数码照片处理从入门到精通（微课视频 全彩版）

[重点] 1.8.4　删除图层

选中图层，单击"图层"面板底部的"删除图层"按钮 🗑，如图1-169所示。在弹出的对话框中单击"是"按钮，即可删除该图层(选中"不再显示"复选框，可以在以后删除图层时省去这一步骤)，如图1-170所示。如果画面中没有选区，直接按Delete键也可以删除所选图层。

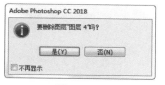

图1-169　　　　　　　　　图1-170

> 📖 提示：删除隐藏图层
>
> 执行"图层>删除图层>隐藏图层"命令，可以删除所有隐藏的图层。

[重点] 1.8.5　调整图层顺序

在"图层"面板中，位于上方的图层会遮挡住下方的图层，如图1-171所示。在制图过程中经常需要调整图层堆叠的顺序。在"图层"面板中选中一个图层，按住鼠标左键向下或向上拖曳，即可完成图层顺序的调整，此时画面的效果也会发生改变。例如，在这里选择蓝色包装图层1，然后按住鼠标左键向下拖动(如图1-172所示)，拖动到目标图层下方，当突出显示后释放鼠标，调整后的效果如图1-173所示。

图1-171

图1-172　　　　　　　　　图1-173

> 📖 提示：使用菜单命令调整图层顺序
>
> 选中要移动的图层，然后执行"图层>排列"子菜单中的相应命令，也可以调整图层的排列顺序。

[重点] 1.8.6　动手练：移动图层

如要调整图层的位置，可以使用工具箱中的"移动工具" ✛ 来实现。如要调整图层中部分内容的位置，可以使用选区工具绘制出特定范围，然后使用"移动工具"进行移动。

1. 使用"移动工具"

在"图层"面板中选择需要移动的图层("背景"图层无法移动)，如图1-174所示。接着选择工具箱中的"移动工具"，如图1-175所示。然后在画面中按住鼠标左键拖曳，该图层的位置就会发生变化，如图1-176所示。在不同文档之间使用"移动工具"，可以将图层复制到另一个文档中。

图1-174

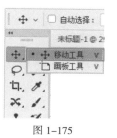

图1-175　　　　　　　　　图1-176

在使用"移动工具"移动对象的过程中，按住Shift键可以沿水平或垂直方向移动对象。

2. 移动并复制

在使用"移动工具"移动图像时，按住Alt键拖曳图像，可以复制图层。当图像中存在选区时，按住Alt键的同时拖动选区中的内容，则会在该图层内部复制选中的部分，如图1-177和图1-178所示。

图 1-177

图 1-178

提示：移动选区中的像素

当图像中存在选区时，选中普通图层，使用"移动工具"进行移动时，选中图层内的所有内容都会移动，且原选区显示透明状态。当选中的是"背景"图层，使用"移动工具"进行移动时，选区部分将会被移动且原选区被填充背景色。

【重点】1.8.7　合并图层

合并图层是指将所有选中的图层合并成一个图层。例如，多个图层合并前如图1-179所示，将"背景"图层以外的图层进行合并后如图1-180所示。经过观察可以发现，画面的效果并没有什么变化，只是多个图层变为了一个图层。

图 1-179

图 1-180

1. 合并图层

想要将多个图层合并为一个图层，可以在"图层"面板中单击选中某一图层，然后按住Ctrl键加选需要合并的图层，执行"图层>合并图层"命令或按快捷键Ctrl+E。

2. 合并可见图层

执行"图层>合并可见图层"命令或按Ctrl+Shift+E快捷键，可以将"图层"面板中的所有可见图层合并为"背景"图层。

3. 拼合图像

执行"图层>拼合图像"命令，即可将全部图层合并到"背景"图层中。如果有隐藏的图层则会弹出一个提示对话框，询问用户是否要扔掉隐藏的图层。

4. 盖印

盖印可以将多个图层的内容合并到一个新的图层中，同时保持其他图层不变。选中多个图层，然后按快捷键Ctrl+Alt+E，可以将这些图层中的图像盖印到一个新的图层中，而原始图层的内容保持不变。按快捷键Ctrl+Shift+Alt+E，可以将所有可见图层盖印到一个新的图层中。

【重点】1.8.8 栅格化图层

在Photoshop中新建的图层为普通图层。除此之外，Photoshop中还有几种特殊图层，如使用文字工具创建出的文字图层，置入后的智能对象图层，使用矢量工具创建出的形状图层，使用3D功能创建出的3D图层等。这些特殊图层与智能对象非常相似，可以移动、旋转、缩放，但是不能对其内容进行编辑。想要编辑这些特殊对象的内容，就需要将它们转换为普通图层。

"栅格化"图层就是将"特殊图层"转换为"普通图层"的过程。选择需要栅格化的图层，然后执行"图层>栅格化"子菜单中的相应命令，或者在"图层"面板中选中该图层，单击鼠标右键，在弹出的快捷菜单中选择"栅格化图层"命令，如图1-181所示。随即可以看到"特殊图层"已转换为"普通图层"，如图1-182所示。

图1-181   图1-182

1.9 图层的变换与变形

在"编辑"菜单中提供了多个对图层进行变换/变形的命令，如"内容识别缩放""操控变形""透视变形""自由变换""变换"等。其中"变换"命令与"自由变换"命令的功能基本相同，只不过使用"自由变换"命令更方便一些。

提示：针对图层进行变换与变形

需要注意的是，这些命令都是针对图层进行操作，而不是针对整个文档进行操作。例如，文档中包含3个图层，使用"图像大小"命令调整的是整个文件的尺寸；而使用"自由变换"命令进行缩放调整的是单个图层的尺寸，而另外两个图层和整个文档的尺寸不会发生变化。

【重点】1.9.1 自由变换：缩放、旋转、斜切、扭曲、透视、变形

在制图过程中，经常需要调整图层的大小、角度，有时也需要对图层的形态进行扭曲、变形，

扫一扫，看视频

这些都可以通过"自由变换"命令来实现。选中需要变换的图层，执行"编辑>自由变换"命令(快捷键：Ctrl+T)。此时对象进入自由变换状态，四周出现了定界框，4个角点处以及4条边框的中间都有控制点，如图1-183所示。完成变换后，按Enter键确认。如果要取消正在进行的变换操作，可以按Esc键。

图1-183

提示："背景图层"无法进行变换

打开一张图片后，有时会发现无法使用"自由变换"命令，这可能是因为打开的图片只包含一个"背景"图层。此时需要按住Alt键的同时双击"背景"图层，将其转换为普通图层，然后就可以使用"编辑>自由变换"命令了。

1. 放大、缩小

按住鼠标左键拖曳定界框上、下、左、右边框上的控制点，可以分别对图层进行横向或纵向的放大或缩小，如图1-184所示。按住鼠标左键拖曳角点处的控制点，可以同时对图层进行横向和纵向的放大或缩小，如图1-185所示。

图1-184   图1-185

按住Shift键的同时拖曳定界框4个角点处的控制点，可以进行等比缩放，如图1-186所示。如果按住Shift+Alt组合键的同时拖曳定界框4个角点处的控制点，能够以图层中心点作为缩放中心进行等比缩放，如图1-187所示。

图 1-186　　　　　　　　图 1-187

2. 旋转

将光标移动至 4 个角点处的任意一个控制点上，当其变为弧形的双箭头形状 后，按住鼠标左键拖动即可进行旋转，如图 1-188 所示。按住 Shift 键旋转时可以以 15 度为增量进行逐级旋转。

图 1-188

3. 斜切

在自由变换状态下，单击鼠标右键，在弹出的快捷菜单中选择"斜切"命令，然后按住鼠标左键拖曳控制点，即可看到变换效果，如图 1-189 所示。

图 1-189

4. 扭曲

在自由变换状态下，单击鼠标右键，在弹出的快捷菜单中选择"扭曲"命令，然后按住鼠标左键拖曳上、下控制点，

可以对图层进行水平方向的扭曲，如图 1-190 所示；按住鼠标左键拖曳左、右控制点，可以进行垂直方向的扭曲，如图 1-191 所示。

图 1-190　　　　　　　　图 1-191

5. 透视

在自由变换状态下，单击鼠标右键，在弹出的快捷菜单中选择"透视"命令，然后按住鼠标左键拖曳一个控制点即可产生透视效果，如图 1-192 和图 1-193 所示。此外，也可以选择需要变换的图层，执行"编辑 > 变换 > 透视"命令。

图 1-192　　　　　　　　图 1-193

6. 变形

在自由变换状态下，单击鼠标右键，在弹出的快捷菜单中选择"变形"命令，然后按住鼠标左键拖曳网格线或控制点即可进行变形操作，如图 1-194 所示。此外，也可以在调出变形定界框后，在工具选项栏的"变形"下拉列表框中选择一种合适的形状，然后设置相关参数，效果如图 1-195 所示。

图 1-194　　　　　　　　图 1-195

7. 旋转180度、顺时针旋转90度、逆时针旋转90度、水平翻转、垂直旋转

在自由变换状态下，单击鼠标右键，在弹出的快捷菜单的底部还有5个旋转的命令，即"旋转180度""顺时针旋转90度""逆时针旋转90度""水平翻转"与"垂直旋转"命令，如图1-196所示。顾名思义，根据这些命令的名称我们就能够判断出它们的用法。

图 1-196

8. 复制并重复上一次变换

如要制作一系列变换规律相似的元素，可以使用"复制并重复上一次变换"功能来完成。在使用该功能之前，需要先设定好一个变换规律。

首先确定一个变换规律；然后按快捷键Ctrl+Alt+T调出定界框，将"中心点"拖曳到定界框左下角的位置，如图1-197所示；接着对图像进行旋转和缩放，按Enter键确认，如图1-198所示；最后多次按快捷键Shift+Ctrl+Alt+T，可以得到一系列规律的变换效果，如图1-199所示。

图 1-197

图 1-198

图 1-199

练习实例：使用"自由变换"快速填补背景

文件路径	资源包\第1章\使用"自由变换"快速填补背景
难易指数	★★★★★
技术要点	矩形选框工具、自由变换

扫一扫，看视频

案例效果

案例处理前后的效果对比如图1-200和图1-201所示。

图 1-200

图 1-201

操作步骤

步骤 01 执行"文件>打开"命令，在弹出的"打开"窗口中选择"素材1.jpg"，单击"打开"按钮，将素材打开，如图1-202所示。从画面中可以看出背景部分相对杂乱，需要进行统一化处理。

图 1-202

步骤 02 由于桌面部分颜色比较均匀，可以尝试将桌面的范围扩大，以填补背景部分。选择工具箱中的"矩形选框工具"，在桌面上方按住鼠标左键拖动，绘制出这部分的选区，如图1-203所示。

图 1-203

步骤 03 执行"编辑>自由变换"命令,将光标放在自由变换定界框上方中间的控制点上,按住鼠标左键往上拖动,操作完成后按Enter键确认,如图1-204所示。此时画面上方缺失的部分就被补齐了,效果如图1-205所示。

图 1-204

图 1-205

步骤 04 选择工具箱中的"矩形选框工具",按住鼠标左键在画面的下方框选,如图1-206所示。

图 1-206

步骤 05 选择该图层,执行"编辑>自由变换"命令,将光标放在下方中间的控制点上,按住鼠标左键往下拖动,操作完成后按Enter键确认,如图1-207所示。此时就将画面下方不规整部分修复完了,效果如图1-208所示。

图 1-207

图 1-208

练习实例:将照片贴在墙上

文件路径	资源包\第1章\将照片贴在墙上
难易指数	★★★★★
技术要点	打开、置入嵌入的智能对象、自由变换

扫一扫,看视频

案例效果

案例效果如图1-209所示。

图 1-209

操作步骤

步骤 01 执行"文件>打开"命令,在弹出的"打开"窗口选择素材"1.jpg",然后单击"打开"按钮,如图1-210所示。随即背景素材"1.jpg"被打开,如图1-211所示。

图 1-210

图 1-211

步骤 02 执行"文件>置入嵌入的智能对象"命令,在弹出的"置入嵌入的对象"窗口中单击选择"2.jpg",然后单击"置入"按钮,如图 1-212 所示。按 Enter 键确定置入操作,效果如图 1-213 所示。

图 1-212

图 1-213

步骤 03 在"图层"面板中选择汽车图层,单击鼠标右键,在弹出的快捷菜单中选择"栅格化图层"命令,将智能图层栅格化为普通图层,如图 1-214 所示。

图 1-214

步骤 04 接下来,将调整图像的形状,使其与后侧的相框角度相符。选中汽车图层,在"图层"面板中降低"不透明度",如图 1-215 所示。此时图像呈现出半透明的效果,这时就可以方便地观察后侧的相框,调整图像的大小,如图 1-216 所示。

图 1-215　　　　　　　　　　　图 1-216

步骤 05 选择汽车图层,按下"自由变换"快捷键 Ctrl+T 调出定界框,然后单击鼠标右键,在弹出的快捷菜单中选择"扭曲"命令,如图 1-217 所示。接着按住鼠标左键拖动控制点的位置,调整图像的形状,如图 1-218 所示。调整完成后按 Enter 键确定变换操作。

图 1-217

图 1-218

步骤 06 在"图层"面板中将汽车图层的"不透明度"数值更改为100%，如图1-219所示。此时画面效果如图1-220所示。

图 1-219

图 1-220

练习实例：矫正照片透视问题

文件路径	资源包\第1章\矫正照片透视问题
难易指数	★★★★★
技术要点	自由变换

扫一扫，看视频

案例效果

案例处理前后的效果对比如图1-221和图1-222所示。

图 1-221

图 1-222

操作步骤

步骤 01 执行"文件>打开"命令，将"素材1.jpg"打开，如图1-223所示。单击"图层"面板中"背景"图层右侧的 🔒 按钮，将"背景"图层转换为普通图层，如图1-224所示。由于拍摄角度的问题，人物显得比较矮。接下来，借助自由变换中的透视功能，重新调整人物照片的透视情况，使人物变高。

图 1-223

图 1-224

步骤 02 选择该图层，使用"自由变换"快捷键Ctrl+T调出定界框，然后单击鼠标右键，在弹出的快捷菜单中选择"透视"命令，如图1-225所示。接着向内拖动控制点进行透视变形，如图1-226所示。调整完成后按Enter键确定变换操作。

图 1-225

图 1-226

步骤 03 最后执行"文件>置入嵌入的智能对象"命令，将相框素材"2.png"置入到文档中，按Enter键确定置入操作。案例完成效果如图1-227所示。

图 1-227

1.9.2 动手练：内容识别缩放

扫一扫，看视频

在变换图像时我们经常要考虑是否等比的问题，因为很多不等比的变形是不美观、不专业、不能用的。对于一些图像，等比缩放确实能够保证画面效果不变形，但是图像尺寸可能就不尽人意了。那有没有一种方法既能保证图像画面效果不变形，又能不等比地调整大小呢？答案是有的，可以使用"内容识别缩放"命令进行缩放操作。

（1）打开一张图片，如图1-228所示。如果想要使横幅的照片变为竖幅，按下"自由变换"快捷键Ctrl+T调出定界框，然后直接调整画面比例，画面中的图形就变形了，如图1-229

所示。若执行"编辑>内容识别缩放"命令调出定界框,然后进行横向的缩放,随着拖曳可以看到画面中的主体并未发生变形,而只是颜色较为统一的位置进行了缩放,如图1-230所示。

图 1-228

图 1-229

图 1-230

提示:"内容识别缩放"命令的适用范围

"内容识别缩放"命令适用于处理图层和选区,图像可以是RGB、CMYK、Lab和灰度颜色模式以及所有位深度;但不适用于处理调整图层、图层蒙版、各个通道、智能对象、3D图层、视频图层、图层组,或者同时处理多个图层。

(2) 如果要缩放人像图片(如图1-231所示),可以在执行完"内容识别缩放"命令之后,单击工具选项栏中的"保护肤色"按钮,然后进行缩放。这样可以最大程度地保证人物比例,如图1-232所示。

图 1-231

图 1-232

提示:工具选项栏中的"保护"选项的用法

选择要保护的区域的Alpha通道。如果要在缩放图像时保留特定的区域,"内容识别缩放"命令允许在调整大小的过程中使用Alpha通道来保护内容。

练习实例:使用"内容识别缩放"命令为人物增高

文件路径	资源包\第1章\使用内容识别缩放为人物增高
难易指数	★★★★★
技术要点	"内容识别缩放"命令、矩形选框工具

扫一扫,看视频

案例效果

案例处理前后的效果对比如图1-233和图1-234所示。

图 1-233

图 1-234

操作步骤

步骤 01 执行"文件>打开"命令将人像素材打开,如图1-235所示。接着单击"图层"面板中"背景"图层右侧的🔒按钮,即可将"背景"图层转换为普通图层,如图1-236所示。想要为人物"增高",最简单的办法莫过于将人物的下身拉长。

图 1-235　　　　　　　　　图 1-236

步骤 02 选择工具箱中的"矩形选框工具",在画面的下半部按住鼠标左键拖动绘制一个矩形选区,如图1-237所示。接着执行"编辑>内容识别缩放"命令,然后向下拖动控制点,将选区内的像素以垂直方向放大。这样能够起到增高的效果,并且背景部分几乎不会产生任何不合理的变化,如图1-238所示。

图 1-237

图 1-238

步骤 03 按Enter键确定变换操作,然后按快捷键Ctrl+D取消选区的选择。案例完成效果如图1-239所示。

图 1-239

1.9.3　操控变形

"操控变形"命令通常用来修改人物的动作、发型、缠绕的藤蔓等。该功能通过可视网格,以添加控制点的方法扭曲图像。下面就使用这一功能来更改人物动作。

(1) 选择需要变形的图层,执行"编辑>操控变形"命令,图像上将会布满网格,如图1-240所示。在网格上单击添加"图钉",这些"图钉"就是控制点,拖曳图钉才能进行变形操作,如图1-241所示。

图 1-240　　　　　　　　　图 1-241

> 💡 **提示:要添加多少个图钉才能完成变形**
>
> 图钉添加得越多,变形的效果越精确。添加一个图钉并拖曳,可以进行移动,但达不到变形的效果。添加两个图钉,会以其中一个图钉作为"轴"进行旋转。当然,添加图钉的位置也会影响变形的效果。例如,在图1-241中,在身体位置添加的图钉就是用来固定身体,使其在变形时不移动的。

(2) 接下来,拖曳图钉就能进行变形操作了,如图1-242所示。调整完成后按Enter键确认,效果如图1-243所示。

图 1-242　　　　　　　　　图 1-243

1.10 修图常用辅助工具

Photoshop提供了多种非常方便的辅助工具：标尺、参考线、智能参考线、网格、对齐等。使用这些工具，用户可以轻松制作出尺度精准的对象和排列整齐的版面。

1.10.1 使用标尺

在对图像进行精确处理时，就要用到标尺工具了。

扫一扫，看视频

1. 开启标尺

执行"文件>打开"命令，打开一张图片。执行"视图>标尺"命令(快捷键：Ctrl+R。该命令可用于切换标尺的显示或隐藏)在文档窗口的顶部和左侧出现标尺，如图1-244所示。

图1-244

2. 调整标尺原点

虽然标尺只能在窗口的左侧和上方，但是可以通过更改原点(也就是零刻度线)的位置来满足使用需要。默认情况下，标尺的原点位于窗口的左上方。将光标放置在原点上，然后按住鼠标左键拖曳原点，画面中会显示出十字线。释放鼠标左键后，释放处便成了原点的新位置，同时刻度值也会发生变化，如图1-245和图1-246所示。想要使标尺原点恢复默认状态，在左上角两条标尺交界处双击即可。

图1-245

图1-246

3. 设置标尺单位

在标尺上单击鼠标右键，在弹出的快捷菜单中选择相应的单位，即可设置标尺的单位，如图1-247所示。

图1-247

【重点】1.10.2 动手练：使用参考线

"参考线"是一种常用的辅助工具，在平面设计中尤为适用。例如，创建一条水平的参考线，即可对比出当前地平线是否水平。又如，想要制作对齐的元素时，徒手移动很难保证元素整齐排列，如果有了"参考线"，则可以在移动对象时使对象自动"吸附"到参考线上，从而使版面更加整齐。执行"视图>显示>

扫一扫，看视频

参考线"命令,可以切换参考线的显示和隐藏状态。

1. 创建参考线

首先按快捷键Ctrl+R,打开标尺。将光标放置在水平标尺上,然后按住鼠标左键向下拖曳,即可拖出水平参考线,如图1-248所示;将光标放置在左侧的垂直标尺上,然后按住鼠标左键向右拖曳,即可拖出垂直参考线,如图1-249所示。

图1-248

图1-249

2. 移动和删除参考线

如果要移动参考线,单击工具箱中的"移动工具"按钮 ,然后将光标放置在参考线上,当其变成分隔符形状 时,按住鼠标左键拖动,即可移动参考线,如图1-250所示。如果使用"移动工具"将参考线拖曳出画布之外,则可以删除这条参考线,如图1-251所示。

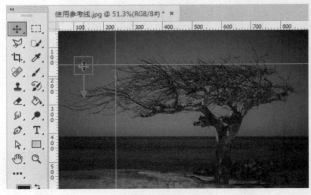

图1-250

图1-251

提示:参考线可对齐或任意放置

在创建、移动参考线时,按住Shift键可以使参考线与标尺刻度对齐;在使用其他工具时,按住Ctrl键可以将参考线放置在画布中的任意位置,并且可以让参考线不与标尺刻度对齐。

3. 删除所有参考线

如要删除画布中的所有参考线,可以执行"视图>清除参考线"命令。

综合实例:制作可爱宝贝头像

文件路径	资源包\第1章\制作可爱宝贝头像
难易指数	★★★★★
技术要点	新建、置入嵌入的智能对象、水平翻转、存储

扫一扫,看视频

案例效果

案例效果如图1-252所示。

中文版Photoshop CC数码照片处理从入门到精通(微课视频 全彩版)

图 1-252

操作步骤

步骤 01 执行"文件>新建"命令，在弹出的"新建文档"窗口中设置"宽度"和"高度"均为1000像素，"分辨率"为72像素/英寸；接着单击"背景内容"按钮，在弹出的"拾色器"窗口中设置颜色为浅青灰色；然后单击"确定"按钮；最后单击"创建"按钮完成新建操作，如图1-253所示。此时新建的文档效果如图1-254所示。

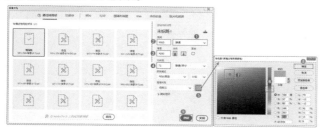

图 1-253

图 1-254

步骤 02 执行"文件>置入嵌入的智能对象"命令，在弹出的"置入嵌入的对象"窗口中单击选择素材"1.png"，然后单击"置入"按钮，如图1-255所示。接着按Enter键确定置入操作，效果如图1-256所示。

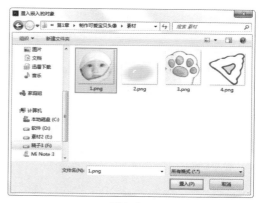

图 1-255

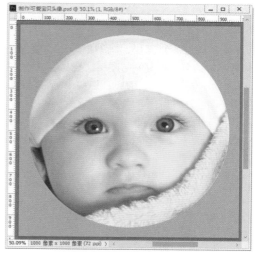

图 1-256

步骤 03 按照同样的方法将素材"2.png"置入到文档中，然后拖动控制点对其进行缩放，接着移动到脸颊位置，如图1-257所示。按Enter键确定变换操作，效果如图1-258所示。

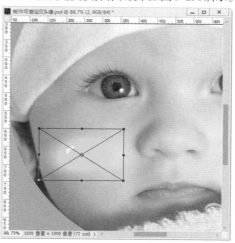

图 1-257

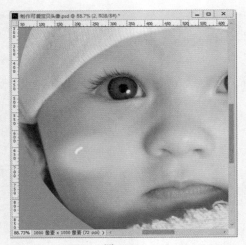

图 1-258

步骤 04 选择腮红素材图层，按快捷键 Ctrl+J 复制图层，如图 1-259 所示。接着选择复制的图层，选择工具箱中的"移动工具"，在画面中按住鼠标左键向右移动，将腮红移动到右侧面颊，如图 1-260 所示。

图 1-259

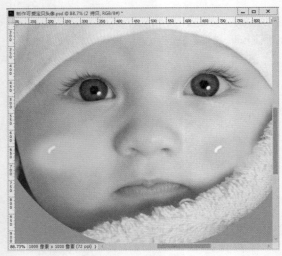

图 1-260

步骤 05 选择复制的腮红图层，按下"自由变换"快捷键 Ctrl+T 调出定界框，然后单击鼠标右键，在弹出的快捷菜单中

选择"水平翻转"命令，如图 1-261 所示。翻转完成后按 Enter 键确定变换操作，效果如图 1-262 所示。

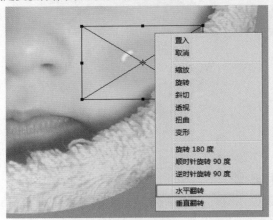

图 1-261

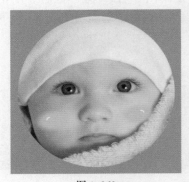

图 1-262

步骤 06 使用同样的方法分别将耳朵、爪子素材置入到文档内，摆放在合适位置，如图 1-263 所示。同样，分别对这些素材进行复制、水平翻转等操作。案例完成效果如图 1-264 所示。

图 1-263

图 1-264

步骤 07 完成制作后存储文档。执行"文件>存储"命令，在弹出的"另存为"窗口中找到要保存的位置，设置合适的文件名，设置"保存类型"为 PhotoShop(*.PSD;*.PDD)，单击"保存"按钮，如图 1-265 所示。在弹出的"Photoshop 格式选项"对话框中单击"确定"按钮，即可完成文件的存储，如图 1-266 所示。

图 1-265

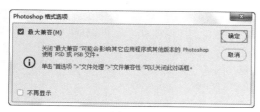

图 1-266

为10，单击"确定"按钮完成设置，如图1-268所示。

图 1-267

图 1-268

步骤 08 在没有安装特定的看图软件和Photoshop的计算机上，PSD格式的文档可能会难以预览。为了方便预览，我们将文档存储一份JPEG格式。执行"文件>存储为"命令，在弹出的窗口中找到要保存的位置，设置合适的文件名，设置"保存类型"为JPEG(*.JPG;*.JPEG;*.JPE)，单击"保存"按钮，如图1-267所示。在弹出的"JPEG选项"对话框中设置"品质"

读书笔记

扫一扫，看视频

Chapter 2
第2章

照片细节修饰

本章内容简介：

　　本章内容主要为两大部分：数字绘画与图像细节的修饰。数字绘画部分主要用到"画笔工具""橡皮擦工具"以及"画笔设置"面板。而图像细节的修饰部分涉及的工具较多，可以分为两大类："仿制图章工具""修补工具""污点修复画笔工具""修复画笔工具"等主要用于去除画面中的瑕疵，"模糊工具""锐化工具""涂抹工具""加深工具""减淡工具""海绵工具"则是用于图像局部的模糊、锐化、加深、减淡等美化操作。

重点知识掌握：

* 熟练掌握颜色的设置方法
* 熟练掌握"画笔工具""橡皮擦工具"的使用方法
* 熟练掌握"仿制图章工具""修补工具""污点修复画笔工具"的使用方法
* 熟练掌握对画面局部进行加深、减淡、模糊、锐化的方法
* 通过本章学习，我能做什么？

　　通过本章的学习，我们可以将照片中较小的瑕疵去除，简单地处理照片中局部明暗不合理的问题，并且能够对画面局部进行模糊以及锐化。例如，"去除"地面上的杂物或者不应入镜的人物，去除人物面部的疤痕、斑点、痘痘、皱纹、眼袋、杂乱发丝、服装上多余的褶皱等。此外，还可以对照片局部的明暗以及虚实程度进行调整，以实现突出强化主体物，弱化环境背景的目的。

优秀作品欣赏

2.1 颜色设置

当我们想要画一幅画时，首先想到的是纸、笔、颜料。在Photoshop中，"文档"就相当于纸，"画笔工具"是笔，颜料则需要通过颜色的设置得到。需要注意的是：不仅在使用"画笔工具"时需要进行颜色设置，在"渐变工具"、"填充"命令、"颜色替换画笔"甚至是"滤镜"的应用都可能涉及颜色的设置。

【重点】2.1.1 设置"前景色"与"背景色"

在学习颜色的具体设置方法之前，首先我们来认识一下"前景色"和"背景色"。在工具箱的底部可以看到前景色和背景色设置按钮（默认情况下，前景色为黑色，背景色为白色），如图2-1所示。单击"前景色"/"背景色"按钮，可以在弹出的"拾色器"窗口中选取一种颜色作为前景色/背景色。单击 按钮可以切换所设置的前景色和背景色（快捷键：X），如图2-2所示。单击 按钮可以恢复默认的前景色和背景色（快捷键：D），如图2-3所示。

扫一扫，看视频

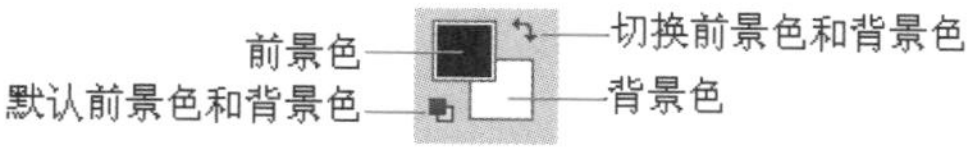

图2-1

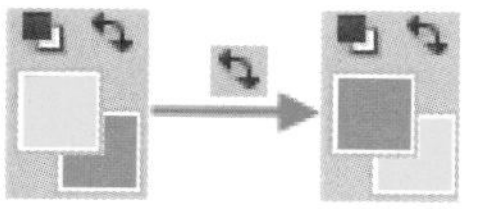

图2-2 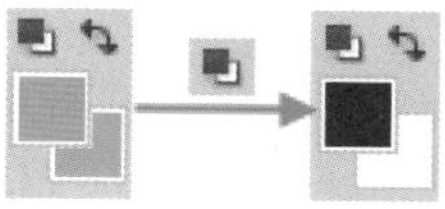　　　　图2-3

通常前景色使用的情况更多些，前景色通常被用于绘制图像、填充某个区域以及描边选区等，如图2-4所示。而背景色通常起到"辅助"的作用，常用于生成渐变填充和填充图像中被删除的区域（例如使用"背景橡皮擦工具"擦除背景图层时，被擦除的区域会呈现出背景色）。一些特殊滤镜也需要使用前景色和背景色，例如"纤维"滤镜和"云彩"滤镜等，如图2-5所示。

图2-4

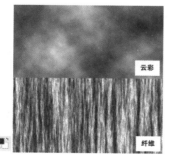

图2-5

认识了前景色与背景色之后，可以尝试单击"前景色/背

景色"按钮，随即就会弹出"拾色器"。"拾色器"是Photoshop中最常用的颜色设置工具，不仅在设置前景色/背景色时要用到，很多颜色设置（如文字颜色、矢量图形颜色等）也都需要使用它。在此以设置前景色为例，首先单击工具箱底部的"前景色"按钮，在弹出的"拾色器（前景色）"窗口中拖动颜色滑块到相应的色相范围内，然后将光标放在左侧的"色域"中，单击即可选择颜色，最后单击"确定"按钮完成操作，如图2-6所示。如果想要设定精确数值的颜色，也可以在"颜色值"处输入具体数字。设置完毕后，前景色随之发生了变化，如图2-7所示。

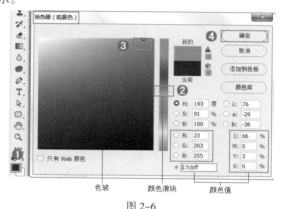

色域　　　颜色滑块　　　颜色值

图2-6

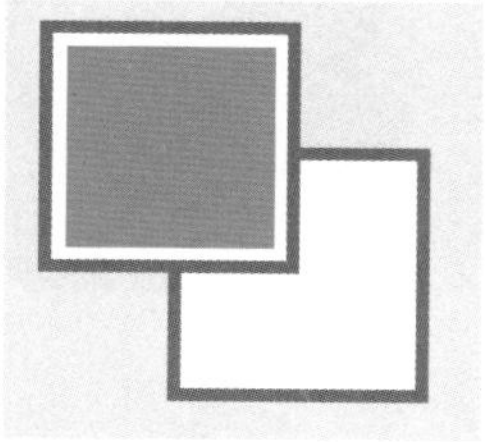

图2-7

【重点】2.1.2 吸管工具：选取画面中的颜色

"吸管工具" 用于吸取图像的颜色作为前景色或背景色。不过，使用"吸管工具"只能吸取一种颜色，可以通过取样大小设置采集颜色的范围。

在"工具箱"中单击"吸管工具"按钮 ，然后在选项栏中设置"取样大小"为"取样点"，"样本"为"所有图层"，并勾选"显示取样环"复选框，接着使用"吸管工具"在图像中单击，此时拾取的颜色将作为前景色，如图2-8所示。按住Alt键，然后单击图像中的区域，此时拾取的颜色将作为背景色，如图2-9所示。

扫一扫，看视频

图 2-8

图 2-9

重点 2.1.3 快速填充前景色/背景色

前景色或背景色的填充经常会用到，因此使用快捷键更方便、快捷。选择一个图层或者绘制一个选区，如图 2-10 所示。设置合适的前景色，然后按前景色填充快捷键 Alt+Delete 进行填充，效果如图 2-11 所示。设置合适的背景色，然后按背景色填充快捷键 Ctrl+Delete 进行填充，效果如图 2-12 所示。

扫一扫，看视频

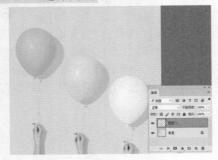

图 2-10

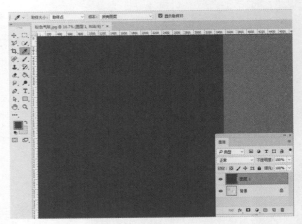

图 2-11

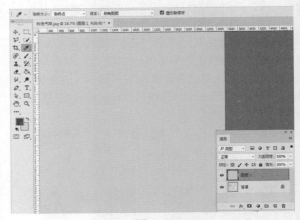

图 2-12

2.2 绘画

Photoshop 提供了非常强大的绘制工具以及方便的擦除工具，这些工具除了在数字绘画中会用到，在照片处理中也有重要用途。

重点 2.2.1 动手练：画笔工具

扫一扫，看视频

当我们想要在画面中画点什么的时候，首先想到的肯定就是要找一支"画笔"。在 Photo-shop 的工具箱中看一下，果然有一个毛笔形状的图标 ✐——"画笔工具"。"画笔工具"是以"前景色"作为"颜料"在画面中进行绘制的。绘制的方法也很简单，如果在画面中单击，能够绘制出一个圆点（因为默认情况下的画笔工具笔尖为圆形），如图 2-13 所示。如果在画面中按住鼠标左键拖动，即可轻松绘制出线条，如图 2-14 所示。

中文版Photoshop CC数码照片处理从入门到精通（微课视频 全彩版）

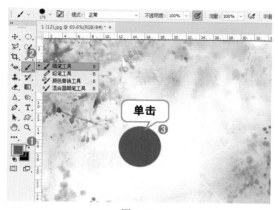

图 2-13

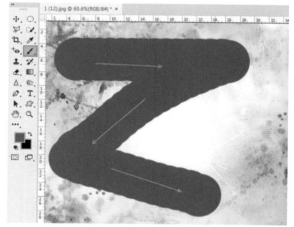

图 2-14

在"画笔工具"选项栏中单击 ● 按钮,打开"画笔预设"选取器。在"画笔预设"选取器中包括多组画笔,展开其中某一个画笔组,然后单击选择一种合适的笔尖,并通过拖动滑块设置画笔的大小和硬度。使用过的画笔笔尖也会显示在"画笔预设"选取器中,如图2-15所示。

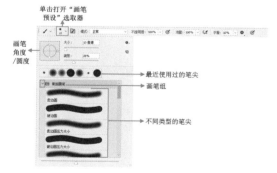

图 2-15

提示:"画笔预设"选取器的注意事项

在使用"画笔工具"时,在"画笔预设"选取器中展开

不同的画笔组,选择其中不同的笔尖类型时,需要注意这些笔尖类型并不都是针对"画笔工具"的,其中有很多类型是针对"涂抹工具""橡皮擦工具"等的。所以,在选中了一种笔尖后,一定要看一下选项栏左侧所显示的当前工具是否为"画笔工具"。图2-16为选择了一种针对"涂抹工具"的笔尖。

图 2-16

· 角度/圆度:画笔的角度指定画笔的长轴在水平方向旋转的角度,如图2-17所示。画笔的圆度是指画笔在Z轴(垂直于画面,向屏幕内外延伸的轴向)上的旋转效果,如图2-18所示。

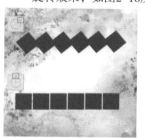

图 2-17　　　　　　图 2-18

· 大小:输入数值或拖动滑块可以调整画笔笔尖的大小。在英文输入法状态下,可以按"["键和"]"键来减小或增大画笔笔尖的大小,如图2-19和图2-20所示。

图 2-19

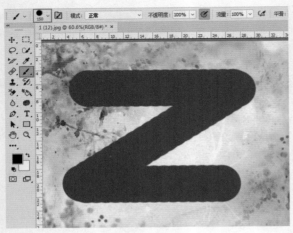

图 2-20

- 硬度：当使用圆形的画笔时"硬度"数值可以调整。数值越大画笔边缘越清晰，数值越小画笔边缘越模糊。不同"硬度"数值的画笔效果分别如图2-21、图2-22和图2-23所示。

图 2-21

图 2-22

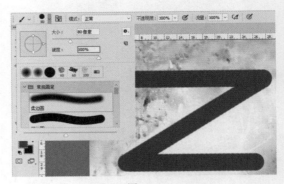

图 2-23

- 模式：设置绘画颜色与现有像素的混合方法。不同模式的效果对比，如图2-24和图2-25所示。

图 2-24

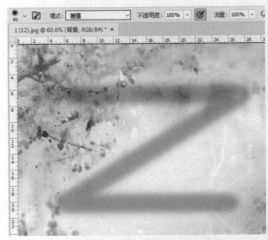

图 2-25

- 画笔设置面板：单击该按钮，即可打开"画笔"设置面板。
- 不透明度：设置画笔绘制出来的颜色的不透明度。数值越大，笔迹的不透明度越高，如图2-26所示；数值越小，笔迹的不透明度越低，如图2-27所示。

图 2-26

图 2-27

- ✓：在使用带有压感的手绘板时，启用该项则可以对"不透明度"使用"压力"。在关闭时，由"画笔预设"控制压力。
- 流量：设置当将光标移到某个区域上方时应用颜色的速率。在某个区域上方进行绘画时，如果一直按住鼠标左键，颜色量将根据流动速率增大，直至达到"不透明度"设置。
- 平滑：用于设置所绘制的线条的流畅程度，数值越高线条越平滑。
- ✓：激活该按钮以后，可以启用喷枪功能，Photoshop会根据按住鼠标左键的时长来确定画笔笔迹的填充数量。
- ✓：在使用带有压感的手绘板时，启用该项则可以对"大小"使用"压力"。在关闭时，由"画笔预设"控制压力。

> 提示：使用"画笔工具"时，画笔的光标不见了，怎么办
>
> 在使用"画笔工具"绘画时，如果不小心按下了键盘

上的 Caps Lock 大写锁定键，画笔光标就会由圆形○(或者其他形状)变为无论怎么调整大小都没有变化的"十字星"十。这时只需要再按一下键盘上的 Caps Lock 大写锁定键，即可恢复成可以调整大小的带有图形的画笔效果。

举一反三：使用"画笔工具"为画面增添朦胧感

"画笔工具"的操作非常灵活，经常用来进行润色、修饰画面细节，还可以用来为画面添加暗角效果。

（1）打开一张素材图片，准备使用"画笔工具"对其进行润色。首先按下I键，切换到"吸管工具"，在浅色花朵的位置单击拾取颜色。选择工具箱中的"画笔工具"，在选项栏中设置较大的笔尖大小，设置"硬度"为0(设置笔尖的边缘为柔角，绘制出的效果才能柔和自然)为了让绘制出的效果更加朦胧，可以适当降低"不透明度"的数值。操作过程分别如图2-28和图2-29所示。

图 2-28

图 2-29

（2）在画面中按住鼠标左键拖曳进行绘制。先绘制画面中的4个角点，然后利用柔角画笔的虚边在画面边缘进行绘制，效果如图2-30所示。最后可以为画面添加一些艺术字元素作为装饰，完成效果如图2-31所示。

图 2-30　　　　　　　图 2-31

【重点】2.2.2　橡皮擦工具

既然 Photoshop 中有"画笔"可供绘画，那么有没有用于擦除的橡皮擦呢？当然有！"橡皮擦工具" 位于橡皮擦工具组中。在橡皮擦工具组按钮上单击鼠标右键，在弹出的工具组中单击选择"橡皮擦工具"。接着选择一个普通图层，在画面中按住鼠标左键拖曳，光标经过的位置像素就被擦除了，如图 2-32 所示。若选择了"背景"图层，使用"橡皮擦工具"进行擦除，则擦除的像素将变成背景色，如图 2-33 所示。

扫一扫，看视频

图 2-32

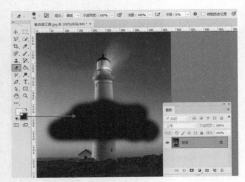

图 2-33

举一反三：巧用"橡皮擦工具"融合两张照片

（1）首先找到两张角度、色调、场景内容等方面都比较匹配的照片。打开其中一张照片，按住 Alt 键双击"背景"图层，

将其转换为普通图层，如图 2-34 所示。接着根据照片的大小将画板进行适当放大，再置入另外一张风景素材（别忘记栅格化图层）。这两个照片之间要有一定的重叠区域，否则擦除交界处时可能会漏出透明背景，如图 2-35 所示。

图 2-34

图 2-35

（2）接下来，在工具箱中选择"橡皮擦工具"。为了让合成效果更自然一些，适当将笔尖调大一些，"硬度"一定要设置为0%，这样才能让擦除的过渡效果自然。此外，还可以适当地降低"不透明度"。接着在风景素材边缘按住鼠标左键拖曳进行擦除。如果拿捏不准位置，可以先在"图层"面板中适当降低不透明度，擦除完成后再调整为正常即可，如图 2-36 所示。合成效果如图 2-37 所示。

图 2-36

图 2-37

2.2.3　"画笔设置"面板：设置不同的笔触效果

扫一扫，看视频

画笔除了可以绘制出单色的线条外，还可以绘制出虚线、同时具有多种颜色的线条、带有

中文版Photoshop CC数码照片处理从入门到精通（微课视频 全彩版）

图案叠加效果的线条、分散的笔触、透明度不均的笔触，如图2-38所示。想要绘制出这些效果，都需要借助于"画笔设置"面板。

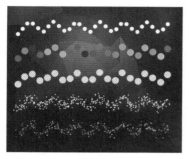

图 2-38

提示："画笔设置"面板的应用范围

"画笔设置"面板并不是只针对"画笔工具"的属性设置，大部分以画笔模式进行工作的工具都会用到，如"画笔工具""铅笔工具""仿制图章工具""历史记录画笔工具""橡皮擦工具""加深工具""模糊工具"等。

在"画笔预设"选取器中可以设置笔尖样式、画笔大小、角度以及硬度，但是各种绘制类工具的笔触形态属性可不仅仅只是这些。执行"窗口>画笔设置"命令(快捷键：F5)，打开"画笔设置"面板，在这里可以看到非常多的参数设置，最底部显示着当前笔尖样式的预览效果。此时默认显示的是"画笔笔尖形状"页面，如图2-39所示。

在面板左侧列表中还可以启用画笔的各种属性，例如形状动态、散布、纹理、双重画笔、颜色动态、传递、画笔笔势等。想要启用某种属性，需要在这些选项名称前单击，使之呈现出启用状态✔。接着单击某一选项名称，即可进入该选项设置页面，如图2-40所示。

图 2-39

图 2-40

提示：为什么"画笔设置"面板不可用

有时打开了"画笔设置"面板，却发现其中的参数都是"灰色的"，无法进行调整。这可能是因为当前所使用的工具无法通过"画笔设置"面板进行参数设置。而"画笔设置"面板又无法单独对画面进行操作，它必须通过"画笔工具"等绘制工具才能实施操作。所以想要使用"画笔设置"面板，首先需要选择"画笔工具"或者其他绘制工具。

1．画笔笔尖形状设置

默认情况下，在"画笔设置"面板中会显示"画笔笔尖形状"设置页面。在这里不仅可以对画笔的形状、大小、硬度这些常用的参数进行设置，还可以对画笔的角度、圆度以及间距进行设置。这些参数选项非常简单，随意调整数值，就可以在底部看到当前画笔的预览效果，如图2-41所示。在当前页面设置相应的参数，可以制作如图2-42和图2-43所示的各种效果。

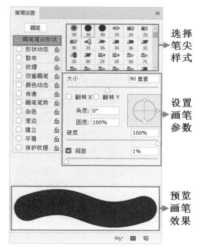

图 2-41

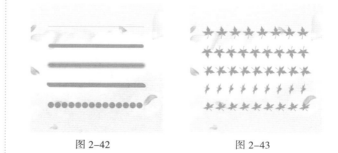

图 2-42　　　　　图 2-43

2．形状动态设置

执行"窗口>画笔设置"命令，打开"画笔设置"面板。在左侧列表中单击"形状动态"前端的方框，使之变为启用状态✔；接着单击"形状动态"，才能进入"形状动态"设置页面，如图2-44所示。在该页面中进行设置后，可以绘制出带有大小不同、角度不同、圆度不同笔触效果的线条。在"形状动态"页面中可以看到"大小抖动""角度抖动""圆度抖动"，此处的"抖动"就是指某项参数在一定范围内随机变换。数值越大，变化范围也就越大。在当前页面中设置相应的参数，可以制作如图2-45所示的效果。

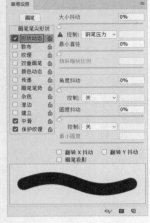

图2-44　　　　　　　　　图2-45

3．散布设置

执行"窗口>画笔设置"命令，打开"画笔设置"面板。在左侧列表中单击"散布"前端的方框，使之变为启用状态✔；接着单击"散布"，才能进入"散布"设置页面，如图2-46所示。该页面用于设置描边中笔迹的数目和位置，使画笔笔迹沿着绘制的线条扩散。在"散布"页面中可以对散布的方式、数量和散布的随机性进行调整。数值越大，变化范围也就越大。在制作随机性很强的光斑、星光或树叶纷飞的效果时，"散布"属性是必须要设置的。如图2-47所示是设置了"散布"属性制作的效果。

图2-46　　　　　　　　　图2-47

4．纹理设置

执行"窗口>画笔设置"命令，打开"画笔设置"面板。在左侧列表中单击"纹理"前端的方框，使之变为启用状态✔；接着单击"纹理"，才能进入"纹理"设置页面，如图2-48所示。该页面用于设置画笔笔触的纹理，使之可以绘制出带有纹理的笔触效果。在"纹理"页面中可以对图案的大小、亮度、对比度、混合模式等进行设置。如图2-49所示为添加了不同纹理的笔触效果。

图2-48　　　　　　　　　图2-49

5．双重画笔设置

执行"窗口>画笔设置"命令，打开"画笔设置"面板。在左侧列表中单击"双重画笔"前端的方框，使之变为启用状态✔；接着单击"双重画笔"，才能进入"双重画笔"设置页面，如图2-50所示。在"双重画笔"设置页面中进行设置后，可以使绘制的线条呈现出两种画笔混合的效果。在对"双重画笔"属性进行设置前，需要先设置画笔主属性"画笔笔尖形状"，然后启用"双重画笔"属性。设置时，先从顶部的"模式"下拉列表框中选择主画笔和双重画笔组合画笔笔迹要使用的混合模式，然后从中间的列表框中选择另外一个笔尖（即双重画笔），再对"大小""间距""散布""数量"等参数进行设置（其参数非常简单，大多与其他属性设置页面中的参数相同）。如图2-51所示为不同画笔的效果。

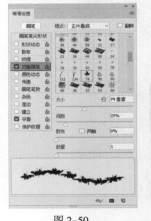
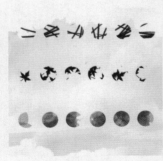

图2-50　　　　　　　　　图2-51

中文版Photoshop CC数码照片处理从入门到精通（微课视频　全彩版）

6. 颜色动态设置

执行"窗口>画笔设置"命令，打开"画笔设置"面板。在左侧列表中单击"颜色动态"前端的方框，使之变为启用状态 ✅；接着单击"颜色动态"，才能进入"颜色动态"设置页面，如图2-52所示。在设置颜色动态之前，需要设置合适的前景色与背景色；然后在"颜色动态"设置页面中进行其他参数选项的设置，才能绘制出颜色变化的效果，如图2-53所示。

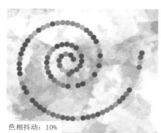

色相抖动：10%

图 2-52　　　　　　　图 2-53

7. 传递设置

执行"窗口>画笔设置"命令，打开"画笔设置"面板。在左侧列表中单击"传递"前端的方框，使之变为启用状态 ✅；接着单击"传递"，才能进入"传递"设置页面，如图2-54所示。该页面主要用于设置笔触的不透明度抖动、流量抖动、湿度抖动、混合抖动等参数，从而控制油彩在描边路线中的变化方式。"传递"属性常用于光效的制作。在绘制光效的时候，光斑通常带有一定的透明度，所以需要勾选"传递"属性，进行相应参数的设置，以增加光斑透明度的变化，效果如图2-55所示。

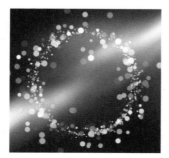

图 2-54　　　　　　　图 2-55

8. 画笔笔势设置

执行"窗口>画笔设置"命令，打开"画笔设置"面板。在左侧列表中单击"画笔笔势"前端的方框，使之变为启用状态 ✅；接着单击"画笔笔势"，才能进入"画笔笔势"设置页面。该页面主要用于设置毛刷画笔笔尖、侵蚀画笔笔尖的角度。选择一个毛刷画笔，在窗口的左上角有笔刷的缩览图，如图2-56所示。接着在"画笔设置"面板"画笔笔势"设置页面中进行参数的设置，如图2-57所示。设置完成后按住鼠标左键拖曳进行绘制，效果如图2-58所示。

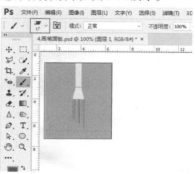

图 2-56

图 2-57　　　　　　　图 2-58

9. 杂色

杂色：为个别画笔笔尖增加额外的随机性。如图2-59、图2-60所示分别是关闭与开启"杂色"属性时的笔迹效果。当使用柔边画笔时，该属性最能出效果。

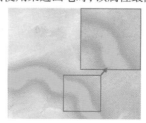

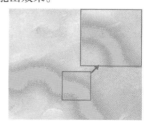

图 2-59　　　　　　　图 2-60

10. 湿边

湿边：可以沿画笔描边的边缘增大油彩量，从而创建出水彩效果。如图2-61和图2-62所示分别是关闭与开启"湿边"属性时的笔迹效果。

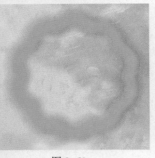

图2-61

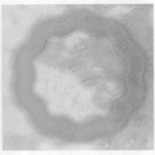

图2-62

11. 建立

建立：模拟传统的喷枪技术，根据按住鼠标左键的时长来确定画笔线条的填充数量。

12. 平滑

平滑：在画笔描边中生成更加平滑的曲线。当使用压感笔进行快速绘画时，该属性最有效。

13. 保护纹理

保护纹理：将相同图案和缩放比例应用于具有纹理的所有画笔预设。勾选该属性后，在使用多个纹理画笔绘画时，可以模拟出一致的画布纹理。

练习实例：使用"颜色动态"绘制多彩枫叶

文件路径	资源包\第2章\使用"颜色动态"绘制多彩枫叶
难易指数	★★★★★
技术要点	载入外挂画笔、"画笔设置"面板

扫一扫，看视频

案例效果

案例处理前后的效果对比如图2-63和图2-64所示。

图2-63

图2-64

操作步骤

步骤 01 执行"文件>打开"命令，打开素材"1.jpg"如图2-65所示。

图2-65

步骤 02 单击"图层"面板下方的"创建新图层"按钮，创建一个新图层。执行"编辑>预设>预设管理器"命令，在弹出的"预设管理器"窗口中将"预设类型"设置为"画笔"，然后单击"载入"按钮。在打开的"载入"对话框中选择"2.abr"文件，单击"载入"按钮，载入枫叶画笔，如图2-66所示。回到"预设管理器"窗口，单击"完成"按钮，如图2-67所示。

图2-66

图2-67

步骤 03 选择工具箱中的"画笔工具"，在"画笔预设"选取器最底部找到枫叶画笔，设置合适的大小，如图2-68所示。接着将前景色设置为柠檬黄色，背景色设置为橘色。在画笔抖动中可变换前景与背景颜色，呈现初秋之感。单击选项栏中的"画笔设置"按钮，在"画笔笔尖形状"中勾选"形状动态""散布""颜色动态"，并设置"大小抖动""角度抖动""散布""前

中文版Photoshop CC数码照片处理从入门到精通（微课视频 全彩版）

景/背景抖动"的数值, 如图2-69、图2-70和图2-71所示。

图2-68　　　　　　　图2-69

图2-70　　　　　　　图2-71

步骤 04 接下来将光标移到画面下部, 按住鼠标左键拖动, 绘制出散布的枫叶, 增强画面生动性。最终效果如图2-72所示。

图2-72

2.2.4　油漆桶工具: 填充图案

"油漆桶工具" 🖌️ 可以用于填充前景色或图案。如果创建了选区, 填充的区域为当前选区; 如果没有创建选区, 填充

的就是与鼠标单击处颜色相近的区域。

右击工具箱中的渐变工具组按钮, 在弹出的工具组中选择 "油漆桶工具", 在选项栏中设置填充模式为 "图案", 单击图案右侧的 🔽 按钮, 在弹出的下拉面板中单击选择一个图案, 如图2-73所示。接着在画面中单击进行填充, 效果如图2-74所示。

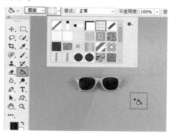 

图2-73　　　　　　　图2-74

【重点】2.2.5　动手练: 渐变工具

"渐变" 是指由多种颜色过渡而产生的一种效果。"渐变工具" 是设计制图中非常常用的一种填充工具, 不仅能够制作出缤纷多彩的颜色, 也能使 "单一颜色" 产生不那么单调的感觉。此外, 还能利用它制作带有立体感的效果。

扫一扫, 看视频

1. "渐变工具" 的使用方法

(1) 选择工具箱中的 "渐变工具" 🖌️, 然后单击选项栏中渐变颜色条右侧的 🔽 按钮, 在弹出的下拉面板中有一些预设的渐变颜色, 单击即可选中渐变色。此时渐变色条变为选择的颜色, 用来预览。在不考虑选项栏中其他选项的情况下, 就可以进行填充了。选择一个图层或者绘制一个选区, 按住鼠标左键拖曳, 如图2-75所示。松开鼠标完成填充操作, 效果如图2-76所示。

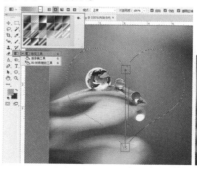 

图2-75　　　　　　　图2-76

(2) 选择好渐变颜色后, 需要在选项栏中设置渐变类型。🔽🔽🔽🔽🔽 就是用来设置渐变类型的。单击 "线性渐变" 按钮 🔽, 可以以直线方式创建从起点到终点的渐变; 单击 "径向渐变" 按钮 🔽, 可以以圆形方式创建从起点到终点的渐变;

单击"角度渐变"按钮 ▨，可以围绕起点以逆时针扫描方式创建渐变；单击"对称渐变"按钮 ▣，可以使用均衡的线性渐变在起点的任意一侧创建渐变；单击"菱形渐变"按钮 ▣，可以以菱形方式从起点向外产生渐变，终点定义菱形的一个角。各种渐变类型效果如图 2-77 所示。

图 2-77

(3) 选项栏中的"模式"下拉列表框是用来设置应用渐变时的混合模式；"不透明度"数值框用来设置渐变色的不透明度。选择一个带有像素的图层，在选项栏中设置"模式"和"不透明度"，然后按住鼠标左键拖曳进行填充，就可以看到相应的效果。如图 2-78 所示为设置"模式"为"正片叠底"的效果；图 2-79 为设置"不透明度"为 50% 的效果。

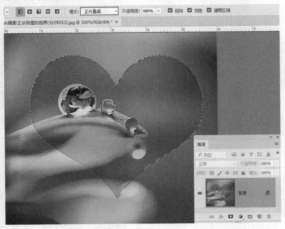
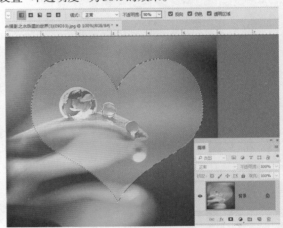

图 2-78   图 2-79

(4) 选项栏中的"反向"复选框用于转换渐变中的颜色顺序，以得到反方向的渐变结果，图 2-80 和图 2-81 分别是正常渐变和反向渐变效果。勾选"仿色"复选框时，可以使渐变效果更加平滑。此复选框主要用于防止打印时出现条带化现象，但在计算机屏幕上并不能明显地体现出来。

图 2-80   图 2-81

2．编辑合适的渐变颜色

在实际操作中，预设中的渐变颜色是远远不够用的，大多数时候都需要通过"渐变编辑器"窗口自定义适合自己的渐变颜色。

(1) 首先单击选项栏中的渐变颜色条 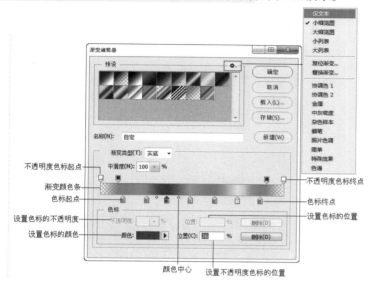，打开"渐变编辑器"窗口，如图2-82所示。在上方"预设"列表框中可以看到很多预设效果，单击即可选择某一种渐变效果，如图2-83所示。

图 2-82

图 2-83

提示：预设渐变的使用方法

　　先设置合适的前景色与背景色，然后打开"渐变编辑器"窗口，在"预设"列表框中单击选中第一种渐变颜色，即可快速编辑一种由前景色到背景色的渐变颜色，如图2-84所示；单击选中第二种渐变颜色，即可快速编辑由前景色到透明的渐变颜色，如图2-85所示；单击 ⚙ 按钮，在弹出菜单的底部有多种预设渐变，如图2-86所示。

图 2-84　　　　　　　　　图 2-85　　　　　　　　　图 2-86

---

(2) 如果没有适合的渐变效果，可以在中间的渐变颜色条中进行编辑。双击渐变颜色条底部的 色标，在弹出的"拾色器(色标颜色)"窗口中设置颜色，如图2-87所示。如果色标不够，可以在渐变颜色条下方单击，添加更多的色标，如图2-88所示。

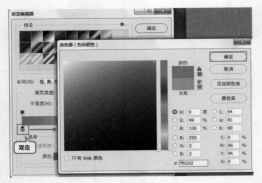

图 2-87

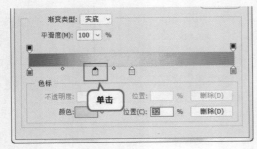

图 2-88

（3）按住色标向左或向右拖动，可以改变调色色标的位置，如图2-89所示。拖曳"颜色中心"滑块，可以调整两种颜色的过渡效果，如图2-90所示。

图 2-89

图 2-90

（4）若要制作出带有透明效果的渐变颜色，首先单击渐变颜色条上的色标，然后在"不透明度"数值框内输入数值，

如图2-91所示。若要删除色标，可以选中色标后按住鼠标左键将其向渐变颜色条外侧拖曳，松开鼠标即可删除色标，如图2-92所示。

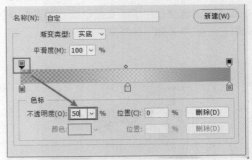

图 2-91

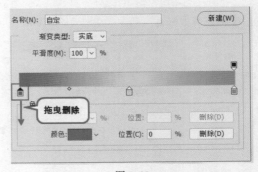

图 2-92

（5）渐变分为杂色渐变与实色渐变两种，在此之前我们所编辑的渐变颜色都为实色渐变。在"渐变编辑器"窗口中设置"渐变类型"为"杂色"，可以得到由大量色彩构成的渐变，如图2-93所示。

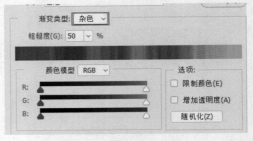

图 2-93

2.3 修复照片的小面积瑕疵

"修图"一直是Photoshop最为人所熟知的强项之一，使用Photoshop可以轻松去除人物面部的斑斑点点、环境中的杂乱物体、主体物上的小瑕疵，以及背景上的水印等。更重要的是这些工具的使用方法非常简单！我们只需要熟练掌握，并且多加练习，就可以实现这些效果，如图2-94和图2-95所示。下面我们就来学习一下这些功能吧！

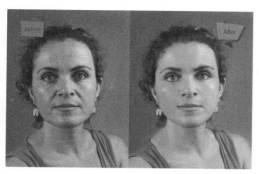

图 2-94

图 2-95

【重点】2.3.1 仿制图章工具：用已有像素覆盖瑕疵

"仿制图章工具" ▲ 可以将图像的一部分通过涂抹的方式，"复制"到图像中的另一个位置上。"仿制图章工具"常用来去除水印、消除人物脸部斑点皱纹、去除背景部分不相干的杂物、填补图片空缺等。

扫一扫，看视频

（1）打开一张产品图片，放大能够看到商品有一定程度的瑕疵，如图 2-96 所示。接下来就通过"仿制图章工具"用现有的像素覆盖住瑕疵部分。为了对原图进行保护，此时可以选择"背景"图层，按快捷键 Ctrl+J 将其复制一份，然后在复制得到的图层中进行操作，如图 2-97 所示。

图 2-96

图 2-97

（2）在工具箱中单击"仿制图章工具"按钮 ▲，在选项栏中设置合适的笔尖大小，然后在需要修复位置的附近按住 Alt 键单击，进行像素样本的拾取，如图 2-98 所示。移动光标位置可以看到光标中拾取了刚刚单击位置的像素，如图 2-99 所示。

图 2-98

图 2-99

- 对齐：勾选该复选框后，可以连续对像素进行取样，即使释放鼠标以后，也不会丢失当前的取样点。
- 样本：从指定的图层中进行数据取样。

（3）在使用"仿制图章工具"进行修复时，要考虑到瑕疵位置周围的环境。例如，这块马卡龙上几乎都是弧形的线条，所以在修复时就要考虑到这一点。将光标移动至瑕疵的位置单击，将光标中的像素覆盖住瑕疵位置，如图 2-100 所示。要修复上部的瑕疵，可以适当地降低笔尖的大小，然后重新按住 Alt 键单击进行取样，接着在瑕疵位置单击进行修复，如图 2-101 所示。

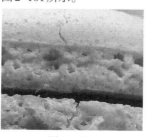

图 2-100

图 2-101

（4）在修补的过程中，如果遇到细长或者成片的瑕疵，可按住鼠标左键拖动进行修复，如图 2-102 所示。继续使用"仿制图章工具"进行修复，最终效果如图2-103所示。

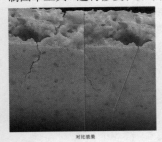

对比案例

图2-102　　　　　　　　图2-103

提示：使用"仿制图章工具"进行操作会遇到的问题

在使用"仿制图章工具"时，经常会绘制出重叠的效果，如图2-104所示。造成这种情况的原因，可能是由于取样的位置与需要修补的区域太接近。此时重新取样并进行覆盖操作，即可解决此问题。

图2-104

练习实例：使用"仿制图章工具"净化照片背景

文件路径	资源包\第2章\使用"仿制图章工具"净化照片背景
难易指数	★★★★★
技术要点	仿制图章工具

扫一扫，看视频

案例效果

案例处理前后的效果对比如图2-105和图2-106所示。

图2-105　　　　　　　　图2-106

操作步骤

步骤 01　执行"文件>打开"命令，打开素材"1.jpg"。由于素材中的建筑背景不太美观，所以要将其抹除。单击工具箱中的"仿制图章工具"按钮，在选项栏中选择一种柔边圆笔尖形状，设置其"大小"为80像素，"硬度"为0，"模式"为"正常"，"不透明度"为100%。在天空位置按住Alt键单击进行取样，如图2-107所示。

图2-107

步骤 02　接着在人物右侧背景楼房上按住鼠标左键拖动，遮盖远处的建筑，如图2-108所示。继续进行涂抹，效果如图2-109所示。

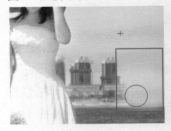

图2-108　　　　　　　　图2-109

步骤 03　使用同样的方法处理人物左侧背景，最终效果如图2-110所示。

图2-110

2.3.2　图案图章工具：绘制图案

"图案图章工具"是以"图案"的形式进行绘制。打开一幅图像，如果绘制图案的区域需要非常精准，那么可以先创建选区，如图2-111所示。右击仿制工具组按钮，在弹出的工具组中选择"图案图章工具" ，在选项栏中设置合适的笔尖大小，选择一个合适的图案。接着在画面中按住鼠标左键涂抹，即可看到绘制效果，如图2-112所示。

图 2-111

图 2-112

· 对齐：勾选该复选框后，可以保持图案与原始起点的连续性，即使多次单击鼠标也不例外，如图2-113所示；取消勾选该复选框时，则每次单击鼠标都重新应用图案，如图2-114所示。

勾选"对齐"

图 2-113

未勾选"对齐"

图 2-114

· 印象派效果：勾选该复选框后，可以模拟出印象派效果的图案，如图2-115所示。

图 2-115

{重点}2.3.3　污点修复画笔工具：去除较小瑕疵

使用"污点修复画笔工具" 可以消除图像中小面积的瑕疵，或者去除画面中看起来比较"特殊"的对象。例如，去除人物面部的斑点、皱纹、凌乱发丝，或者去除画面中细小的杂物等。"污点修复画笔工具"不需要设置取样点，因为它可以自动从所修饰区域的周围进行取样。

扫一扫，看视频

（1）打开一张人像图片，如图2-116所示。在修补工具组按钮上单击鼠标右键，在弹出的工具组中选择"污点修复画笔工具"。在选项栏中设置合适的笔尖大小，设置"模式"为"正常"，"类型"为"内容识别"。对于较小的点状瑕疵可以在需要去除的位置单击鼠标左键，如图2-117所示。松开鼠标后可以看到瑕疵消失了，如图2-118所示。

图 2-116

图 2-117

图 2-118

（2）以同样的方式为人像祛斑，效果如图2-119所示。如果要去除形状狭长的瑕疵区域，可以将笔尖的大小调整到可以覆盖住瑕疵，然后按住鼠标左键拖动，如图2-120所示。释放鼠标后即可去除细长的瑕疵，效果如图2-121所示。

 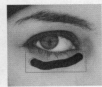 

图 2-119　　　　　图 2-120　　　　　图 2-121

- 模式：用来设置修复图像时使用的混合模式。除"正常""正片叠底"等常用模式以外，还有一种"替换"模式，这种模式可以保留画笔描边的边缘处的杂色、胶片颗粒和纹理。
- 类型：用来设置修复的方法。选择"近似匹配"选项时，可以使用选区边缘周围的像素来查找用作选定区域修补的图像区域；选择"创建纹理"选项时，可以使用选区中的所有像素创建一个用于修复该区域的纹理；选择"内容识别"选项时，可以使用选区周围的像素进行修复。

练习实例：使用"污点修复画笔工具"去除海面游船

文件路径	资源包\第2章\使用"污点修复画笔工具"去除海面游船
难易指数	★★★★★
技术要点	污点修复画笔工具

扫一扫，看视频

案例效果

案例处理前后的效果对比如图2-122和图2-123所示。

图 2-122　　　　　　　图 2-123

操作步骤

步骤 01　执行"文件>打开"命令，打开素材"1.jpg"，如图2-124所示。在"图层"面板中按快捷键Ctrl+J，复制"背景"图层。此时可以看到海面上有一些游船。由于游船占据画面的比例较小，所以可以尝试使用"污点修复画笔工具"去除。

图 2-124

步骤 02　选择工具箱中的"污点修复画笔工具" 🖊；在选项栏中打开"画笔预设"选取器，设置"大小"为25像素（"大小"值与要去除对象的大小相近即可），"硬度"为100%，间距25%；在选项栏中设置"模式"为"正常"，"类型"为"内容识别"，如图2-125所示。

图 2-125

步骤 03　设置完成后将光标移动到海面上游船及浪花处，按住鼠标左键沿着浪花走向拖动进行涂抹，如图2-126所示。松开鼠标后涂抹位置将自动识别为海面，如图2-127所示。

图 2-126　　　　　　　图 2-127

步骤 04　按照上述方法并适当调整画笔大小，继续在海面上游船处涂抹，最终效果如图2-128所示。

图 2-128

中文版Photoshop CC数码照片处理从入门到精通（微课视频 全彩版）

{重点}2.3.4 修复画笔工具：自动修复图像瑕疵

"修复画笔工具" ✐ 以图像中的像素作为样本进行绘制，也可以修复画面中的瑕疵。

（1）打开需要修复的图片，如图2-129所示。在修复工具组按钮上单击鼠标右键，在弹出的工具组中选择"修复画笔工具" ✐；接着设置合适的笔尖大小，设置"源"为"取样"；然后在没有瑕疵的位置按住Alt键单击取样，如图2-130所示。

扫一扫，看视频

图 2-129

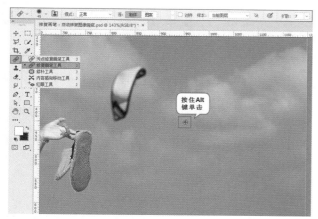

图 2-130

（2）在缺陷位置单击或按住鼠标左键拖曳进行涂抹，松开鼠标，画面中多余的内容被去除，效果如图2-131所示。继续涂抹将瑕疵去除，如图2-132所示。用同样的方法去除其他部分的瑕疵，如图2-133所示。

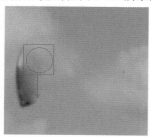

图 2-131

图 2-132

图 2-133

- 源：设置用于修复像素的源。选择"取样"选项时，可以使用当前图像的像素来修复图像；选择"图案"选项时，可以使用某个图案作为取样点。
- 对齐：勾选该复选框后，可以连续对像素进行取样，即使释放鼠标也不会丢失当前的取样点；取消勾选"对齐"复选框后，则会在每次停止并重新开始绘制时使用初始取样点中的样本像素。
- 样本：用来设置指定的图层中进行数据取样的图层。选择"当前和下方图层"，可从当前图层以及下方的可见图层中取样；选择"当前图层"，仅从当前图层中取样；选择"所有图层"，则可以从可见图层中取样。

练习实例：使用"修复画笔工具"去除画面多余内容

文件路径	资源包\第2章\使用"修复画笔工具"去除画面多余内容
难易指数	★★★★★
技术要点	修复画笔工具

扫一扫，看视频

案例效果

案例处理前后的效果对比如图2-134和图2-135所示。

图 2-134

图 2-135

操作步骤

步骤 01 执行"文件>打开"命令，打开素材"1.jpg"，如图2-136所示。下面将使用"修复画笔工具"去除画面右下角的文字。选择工具箱中的"修复画笔工具"，在选项栏中设置笔尖为70像素，"模式"为"正常"，"源"为"取样"，接着按住Alt键的同时在文字下方的区域单击进行取样，如图2-137所示。

置在选区内，向其他位置拖动(拖动的位置是将选区中像素替代的位置)，如图2-141所示。拖动鼠标到目标位置后松开，稍等片刻就可以看到修补效果，如图2-142所示。

图 2-136

图 2-137

步骤 02 将光标移动到画面中的文字上，按住鼠标左键拖动进行涂抹。涂抹过的区域被覆盖上了取样的内容，松开光标后，部分文字被去除掉了，如图2-138所示。继续进行涂抹，直至全部文字被覆盖，最终效果如图2-139所示。

图 2-138   图 2-139

【重点】2.3.5 修补工具：去除杂物

使用"修补工具" ，可以以画面中的部分内容为样本，修复所选图像区域中不理想的部分。该工具常用来去除画面中的部分内容。

在修补工具组按钮上单击鼠标右键，在弹出的工具组中选择"修补工具"。"修补工具"的操作建立在选区的基础上，所以在选项栏中有一些关于选区运算的操作按钮。在选项栏中设置修补模式为"内容识别"，其他参数保持默认。将光标移动至缺陷位置，按住鼠标左键沿着缺陷边缘拖动，松开鼠标后得到一个选区，如图2-140所示。将光标放

扫一扫，看视频

图 2-140

图 2-141   图 2-142

- 结构：用来控制修补区域的严谨程度，数值越高，边缘效果越精准。不同数值效果如图2-143和图2-144所示。

结构：1   结构：7

图 2-143   图 2-144

- 颜色：用来调整可修改源色彩的程度。图2-145和图2-146为不同参数值的对比效果。

颜色：1   颜色：10

图 2-145   图 2-146

- 修补：将"修补"设置为"正常"时，可以选择图案进行修补。首先设置"修补"为"正常"，接着单击图案右侧的下拉按钮，在弹出的下拉面板中选择一个图案，然后单击"使用图案"按钮，随即在选区中就将用图案进行修补，如图2-147所示。

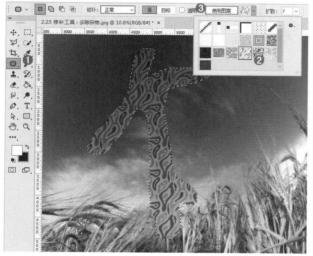

图 2-147

- 源：选择"源"选项时，将选区拖动到要修补的区域后，松开鼠标左键就会用当前选区中的图像修补原来选中的内容，如图2-148所示。
- 目标：选择"目标"选项时，则会将选中的图像复制到目标区域，如图2-149所示。

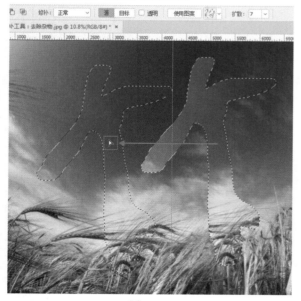

图 2-148

图 2-149

- 透明：勾选该复选框后，可以使修补的图像与原始图像产生透明的叠加效果。这对于修补清晰分明的纯色背景或渐变背景很有用。

举一反三：去除复杂水印

去除照片上的水印，除了使用几种常规工具外，还可以观察一下水印周围是否有与之相似的像素，如果有的话，尝试通过复制、粘贴相似像素的方式，覆盖住水印。

（1）水印所在的区域为水果和背景，如图2-150所示。因此去除时需要分为两部分：背景部分的水印比较容易去除，因为背景的颜色比较单一；而橙子表面的水印如果使用"仿制图章工具""修补工具"等工具进行修复，可能会出现修复出的像素与原始的细节角度不相符的情况。由于橙子表面有很多相似的区域，所以可以考虑复制正常的橙子瓣，并进行一定的变形合成即可。首先框选并复制一块正常的橙子的像素，如图2-151所示。

图 2-150

图 2-151

（2）移动、旋转复制对象，使复制的对象覆盖住有水印的区域，如图2-152所示。因为所绘制的选区边缘比较生硬，所以使用"橡皮擦工具"将生硬的边缘擦除，使之与整体效果融合在一起，如图2-153所示。

图 2-152

图 2-153

（3）使用"仿制图章工具"去除背景上的水印，效果如图 2-154 所示。

图 2-154

2.3.6 内容感知移动工具：轻松改变画面中物体的位置

使用"内容感知移动工具" 移动选区中的对象，被移动的对象会自动将影像与四周的影像融合在一块，而对原始的区域则会进行智能填充。在需要改变画面中某一对象的位置时，可以尝试使用该工具。

（1）打开图像，在修补工具组按钮上单击鼠标右键，在弹出的工具组中选择"内容感知移动工具" ，接着在选项栏中设置"模式"为"移动"，然后使用该工具在需要移动的对象上按住鼠标左键拖曳绘制选区，如图 2-155 所示。将光标移动至选区内部，按住鼠标左键向目标位置拖曳，松开鼠标即可移动该对象，并带有一个定界框，如图 2-156 所示。按 Enter 键确定移动操作，然后按快捷键 Ctrl+D 取消选区，效果如图 2-157 所示。

图 2-155

图 2-156

图 2-157

（2）如果在选项栏中设置"模式"为"扩展"，则会将选区中的内容复制一份，并融于画面中，效果如图 2-158 所示。

图 2-158

2.3.7 红眼工具：去除模特红眼问题

"红眼"是指在暗光条件下拍摄人物、动物时，瞳孔会放大以让更多的光线通过，当闪光灯照射到人眼、动物眼睛的时候，瞳孔会出现变红的现象。使用"红眼工具"可以去除"红眼"。打开带有"红眼"问题的图片；在修补工具组按钮上单击鼠标右键，在弹出的工具组中选择"红眼工具" ；在选项栏中保持默认设置；接着将光标移动至眼睛上，单击即可去除"红眼"，如图2-159所示。在另外一只眼睛上单击，完成去红眼的操作，效果如图2-160所示。

图 2-159　　　　　图 2-160

- 瞳孔大小：用来设置瞳孔的大小，即眼睛暗色中心的大小。
- 变暗量：用来设置瞳孔的暗度。

> **提示：红眼工具的使用误区**
>
> "红眼工具"只能够去除"红眼"，由于闪光灯闪烁而产生的白色光点是无法使用该工具去除的。

【重点】2.3.8 内容识别：自动清除杂物

内容识别，就是当我们对图像的某一区域进行覆盖填充时，由软件自动分析周围图像的特点，将图像进行拼接组合后填充在该区域并进行融合，从而达到快速无缝的拼接效果。

（1）如果要去除图2-161中的文字，就要考虑到背景的纹理。此图中的纹理比较复杂，而且没有规律，这里可以尝试使用"内容识别"进行去除。首先得到文字的选区，如图2-162所示。

图 2-161

图 2-162

（2）接着执行"编辑>填充"命令或者按快捷键Shift+F5，在弹出的"填充"窗口中设置"内容"为"内容识别"，单击"确定"按钮，如图2-163所示。此时选区内的文字消失了，被填充了带有相似纹理的背景，如图2-164所示。继续绘制其他需要修饰的部分选区并进行"内容识别"填充，效果如图2-165所示。

图 2-163

图 2-164　　　　　图 2-165

> **提示：快速使用"内容识别"的方法**
>
> 当所选图层为"背景"图层时，直接按Delete键就会自动弹出"填充"窗口，接着在其中设置"内容"为"内容识别"即可。

2.4 图像局部加深、减淡、颜色更改

本节主要讲解如何使用一些简单、实用的工具进行图像的修饰，例如加深或减淡图像的明度使画面更有立体感，或者使用"液化"滤镜进行瘦身、调整五官或进行变形。

【重点】2.4.1 对图像局部进行减淡处理

"减淡工具"  可以对图像"高光""中间调""阴影"分别进行减淡处理。选择工具箱中的"减淡工具"，在选项栏中单击"范围"右侧的下拉按钮，在弹出的下拉列表框中可以选择需要减淡处理的范围，有"高光""中间调""阴影"3个选项；"曝光度"用来设置减淡的强度；如果勾选"保护色调"复选框，可以保护图像的色调不受影响，如图2-166所示。

设置完成后，调整合适的笔尖，在画面中按住鼠标左键进行涂抹，光标经过的位置亮度会有所提高。若在某个区域上方绘制的次数越多，该区域就会变得越亮，如图2-167所示。图2-168为设置不同"曝光度"进行涂抹的对比效果。

图 2-166

图 2-167

图 2-168

练习实例：使用"减淡工具"简单提亮肤色

文件路径	资源包\第2章\使用"减淡工具"简单提亮肤色
难易指数	★★★★★
技术要点	减淡工具

扫一扫，看视频

案例效果

案例处理前后的效果对比如图2-169和图2-170所示。

图 2-169　　　　图 2-170

操作步骤

步骤 01　执行"文件>打开"命令，打开素材"1.jpg"，如图2-171所示。可以看到素材人物的肤色不够白皙，下面使用"减淡工具"将其提亮。

图 2-171

步骤 02　单击工具箱中的"减淡工具"按钮 ，在选项栏中打开"画笔预设"选取器，从中选择一种"柔边圆"画笔，设置画笔"大小"为150像素，"硬度"为0%。在选项栏中设置"范围"为"中间调"，"曝光度"为30%(对人物尤其是面部进行处理时，要尤为细致，避免因强度类参数设置过大而导致处理过度。通常我们会将参数值设置得小一些，采用少量多次的方式进行处理)，勾选"保护色调"复选框。将光标移动到人物身体处进行涂抹，可以看到背景左侧变白了，肤色也明显改善了，如图2-172所示。继续在人物身体其他地方进行涂抹，最终效果如图2-173所示。

图 2-172　　　　　　　　图 2-173

练习实例：使用"减淡工具"制作纯白背景

文件路径	资源包\第2章\减淡工具制作纯白背景
难易指数	★★★★★
技术要点	减淡工具

扫一扫，看视频

案例效果

案例处理前后的效果对比如图2-174和图2-175所示。

图 2-174　　　　　　　　图 2-175

操作步骤

步骤 01　执行"文件>打开"命令，或按Ctrl+O组合键，在弹出的"打开"窗口中单击选择素材"1.jpg"，单击"打开"按钮将其打开，如图2-176所示。单击工具箱中的"减淡工具"按钮 ，在选项栏中打开"画笔预设"选取器，从中选择一种"柔边圆"画笔，设置画笔"大小"为180像素，"硬度"为0%，这样涂抹时边缘比较柔和；由于背景颜色为浅灰色，比主体物明度要高一些，所以在选项栏中设置"范围"为"高光"，"曝光度"为100%，取消勾选"保护色调"复选框。接着将光标移动到画面背景处进行涂抹，可以看到背景左侧变白了，如图2-177所示。

图 2-176

图 2-177

步骤 02　继续在画面背景处按住鼠标左键涂抹，接近花朵位置时适当将画笔缩小，最终效果如图2-178所示。

图 2-178

【重点】2.4.2　对图像局部进行加深处理

与"减淡工具"相反，使用"加深工具"工具可以对图像进行加深处理。在工具箱中选择"加深工具"，在画面中按住鼠标左键拖动，光标移动过的区域颜色会加深。

扫一扫，看视频

在图2-179中，主体物明暗对比不够强烈。使用"加深工具"加深阴影区域的颜色，能够增强主体物的对比效果。首先在工具箱中选择"加深工具"；因为要对包装中间调的位置进行处理，所以在选项栏中设置"范围"为"中间调"，"曝光度"为10%；接着在主体物的下方边缘处按住鼠标左键拖动进行涂抹，随着涂抹可以发现光标经过的位置颜色变深了，如图2-180所示。

图 2-179   图 2-180

举一反三：制作纯黑背景

在图 2-181 中，人物背景并不是纯黑色。可以使用"加深工具"在灰色的背景上涂抹，通过"加深"的方法将灰色变为黑色。选择工具箱中的"加深工具" 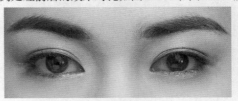，设置合适的笔尖大小；因为深灰色在画面中为暗部，所以在选项栏中设置"范围"为"阴影"；因为灰色不需要考虑色相问题，所以直接设置"曝光度"为100%；取消勾选"保护色调"复选框，这样能够快速地进行加深和去色。设置完成后在画面中背景位置按住鼠标左键涂抹，加深效果如图 2-182 所示。

图 2-181

图 2-182

练习实例：使用"加深工具""减淡工具"增强眼睛神采

文件路径	资源包\第2章\使用"加深工具""减淡工具"增强眼睛神采
难易指数	★★★★★
技术要点	"加深工具""减淡工具"

扫一扫，看视频

案例效果

案例处理前后的效果对比如图 2-183 和图 2-184 所示。

图 2-183

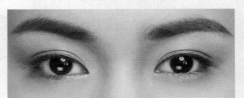

图 2-184

操作步骤

步骤 01 执行"文件>打开"命令，在弹出的"打开"窗口中选择素材"1.jpg"，然后单击"打开"按钮将其打开，如图 2-185 所示。图中人物眼白有些偏暗，而黑眼球部分的细节较少，缺少明暗对比，所以眼睛显得黯淡无神。对比可以通过提亮眼白，加深黑眼球的暗部，并适当强化黑眼球上的高光，来提升人物神采。

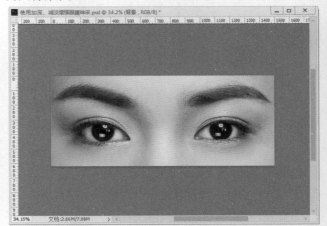

图 2-185

步骤 02 首先加深黑眼球暗部的颜色。单击工具箱中的

"加深工具"按钮，在选项栏中选择大小合适的柔边圆画笔，设置"范围"为"阴影"（眼球暗部相对于反光部分为更暗的"阴影"），"曝光度"为20%，然后在眼球位置多次单击将眼球的颜色加深（在加深颜色的过程中要避开眼球上的反光），如图2-186所示。加深后的效果如图2-187所示。

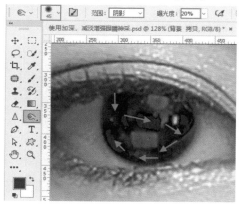

图 2-186

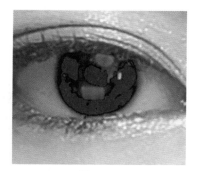

图 2-187

单击工具箱中的"减淡工具"按钮，在选项栏中选择大小合适的柔边圆画笔，设置"范围"为"高光"，"曝光度"为30%，然后在瞳孔上的高光位置涂抹以提高此处的亮度，此时黑眼球上明暗反差增大，如图2-188所示。

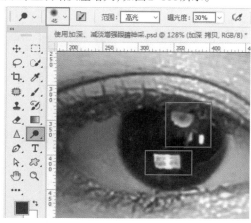

图 2-188

接着提高眼白的亮度。单击工具箱中的"减淡工具"按钮，在选项栏中选择大小合适的柔边圆画笔，设置"范围"为"中间调"，"曝光度"为30%，然后在眼白位置涂抹，适当提高眼白的亮度，如图2-189所示。注意眼球为球体，在提亮时切不可均匀涂抹，要按照球体的形态对中间部分提亮多一些，四周少一些，如图2-190所示。

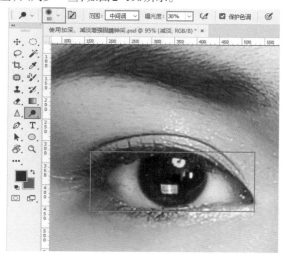

图 2-189

图 2-190

使用同样的方式制作另外一只眼睛，最终效果如图2-191所示。

图 2-191

〔重点〕2.4.3　海绵工具：增强/减弱图像局部饱和度

"海绵工具" 主要用于增强或减弱彩色图像中局部内容的饱和度。如果是灰度图像，使用

扫一扫，看视频

该工具则可以增加或降低对比度。

（1）在工具箱中选择"海绵工具" ，在选项栏中设置"模式"（有两种，即"加色"与"去色"，当要降低颜色饱和度时选择"去色"；当需要提高颜色饱和度时选择"加色"。接着设置"流量"，流量数值越大"加色"或"去色"的效果越明显。然后在画面中按住鼠标左键进行涂抹，被涂抹的位置颜色饱和度就会降低，如图2-192所示。当前带有颜色倾向的背景使得主体物不够突出，继续在背景上方涂抹进行去色，得到一个干净的背景，效果如图2-193所示。

图 2-192

图 2-193

（2）当设置"模式"为"加色"，并设置合适的"流量"，然后在主体物的位置涂抹，可以增加主体物的颜色饱和度，使主体物更加艳丽，如图2-194所示。

图 2-194

（3）若勾选"自然饱和度"复选框，在增加饱和度的同时，可以防止颜色过度饱和而产生溢色现象；在降低饱和度的同时，可以避免去色导致的完全失色。所以如果要将颜色变为黑白，那么需要取消勾选该复选框。图2-195为勾选与取消勾选"自然饱和度"复选框进行去色的对比效果。

图 2-195

练习实例：使用"海绵工具"进行局部去色

文件路径	资源包\第2章\使用"海绵工具"进行局部去色
难易指数	★★★★★
技术要点	海绵工具

扫一扫，看视频

案例效果

案例处理前后的效果对比如图2-196和图2-197所示。

图 2-196 　　　　　 图 2-197

操作步骤

步骤 01 执行"文件>打开"命令，打开素材"1.jpg"，如图2-198所示。下面将使用"海绵工具"去除人像嘴部以外区域的饱和度。

图 2-198

步骤 02 选择工具箱中的"海绵工具"，在选项栏上设置画笔"大小"为160像素，"硬度"为50%，"模式"为"去色"，如图2-199所示。接着在画面上按住鼠标左键拖动，光标经过的位置颜色变成了灰色，如图2-200所示。

图 2-199

图 2-200

步骤 03 继续在画面上拖动,将画面中嘴唇以外的部分都变成黑白的,如图2-201所示。接着单击鼠标右键,在弹出窗口中设置画笔"大小"为30像素,如图2-202所示。

图 2-201　　　　　　　图 2-202

步骤 04 继续沿着嘴唇外边缘涂抹,去除边缘皮肤的颜色饱和度,如图2-203所示。继续进行涂抹,使画面中口红更加突出。最终效果如图2-204所示。

图 2-203　　　　　　　图 2-204

2.4.4　涂抹工具:图像局部柔和拉伸处理

"涂抹工具" ❷ 可以模拟手指划过湿油漆时所产生的效果。选择工具箱中的"涂抹工具",在选项栏(与"模糊工具"选项栏相似)中设置合适的"模式"和"强度"(若勾选"手指绘图"复选框,可以使用前景色进行涂抹),接着在需要变形的位置按住鼠标左键拖曳进行涂抹,光标经过的位置图像发生了变形,如图2-205所示。使用同样的方法继续涂抹,完成拉伸处理,效果如图2-206所示。

扫一扫,看视频

图 2-205

图 2-206

2.4.5　颜色替换工具:更改局部颜色

(1)"颜色替换工具"位于画笔工具组中。在工具箱中右击"画笔工具"按钮,在弹出的工具组中选择"颜色替换工具" ❷,如图2-207所示。"颜色替换工具"能够以涂抹的方式更改画面中的部分颜色。更改颜色之前,首先需要设置合适的前景色。例如,想要将图像中的蓝色部分更改为紫

扫一扫,看视频

红色，那么就需要将前景色设置为目标颜色。在不考虑选项栏中其他参数的情况下，按住鼠标左键拖曳进行涂抹，可以看到光标经过的位置颜色发生了变化，效果如图2-208所示。

图 2-207

图 2-208

（2）选项栏中的"模式"下拉列表框用于选择前景色与原始图像的混合模式，其中包括"色相""饱和度""颜色"和"明度"。如果选择"颜色"模式，可以同时替换涂抹部分的色相、饱和度和明度。例如，想要使紫色与目标颜色更加接近，可以将"模式"设置为"颜色"，如图2-209所示。图2-210～图2-212为选择其他3种模式的对比效果。

图 2-209

图 2-210

图 2-211

图 2-212

（3）接下来需要从 中选择合适的取样方式。单击"取样：连续"按钮 ，在画面中涂抹时可以随时对颜色进行取样，也就是光标移动到哪，就可以更改与光标十字星处 颜色接近的区域（这种方式便于对照片中的局部颜色进行替换，也是最常用的一种方式），如图2-213所示；单击"取样：一次"按钮 ，在画面中涂抹时只替换包含第一次单击的颜色区域中的目标颜色，如图2-214所示；单击"取样：背景色板"按钮 ，在画面中涂抹时只替换包含当前背景色的区域，如图2-215所示。

图 2-213

中文版Photoshop CC数码照片处理从入门到精通（微课视频 全彩版）

图 2-214

图 2-215

（4）下面需要在选项栏中的"限制"下拉列表框中进行选择。选择"不连续"选项时，可以替换出现在光标下任何位置的样本颜色，如图 2-216 所示；选择"连续"选项时，只替换与光标下颜色接近的颜色，如图 2-217 所示；选择"查找边缘"选项时，可以替换包含样本颜色的连接区域，同时保留形状边缘的锐化程度，如图 2-218 所示。

图 2-216

图 2-217

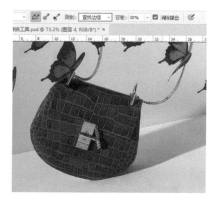

图 2-218

（5）选项栏中的"容差"选项对替换效果的影响非常大，它控制着可替换的颜色区域的大小，容差值越大，可替换的颜色范围越大，如图 2-219 所示。由于要替换部分的颜色差异不是很大，所以在这里将"容差"设置为 30%。设置完成后在画面中按住鼠标左键拖动，可以看到画面中的颜色发生了变化，效果如图 2-220 所示。"容差"的设置没有固定数值，同样的数值对于不同的图片产生的效果也不相同，所以可以将数值设置成中位数，然后多次尝试并修改，得到合适的效果。

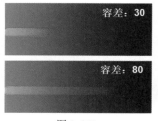

图 2-219   图 2-220

提示：方便好用的"取样：连续"方式

当"颜色替换工具"的取样方式设置为"取样：连续"时，替换颜色非常方便。在此要注意的是，光标十字星的位置是取样的位置，在涂抹过程中十字星不要碰触到不想替换的区域，圈圈部分覆盖到其他区域则没有关系，如图 2-221 所示。

图 2-221

[重点] 2.4.6 液化：瘦脸瘦身随意变

"液化"滤镜主要用来制作图像的变形效果。首先打开一张图片，然后执行"滤镜>液化"命令，打开"液化"窗口，如图2-222所示。在该窗口中，左侧区域为液化的工具列表，其中包含可对图像进行变形操作的多种工具。这些工具的操作方法非常简单，只需要在画面中按住鼠标左键拖动即可观察到效果。在此要注意的是，其中的"蒙版工具"并不是用于变形，而是用于保护画面部分区域不受液化影响。调整完成后，单击"确定"按钮完成操作。

图 2-222

> **提示：属性设置区域**
>
> "液化"窗口的右侧区域为属性设置区域，其中"画笔工具选项"选项组用于设置工具大小、压力等参数；"人脸识别液化"选项组用于针对五官及面部轮廓的各个部分进行设置；"载入网格选项"选项组用于将当前液化变形操作以网格的形式进行存储，或者调用之前存储的液化网格；"蒙版选项"选项组用于进行蒙版的显示、隐藏以及反相等的设置；"视图选项"选项组用于设置当前画面的显示方式；"画笔重建选项"选项组用于将图层恢复到之前的效果。

- 向前变形工具 ：可以向前推动像素，如图2-223所示。在变形时最好遵守"少量多次"的原则，以使变形效果更自然，如图2-224所示。

图 2-223　　　　　　图 2-224

- 重建工具 ：用于恢复变形的图像。在变形区域单击或拖曳鼠标进行涂抹时，可以使变形区域的图像恢复到原来的效果。

- 平滑工具 ：用于对变形的像素进行平滑处理，效果如图2-225和图2-226所示。

图 2-225　　　　　　　　图 2-226

- 顺时针旋转扭曲工具 ：单击该工具按钮，然后将光标移到画面中，按住鼠标左键拖曳即可顺时针旋转像素，如图2-227所示。如果按住Alt键的同时进行操作，则可以逆时针旋转像素，如图2-228所示。

图 2-227　　　　　　　　图 2-228

- 褶皱工具 ：可以使像素向画笔区域的中心移动，使图像产生内缩效果，如图2-229所示。

图 2-229

- 膨胀工具◈：可以使像素向画笔区域中心以外的方向移动，使图像产生向外膨胀的效果，如图2-230所示。

图 2-230

- 左推工具▒：单击按钮，按住鼠标左键从上至下拖曳时像素会向右移动，如图2-231所示；反之，像素则向左移动，如图2-232所示。

图 2-231　　　　图 2-232

- 冻结蒙版工具☑：如果需要对某个区域进行处理，并且不希望操作影响到其他区域，可以使用该工具绘制出冻结区域（该区域将受到保护而不会发生变形），如图2-233所示。例如，在画面上绘制出冻结区域，然后使用"向前变形工具"☝处理图像，被冻结起来的像素就不会发生变形，如图2-234所示。

图 2-233　　　　图 2-234

- 解冻蒙版工具☑：使用该工具在冻结区域涂抹，可以将其解冻，如图2-235所示。

图 2-235

- 脸部工具☷：单击该按钮，进入面部编辑状态，软件会自动识别人物的五官，并在面部添加一些控制点，可以通过拖动控制点调整面部五官的形态，如图2-236所示。也可以在右侧属性设置区域中进行调整，如图2-237所示。

图 2-236

图 2-237

- 抓手工具✋/缩放工具🔍：这两个工具的使用方法与工具箱中的相应工具完全相同。

举一反三：使用"液化"滤镜制作猫咪表情

（1）打开一张图片，如图2-238所示。执行"滤镜>液化"命令，打开"液化"窗口。单击"向前变形工具"按钮 ，然后在窗口的右侧设置合适的"画笔大小"（通常我们会将笔尖调大一些，这样变形后的效果更自然）。接着将光标移动至嘴角处，按住鼠标左键向上拖曳，如图2-239所示。

图 2-238

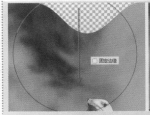

图 2-240

（2）在变形过程中难免会影响周边的像素，我们可以使用"冻结蒙版工具" 将嘴周围的像素"保护"起来以免被"破坏"。在左侧的工具列表中单击"冻结蒙版工具"按钮 ，在右侧设置合适的笔尖大小，然后在嘴周围涂抹，红色区域为被保护的区域，如图2-241所示。接着继续使用"向前变形工具"进行变形，如图2-242所示。此时若有错误操作，可以使用"重建工具" 在错误操作处涂抹，将其进行还原。

图 2-241

图 2-239

 提示："向前变形工具"的参数选项

- **大小**：用来设置扭曲图像的画笔的大小。
- **浓度**：控制画笔边缘的羽化范围。画笔中心产生的效果最强，边缘处最弱。
- **压力**：控制画笔在图像上产生扭曲的速度。
- **速率**：设置使工具（例如旋转扭曲工具）在预览图像中保持静止时扭曲所应用的速度。
- **光笔压力**：当计算机配有压感笔或数位板时，勾选该复选框，可以通过压感笔的压力来控制工具。
- **固定边缘**：勾选该复选框，在对画面边缘进行变形时，不会出现透明的缝隙，如图2-240所示。

图 2-242

中文版Photoshop CC数码照片处理从入门到精通（微课视频 全彩版）

提示："重建工具"与恢复全部

"重建工具" 用于恢复变形的图像。在变形区域单击或拖曳鼠标进行涂抹时，可以使变形区域的图像恢复到原来的效果。在"重建选项"选项组下单击"恢复全部"按钮，可以取消所有的扭曲效果，如图2-243所示。

图 2-243

（3）嘴部调整完成后就不需要蒙版了，此时可以使用"解冻蒙版工具" 将蒙版擦除。按住鼠标左键拖曳即可，如图2-244所示。小猫此时的表情如图2-245所示。

图 2-244　　　　　　　　　图 2-245

（4）接着将眼睛放大。在左侧的工具列表中单击"膨胀工具"按钮 ，在右侧设置"大小"为100，然后在眼睛上单击将眼睛放大。可以多次单击将眼睛放大到合适大小，如图2-246所示。设置完成后单击"确定"按钮，效果如图2-247所示。

图 2-246

图 2-247

练习实例：使用"液化"滤镜为美女瘦脸

文件路径	资源包\第2章\使用"液化"滤镜为美女瘦脸
难易指数	★★★★★
技术要点	"液化"滤镜

扫一扫，看视频

案例效果

案例处理前后的效果对比如图2-248和图2-249所示。

图 2-248　　　　　　　　　图 2-249

操作步骤

步骤 01 执行"文件>打开"命令，打开素材"1.jpg"，如图2-250所示。选中"背景"图层，按下快捷键Ctrl+J复制图层。选择复制的人物图层，执行"滤镜>液化"命令，打开"液化"窗口。单击"脸部工具"按钮 ，将光标移动到人物面部，此时脸部会显示轮廓线。接着向脸部内侧拖曳控制点为美女瘦脸，如图2-251所示。

图 2-250

图 2-251

步骤 02 拖曳脸部右侧的控制点,继续进行瘦脸操作,如图2-252所示。接着将光标移动至眼睛的位置,此时会显示控制点,拖曳方形控制点将眼睛放大,如图2-253所示。

图 2-252　　　　　　　　图 2-253

步骤 03 使用同样的方法调整左眼,然后单击"确定"按钮,如图2-254所示。案例完成效果如图2-255所示。

图 2-254

图 2-255

综合实例:简单美化人物照片

文件路径	资源包\第2章\简单美化人物照片
难易指数	★★★★★
技术要点	"修补工具""自由变换工具""加深工具""减淡工具""海绵工具""液化""滤镜"

扫一扫,看视频

案例效果

案例处理前后的效果对比如图2-256和图2-257所示。

图 2-256　　　　　　　　图 2-257

操作步骤:

步骤 01 执行"文件>打开"命令,打开素材"1.jpg"。从图中可以看到一些比较明显的问题,例如背景中杂乱的文字、地面比较脏、宝宝头饰存在不美观的元素、宝宝两眼大小不统一,如图2-258所示。

图 2-258

步骤 02 首先将图片上方的红色文字和红色图案去掉。选择"背景"图层,按快捷键Ctrl+J复制。然后选择复制得到的图层,单击工具箱中的"修补工具"按钮,按住鼠标左键在画面的左上角位置将红色图案圈起来,显示出框选的选区,如图2-259所示。将光标放在框选的选区内,按住鼠标左键向下拖动,如图2-260所示。

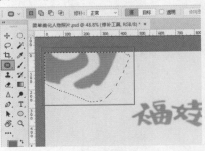

图 2-259

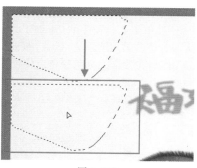

图 2-260

步骤 03 松开鼠标即将红色图案去除，然后按快捷键Ctrl+D取消选区，效果如图 2-261 所示。接着用同样的方式将红色文字去除，效果如图 2-262 所示。

图 2-261　　　　　　　　　　图 2-262

步骤 04 画面中宝宝下方的背景颜色较脏，需要将其处理掉。选择复制得到的图层，单击工具箱中的"减淡工具"按钮，在选项栏中选择大小合适的柔边圆画笔，设置"范围"为"中间调"，"曝光度"为40%，然后在画面背景区域进行涂抹，将背景颜色减淡，如图 2-263 所示。

图 2-263

步骤 05 接下来，将宝宝头部发带上的图案去掉。这部分可

以使用复制相似内容的方法进行覆盖。选择该图层，单击工具箱中的"套索工具"按钮，在发带图案右边位置绘制选区，如图 2-264 所示。然后按快捷键Ctrl+J，将选区内的图形复制到单独的图层，如图 2-265 所示。

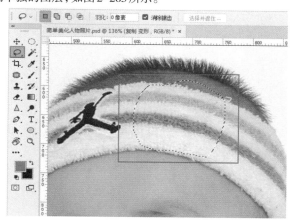

图 2-264

图 2-265

步骤 06 选择复制的部分发带图案图层，将其向左移动到发带图案上方位置，如图 2-266 所示。按下自由变换快捷键Ctrl+T调出定界框，将光标放在定界框外，按住鼠标左键旋转到合适的位置，如图 2-267 所示。操作完成后按Enter键确认。

　　　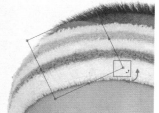

图 2-266　　　　　　　　　图 2-267

步骤 07 完成上述操作后，可以看到复制的发带图案上方有多余的部分，需要将其去除。旋转复制得到的发带图层，单击工具箱中的"橡皮擦工具"按钮，在选项栏中设置大小合适的笔尖，"硬度"设置为0，然后将多余出来的部分擦除，如图 2-268 所示。

图 2-268

步骤 08 按住 Ctrl 键依次加选复制得到的"背景拷贝""图层和发带复制"图层，如图 2-269 所示。按快捷键 Ctrl+E，将其合并为一个图层并命名为"合并"，如图 2-270 所示。

图 2-269　　　　　　图 2-270

步骤 09 此时画面中发带的颜色较深，需要将颜色减淡。选择"合并"图层，单击工具箱中的"减淡工具"按钮，在选项栏中选择大小合适的柔边圆画笔，设置"范围"为"中间调"，"曝光度"为 20%，然后在发带位置按住鼠标左键进行涂抹，如图 2-271 所示。

图 2-271

步骤 10 发带中绿色和黄色的颜色饱和度较低，需要提高。选择"合并"图层，单击工具箱中的"海绵工具"按钮，在选项栏中选择大小合适的柔边圆画笔，设置"模式"为"加色"，"流量"为 50%，然后在发带的绿色和黄色位置进行涂抹，提高颜色的饱和度，效果如图 2-272 所示。

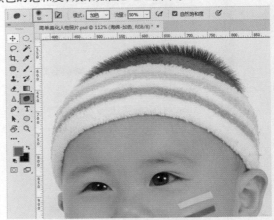

图 2-272

步骤 11 此时画面中宝宝的皮肤颜色较暗，需要提高亮度。选择"合并"图层，单击工具箱中的"减淡工具"按钮，在选项栏中选择大小合适的柔边圆画笔，设置"范围"为"高光"，"曝光度"为 6%（过高的曝光度会让皮肤失真），勾选"保护色调"复选框（是为了让皮肤的颜色在操作中不改变），然后在宝宝露出的皮肤位置进行涂抹，将宝宝的皮肤颜色提亮，如图 2-273 所示。

图 2-273

步骤 12 画面中宝宝的两个眼睛大小不一致，需要将左边眼睛变大。选择"合并"图层，执行"滤镜>液化"命令，在弹出的"液化"窗口中单击"膨胀工具"按钮，在右边的属性设置区域中设置大小合适的画笔，然后在宝宝左眼位置

中文版Photoshop CC数码照片处理从入门到精通（微课视频 全彩版）

单击将眼睛变大,最后单击"确定"按钮完成操作,效果如图2-274所示。

图 2-274

步骤 13 接着将宝宝的眼睛提亮,让眼睛显得更有神。首先需要提亮眼白部分。选择"合并"图层,单击工具箱中的"减淡工具"按钮,在选项栏中选择较小笔尖的柔边圆画笔,设置"范围"为"中间调","曝光度"为20%,然后在眼白位置进行涂抹,提高眼白的亮度,如图2-275所示。

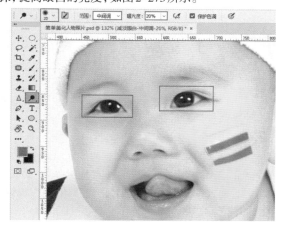

图 2-275

步骤 14 接下来,加深黑眼球的颜色。选择"合并"图层,单击工具箱中的"加深工具"按钮,在选项栏中选择大小合适的柔边圆画笔,设置"范围"为"阴影","曝光度"为10%,然后在黑眼球位置稍作涂抹,加深黑眼球

的颜色,如图2-276所示。

图 2-276

步骤 15 画面中宝宝裤子的颜色太深,需要更换一种艳丽一些的颜色。选择"合并"图层,设置"前景色"为蓝色,然后单击工具箱中的"颜色替换工具"按钮,在选项栏中设置大小合适的笔尖,"模式"选择"颜色","限制"选择"不连续",设置"容差"为60%,接着在宝宝裤子部位进行涂抹,将裤子的颜色更改为蓝色,如图2-277所示。注意,在涂抹时应保持画笔中间的"+"始终在宝宝裤子内,否则会将颜色涂抹到裤子外。至此美化操作完成,效果如图2-278所示。

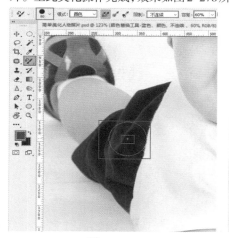

图 2-277　　　　　　　　图 2-278

 读书笔记

Chapter 3
第3章

扫一扫，看视频

照片调色

本章内容简介：

调色是数码照片编缉中非常重要的功能，图像的色彩在很大程度上能够决定图像的"好坏"，与图像主题相匹配的色彩才能够正确地传达图像的内涵。同理正确地使用色彩对设计作品而言也是非常重要的。不同的颜色往往带有不同的情感倾向，对消费者心理产生的影响也不相同。在Photoshop中不仅要学习如何使画面的色彩"正确"呈现，还要学习如何通过调色技术，制作别具风格的色彩。

重点知识掌握：

- 熟练掌握调色命令与调整图层的使用方法
- 熟练调整图像明暗、对比度问题
- 熟练掌握图像色彩倾向的调整
- 掌握图层不透明度与混合模式的调整
- 综合运用多种调色命令进行风格化色彩的制作

通过本章学习，我能做什么？

通过本章的学习，我们将学会十几种调色命令的使用方法。通过使用这些调色命令，可以校正图像的曝光问题以及偏色问题，例如：图像偏暗、偏亮、对比度过低/过高，暗部过暗导致细节缺失，画面颜色暗淡，天不蓝，草不绿，人物皮肤偏黄偏黑，图像整体偏蓝、偏绿、偏红等，这些"问题"都可以通过本章所学的调色命令轻松解决。在本章还可以综合运用多种调色命令以及混合模式等功能制作出一些风格化的色彩，例如：小清新色调、复古色调、高彩色调、电影色、胶片色、反转片色、LOMO色等。调色命令的数量虽然有限，但是通过这些有限的命令制作出的效果却是"无限的"。还等什么？一起来试一下吧！

优秀作品欣赏

3.1 调色前的准备工作

对摄影爱好者来说，调色是数码照片后期处理的"重头戏"。一张照片的颜色能够在很大程度上影响观者的心理感受。例如同样一张食物的照片，哪张看起来更美味一些？通常美食照片的饱和度高一些，看起来会更美味，如图3-1所示。的确，"色彩"能够美化照片，同时色彩也具有强大的"欺骗性"。如图3-2所示，同样一张"行囊"的照片，以不同的颜色进行展示，迎接它的将是轻松愉快的郊游，还是充满悬疑与未知的探险？

图 3-1

图 3-2

调色技术不仅在摄影后期占有重要地位，在平面设计中也是不可忽视的一个重要组成部分。平面设计作品中经常需要使用各种各样的图片元素，而图片元素的色调与画面是否匹配也会影响到设计作品的成败。调色不仅要使元素变"漂亮"，更重要的是通过色彩的调整使元素"融合"到画面中。如图3-3和图3-4所示，可以看到部分元素与画面整体"格格不入"，而经过颜色的调整，则会使元素不再显得突兀，画面整体气氛更统一。

图 3-3

图 3-4

色彩的力量无比强大，想要"掌控"这个神奇的力量，Photoshop必不可少。Photoshop的调色功能非常强大，不仅可以对错误的颜色(即色彩方面不正确的问题，例如曝光过度、亮度不足、画面偏灰、色调偏色等)进行校正，如图3-5所示；更能够通过调色功能增强画面视觉效果，丰富画面情感，打造出风格化的色彩，如图3-6所示。

图 3-5

图 3-6

3.1.1 调色关键词

在进行调色的过程中，我们经常会听到一些关键词，例如"色温""色调""色阶""曝光度""对比度""明度""纯度""饱和度""色相""影调""颜色模式""直方图"等。这些关键词大部分都与"色彩"的基本属性有关。下面就来简单了解一下"色彩"。

在视觉的世界里，"色彩"被分为两类：无彩色和有彩色。无彩色为黑、白、灰；有彩色则是除黑、白、灰以外的其他颜色，如图3-7所示。每种有彩色都有三大属性：色相、明度、纯度(饱和度)，无彩色只具有明度这一属性，如图3-8所示。

图3-7 图3-8

1. 色温（色性）

颜色除了色相、明度、纯度这三大属性外，还具有"温度"。色彩的"温度"也被称为色温、色性，指色彩的冷暖倾向。倾向于蓝色的颜色或画面为冷色调，如图3-9所示。倾向于橘色的为暖色调，如图3-10所示。

图3-9 图3-10

2. 色调

"色调"也是我们经常提到的一个词语，指的是画面整体的颜色倾向。例如图3-11为黄绿色调图像，图3-12为蓝紫色调图像。

图3-11 图3-12

3. 影调

对摄影作品而言，"影调"又称为照片的基调或调子。指画面的明暗层次、虚实对比和色彩的色相明暗等之间的关系。由于影调的亮暗和反差的不同，通常以"亮暗"将图像分为"亮调""暗调""中间调"。也可以"反差"将图像分为"硬调""软调""中间调"等多种形式。例如图3-13为亮调图像，图3-14为暗调图像。

图3-13 图3-14

4. 颜色模式

"颜色模式"是指千千万万种颜色表现为数字形式的模型。简单来说，可以将图像的"颜色模式"理解为记录颜色的方式。在Photoshop中有多种"颜色模式"。执行"图像>模式"命令，我们可以将当前的图像更改为其他颜色模式：RGB模式、CMYK模式、HSB模式、Lab颜色模式、位图模式、灰度模式、索引颜色模式、双色调模式和多通道模式，如图3-15所示。在设置颜色时，"拾色器"窗口中可以选择不同的颜色模式进行颜色的设置，如图3-16所示。

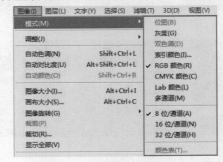

图3-15

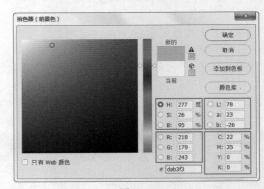

图3-16

虽然图像可以有多种颜色模式，但并不是所有的颜色模式都经常使用。通常情况下，制作用于显示在电子设备上的图像文档时使用RGB颜色模式；涉及需要印刷的产品时需要使用CMYK颜色模式；而Lab颜色模式是色域最宽的色彩模式，也是最接近真实世界颜色的一种色彩模式，通常使用在将RGB模式转换为CMYK模式过程中，可以先将RGB模式的图像转换为Lab模式，然后再将Lab模式的图像转换为CMYK。

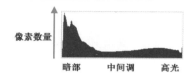

提示：认识一下各种颜色模式

- **位图模式**：使用黑色、白色两种颜色值中的一个来表示图像中的像素。将一幅彩色图像转换为位图模式时，需要先将其转换为灰度模式，删除像素中的色相和饱和度信息之后才能执行"图像>模式>位图"命令，将其转换为位图。

- **灰度模式**：灰度模式用单一色调来表现图像，将彩色图像转换为灰度模式后，会去除图像的颜色信息。

- **双色调模式**：双色调模式不是指由两种颜色构成图像的颜色模式，而是通过1~4种自定油墨创建的单色调、双色调、三色调和四色调的灰度图像。想要将图像转换为双色调模式，需要先将图像转换为灰度模式。

- **索引颜色模式**：索引颜色模式是位图的一种编码方法，可以通过限制图像中的颜色总数来实现有损压缩。索引颜色模式的位图比其他模式的位图占用更少的空间，所以索引颜色模式位图广泛用于网络图形、游戏制作中，常见的格式有GIF、PNG-8等。

- **RGB模式**：RGB模式是进行图像处理时最常使用的一种模式，是一种"加光"模式。RGB分别代表Red(红色)、Green(绿色)、Blue(蓝)。RGB模式下的图像只有在发光体上才能显示出来，例如显示器、电视等，该模式所包括的颜色信息(色域)，有1670多万种，是一种真色彩颜色模式。

- **CMYK模式**：CMYK颜色模式是一种印刷模式，也叫"减光"模式，该模式下的图像只有在印刷品上才可以观察到。CMY是3种印刷油墨名称的首字母，C代表Cyan(青色)、M代表Magenta(洋红)、Y代表Yellow(黄色)，而K代表Black(黑色)。CMYK颜色模式包含的颜色总数比RGB模式少很多，所以在显示器上观察到的图像要比印刷出来的图像亮丽一些。

- **Lab颜色模式**：Lab颜色模式由照度(L)和有关色彩的a、b共3个要素组成，L表示Luminosity(照度)，相当于亮度；a表示从红色到绿色的范围；b表示从黄色到蓝色的范围。

- **多通道模式**：多通道模式图像在每个通道中都包含256个灰阶，对于特殊打印时非常有用。将一张RGB模式的图像转换为多通道模式的图像后，之前的红、绿、蓝3个通道将变成青色、洋红、黄色3个通道。多通道模式图像可以存储为PSD、PSB、EPS和RAW格式。

5. 直方图

"直方图"是用图形来表示图像的每个亮度级别的像素数量。在直方图中横向代表亮度，左侧为暗部区域，中部为中间调区域，右侧为高光区域。纵向代表像素数量，纵向越高表示分布在这个亮度级别的像素越多，如图3-17所示。

图3-17

那么直方图究竟是用来做什么呢？直方图常用于观测当前画面是否存在曝光过度或曝光不足的情况。虽然我们在为数码照片进行调色时，经常通过"观察"去判定画面是否偏亮、偏暗，但由于显示器问题或者个人的经验不足，经常会出现"误判"。而"直方图"却总是准确直接地告诉我们，图像是否曝光"正确"或曝光问题主要在哪里。首先打开一张照片，如图3-18所示。执行"窗口>直方图"命令，打开"直方图"面板，设置"通道"为RGB，如图3-19所示。我们来观看一下当前图像的直方图，画面在直方图中显示偏暗的部分较多，而亮部区域较少。与之相对的观察画面效果也是如此，画面整体更倾向于中暗调。

图3-18　　　　　　　　图3-19

如果大部分较高的竖线集中在直方图右侧，左侧几乎没有竖线，则表示当前图像亮部较多，暗调几乎没有。该图像可能存在曝光过度的情况，如图3-20所示。如果大部分较高的竖线集中在直方图左侧，图像更有可能是曝光不足的暗调效果，如图3-21所示。

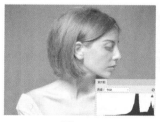

图3-20　　　　　　　　图3-21

通过分析我们能够发现图像存在的问题，接下来就可以在后面的操作中对图像问题进行调整。一张曝光正确的照片通常大部分色阶集中在中间调区域，亮部区域和暗部区域也应有适当的色阶。但是需要注意的是，我们并不是一味地追求"正确"的曝光，很多时候画面的主题才是控制图像是何种影调的决定因素。

在Photoshop的"图像"菜单中包含多种可以用于调色的命令，其中大部分位于"图像>调整"子菜单中，还有3个自动调色命令位于"图像"菜单下，这些命令可以直接作用于所选图层，如图3-22所示。执行"图层>新建调整图层"命令，如图3-23所示。在弹出的子菜单中可以看到与"图像>调整"子菜单中相同的命令，这些命令起到的调色效果是相同的，但是其使用方式略有不同。

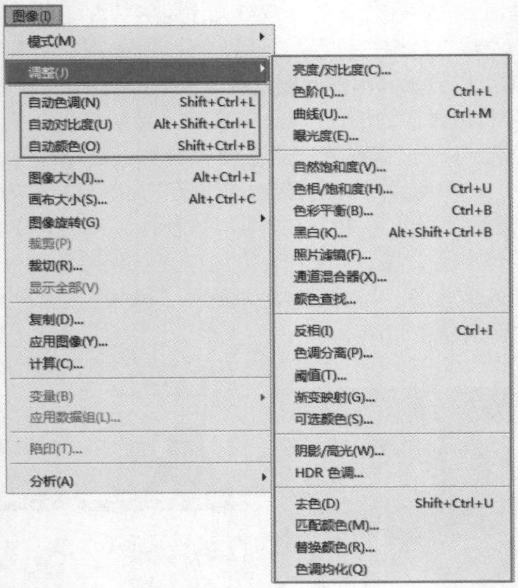

图 3-22

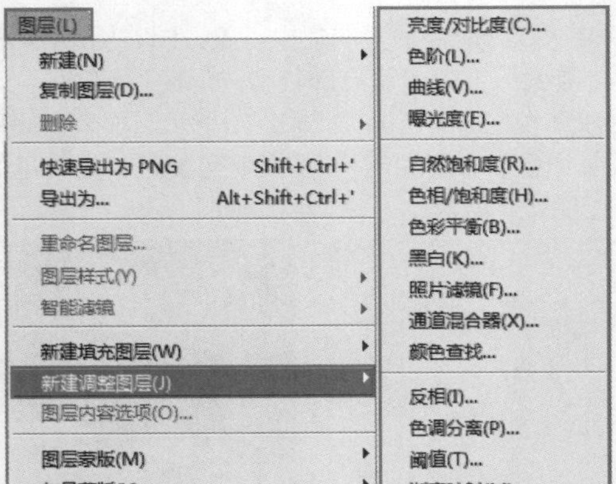

图 3-23

从上面这些调色命令的名称来看，大致能猜到这些命令起到的作用。所谓的"调色"是通过调整图像的明暗（亮度）、对比度、曝光度、饱和度、色相、色调等几大方面进行调整，从而实现图像整体颜色的改变。但如此多的调色命令，在真正调色时要从何处入手呢？很简单，只要把握住以下几点即可。

1. 校正画面整体的颜色错误

处理一张照片时，通过对图像整体的观察，最先考虑到的就是图像整体的颜色有没有"错误"。例如偏色（画面过于偏向暖色调或冷色调，偏紫色，偏绿色等），画面太亮（曝光过度）、太暗（曝光不足）、偏灰（对比度低，整体看起来灰蒙蒙的）、明暗反差过大等。如果出现这些问题，首先要对以上问题进行处理，使图像变为一张曝光正确、色彩正常的图像，对比效果如图3-24和图3-25所示。

图 3-24

图 3-25

如果在对新闻图片进行处理时，可能无须对画面进行美化，需要最大限度地保留画面真实度，那么图像的调色到这里可能就结束了。如果想要进一步美化图像，接下来再进行处理。

2. 细节美化

通过第一步整体的处理，我们已经得到了一张"正常"的图像。虽然这些图像是基本"正确"的，但是仍然可能存在一些不尽人意的细节。例如想要重点突出的部分比较暗，如图3-26所示；照片背景颜色不美观，如图3-27所示。

图 3-26

图 3-27

想要制作同款产品不同颜色的效果图,如图3-28所示;改变头发、嘴唇、瞳孔的颜色,如图3-29所示。对这些"细节"进行处理也是非常必要的,因为画面的重点往往集中在画面一个很小的位置上。使用"调整图层"非常适合处理画面的细节。

图 3-28

图 3-29

3. 帮助元素融入画面

在制作一些平面设计作品或者创意合成作品时,经常需要在原有的画面中添加一些其他的元素,例如在版面中添加主体人像;为人物添加装饰物;为海报中的产品周围添加一些陪衬元素;为整个画面更换一个新背景等。当后添加的元素出现在画面中时,可能会有合成得很"假"的感觉,或颜色看起来很奇怪。除了元素内容、虚实程度、大小比例、透视角度等问题外,最大的可能性就是新元素与原始图像的"颜色"不统一。例如环境中的元素均为偏冷的色调,而人物偏暖,如图3-30所示。这时就需要对色调倾向不同的内容进行调色操作了。

图 3-30

4. 强化气氛,辅助主题表现

通过前面几个步骤,画面整体、细节以及新增元素的颜色都被处理"正确"了。但单纯"正确"的颜色是不够的,很多时候我们想要使自己的作品脱颖而出,需要的是超越其他作品的"视觉感受"。所以,我们需要对图像的颜色进行进一步的调整,而这里的调整考虑的是与图像主题相契合,图3-31和图3-32为表现不同主题的不同色调作品。

图 3-31　　　　　　　　图 3-32

3.1.3　调色必备"信息"面板

"信息"面板看似与调色操作没有关系,但是在"信息"面板中可以显示画面中取样点的颜色数值,通过数值的对比,能够分析出画面的偏色问题。执行"窗口>信息"命令,可以打开"信息"面板。

右键单击工具箱中吸管工具组,在工具组中选择"颜色取样器"工具 ✐。在画面中本应是黑、白、灰的颜色处单击设置取样点。在"信息"面板中可以看到当前取样点的颜色数值,也可以在此单击创建更多的取样点(最多可以创建10个取样点),以判断画面是否存在偏色问题。因为无彩色的R、G、B数值应该相同或接近相同,而根据哪个数字偏大或偏小,则很容易判定图像的偏色问题。

例如,在本该是白色的瓷瓶上单击取样,如图3-33所示。在"信息"面板中可以看到R、G、B的数值分别是228、216、200,如图3-34所示。既然本色是白色/淡灰色的对象,那么在不偏色的情况下,呈现出的R、G、B数值应该是一致的,而此时看到的数值中R(红)明显偏大,因此可以判断,画面存在偏红的问题。

图 3-33

图 3-34

提示："信息"面板功能多

在"信息"面板中还可以快速准确地查看光标所处的坐标、颜色信息、选区大小、定界框的大小和文档大小等信息。

重点 3.1.4 动手练：使用调色命令调色

(1) 调色命令的种类虽然很多，但是其使用方法比较相似。首先选中需要操作的图层，如图3-35所示。单击"图像"菜单按钮，将光标移动到"调整"命令上，在弹出的子菜单中可以看到很多调色命令，执行"色相/饱和度"命令，如图3-36所示。

扫一扫，看视频

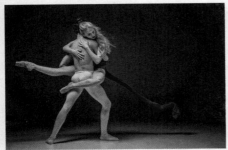

图 3-35

图 3-36

(2) 大部分调色命令在执行时都会弹出相应的参数设置窗口(反相、去色、色调均化命令没有参数调整窗口)，在此窗口中可以进行参数选项的设置，如图3-37所示为"色相/饱和度"窗口。在此窗口中可以看到很多滑块，尝试拖动滑块，画面颜色就会产生了变化，如图3-38所示。

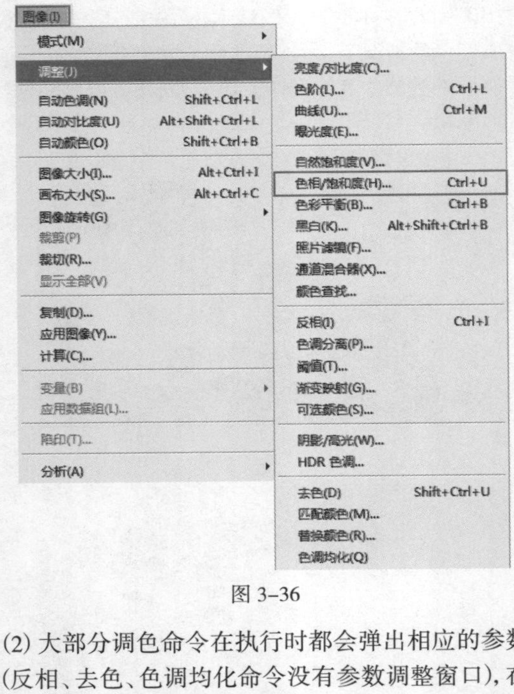

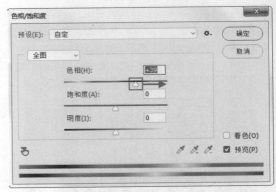

图 3-37

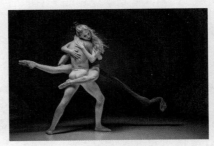

图 3-38

(3) 很多调整命令中都有"预设"，所谓的"预设"就是软件内置的一些设置好的参数效果。我们可以通过在预设列表中选择某一种预设，快速为图像施加效果。例如在"色相/饱和度"窗口中单击"预设"，在预设列表中单击某一项，如图3-39所示，效果如图3-40所示。

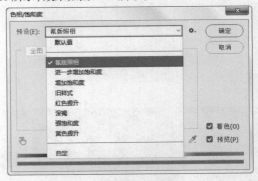

图 3-39

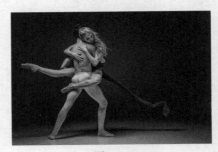

图 3-40

（4）很多调色命令都有"通道"列表或"颜色"列表可供选择，例如默认情况下显示的是RGB，此时调整的是整个画面的效果。如果单击"全图"列表会看到红、绿、蓝等选项，选择某一项，即可针对这种颜色进行调整如图3-41所示，效果如图3-42所示。

图3-41

图3-42

提示：快速还原默认参数

使用图像调整命令时，如果在修改参数之后，还想将参数还原成默认数值，可以按Alt键，此时对话框中的"取消"按钮会变为"复位"按钮，单击该"复位"按钮即可还原为原始参数，如图3-43所示。

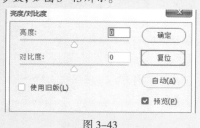

图3-43

重点 3.1.5 动手练：使用调整图层调色

前面提到"调整命令"与"调整图层"的调色效果是相同的，但"调整命令"是直接作用于原图层的，而"调整图层"则是将调色操作以"图层"的形式存在于图层面板中。既然具有"图"

扫一扫，看视频

层"的属性，那么调整图层就具有以下特点：可以随时隐藏或显示调色效果；可以通过蒙版控制调色影响的范围；可以创建剪贴蒙版；可以调整透明度以减弱调色效果；可以随时调整图层所处的位置；还可以随时更改调色的参数。相对来说，使用调整图层进行调色，可以操作的选择更多一些。

（1）选中一个需要调整的图层，如图3-44所示。接着执行"图层>新建调整图层"命令，在弹出的子菜单中可以看到很多命令，执行其中某一项命令，如图3-45所示。

图3-44

图3-45

提示：使用"调整"面板

执行"窗口>调整"命令，打开"调整"面板，在"调整"面板中排列的图标，与"图层>新建调整图层"菜单中的命令是相对应的。可以在"调整"面板中单击某一按钮新建调整图层，如图3-46所示。

另外，在"图层"面板底部单击"创建新的填充或调整图层"按钮 ，然后在弹出的菜单中选择相应的调整命令，即可新建调整图层。

图3-46

（2）在弹出的"新建图层"窗口设置调整图层的"名称"，单击"确定"按钮，如图3-47所示。接着在"图层"面板中可以看到新建的调整图层，如图3-48所示。

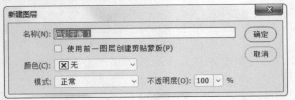

图3-47

图3-48

（3）与此同时，"属性"面板中会显示当前调整图层的参数设置（如果没有出现"属性"面板，可以双击该调整图层的缩览图，即可重新弹出"属性"面板），随意调整参数，如图3-49所示。此时画面颜色发生了变化，如图3-50所示。

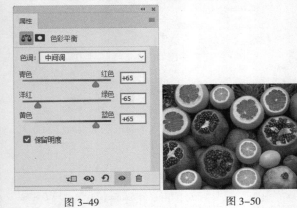

图3-49   图3-50

（4）在"图层"面板中能够看到每个调整图层都自动带有一个"图层蒙版"。在调整图层蒙版中可以使用黑色、白色来控制受影响的区域。白色为受影响，黑色为不受影响，灰色为受到部分影响。例如想要使刚才创建的"色彩平衡"调整图层只对画面中的下半部分起作用，那么则需要在蒙版中使用黑色画笔涂抹不想受调色命令影响的上半部分。单击选中"色彩平衡"调整图层的蒙版，然后设置"前景色"为黑色，单击"画笔工具"，设置合适的大小，在天空的区域涂抹黑色，如图3-51所示。被涂抹的区域变为了调色之前的效果，如

图3-52所示。关于调整图层的蒙版操作方法及原理知识，可以参考4.5.1节"图层蒙版"的相关知识进行学习。

图3-51   图3-52

提示：其他可以用于调色的功能

在Photoshop中进行调色时，可以使用调色命令或者调整图层，除此之外还有很多可以辅助调色的功能，例如通过对纯色图层设置"混合模式"或"不透明度"改变画面颜色；或者使用画笔工具、颜色替换画笔、加深工具、减淡工具、海绵工具等对画面局部颜色进行更改。

3.2 自动调色命令

在"图像"菜单下有3个用于自动调整图像颜色问题的命令，即"自动对比度""自动色调""自动颜色"，如图3-53所示。这3个命令无需进行参数设置，执行命令后，Photoshop会自动计算图像颜色和明暗中存在的问题并进行校正。自动调色命令适用于处理一些数码照片中常见的偏色或者偏灰、偏暗、偏亮等问题。

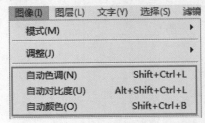

图3-53

3.2.1 自动对比度

"自动对比度"命令常用于校正图像对比度过低的问题。打开一张对比度偏低的图像，画面看起来有些"灰"，如图3-54所示。执行"图像>自动对比度"命令，偏灰的图像会被自动提高对比度，效果如图3-55所示。

图 3-54   图 3-55

3.2.2 自动色调

"自动色调"命令常用于校正图像中常见的偏色问题。打开一张略微有些偏色的图像，画面看起来有些偏黄，如图 3-56 所示。执行"图像>自动色调"命令，过多的黄色成分被去除掉了，效果如图 3-57 所示。

图 3-56   图 3-57

3.2.3 自动颜色

"自动颜色"命令主要用于校正图像中颜色的偏差，如图 3-58 所示的图像中，灰白色的背景偏向红色，执行"图像>自动颜色"命令，则可以快速减少画面中的红色，效果如图 3-59 所示。

图 3-58   图 3-59

3.3 调整图像的明暗

在"图像>调整"菜单中有很多调色命令，其中一部分调色命令主要针对于图像的明暗进行调整。提高图像的明度可以使画面变亮，降低图像的明度可以使画面变暗。增强画面亮部区域的明亮程度并降低画面暗部区域的亮度可以增强画面对比度，反之则会降低画面对比度，如图 3-60 和图 3-61 所示。

图 3-60   图 3-61

【重点】3.3.1 亮度/对比度

"亮度/对比度"命令常用于使图像变得更亮、变暗一些，校正"偏灰"(对比度过低)的图像，增强对比度使图像更"抢眼"或弱化对比度使图像柔和，如图 3-62 和图 3-63 所示。

扫一扫，看视频

图 3-62   图 3-63

打开一张图像，如图 3-64 所示。执行"图像>调整>亮度/对比度"命令，打开"亮度/对比度"窗口，如图 3-65 所示。执行"图层>新建调整图层>亮度/对比度"命令，创建一个"亮度/对比度"调整图层。

图 3-64

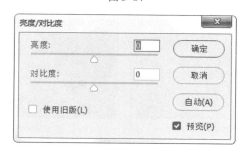

图 3-65

- 亮度：用来设置图像的整体亮度。数值为负值时，表示降低图像的亮度；数值为正值时，表示提高图像的亮度，如图3-66所示。

亮度：-100　　　　　　　亮度：100

图 3-66

- 对比度：用于设置图像亮度对比的强烈程度。数值为负值时，对比减弱；数值为正值时，图像对比度会增强，如图3-67所示。

对比度：-50　　　　　　　对比度：100

图 3-67

- 预览：勾选该复选框后，在"亮度/对比度"对话框中调节参数时，可以在文档窗口中观察到图像的亮度变化。
- 使用旧版：勾选该复选框后，可以得到与Photoshop CS3以前的版本相同的调整结果。
- 自动：单击"自动"按钮，Photoshop会自动根据画面进行高度/对比度调整。

练习实例：校正偏暗的图像

文件路径	资源包\第3章\校正偏暗的图像
难易指数	★★★★★
技术要点	亮度/对比度

扫一扫，看视频

案例效果

案例处理前后的效果对比如图3-68和图3-69所示。

图 3-68　　　　　　　　　图 3-69

操作步骤

步骤 01　执行"文件>打开"命令，在弹出的"打开"窗口中选择素材"1.jpg"，此时画面呈现出偏暗的问题，细节不明确，需要提高亮度，如图3-70所示。

图 3-70

步骤 02　执行"图层>新建调整图层>亮度/对比度"命令，在弹出的"亮度/对比度"窗口中单击"确定"按钮，新建一个"亮度/对比度"调整图层。然后在弹出的"属性"面板中设置"亮度"为70，提高整体画面的亮度，如图3-71所示。效果如图3-72所示。

图 3-71　　　　　　　　　图 3-72

步骤 03　画面整体的亮度提高，但人物衣服颜色与背景颜色对比度较弱，需要提高对比度。在"亮度/对比度"的"属性"面板中设置"对比度"为40，增加画面明暗之间的对比，如图3-73所示。效果如图3-74所示。

图 3-73　　　　　　　　　图 3-74

中文版Photoshop CC数码照片处理从入门到精通（微课视频 全彩版）

【重点】3.3.2 动手练：色阶

"色阶"命令主要用于调整画面的明暗程度以及增强或降低对比度。"色阶"命令的优势在于不仅可以单独对画面的阴影、中间调、高光以及亮部、暗部区域进行调整，而且可以对各个颜色通道进行调整，以实现色彩调整的目的，如图3-75和图3-76所示。

扫一扫，看视频

图 3-75

图 3-76

执行"图像 > 调整 > 色阶"命令（快捷键：Ctrl+L），打开"色阶"对话框，如图3-77所示。执行"图层 > 新建调整图层 > 色阶"命令，创建一个"色阶"调整图层，如图3-78所示。

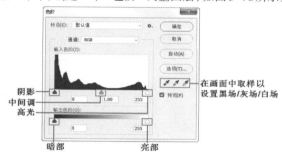

图 3-77

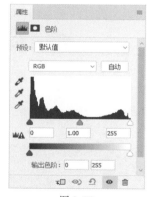

图 3-78

（1）打开一张图像，如图3-79所示。执行"图像 > 调整 > 色阶"命令，在打开的"色阶"对话框中"输入色阶"窗口中可以通过拖曳滑块来调整图像的"阴影""中间调"和"高光"，同时也可以直接在对应的输入框中输入具体数值，如图3-80所示。向右移动"阴影"滑块，画面暗部区域会变暗；如图3-81所示。

图 3-79

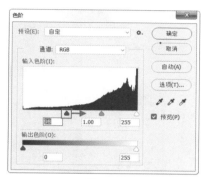

图 3-80

图 3-81

（2）尝试向左移动"高光"滑块，如图3-82所示，画面亮部区域变亮，如图3-83所示。

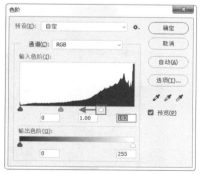

图 3-82

图 3-83

(3) 向左移动"中间调"滑块，如图3-84所示，画面中间调区域会变亮，受之影响，画面大部分区域会变亮，如图3-85所示。

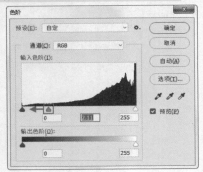

图 3-84

图 3-85

(4) 向右移动"中间调"滑块，如图3-86所示，画面中间调区域会变暗，受之影响，画面大部分区域会变暗，如图3-87所示。

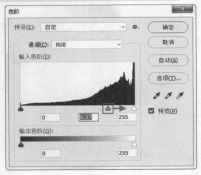

图 3-86

图 3-87

(5) 在"输出色阶"中可以设置图像的亮度范围，从而降低对比度。向右移动"暗部"滑块，如图3-88所示，画面暗部区域会变亮，画面会产生"变灰"的效果，如图3-89所示。

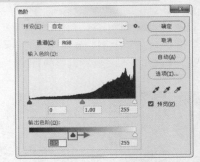

图 3-88

图 3-89

(6) 向左移动"亮部"滑块，如图3-90所示，画面亮部区域会变暗，画面同样会产生"变灰"的效果，如图3-91所示。

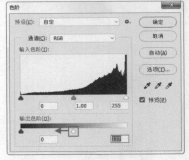

图 3-90

图 3-91

（7）使用"在画面中取样设置黑场"吸管 ，如图3-92所示，在图像中单击取样，可以将单击点处的像素调整为黑色，同时图像中比该单击点暗的像素也会变成黑色，如图3-93所示。

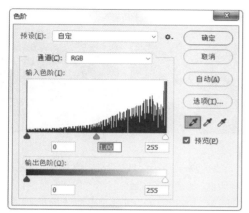

图 3-92

图 3-93

（8）使用"在画面中取样设置灰场"吸管 ，如图3-94所示，在图像中单击取样，可以根据单击点处的像素的亮度来调整其他中间调的平均亮度，如图3-95所示。

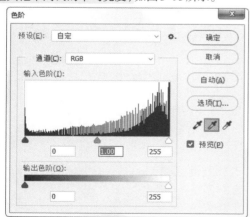

图 3-94

图 3-95

（9）使用"在画面中取样设置白场"吸管 ，如图3-96所示，在图像中单击取样，可以将单击点处的像素调整为白色，同时图像中比该单击点亮的像素也会变成白色，如图3-97所示。

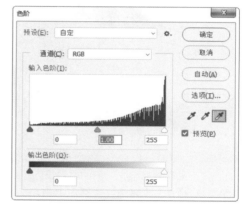

图 3-96

图 3-97

（10）如果想要使用"色阶"命令对画面颜色进行调整，则可以在"通道"列表中选择某个"通道"，然后对该通道进行明暗调整，使某个通道变亮，如图3-98所示。画面则会更倾向于该颜色，如图3-99所示。而使某个通道变暗，则会减少画面中该颜色的成分，而使画面倾向于该通道的补色。

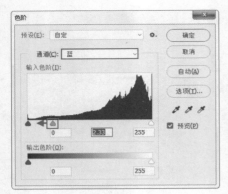

图 3-98

图 3-99

举一反三：巧用"在画面中取样设置黑场/白场"

想要制作黑白图时可以借助"在画面中取样设置黑场/白场"功能。接下来就需要强化画面的黑白反差，而"在画面中取样设置黑场/白场"按钮正好能够派上用场。这里需要将背景变为黑色，主体物变为白色，使用"在画面中取样设置黑场"按钮单击背景部分，使用"在画面中取样设置白场"按钮单击主体物部分，如图 3-100 所示。此时画面变为黑白反差非常大的效果，如图 3-101 所示。

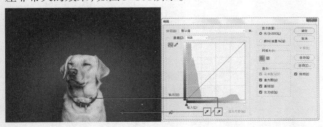

图 3-100

图 3-101

【重点】3.3.3　动手练：曲线

扫一扫，看视频

"曲线"命令既可用于对画面的明暗和对比度进行调整，又可用于校正画面偏色问题以及调整出独特的色调效果，如图 3-102 和图 3-103 所示。

图 3-102

图 3-103

执行"图像>调整>曲线"命令(快捷键：Ctrl+M)，打开"曲线"对话框，如图 3-104 所示。在"曲线"对话框中左侧为曲线调整区域，在这里可以通过改变曲线的形态，调整画面的明暗程度。曲线上半部分控制画面的亮部区域；曲线中间段的部分控制画面中间调区域；曲线下半部分控制画面暗部区域。

在曲线上单击即可创建一个点，然后按住并拖动该曲线点的位置即可调整曲线形态。将曲线上的点向左上移动则会使图像变亮，将曲线上的点向右下移动可以使图像变暗。

执行"图层>新建调整图层>曲线"命令，创建一个"曲线"调整图层，在弹出的"属性"面板中同样能够进行相同效果的调整，如图 3-105 所示。

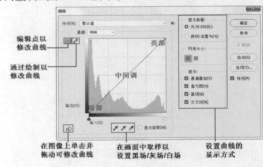

图 3-104

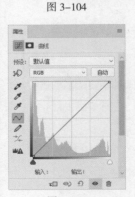

图 3-105

1. 使用"预设"的曲线效果

在"预设"下拉列表中共有9种曲线预设效果。原图如图3-106所示,9种预设效果如图3-107所示。

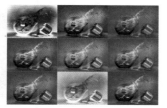

图3-106　　　　　　图3-107

2. 提亮画面

预设并不一定适合所有情况,所以大多时候都需要手动对曲线进行调整。例如想让画面整体变亮一些,可以选择在曲线的中间调区域按住鼠标左键,并向左上拖动,如图3-108所示。此时画面就会变亮,如图3-109所示。通常情况下,中间调区域控制的范围较大,所以想要对画面整体进行调整时,大多会选择在曲线中间段部分进行调整。

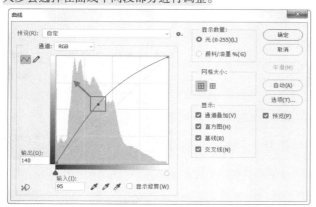

图3-108

图3-109

3. 压暗画面

想要使画面整体变暗一些,可以在曲线上中间调的区域按住鼠标左键,并向右下移动,如图3-110所示。效果如图3-111所示。

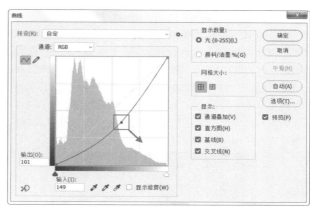

图3-110

图3-111

4. 调整图像对比度

想要增强画面对比度,则需要使画面亮部变得更亮,暗部变得更暗。那么需要将曲线调整为S形,在曲线上半段添加点向左上移动,在曲线下半段添加点向右下移动,如图3-112所示。反之,想要使图像对比度降低,则需要将曲线调整为Z形,如图3-113所示。

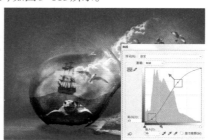

图3-112

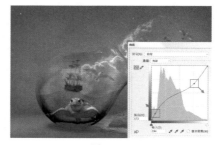

图3-113

5. 调整图像的颜色

使用曲线可以校正偏色情况，也可以使画面产生各种各样的颜色倾向。如图3-114所示的画面倾向于红色，那么在调色处理时，就需要减少画面中的"红"颜色。所以可以在通道列表中选择"红"，然后调整曲线形态，将曲线向右下调整。此时画面中的红色成分减少，画面颜色恢复正常，如图3-115所示。当然如果想要为图像进行色调的改变，则可以调整单独通道的明暗，来使画面颜色改变。

图 3-114

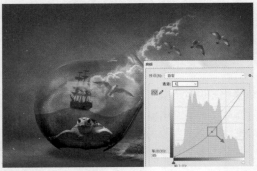

图 3-115

练习实例：外景清新淡雅色调

文件路径	资源包\第3章\外景清新淡雅色调
难易指数	★★★★★
技术要点	曲线、画笔工具、图层蒙版

扫一扫，看视频

案例效果

案例处理前后的效果对比如图3-116和图3-117所示。

图 3-116

图 3-117

操作步骤

步骤 01 执行"文件>打开"命令，打开背景素材"1.jpg"，如

图3-118所示。本案例通过使用"曲线"命令增强画面亮度，降低画面中的红色，并调整蓝色通道使画面呈现出清新的蓝色调。

图 3-118

步骤 02 执行"图层>新建调整图层>曲线"命令，在弹出的"新建图层"窗口中单击"确定"按钮，得到调整图层。在弹出的"属性"面板中设置通道为RGB，单击添加控制点，并向上拖动提高画面的亮度，曲线形状如图3-119所示。此时画面效果如图3-120所示。

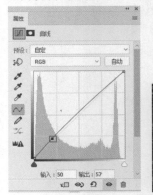

图 3-119

图 3-120

步骤 03 在"属性"面板中设置通道为"红"，单击添加控制点，并向下拖动降低画面的红色数量，曲线形状如图3-121所示。此时画面效果如图3-122所示。

图 3-121

图 3-122

步骤 04 在"属性"面板中设置通道为"蓝"时，并向上拖动左下角的控制点，使画面整体倾向于蓝色，曲线形状如图3-123所示。此时画面效果如图3-124所示。

中文版Photoshop CC数码照片处理从入门到精通（微课视频 全彩版）

图 3-123

图 3-124

步骤 05 提亮人物肤色。执行"图层>新建调整图层>曲线"命令,在弹出的"新建图层"窗口中单击"确定"按钮,得到调整图层。在弹出的"属性"面板中通过单击添加控制点,并向上拖动提高画面的亮度,曲线形状如图 3-125 所示。此时画面效果如图 3-126 所示。

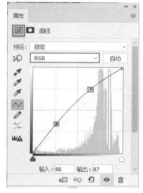

图 3-125

图 3-126

步骤 06 单击选中该曲线图层的图层蒙版缩览图,将"前景色"设置为黑色,然后使用快捷键 Alt+Delete 将蒙版填充为黑色,此时画面的调色效果将被隐藏。选择工具箱中的"画笔工具" ✐ 按钮,在选项栏中单击打开"画笔预设"选取器,在"画笔预设"选取器中单击选择一个"柔边圆"画笔,设置画笔"大小"为1000像素。将"前景色"设置为白色,设置完毕后在蒙版中人物皮肤的位置按住鼠标左键拖动进行涂抹,使该调整图层只显示皮肤位置的调色效果。最终效果如图 3-127 所示。注意:在调整图层的蒙版中,黑色部分为调整效果不起作用的区域,白色部分为起作用区域。

图 3-127

【重点】3.3.4 曝光度

"曝光度"命令主要用来校正图像曝光过度或曝光不足的情况。图 3-128 为不同曝光程度的图像。

扫一扫,看视频

曝光不足　　　　　曝光正常　　　　　曝光过度

图 3-128

打开一张图像,如图 3-129 所示。执行"图像>调整>曝光度"命令,打开"曝光度"对话框,如图 3-130 所示。或执行"图层>新建调整图层>曝光度"命令,创建一个"曝光度"调整图层,如图 3-131 所示。在弹出的"属性面板中"可以对"曝光度"数值进行设置使图像变亮或者变暗。例如适当增大"曝光度"数值,可以使原本偏暗的图像变亮一些,如图 3-132 所示。

图 3-129

图 3-130

图 3-131

图 3-132

· 预设:Photoshop预设了4种曝光效果,分别是"减

1.0" "减2.0" "加1.0" 和 "加2.0"。

- 曝光度：向左拖曳滑块，可以降低曝光效果；向右拖曳滑块，可以增强曝光效果。图3-133为不同参数的对比效果。

曝光度：-2 　　曝光度：0 　　曝光度：2

图 3-133

- 位移：该选项主要对阴影和中间调起作用。减小数值可以使阴影和中间调区域变暗，但对高光基本不会产生影响。图3-134为不同参数的对比效果。

位移：-0.2 　　位移：0 　　位移：0.2

图 3-134

- 灰度系数校正：使用一种乘方函数来调整图像灰度系数。滑块向左调整增大数值，滑块向右调整减小数值。图3-135为不同参数的对比效果。

灰度系数校正：3 　　灰度系数校正：1 　　灰度系数校正：0.3

图 3-135

【重点】3.3.5　阴影/高光

"阴影/高光"命令可以单独对画面中的阴影区域以及高光区域的明暗进行调整。"阴影/高光"命令常用于恢复由于图像过暗造成的暗部细节缺失，或图像过亮导致的亮部细节不明确等问题，如图3-136和图3-137所示。

扫一扫，看视频

图 3-136

图 3-137

（1）打开一张图像，如图3-138所示。执行"图像>调整>阴影/高光"命令，打开"阴影/高光"对话框，默认情况下只显示"阴影"和"高光"两个选项组的"数量"值，如图3-139

所示。增大"阴影"选项组的"数量"值可以使画面暗部区域变亮，如图3-140所示。

图 3-138

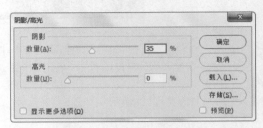
图 3-139

图 3-140

（2）增大"高光"选项组的"数量"值可以使画面亮部区域变暗，如图3-141和图3-142所示。

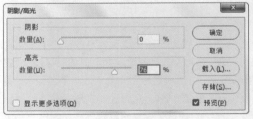
图 3-141

图 3-142

（3）"阴影/高光"可设置的参数并不只这两个，勾选"显示更多选项"复选框以后，可以显示"阴影/高光"的完整选项，如图3-143所示。"阴影"选项组与"高光"选项组的参数是相同的。

图3-143

- 数量：用来控制阴影/高光区域的亮度。阴影的"数量"值越大，阴影区域就越亮；高光的"数量"值越大，高光越暗，如图3-144所示。

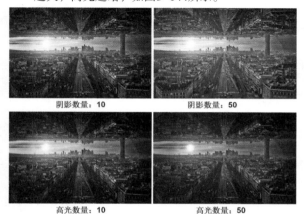

阴影数量：10　　　　阴影数量：50

高光数量：10　　　　高光数量：50

图3-144

- 色调：用来控制色调的修改范围，值越小，修改的范围越小。
- 半径：用于控制每个像素周围的局部相邻像素的范围大小。相邻像素用于确定像素是在阴影还是在高光中。数值越小，范围越小。
- 颜色：用于控制画面颜色感的强弱，数值越小，画面饱和度越低，数值越大，饱和度越高，如图3-145所示。

颜色：-100　　　颜色：0　　　颜色：+100

图3-145

- 中间调：用来调整中间调的对比度，数值越大，中间调的对比度越强，如图3-146所示。

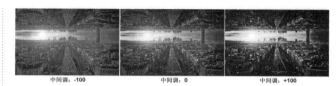

中间调：-100　　　中间调：0　　　中间调：+100

图3-146

- 修剪黑色：该选项可以将阴影区域变为纯黑色，数值的大小用于控制变化为黑色阴影的范围。数值越大，变为黑色的区域就越大，画面整体越暗。最大数值为50%，过大的数值会使图像丧失过多细节，如图3-147所示。

修剪黑色：0.01%　　修剪黑色：20%　　修剪黑色：50%

图3-147

- 修剪白色：该选项可以将高光区域变为纯白色，数值的大小用于控制变化为白色高光的范围。数值越大，变为白色的区域就越大，画面整体越亮。最大数值为50%，过大的数值会使图像丧失过多细节，如图3-148所示。

修剪白色：0.01%　　修剪白色：20%　　修剪白色：50%

图3-148

- 存储默认值：如果要将对话框中的参数设置存储为默认值，可以单击该按钮。存储为默认值以后，再次打开"阴影/高光"对话框时，就会显示该参数。

练习实例：还原背光区域暗部细节

文件路径	资源包\第3章\还原背光区域暗部细节
难易指数	⭐⭐⭐⭐⭐
技术要点	阴影/高光

案例效果

扫一扫，看视频

案例处理前后的效果对比如图3-149和图3-150所示。

图3-149　　　　　　　图3-150

操作步骤

步骤 01 执行"文件>打开"命令将素材"1.jpg"打开,如图3-151所示。由于光线的原因,主体马头及身体部分颜色比较暗,导致画面主题不够突出,这时可以通过"阴影/高光"命令还原暗部细节使主题突出。

图 3-151

步骤 02 执行"图像>调整>阴影/高光"命令,在弹出的"阴影/高光"对话框中设置阴影"数量"为60%,或者将滑块向右拖动,参数设置如图3-152所示。设置完成后单击"确定"按钮,此时画面效果如图3-153所示。

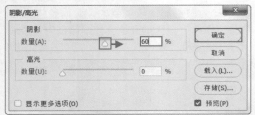

图 3-152

图 3-153

3.4 调整图像的色彩

图像"调色"一方面是针对画面明暗的调整,另一方面是针对画面"色彩"的调整。在"图像>调整"命令中有十几种可以针对图像色彩进行调整的命令。通过使用这些命令既可以校正偏色的问题,又能够为画面打造出各具特色的色彩风格,如图3-154和图3-155所示。

图 3-154   图 3-155

> **提示:学习调色时要注意的问题**
>
> 调色命令虽然很多,但并不是每一种都会经常用。或者说,并不是每一种都适合自己使用。其实在实际调色过程中,想要实现某种颜色效果,往往是既可以使用这种命令,又可以使用那种命令。这时千万不要因为书中或者教程中使用过某个特定命令,而去使用这个命令。我们只需要选择自己习惯使用的命令就可以。

【重点】3.4.1 自然饱和度

"自然饱和度"可以增加或减少画面颜色的鲜艳程度。"自然饱和度"常用于使外景照片更加明艳动人,或者打造出复古怀旧的低彩效果,如图3-156和图3-157所示。在"色相/饱和度"命令中也可以增加或降低画面的饱和度,但与之相比,"自然饱和度"的数值调整更加柔和,不会因为饱和度过高而产生纯色,也不会因为饱和度过低而产生完全灰度的图像。所以"自然饱和度"非常适合于数码照片的调色。

扫一扫,看视频

图 3-156   图 3-157

选择一个图层,如图3-158所示。执行"图像>调整>自然饱和度"命令,打开"自然饱和度"对话框,在这里可以对"自然饱和度"以及"饱和度"数值进行调整,如图3-159所示。执行"图层>新建调整图层>自然饱和度"命令,创建一个"自然饱和度"调整图层,如图3-160所示。

图 3-158

中文版Photoshop CC数码照片处理从入门到精通(微课视频 全彩版)

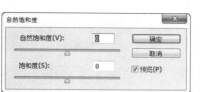

图 3-159   图 3-160

度/对比度"命令提亮画面整体明度，使用"自然饱和度"增加图片的整体颜色感。

图 3-167

- 自然饱和度：向左拖动滑块，可以降低颜色的饱和度，如图3-161所示；向右拖动滑块，可以增加颜色的饱和度，如图3-162所示。

图 3-161   图 3-162

- 饱和度：向左拖动滑块，可以增加所有颜色的饱和度，如图3-163所示；向右拖动滑块，可以降低所有颜色的饱和度，如图3-164所示。

图 3-163   图 3-164

步骤 02 首先增加亮度，使图像更鲜明。执行"图层>新建调整图层>亮度/对比度"命令，在弹出的"新建图层"窗口中单击"确定"按钮，得到调整图层。在弹出的"亮度/对比度"的"属性"面板中设置"亮度"为105，"对比度"为0，如图3-168所示。此时画面效果如图3-169所示。

图 3-168   图 3-169

步骤 03 执行"图层>新建调整图层>自然饱和度"命令，在弹出的"新建图层"窗口中单击"确定"按钮，得到调整图层。在弹出的"属性"面板中设置"自然饱和度"为+100，"饱和度"为+30，如图3-170所示。此时画面效果如图3-171所示。

练习实例：使食物看起来更美味

文件路径	资源包\第3章\使食物看起来更美味
难易指数	★★★★★
技术要点	亮度/对比度、自然饱和度

扫一扫，看视频

案例效果

案例处理前后的效果对比如图3-165和图3-166所示。

图 3-165   图 3-166

操作步骤

步骤 01 执行"文件>打开"命令，打开背景素材"1.jpg"，如图3-167所示。本案例素材偏暗，颜色感较弱。主要使用"亮

图 3-170   图 3-171

"色相/饱和度"命令可以对图像整体或者局部的色相、饱和度以及明度进行调整，还可以对图像中的各个颜色(红、黄、绿、青、蓝、洋红)的色相、饱和度、明度分别进行调整。"色相/饱和度"命令常用于更改画面局部的颜色，或者增强画面饱和度。

扫一扫，看视频

打开一张图像，如图3-172所示。执行"图像>调整>色相/饱和度"命令(快捷键：Ctrl+U)，打开"色相/饱和度"对话框。默认情况下，可以对整个图像的色相、饱和度、明度进行调整，例如调整色相滑块，如图3-173所示。执行"图层>新建调整图层>色相/饱和度"命令，可以创建"色相/饱和度"调整图层，如图3-174所示。在此"属性"窗口中也可以对图像的色相、饱和度、明度进行调整。画面的颜色发生了变化，如图3-175所示。

图 3-172

图 3-173

图 3-174   图 3-175

- 预设：在"预设"下拉列表中提供了8种"色相/饱和

度"预设，如图3-176所示。

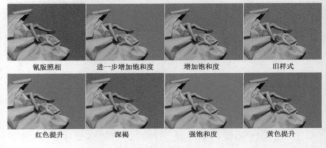

氰版照相   进一步增加饱和度   增加饱和度   旧样式

红色提升   深褐   强饱和度   黄色提升

图 3-176

- 全图 通道下拉列表：在"通道"下拉列表中可以选择全图、红色、黄色、绿色、青色、蓝色和洋红通道进行调整。如果想要调整画面某一种颜色的色相、饱和度、明度，可以在"通道"列表中选择某一个颜色，然后进行调整，如图3-177所示。效果如图3-178所示。

图 3-177

图 3-178

- 色相：调整"色相"的数值或滑块可以更改画面各个部分或者某种颜色的色相。例如将粉色更改为黄绿色，将青色更改为紫色，如图3-179所示。

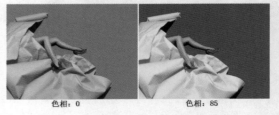

色相：0   色相：85

图 3-179

- 饱和度：调整"饱和度"数值或滑块可以增强或减弱画面整体或某种颜色的鲜艳程度。数值越大，颜色越艳丽，如图3-180所示。

图 3-180

- 明度：调整"明度"数值或滑块可以使画面整体或某种颜色的明亮程度增加。数值越大越接近白色，数值越小越接近黑色，如图3-181所示。

图 3-181

- 使用该工具在图像上单击并拖动可修改饱和度。使用该工具在图像上单击设置取样点，如图3-182所示。然后将光标向左拖曳鼠标可以降低图像的饱和度，向右拖曳鼠标可以增加图像的饱和度，如图3-183所示。

图 3-182

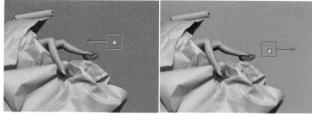

图 3-183

- 着色：勾选该复选框后，图像会整体偏向于单一的红色调，如图3-184所示。还可以通过拖动色相、饱和度、明度3个滑块来调节图像的色调，如图3-185所示。

图 3-184   图 3-185

练习实例：使用"色相/饱和度"调整画面颜色

文件路径	资源包\第3章\使用"色相/饱和度"调整画面颜色
难易指数	★★★★★
技术要点	色相/饱和度、亮度/对比度

案例效果

案例处理前后的效果对比如图3-186和图3-187所示。

图 3-186   图 3-187

操作步骤

步骤 01 执行"文件>打开"命令，打开背景素材"1.jpg"，如图3-188所示。本案例通过"色相/饱和度"将偏黄图片中的黄色成分去除，并使用"亮度/对比度"命令提高画面的亮度，使该图片曝光正常。

图 3-188

步骤 02 执行"图层>新建调整图层>色相/饱和度"命令，在弹出的"新建图层"窗口中单击"确定"按钮，得到调整图层。在弹出的"色相/饱和度"的"属性"面板中，设置"颜色"为黄色，"色相"为0，"饱和度"为–60，"明度"为+80，此时画面中黄色的成分被去除掉了，如图3-189所示。设置完成后，此时画面效果如图3-190所示。

图 3-189　　　　　图 3-190

步骤 01　执行"文件>打开"命令，打开背景素材"1.jpg"，如图 3-195 所示。本案例首先使用"色相/饱和度"调整画面颜色，在该图层的图层蒙版中添加黑色，隐藏调色效果，最后用"画笔工具"在蒙版中针对头发、脸颊及唇部进行涂抹，在涂抹过程中逐渐显示出调色效果。

图 3-195

步骤 02　执行"图层>新建调整图层>色相/饱和度"命令，在弹出的"新建图层"面板中单击"确定"按钮，然后在弹出的"色相/饱和度"的"属性"面板中设置"颜色"为红色，"色相"为 −43，"饱和度"为 +33，"明度"为 0，如图 3-196 所示，此时画面整体颜色发生了改变，效果如图 3-197 所示。

步骤 03　执行"图层>新建调整图层>亮度/对比度"命令，在弹出的"新建图层"窗口中单击"确定"按钮，得到调整图层。在弹出的"亮度/对比度"面板中设置"亮度"为 60，"对比度"为 0，如图 3-191 所示。设置完成后，最终画面效果如图 3-192 所示。

图 3-191　　　　　图 3-192

图 3-196　　　　　图 3-197

步骤 03　将头发以外的调色效果隐藏。单击该图层的蒙版缩览图，选择工具箱中的"画笔工具" 按钮，在选项栏中单击打开"画笔预设"选取器，在"画笔预设"选取器中单击选择一个"柔边圆"画笔，设置画笔大小为 800 像素。将"前景色"设置为黑色。设置完毕后在画面中人物脸部位置按住鼠标左键拖曳进行涂抹。效果如图 3-198 所示。

练习实例：使用调色命令染发化妆

文件路径	资源包\第3章\使用调色命令染发化妆
难易指数	★★★★★
技术要点	色相/饱和度、画笔工具、图层蒙版

扫一扫，看视频

案例效果

案例处理前后的效果对比如图 3-193 和图 3-194 所示。

图 3-193　　　　　图 3-194

图 3-198

步骤 04 执行"图层>新建调整图层>色相/饱和度"命令，在弹出的"新建图层"窗口中单击"确定"按钮，得到调整图层。在弹出的"色相/饱和度"的"属性"面板中设置"颜色"为全图，"色相"为-8，"饱和度"为+28，"明度"为0，如图3-199所示。此时画面效果如图3-200所示。

图 3-199　　　　　　　图 3-200

步骤 05 单击选择该图层的图层蒙版缩览图，将"前景色"设置为黑色，然后使用前景色填充快捷键Alt+Delete进行填充，此时调色效果将被隐藏。选择工具箱中的"画笔工具"按钮，在选项栏中单击打开"画笔预设"选取器，在"画笔预设"选取器中单击选择一个"柔边圆"画笔，设置合适的画笔大小，降低画笔的不透明度，然后将"前景色"设置为白色，设置完毕后在画面中眉毛、嘴唇、脸颊位置按住鼠标左键拖动进行涂抹，在涂抹的过程中适当调整画笔的"大小"及"不透明度"，图层蒙版中涂抹位置如图3-201所示。最终效果如图3-202所示。

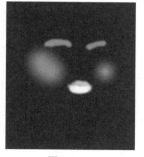 

图 3-201　　　　　　　图 3-202

重点 3.4.3 色彩平衡

"色彩平衡"命令是根据颜色的补色原理，控制图像颜色的分布。根据颜色之间的互补关系，要减少某个颜色就增加这种颜色的补色。所以可以利用"色彩平衡"命令进行偏色问题的校正，如图3-203和图3-204所示。

扫一扫，看视频

图 3-203　　　　　　　图 3-204

打开一张图像，如图3-205所示。执行"图像>调整>色彩平衡"命令(快捷键：Ctrl+B)，打开"色彩平衡"对话框。首先设置"色调平衡"，选择需要处理的部分：阴影、中间调或高光。接着在上方调整各个色彩的滑块，如图3-206所示。执行"图层>新建调整图层>色彩平衡"命令，创建一个"色彩平衡"调整图层，其"属性"窗口如图3-207所示。

图 3-205

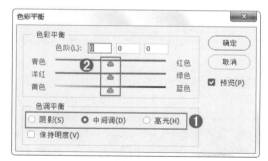

图 3-206

图 3-207

- 色彩平衡：用于调整"青色—红色""洋红—绿色"以及"黄色—蓝色"在图像中所占的比例，可以手动输入，也可以拖曳滑块进行调整。例如，向左拖曳"青色—红色"滑块，可以在图像中增加青色，同时减少其补色红色，如图3-208所示。向右拖曳

"青色—红色"滑块,可以在图像中增加红色,同时减少其补色青色,如图3-209所示。

图 3-208

图 3-209

- **色调平衡**:选择调整色彩平衡的方式,包含"阴影""中间调"和"高光"3个选项。图3-210分别是向"阴影""中间调""高光"添加蓝色以后的效果。

阴影　　　　　　中间调　　　　　　高光

图 3-210

- **保持明度**:勾选"保持明度"复选框,可以保持图像的色调不变,以防止亮度值随着颜色的改变而改变。图3-211为对比效果。

启用"保持明度"　　　　　未启用"保持明度"

图 3-211

3.4.4　动手练:照片滤镜

扫一扫,看视频

　　"照片滤镜"命令与摄影师经常使用的"彩色滤镜"效果非常相似,可以为图像"蒙"上某种颜色,以使图像产生明显的颜色倾向。"照片滤镜"命令常用于制作冷调或暖调的图像。

　　(1)打开一张图像,如图3-212所示。执行"图像>调整>照片滤镜"命令,打开"照片滤镜"对话框。在"滤镜"下拉列表中可以选择一种预设的效果应用到图像中,例如选择"冷却滤镜",如图3-213所示。此时图像变为冷调,如图3-214所示。执行"图层>新建调整图层>照片滤镜"命令,可以创建一个"照片滤镜"调整图层。

图 3-212

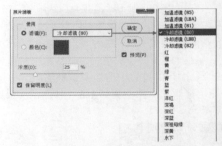

图 3-213

图 3-214

　　(2)如果"颜色"列表中没有适合的颜色,也可以直接选中"颜色"单选按钮,自行设置合适的颜色,如图3-215所示。效果如图3-216所示。

图 3-215

图 3-216

（3）设置"浓度"数值可以调整滤镜颜色应用到图像中的颜色百分比。数值越大，应用到图像中的颜色浓度就越大；数值越小，应用到图像中的颜色浓度就越小。如图3-217所示为不同浓度的对比效果。

浓度：20%　　　浓度：50%　　　浓度：80%

图 3-217

3.4.5 通道混合器

"通道混合器"命令可以将图像中的颜色通道相互混合，能够对目标颜色通道进行调整和修复。常用于偏色图像的校正。

打开一张图像，如图3-218所示。执行"图像>调整>通道混合器"命令，打开"通道混合器"窗口，首先在"输出通道"列表中选择需要处理的通道，然后调整各个颜色滑块，如图3-219所示。执行"图层>新建调整图层>通道混合器"命令，可以创建"通道混合器"调整图层，如图3-220所示。

图 3-218

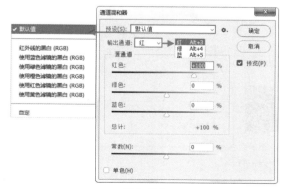

图 3-219

图 3-220

- 预设：Photoshop提供了6种制作黑白图像的预设效果。
- 输出通道：在下拉列表中可以选择一种通道来对图像的色调进行调整。
- 源通道：用来设置"源通道"在输出通道中所占的百分比。例如设置"输出通道"为红，增大红色数值，如图3-221所示。画面中红色的成分所占比例增加，如图3-222所示。

图 3-221

图 3-222

- 总计：显示"源通道"的计数值。如果计数值大于100%，则有可能会丢失一些阴影和高光细节。
- 常数：用来设置"输出通道"的灰度值，负值可以在通道中增加黑色，正值可以在通道中增加白色，如图3-223所示。

红通道常数：-50%　　　　红通道常数：0　　　　红通道常数：50%

图 3-223

图 3-226

- 单色：勾选该复选框以后，图像将变成黑白效果，如图3-224所示。可以通过调整各个通道的数值，调整画面的黑白关系，如图3-225所示。

图 3-224

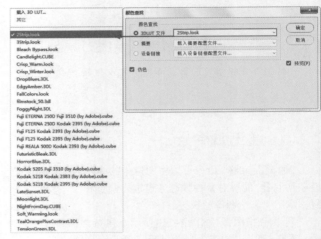

图 3-227

图 3-225

3.4.6　颜色查找

数字图像输入或输出设备都有自己特定的色彩空间，这就导致了色彩在不同的设备之间传输时会出现不匹配的现象。"颜色查找"命令可以使画面颜色在不同的设备之间传输时实现精确传递和再现。

扫一扫，看视频

不同的数字图像输入和输出设备都有其特定的色彩空间，这也就导致同一幅画面在不同的设备之间传输产生不匹配的现象。选中一张图像，如图3-226所示。执行"图像>调整>颜色查找"命令，在打开的"颜色查找"对话框中可以选择以下用于颜色查找的方式：3DLUT文件、摘要、设备链接；然后在每种方式的下拉列表中选择合适的类型，如图3-227所示。

选择完成后可以看到图像整体颜色产生了风格化的效果，如图3-228所示。另外，执行"图层>新建调整图层>颜色查找"命令，可以创建"颜色查找"调整图层，通过其"属性"面板也可实现同样设置，如图3-229所示。

图 3-228　　　　　　　　图 3-229

练习实例：使用"颜色查找"制作风格化色调

扫一扫，看视频

文件路径	资源包\第3章\使用"颜色查找"制作风格化色调
难易指数	★★★★★
技术要点	颜色查找

案例效果

案例处理前后的效果对比如图3-230和图3-231所示。

图 3-230 　　　　　　　　　图 3-231

操作步骤

步骤 01　执行"文件>打开"命令，打开背景素材"1.jpg"，如图 3-232 所示。本案例主要使用"颜色查找"命令来调整画面中的整体色调，使视觉上呈现出另一种感觉。

图 3-232

步骤 02　执行"图层>新建调整图层>颜色查找"命令，在弹出的"颜色查找"对话框中，选择"3DLUT 文件"下拉列表中的 LateSunset.3DL，如图 3-233 所示。选择完成后可以看到图像整体颜色产生了风格化的效果，设置该调整图层不透明度为 70%，效果如图 3-234 所示。

图 3-233 　　　　　　　　　图 3-234

3.4.7　反相

"反相"命令可以将图像中的颜色转换为它的补色，呈现出负片效果，即红变绿、黄变蓝、黑变白。

执行"图层>调整>反相"命令（快捷键：Ctrl+I），即可得到反相效果，对比效果如图 3-235

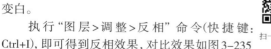

扫一扫，看视频

和图 3-236 所示。"反相"命令是一个可以逆向操作的命令。执行"图层>新建调整图层>反相"命令，创建一个"反相"调整图层，该调整图层没有参数可供设置。

图 3-235 　　　　　　　　　图 3-236

举一反三：快速得到反向的蒙版

图层蒙版是以黑白关系控制图像的显示与隐藏的，黑色为隐藏，白色为显示。如果想要快速使隐藏的部分显示，使显示的部分隐藏，则可以对图层蒙版的黑白关系进行反向。选中图层的蒙版，如图 3-237 所示。执行"图像>调整>反相"命令，蒙版中黑白颠倒。原本隐藏的部分显示出来，原本显示的部分被隐藏了，如图 3-238 所示。

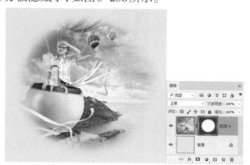

图 3-237

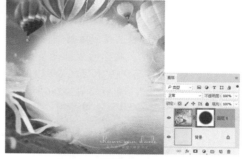

图 3-238

3.4.8　色调分离

"色调分离"命令通过为图像设定"色阶"数目以减少图像的色彩数量。图像中多余的颜色会映射到最接近的匹配级别。选择一个图层，如图 3-239 所示。执行"图层>调整>色调分离"

扫一扫，看视频

命令,打开"色调分离"对话框,如图3-240所示。在"色调分离"对话框中可以对"色阶"数量进行设置,设置的"色阶"值越小,分离的色调越多;"色阶"值越大,保留的图像细节就越多,如图3-241所示。另外,执行"图层>新建调整图层>色调分离"命令,可以创建一个"色调分离"调整图层。在其"属性"面板中同样可以进行色调分离设置,如图3-242所示。

图 3-239

图 3-240

色阶: 2   色阶: 4   色阶: 6
图 3-241

图 3-242

3.4.9 动手练:渐变映射

扫一扫,看视频

"渐变映射"是先将图像转换为灰度图像,然后设置一个渐变,将渐变中的颜色按照图像的灰度范围一一映射到图像中,使图像中只保留渐变中存在的颜色。选择一个图层,如图3-243所示。执行"图像>调整>渐变映射"命令,打开"渐变映射"对话框,单击"灰度映射所用的渐变",打开"渐变编辑器"窗口,在该窗口中可以选择或重新编辑一种渐变应用到图像上,如图3-244所示。画面效果如图3-245所示。执行"图层>新建调整图层>渐变映射"命令,可以创建一个"渐变映射"调整图层,其"属性"面板如图3-246所示。

图 3-243

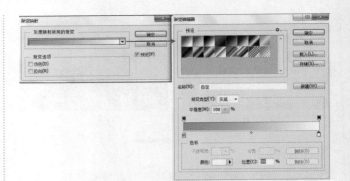
图 3-244

图 3-245

图 3-246

- 仿色:勾选该复选框以后,Photoshop会添加一些随机的杂色来平滑渐变效果。
- 反向:勾选该复选框以后,可以反转渐变的填充方向,映射出的渐变效果也会发生变化。

练习实例:使用"渐变映射"打造复古电影色调

扫一扫,看视频

文件路径	资源包\第3章\使用"渐变映射"打造复古电影色调
难易指数	★★★★★
技术要点	渐变映射、横排文字工具

案例效果

案例处理前后的效果对比如图3-247和图3-248所示。

图 3-247

图 3-248

操作步骤

步骤 01 执行"文件>打开"命令,在打开窗口中选择背景素材"1.jpg",单击"打开"按钮,如图3-249所示。

图 3-249

步骤 02 执行"图层>新建调整图层>渐变映射"命令,在弹出的"属性"面板中单击"渐变色条"的下拉按钮,选择蓝色到红色到黄色渐变,如图 3-250 所示。此时画面变为蓝、红、黄三色效果,如图 3-251 所示。

图 3-250

图 3-251

步骤 03 接着设置该调整图层的"不透明度"为 40%,如图 3-252 所示。此时画面中的蓝、红、黄三色被弱化,画面颜色看起来也"柔和"了一些,如图 3-253 所示。

图 3-252

图 3-253

步骤 04 接着制作电影画面中常见的"遮幅"(即电影画面上下的"黑色长矩形")。单击"工具箱"中的"矩形选框工具",在选项栏中选择"添加到选区",接着在画面上部按住鼠标左键拖曳绘制矩形选区,继续在画面底部按住鼠标左键拖曳绘制同样矩形选区。新建图层,设置"前景色"为黑色,使用快捷键 Alt+Delete 填充选区,如图 3-254 所示。接下来,在画面

中添加文字。单击工具箱中的"横排文字工具",在选项栏中设置合适的"字体""字号",设置"填充"为黑色,在画面底部单击输入文字,如图 3-255 所示。

图 3-254

图 3-255

步骤 05 为文字添加投影,执行"图层>图层样式>投影"命令,在弹出的"图层样式"对话框中设置"混合模式"为"正片叠底",投影颜色为黑色,"不透明度"为 75%,"角度"为 30 度,"距离"为 5 像素,"扩展"为 0%,"大小"为 0 像素,单击"确定"按钮完成设置,如图 3-256 所示。效果如图 3-257 所示。

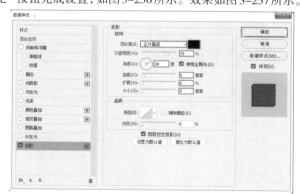

图 3-256

图 3-257

[重点] 3.4.10 可选颜色

"可选颜色"命令可以为图像中各个颜色通道增加或减少某种印刷色的成分含量。使用"可选颜色"命令可以非常方便地对画面中某种颜色的色彩倾向进行更改。

扫一扫，看视频

选择一个图层，如图3-258所示。执行"图像>调整>可选颜色"命令，打开"可选颜色"对话框，首先选择需要处理的"颜色"，然后调整下方的色彩滑块。例如设置"颜色"为黄色，接着向右拖动滑块增加"黄色"数值，如图3-259所示。此时画面中黄色的含量增加了，效果如图3-260所示。另外，执行"图层>新建调整图层>可选颜色"命令，创建一个"可选颜色"调整图层，其"属性"面板如图3-261所示。

图3-258　　　　　　　　　图3-259

图3-260　　　　　　　　　图3-261

- 颜色：在下拉列表中选择要修改的"颜色"，然后对下面的颜色分别进行调整，即调整该颜色中青色、洋红、黄色和黑色所占的百分比。
- 方法：选中"相对"单选按钮，可以根据颜色总量的百分比来修改青色、洋红、黄色和黑色的数量；选中"绝对"单选按钮，可以采用绝对值来调整颜色。

练习实例：使用"可选颜色"制作小清新色调

文件路径	资源包\第3章\使用"可选颜色"制作小清新色调
难易指数	★★★★★
技术要点	可选颜色

扫一扫，看视频

案例效果

案例处理前后的效果对比如图3-262和图3-263所示。

图3-262　　　　　　　　　图3-263

操作步骤

步骤 01 执行"文件>打开"命令，打开素材"1.jpg"，如图3-264所示。执行"图层>新建调整图层>可选颜色"命令，随即弹出"属性"面板，如图3-265所示。

图3-264　　　　　　　　　图3-265

步骤 02 设置"颜色"为红色，设置"黄色"数值为100%，如图3-266所示。使画面中皮肤的部分更倾向于黄色，画面效果如图3-267所示。

图3-266　　　　　　　　　图3-267

步骤 03 单击"颜色"下拉按钮,在下拉菜单中选择"黄色",并设置"黄色"数值为–100%,参数设置如图3–268所示。减少画面中的黄色成分,植物部分中的黄色成分减少,变为青色,画面效果如图3–269所示。

图3–268　　　　　　　图3–269

步骤 04 继续设置颜色为"绿色",调整"青色"数值为+100%,"黄色"数值为–100%,如图3–270所示。使植物更倾向于青色,画面效果如图3–271所示。

图3–270　　　　　　　图3–271

步骤 05 设置"颜色"为"中性色",调整"黄色"数值为–50%,如图3–272所示。画面整体呈现出一种蓝紫色调,画面效果如图3–273所示。

图3–272　　　　　　　图3–273

步骤 06 设置颜色为"黑色",调整"黄色"数值为–30%,如图3–274所示。使画面的暗部区域更倾向于紫色,画面效果如图3–275所示。至此本案例中调色的部分就操作完成了。

图3–274　　　　　　　图3–275

步骤 07 新建图层并填充为黑色。执行"滤镜>渲染>镜头光晕"命令,在"镜头光晕"对话框中将光晕调整到右侧,设置"亮度"为165%,设置"镜头类型"为"50–300毫米变焦",如图3–276所示。参数设置完成后单击"确定"按钮,画面效果如图3–277所示。

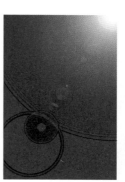

图3–276　　　　　　　图3–277

步骤 08 设置该图层的混合模式为"滤色",如图3–278所示。画面效果如图3–279所示,本案例制作完成。

图3–278　　　　　　　图3–279

119

3.4.11　动手练：使用HDR色调

"HDR色调"命令常用于处理风景照片，可以增强画面亮部和暗部的细节和颜色感，使图像更具有视觉冲击力。

扫一扫，看视频

（1）选择一个图层，如图3-280所示。执行"图像>调整>HDR色调"命令，打开"HDR色调"对话框，如图3-281所示。默认的参数增强了图像的细节感和颜色感，效果如图3-282所示。

图 3-280

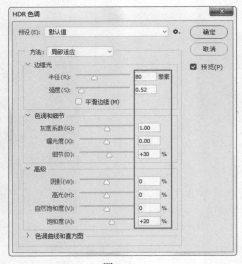

图 3-281

图 3-282

（2）在"HDR色调"对话框的"预设"下拉列表中可以看到多种"预设"效果，如图3-283所示。单击即可快速为图像赋予该效果。如图3-284所示为不同的预设效果。

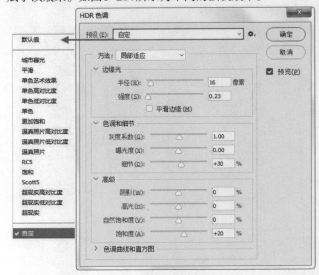

图 3-283

单色艺术效果　　　　　　　更加饱和

图 3-284

（3）虽然预设效果有很多种，但是实际使用的时候会发现预设效果与我们实际想要的效果还是有一定距离的，所以可以选择一个与预期较接近的"预设"，然后适当修改相应的参数，以制作出合适的效果。

- 半径：边缘光是指图像中颜色交界处产生的发光效果。"半径"数值用于控制发光区域的宽度，不同"半径"的对比效果如图3-285所示。

边缘光半径：**20**　　　　　　边缘光半径：**80**

图 3-285

- 强度："强度"数值用于控制发光区域的明亮程度，不同"强度"的对比效果如图3-286所示。

边缘光强度：**20**　　　　　　　　边缘光强度：**80**

图 3-286

- 灰度系数："灰度系数"用于控制图像的明暗对比。向左拖动滑块，数值变大，对比度增强；向右拖动滑块，数值变小，对比度减弱。不同"灰度系数"的对比效果如图 3-287 所示。

灰度系数：**2**　　　　　　　　灰度系数：**0.2**

图 3-287

- 曝光度："曝光度"用于控制图像明暗。数值越小，画面越暗；数值越大，画面越亮。不同"曝光度"的对比效果如图 3-288 所示。

曝光度：**-3**　　　　　曝光度：**0**　　　　　曝光度：**2**

图 3-288

- 细节："细节"数值用于增强或减弱像素对比度以实现柔化图像或锐化图像。数值越小，画面越柔和；数值越大，画面越锐利。不同"细节"的对比效果如图 3-289 所示。

细节：**-100%**　　　　细节：**0%**　　　　细节：**300%**

图 3-289

- 阴影："阴影"数值用于设置阴影区域的明暗。数值越小，阴影区域越暗；数值越大，阴影区域越亮。不同"阴影"的对比效果如图 3-290 所示。

阴影：-100%　　　　　　　阴影：0%

图 3-290

- 高光："高光"数值用于设置高光区域的明暗。数值越小，高光区域越暗；数值越大，高光区域越亮。不同"高光"的对比效果如图 3-291 所示。

高光：-60%　　　　　　　高光：60%

图 3-291

- 自然饱和度：其数值用于控制图像中色彩的饱和程度，增大数值可使画面颜色感增强，但不会产生灰度图像和溢色。
- 饱和度：其数值可用于增强或减弱图像颜色的饱和程度，数值越大，颜色纯度越高，数值为-100%时为灰度图像。
- 色调曲线和直方图：展开该选项组，可以进行"色调曲线"形态的调整，此选项与"曲线"的调整方法基本相同，如图 3-292 所示。调整后的效果如图 3-293 所示。

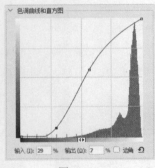

图 3-292　　　　　　图 3-293

3.4.12　动手练：匹配颜色

"匹配颜色"命令可以将图像 1 中的色彩关系映射到图像 2 中，使图像 2 产生与之相同的色彩。使用"匹配颜色"命令可以便捷地更改图像颜色，既可以在不同的图像文件中进行"匹配"，

扫一扫，看视频

也可以匹配同一个文档中不同图层之间的颜色。

（1）准备两个图层，可以将这两个图层放在同一个文档中，如图 3-294 和图 3-295 所示。

图 3-294

图 3-295

（2）选择图像 1 所在的图层，并隐藏其他图层，如图 3-296 所示。然后执行"图像>调整>匹配颜色"命令，弹出"匹配颜色"对话框，设置"源"为当前的文档，然后选择"图层"为紫色调的图像 2 所在的图层 1，如图 3-297 所示。此时图像 1 变为了紫色调，如图 3-298 所示。

图 3-296

图 3-297　　　　　　　　图 3-298

（3）在"图像选项"中还可以进行"明亮度""颜色强度""渐隐"等参数的设置，设置完成后单击"确定"按钮，如图 3-299 所示。效果如图 3-300 所示。

图 3-299　　　　　　　　图 3-300

- 明亮度：用来调整图像匹配的明亮程度。
- 颜色强度：相当于图像的饱和度，用来调整图像色彩的饱和度。数值越低，画面越接近单色效果。
- 渐隐：决定了有多少源图像的颜色匹配到目标图像的颜色中。数值越大，匹配程度越低，越接近图像原始效果。
- 中和：主要用来中和匹配后与匹配前的图像效果，常用于去除图像中的偏色现象。
- 使用源选区计算颜色：可以使用源图像中的选区图像的颜色来计算匹配颜色。
- 使用目标选区计算调整：可以使用目标图像中的选区图像的颜色来计算匹配颜色（注意，这种情况必须选择源图像为目标图像）。

【重点】3.4.13　动手练：替换颜色

"替换颜色"命令可以修改图像中选定颜色的色相、饱和度和明度，从而将选定的颜色替换为其他颜色。如果要更改画面中某个区域的颜色，常规的方法是先得到选区，然后填充其他颜

扫一扫，看视频

色。而使用"替换颜色"命令可以免去很多麻烦，可以通过在画面中单击拾取的方式，直接对图像中指定颜色进行色相、饱和度以及明度的修改，即可实现颜色的更改。

（1）选择一个需要调整的图层。执行"对象>调整>替换颜色"命令，打开"替换颜色"对话框。首先需要在画面中取样，以设置需要替换的颜色。默认情况下选择的是"吸管工具" ，将光标移动到需要替换颜色的位置单击拾取颜色，此时可见缩览图中白色的区域，代表被选中（也就是会被替换的部分）。在拾取需要替换的颜色时，可以配合容差值进行调整，如图 3-301 所示。如果有未选中的位置，可以使用"添加到取样"工具 在未选中的位置单击，如图 3-302 所示。

图 3-301

图 3-302

（2）接着再更改"色相""饱和度"和"明度"选项去调整替换的颜色，"结果"色块显示替换后的颜色效果，设置完成后单击"确定"按钮，如图 3-303 所示。有时为了便于观察，也可以先调整更改后的颜色，然后再调整要替换的区域。

图 3-303

- 本地化颜色簇：主要用来实现同时在图像上选择多种颜色。
- 这3个工具用于在画面中设置选中被替换的区域。使用"吸管工具" 在图像上单击，可以

选中单击点处的颜色，同时在"选区"缩略图中也会显示出选中的颜色区域（白色代表选中的颜色，黑色代表未选中的颜色）。使用"添加到取样" ![] 在图像上单击，可以将单击点处的颜色添加到选中的颜色中。使用"从取样中减去" ![] 在图像上单击，可以将单击点处的颜色从选定的颜色中减去。

- 颜色容差：用来控制选中颜色的范围。数值越大，选中的颜色范围越广。图3-304为"颜色容差"为10的效果，图3-305为"颜色容差"为80的效果。

图 3-304　　　　　　　图 3-305

- 选区/图像：选中"选区"单选按钮，可以以蒙版方式进行显示，其中白色表示选中的颜色，黑色表示未选中的颜色，灰色表示只选中了部分颜色；选中"图像"单选按钮，则只显示图像。
- 色相/饱和度/明度：用于设置替换后颜色的参数。

3.4.14　色调均化

　　"色调均化"命令可以将图像中全部像素的亮度值进行重新分布，使图像中最亮的像素变成白色，最暗的像素变成黑色，中间的像素均匀分布在整个灰度范围内。

扫一扫，看视频

1. 均化整个图像的色调

　　选择需要处理的图层，如图3-306所示。执行"图像>调整>色调均化"命令，使图像均匀地呈现出所有范围的亮度级，如图3-307所示。

图 3-306　　　　　　　图 3-307

2. 均化选区中的色调

　　如果图像中存在选区（如图3-308所示），则执行"色调均化"命令时会弹出"色调均化"对话框，用于设置色调均化的选项，如图3-309所示。

图 3-308

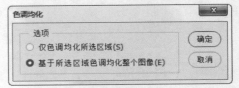

图 3-309

- 选项：如果想要只处理选区中的部分，则选中"仅色调均化所选区域"单选按钮，如图3-310所示。如果选中"基于所选区域色调均化整个图像"单选按钮，则可以按照选区内的像素明暗，均化整个图像，如图3-311所示。

图 3-310　　　　　　　图 3-311

3.5　制作单色/黑白照片

[重点]3.5.1　黑白

扫一扫，看视频

　　"黑白"命令可以去除画面中的色彩，将图像转换为黑白效果，在转换为黑白效果后还可以对画面中每种颜色的明暗程度进行调整。"黑白"命令常用于将彩色图像转换为黑白效果，也可以使用"黑白"命令制作单色图像，如图3-312所示。

图 3-312

　　打开一张图像，如图3-313所示。执行"图像>调整>黑白"命令（快捷键：Alt+Shift+Ctrl+B），打开"黑白"对话框，在这里可以对各个颜色的数值进行调整，以设置各个颜色转换为灰度后的明暗程度，如图3-314所示。另外，执行"图层>新建调整图层>黑白"命令，可以创建一个"黑白"调整图层，其"属性"面板如图3-315所示。画面效果如图3-316所示。

图 3-313

图 3-314

图 3-315

图 3-316

- 预设：在"预设"下拉列表中提供了多种预设的黑白效果，可以直接选择相应的预设来创建黑白图像。

- 颜色：这6个颜色选项用来调整图像中特定颜色的灰色调。例如减小青色数值，会使包含青色的区域变深；增大青色数值，会使包含青色的区域变浅，如图3-317所示。

青色：-200　　　　　　青色：300
图 3-317

- 色调：想要创建单色图像，可以勾选"色调"复选框。接着单击右侧色块设置颜色；或者调整"色相""饱和度"数值来设置着色后的图像颜色，如图3-318所示。效果如图3-319所示。

图 3-318

图 3-319

3.5.2 去色

"去色"命令无须设置任何参数，可以直接将图像中的颜色去掉，使其成为灰度图像。

打开一张图像，如图3-320所示，然后执行"图像>调整>去色"命令（快捷键：Shift+Ctrl+U），可以将其调整为灰度效果，如图3-321所示。

扫一扫，看视频

图 3-320

图 3-321

3.5.3 阈值

扫一扫，看视频

"阈值"命令可以将图像转换为只有黑、白两色的效果。选择一个图层，如图 3-322 所示。执行"图层 > 调整 > 阈值"命令，打开"阈值"对话框，如图 3-323 所示。也可以执行"图层 > 新建调整图层 > 阈值"命令，创建"阈值"调整图层，在其"属性"面板窗口中对"阈值"进行设置。"阈值色阶"数值可以指定一个色阶作为阈值，高于当前色阶的像素都将变为白色，低于当前色阶的像素都将变为黑色。效果如图 3-324 所示。

图 3-322

图 3-323

图 3-324

3.6 借助图层"混合"调色合成

Photoshop 中可以包含大量的图层，而图层之间上下叠放的关系会直接影响到画面的最终效果。如果将正常叠放的图层以特定的透明度或者混合模式进行叠放，那么画面效果必然会发生改变，所以图层的"不透明度"与"混合模式"的设置经常用在图像调色以及图像合成中。图 3-325 和图 3-326 为使用该功能制作的作品。

图 3-325   图 3-326

重点 3.6.1 设置图层透明效果

扫一扫，看视频

在图层中可以针对每个图层进行透明效果的设置。顶部图层如果产生了半透明的效果，就会显露出底部图层的内容。由于透明效果是应用于图层本身的，所以在设置透明度之前需要在"图层"面板中选中需要设置的图层，接着可以在"图层"面板的顶部看到"不透明度"和"填充"这两个选项，默认数值均为 100%，表示图层完全不透明，如图 3-327 所示。可以在其后方的数值框中直接输入数值以调整图层的透明效果。这两项都是用于制作图层透明效果的，数值越大，图层越不透明；数值越小，图层越透明，如图 3-328 所示。

图 3-327

不透明度：100%   不透明度：50%   不透明度：0%

图 3-328

中文版Photoshop CC数码照片处理从入门到精通（微课视频 全彩版）

> **提示："不透明度"与"填充"的区别**
>
> 虽然调整"不透明度"或"填充"这两项的数值都会使图层产生透明效果，但是这两者之间还是有区别的。"不透明度"作用于整个图层(包括图层本身的形状内容、像素内容、图层样式、智能滤镜等)的透明属性，包括图层中的形状、像素以及图层样式，如图3-329所示；而"填充"只影响图层本身内容，对附加的图层样式等效果没有影响，如图3-330所示。

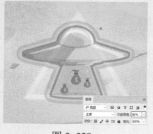

图 3-329　　　　　　　　　图 3-330

【重点】3.6.2　动手练：设置混合模式

图层的"混合模式"是指当前图层中的像素与下方图像之间像素的颜色混合。"混合模式"不仅在"图层"中可以操作，在使用绘图工具、修饰工具、颜色填充等情况下也可以使用"混合模式"。图层混合模式的设置主要用于多张图像的融合、使画面同时具有多个图像中的特质、改变画面色调、制作特效等情况。而且不同的混合模式作用于不同的图层中往往能够产生千变万化的效果，所以对于混合模式的使用，不同的情况下并不一定要采用某种特定样式，我们可以多次尝试，有趣的效果自然就会出现，如图3-331~图3-334所示。

扫一扫，看视频

图 3-331　　　　　　　　　图 3-332

图 3-333　　　　　　　　　图 3-334

想要设置图层的混合模式，需要在"图层"面板中进行。当文档中存在两个或两个以上的图层时(只有一个图层时，设置混合模式没有效果)，单击选中图层(背景图层以及锁定全部的图层无法设置混合模式)，然后单击"混合模式"列表下拉按钮，单击选中某一种模式，如图3-335所示。当前画面效果将会发生变化，如图3-336所示，默认情况下，新建的图层或置入的图层模式均为"正常"。

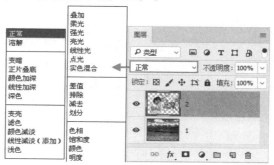

图 3-335

图 3-336

> **提示：为什么设置了"混合模式"却没有效果**
>
> 如果所选图层被顶部图层完全遮挡，那么此时设置该图层混合模式是不会看到效果的，需要将顶部遮挡图层隐藏后观察效果。当然也存在另一种可能性，对于某些特定色彩的图像与另外一些特定色彩，设置混合模式不会产生效果。

* 溶解："溶解"模式会使图像中透明度区域的像素产生离散效果。"溶解"模式需要在降低图层的"不透明度"或"填充"数值时才能起作用，这两个参数的数值越低，像素离散效果越明显，如图3-337所示。

不透明度：50%　　　　　不透明度：80%

图 3-337

- 变暗：比较每个通道中的颜色信息，并选择基色或混合色中较暗的颜色作为结果色，同时替换比混合色亮的像素，而比混合色暗的像素保持不变，如图3-338所示。
- 正片叠底：任何颜色与黑色混合产生黑色，任何颜色与白色混合保持不变，如图3-339所示。

图 3-338　　　　　　　　图 3-339

- 颜色加深：通过增加上、下层图像之间的对比度来使像素变暗，与白色混合后不产生变化，如图3-340所示。
- 线性加深：通过减小亮度使像素变暗，与白色混合不产生变化，如图3-341所示。
- 深色：通过比较两个图像的所有通道的数值的总和，然后显示数值较小的颜色，如图3-342所示。

图 3-340　　　　　图 3-341　　　　　图 3-342

- 变亮：比较每个通道中的颜色信息，并选择基色或混合色中较亮的颜色作为结果色，同时替换比混合色暗的像素，而比混合色亮的像素保持不变，如图3-343所示。
- 滤色：与黑色混合时颜色保持不变，与白色混合时产生白色，如图3-344所示。

图 3-343　　　　　　　　图 3-344

- 颜色减淡：通过减小上、下层图像之间的对比度来提

亮底层图像的像素，如图3-345所示。
- 线性减淡（添加）：与"线性加深"模式产生的效果相反，可以通过提高亮度来减淡颜色，如图3-346所示。
- 浅色：通过比较两个图像的所有通道的数值的总和，然后显示数值较大的颜色，如图3-347所示。

图 3-345　　　　图 3-346　　　　图 3-347

- 叠加：对颜色进行过滤并提亮上层图像，具体取决于底层颜色，同时保留底层图像的明暗对比，如图3-348所示。
- 柔光：使颜色变暗或变亮，具体取决于当前图像的颜色。如果上层图像比50%灰色亮，则图像变亮；如果上层图像比50%灰色暗，则图像变暗，如图3-349所示。

图 3-348　　　　　　　　图 3-349

- 强光：对颜色进行过滤，具体取决于当前图像的颜色。如果上层图像比50%灰色亮，则图像变亮；如果上层图像比50%灰色暗，则图像变暗，如图3-350所示。
- 亮光：通过增加或减小对比度来加深或减淡颜色，具体取决于上层图像的颜色。如果上层图像比50%灰色亮，则图像变亮；如果上层图像比50%灰色暗，则图像变暗，如图3-351所示。

图 3-350　　　　　　　　图 3-351

- 线性光：通过减小或增加亮度来加深或减淡颜色，具体取决于上层图像的颜色。如果上层图像比50%灰色亮，则图像变亮；如果上层图像比50%灰色暗，则图像变暗，如图3-352所示。
- 点光：根据上层图像的颜色来替换颜色。如果上层图像比50%灰色亮，则替换比较暗的像素；如果上层图像比50%灰色暗，则替换较亮的像素，如图3-353所示。

图 3-352　　　　　　　图 3-353

- 实色混合：将上层图像的RGB通道值添加到底层图像的RGB值。如果上层图像比50%灰色亮，则使底层图像变亮；如果上层图像比50%灰色暗，则使底层图像变暗，如图3-354所示。

图 3-354

- 差值：上层图像与白色混合将反转底层图像的颜色，与黑色混合则不产生变化，如图3-355所示。
- 排除：创建一种与"差值"模式相似，但对比度更低的混合效果，如图3-356所示。

图 3-355　　　　　　　图 3-356

- 减去：从目标通道中相应的像素上减去源通道中的像素值，如图3-357所示。
- 划分：比较每个通道中的颜色信息，然后从底层图像中划分上层图像，如图3-358所示。

图 3-357　　　　　　　图 3-358

- 色相：用底层图像的明亮度和饱和度以及上层图像的色相来创建结果色，如图3-359所示。
- 饱和度：用底层图像的明亮度和色相以及上层图像的饱和度来创建结果色，在饱和度为0的灰度区域应用该模式不会产生任何变化，如图3-360所示。

图 3-359　　　　　　　图 3-360

- 颜色：用底层图像的明亮度以及上层图像的色相和饱和度来创建结果色，这样可以保留图像中的灰阶，对于为单色图像上色或给彩色图像着色非常有用，如图3-361所示。
- 明度：用底层图像的色相和饱和度以及上层图像的明亮度来创建结果色，如图3-362所示。

图 3-361　　　　　　　图 3-362

举一反三：使用强光混合模式制作双重曝光效果

　　双重曝光是摄影的一种特殊技法，通过对画面进行两次曝光，以取得重叠的图像。在Photoshop中也可以尝试制作双重曝光效果。将两个图片放在一个文档中，选中顶部的图层，设置"混合模式"为"强光"，如图3-363和图3-364所示。此时画面产生了重叠的效果，如图3-365所示。我们也可以尝试其他混合模式，观察效果。

图 3-363

图 3-364

图 3-365

举一反三：混合模式使用技巧

很多时候，照片与纯色图层混合，两张不同照片图层的混合，甚至是两个相同图层的混合，都可能产生奇妙的效果。但在想要使用混合模式时，初学者可能会不知道使用哪种样式最合适，这时我们可以选择其中一种混合模式，然后滚动鼠标中轮，快速切换浏览其他模式的效果，从中选择最适合的即可。

下面介绍几种比较常见的混合方式。

1. 暗调光效 + 滤色 = 炫彩光感

当我们看到一些照片（如图 3-366 所示）上有绚丽的光斑却不知从何下手时，请把注意力移到一些偏暗（甚至是黑背景）的带有光斑的素材上，这类素材只要通过设置简单的混合模式即可滤除图像中的黑色，使黑色之外的颜色（也就是光斑部分）保留下来，而想要滤除黑色，使用"滤色"模式与"变亮"模式是非常合适的，如图 3-367 所示。效果如图 3-368 所示。学会了这一招是不是想要制作出"火焰上身"的效果也非常容易呢？

图 3-366

图 3-367

图 3-368

2. 白背景图 + 正片叠底 = 去除白色，融合背景

在抠取白色背景的图片时，如图 3-369 所示，使用钢笔工具、图层蒙版等进行抠图是比较保守的操作方法。不如换一种思路，使用混合模式进行抠图。既然要将白色背景去除，首先选择"加深模式组"中的混合模式，在这个组中，"正片叠底"混合模式的效果最好，如图 3-370 所示。效果如图 3-371 所示。

图 3-369

图 3-370

图 3-371

3. 做旧纹理 + 正片叠底 = 旧照片

要制作照片上的纹理效果，通常会选择一张素材，然后与画面进行合成，如图 3-372 所示。使用抠图合成纹理的方法是行不通的，因为生硬的边缘会让图像变得不自然。而且我们只需要

纹理,这时就可使用"正片叠底"混合模式将素材中颜色浅的部分"过滤"掉,只保留纹理部分,如图3-373所示。效果如图3-374所示。这样的方法适用于制作旧照片、为图像添加纹理等情况。

图 3-372   图 3-373

图 3-374

4. 偏灰照片 + 叠加 / 柔光 = 去"灰"增强对比度

画面色调偏灰的现象时有发生,处理这样的效果有很多方式,例如使用"曲线""亮度/对比度"或进行"锐化"这些方式都是可以的。有一种方法既实用又简单,就是将偏灰的图层复制一份,然后将上方的图层的混合模式设置为"叠加"或"柔光"("叠加"后效果更加强烈),即可校正图像偏灰现象。若画面清晰度仍然不够,可以将图层复制1~2份。操作过程及效果如图3-375 ~ 图3-377所示。

图 3-375   图 3-376

图 3-377

5. 纯色 + 混合模式 = 染色

更改图像颜色的方式有很多种,利用混合模式为画面添加色彩的方法是一种较为常见的方法。在需要"染色"的图层上方新建图层,然后进行绘制。接着可以设置该图层的混合模式,制作出染色的效果。具体过程及效果如图3-378 ~ 图3-380所示。这种"染色"的方法用于为画面调色、为面部添加腮红、画眼影等操作,屡试不爽!

图 3-378   图 3-379

图 3-380

6. 不相干两张照片 + 某种混合模式 = 二次曝光

"二次曝光"是一种特殊的摄像效果,不仅能够使用相机拍摄出这样的效果,还可以利用混合模式制作出这样的效果。在设置混合模式的时候可以通过滚动中轮的方法去设置,因为这样可以快速选择合适的混合模式。具体过程及效果如图3-381~图3-383所示。

图3-381

图3-382

图3-383

练习实例：使用混合模式制作沧桑感照片

文件路径	资源包\第3章\使用混合模式制作沧桑感照片
难易指数	★★★★★
技术要点	智能锐化、混合模式

扫一扫，看视频

案例效果

案例处理前后的效果对比如图3-384和图3-385所示。

图3-384

图3-385

操作步骤

步骤 01 执行"文件>打开"命令，打开背景素材"1.jpg"。为了避免破坏原图，可以使用快捷键Ctrl+J将背景层复制。执行"滤镜>锐化>智能锐化"命令，在弹出的"智能锐化"

对话框中设置"数量"为100%，"半径"为3.0像素，"减少杂色"为16%，"移去"为镜头模糊，设置完成后单击"确定"按钮，如图3-386所示。以上设置增强了画面清晰度。

图3-386

步骤 02 新建图层，单击"前景色"按钮，在弹出的"拾色器"窗口中编辑一个土黄色颜色，使用快捷键Alt+Delete进行前景色填充，此时画面效果如图3-387所示。选择该图层，在"图层"面板中设置"混合模式"为"色相"，"不透明度"为60%，如图3-388所示。

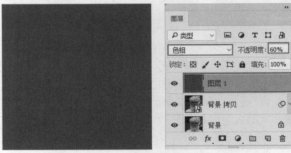
图3-387　　　　　　　图3-388

步骤 03 此时画面整体倾向于沧桑复古的黄色调，最终效果如图3-389所示。

图3-389

练习实例：车体彩绘

扫一扫，看视频

文件路径	资源包\第3章\车体彩绘
难易指数	★★★★★
技术要点	混合模式

案例效果

案例处理前后的效果对比如图3-390和图3-391所示。

图3-390　　　　　　　图3-391

操作步骤

步骤 01 执行"文件>打开"命令,打开素材"1.jpg",如图3-392所示。本案例主要使用"混合模式"使素材中的部分颜色隐藏或融合到背景中,打造出车体彩绘的效果。执行"文件>置入嵌入对象"命令,将花纹素材"2.jpg"置入文档内,并栅格化,如图3-393所示。

图3-392

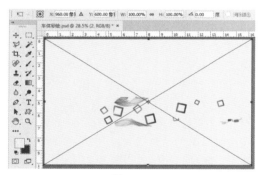

图3-393

步骤 02 在"图层"面板上单击选择"2.jpg"图层,然后设置该图层的"混合模式"为"正片叠底",如图3-394所示。效果如图3-395所示。

图3-394　　　　　　　图3-395

综合实例:打造HDR感暖调复古色

文件路径	资源包\第3章\打造HDR感暖调复古色
难易指数	★★★★★
技术要点	亮度/对比度、阴影/高光、智能锐化、可选颜色、曲线

扫一扫,看视频

案例效果

案例效果如图3-396所示。

图3-396

操作步骤

步骤 01 执行"文件>打开"命令,将背景素材"1.jpg"打开,如图3-397所示。本案例主要通过调整人物风景图片的色调和明暗对比来打造HDR感的暖调复古色。接着执行"文件>置入嵌入对象"命令,将人物风景图片素材"2.jpg"置入画面中,调整大小放在背景的灰色区域内并将该图层栅格化,如图3-398所示。

图3-397　　　　　　　图3-398

步骤 02 校正整体颜色偏暗且对比度较弱的情况。选择素材图层执行"图层>新建调整图层>亮度/对比度"命令,创建一个"亮度/对比度"调整图层。在弹出的"属性"面板中设置"亮度"为25,"对比度"为35,设置完成后单击面板底部的"此调整剪切到此图层"按钮,使调整效果只针对下方图层,如图3-399所示。效果如图3-400所示。

图 3-399　　　　　　　　　图 3-400

图 3-404

步骤 03　人物风景素材图片中存在暗部和亮部细节缺失的情况，需要进一步调整。选择盖印图层，执行"图像>调整>阴影/高光"命令，在弹出的"阴影/高光"对话框中设置"阴影"的"数量"为30%，"高光"的"数量"为13%，设置完成后单击"确定"按钮，如图3-401所示。画面效果如图3-402所示。

步骤 05　下面需要对图片进行色调的整体调整。执行"图层>新建调整图层>可选颜色"命令，创建一个"可选颜色"调整图层。在弹出的"新建图层"对话框中单击"确定"按钮，然后在"属性"面板中设置"颜色"为"黄色"，设置"青色"为-1%，"洋红"为+40%，"黄色"为-43%，如图3-405所示。接着在"属性"面板中设置"颜色"为"白色"，设置"青色"为-86%，"洋红"为-16%，"黄色"为+100%，"黑色"为+2%，如图3-406所示。

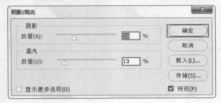

图 3-401

图 3-402

图 3-405　　　　　　　　　图 3-406

步骤 04　此时画面中的细节较模糊不够突出，需要对其进行适当的锐化来增加清晰度。选择该图层，执行"滤镜>锐化>智能锐化"命令，在弹出的"智能锐化"对话框中设置"数量"为100%，"半径"为3.0像素，"减少杂色"为10%，"移去"为"高斯模糊"，设置完成后单击"确定"按钮，如图3-403所示。效果如图3-404所示。

步骤 06　继续在"属性"面板中设置"颜色"调整为"中性色"，设置"洋红"为+14%，"黄色"为+10%，"黑色"为-2%，如图3-407所示。然后设置"颜色"为"黑色"，设置"青色"为+7%，"洋红"为+34%，"黄色"为-17%，"黑色"为+36%，设置完成后单击面板底部的"此调整剪切到此图层"按钮，使调整效果只针对下方图层，如图3-408所示。画面效果如图3-409所示。

图 3-403

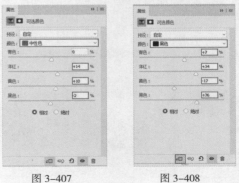

图 3-407　　　　　　　　　图 3-408

中文版Photoshop CC数码照片处理从入门到精通（微课视频 全彩版）

图 3-409

图 3-413

图 3-414

步骤 07 执行"图层 > 新建调整图层 > 曲线"命令,在"属性"面板中首先对 RGB 通道的曲线进行调整,适当地提高画面的亮度与对比度,曲线形状如图 3-410 所示。接着对"蓝"通道曲线进行调整,降低画面中的蓝色调,让画面整体呈现出一种暖色调,调整完成后单击面板底部的"此调整剪切到此图层"按钮,使调整效果只针对下方图层,如图 3-411 所示。画面效果如图 3-412 所示。

步骤 09 选择该调整图层的图层蒙版,单击工具箱中的"画笔工具"按钮,在选项栏中设置大小合适的柔边圆画笔,设置"前景色"为黑色,设置完成后在画面中背景部位涂抹,使背景不受该调整图层影响。"图层"面板设置如图 3-415 所示。效果如图 3-416 所示,此时具有 HDR 感的复古色调画面制作完成。

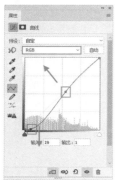

图 3-410

图 3-411

图 3-415

图 3-416

读书笔记

图 3-412

步骤 08 调整画面中人物存在饱和度不够的问题。执行"图层 > 新建调整图层 > 自然饱和度"命令,在弹出的"属性"面板中设置"自然饱和度"为 +85,设置完成后单击面板底部的"此调整剪切到此图层"按钮,使调整效果只针对下方图层,如图 3-413 所示。画面效果如图 3-414 所示。

Chapter 4
第4章

照片抠图与合成

本章内容简介：

在 Photoshop 中，选区功能的使用非常普遍，不仅在对画面局部处理时需要创建出特定的选区，在想要将不同图像中的元素放在同一个画面时也需要用到选区(即抠图)。本章主要讲解基本选区的创建方式以及几种比较常见的抠图技法，包括：基于颜色差异进行抠图，使用钢笔工具进行精确抠图，使用通道抠出特殊对象等技法。不同的抠图技法适用于不同的图像，所以在进行实际抠图操作前，首先要判断使用哪种方法更适合，然后再进行抠图操作。

重点知识掌握：

- 掌握常见选区的创建方法
- 掌握快速选择、魔棒、磁性套索、魔术橡皮擦等抠图工具的使用
- 熟练使用钢笔工具绘制路径并抠图
- 熟练掌握通道抠图
- 熟练掌握图层蒙版与剪贴蒙版的使用方法

通过本章学习，我能做什么？

通过本章的学习，我们能够掌握多种抠图方法，通过这些抠图技法我们能够实现绝大部分的图像抠图操作。使用"快速选择""魔棒""磁性套索""魔术橡皮擦""背景橡皮擦""色彩范围"能够抠出具有明显颜色差异的图像。主体物与背景颜色差异不明显的图像可以使用"钢笔工具"抠出。除此之外，类似长发、长毛动物、透明物体、云雾、玻璃等特殊图像，可以通过"通道抠图"抠出。

优秀作品欣赏

4.1 认识抠图

大部分的"合成"作品以及平面设计作品都需要很多元素，这些元素有的可以利用Photoshop提供的相应功能创建出来，而有的元素则需要从其他图像中"提取"。这个提取的过程就需要用到"抠图"。

4.1.1 什么是选区

选区与抠图一直是无法分割的两个部分，想要将特定的图形区域从画面中提取出来通常有两种方法：擦除多余的部分，或单独提取出主体部分。擦除很简单，可以使用橡皮擦工具。而"提取"则需要"告诉"软件哪个区域是需要提取的内容，而这个区域就是我们所说的选区。创建出合适的选区后，将这部分区域提取出来的过程就是"抠图"。

我们可以将"选区"理解为一个限定处理范围的"虚线框"，当画面中包含选区时，选区边缘显示为闪烁的黑白相间的虚线框，如图4-1所示。进行的操作只会对选区内的部分起作用，如图4-2所示。

得到选区后可以删除选区中的内容，对选区中内容进行调色或使用滤镜，将选区中的内容单独复制出来，在选区中填充颜色，为选区描边等操作。

图4-1

图4-2

4.1.2 什么是抠图

"抠图"是数码图像处理中常用的术语，"抠图"是指将图像中主体物以外的部分去除，或者从图像中分离出部分元素的操作。如图4-3所示为通过创建主体物选区并将主体物以外的部分清除实现抠图合成的过程。

图4-3

在Photoshop中抠图的方式有多种，如基于颜色的差异获得图像的选区，使用钢笔工具进行精确抠图，通过通道抠图等。本节主要讲解基于颜色的差异进行抠图的工具，Photoshop提供了多种通过识别颜色的差异创建选区的工具，如"快速选择工具""魔棒工具""磁性套索工具""魔术橡皮擦工具""背景橡皮擦工具""色彩范围"命令等。这些工具分别位于工具箱的不同工具组以及"选择"菜单中，如图4-4和图4-5所示。

图4-4

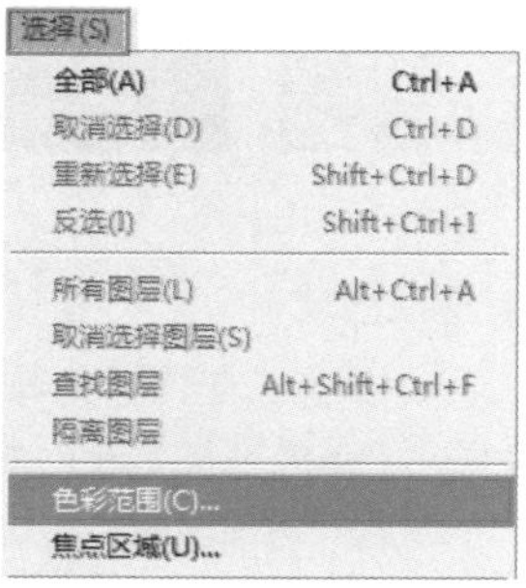

图4-5

【重点】4.1.3 如何选择合适的抠图方法

本章虽然会介绍很多种抠图的方法，但是并不意味着每次抠图都要用到以下所有方法。在抠图之前首先要分析图像的特点，下面对可能遇到的情况进行分类说明。

1. 主体物边缘清晰且与背景颜色反差较大

利用颜色差异进行抠图的工具有很多种，其中"快速选择工具"与"磁性套索工具"最常用，如图4-6和图4-7所示。

<table>
<tr><td>图 4-6</td><td>图 4-7</td></tr>
</table>

2. 主体物边缘清晰但与背景颜色反差小

"钢笔工具"抠图可以得到清晰准确的边缘、例如人物（不含长发）、物品等，如图4-8和图4-9所示。

图 4-8　　　　　　　　　　图 4-9

3. 主体物边缘非常复杂且与环境有一定色差

头发、动物毛、植物一类边缘非常细密的对象可以使用"通道抠图"或者"选择并遮住"命令，如图4-10和图4-11所示。

图 4-10　　　　　　　　　　图 4-11

4. 主体物带有透明区域

婚纱、薄纱、云朵、烟雾、玻璃制品等需要保留局部半透明的对象，需要使用"通道抠图"进行处理，如图4-12和图4-13所示。

图 4-12　　　　　　　　　　图 4-13

5. 边缘复杂且在局部带有毛发／透明的对象

带有多种特征的图像需要借助多种抠图方法完成。例如长发人像照片就是很典型的此类对象，抠图时需要利用钢笔工具对身体部分进行精确抠图，然后将头发部分分离为独

立图层并进行通道抠图，最后将身体和头发部分进行组合完成抠图，如图4-14所示。

图 4-14

4.2 创建简单选区

　　在Photoshop中包含多种选区制作工具，本节将要介绍的是一些最基本的选区绘制工具，通过这些工具可以绘制长方形选区、正方形选区、椭圆选区、正圆选区、细线选区、随意的选区以及随意的带有尖角的选区等，如图4-15所示。

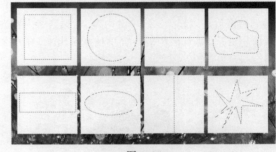

图 4-15

【重点】4.2.1　动手练：矩形选框工具

　　"矩形选框工具" 可以创建出矩形选区与正方形选区。

　　（1）单击工具箱中的"矩形选框工具"，将光标移动到画面中，按住鼠标左键拖曳即可出现矩形的选区，松开鼠标后完成选区的绘制，如图4-16所示。在绘制过程中，按住Shift键的同时按住鼠标左键拖曳可以创建正方形选区，如图4-17所示。

图 4-16　　　　　　　　　　图 4-17

（2）在"矩形选框工具"的选项栏中可以看到选区运算的按钮 ▣ ▣ ▣ ▣ 。选区的运算是指选区之间的"加"和"减"运算。在绘制选区之前首先要注意此处的设置。如果想要创建出一个新的选区，那么需要单击"新选区"按钮 ▣ ，然后绘制选区。如果已经存在选区，那么新创建的选区将替代原来的选区，如图4-18所示。如果之前包含选区，则单击"添加到选区"按钮 ▣ 可以将当前创建的选区添加到原来的选区中（按住Shift键也可以实现相同的操作），如图4-19所示；如果之前包含选区，则单击"从选区减去"按钮 ▣ 可以将当前创建的选区从原来的选区中减去（按住Alt键也可以实现相同的操作），如图4-20所示；如果之前包含选区，则单击"与选区交叉"按钮 ▣ ，接着绘制选区时，只保留原有选区与新创建的选区相交的部分（按住快捷键Shift+Alt也可以实现相同的操作），如图4-21所示。

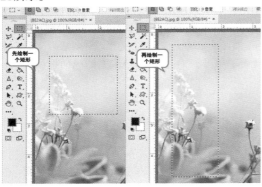

图4-18

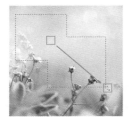

图4-19

图4-20

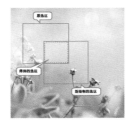

图4-21

（3）在选项栏中可以看到"羽化"选项，"羽化"选项主要用来设置选区边缘的虚化程度。若要绘制"羽化"的选区，则需要先在控制栏中设置参数，然后按住鼠标左键拖曳进行绘制，选区绘制完成后可能看不出有什么变化，如图4-22所示。

可以将"前景色"设置为某一彩色，然后使用前景色填充快捷键Alt+Delete进行填充，然后使用快捷键Ctrl+D取消选区的选择，此时就可以看到羽化选区填充后的效果，如图4-23所示。羽化值越大，虚化范围越宽；反之，羽化值越小，虚化范围越窄。图4-24为羽化值为30像素的羽化效果。

图4-22

图4-23

图4-24

 提示：选区警告

当设置的"羽化"数值过大，以至于任何像素都不大于50%，Photoshop会弹出一个警告对话框，提醒用户羽化后的选区将不可见（选区仍然存在）。

（4）"样式"选项是用来设置矩形选区的创建方法。当选择"正常"选项时，可以创建任意大小的矩形选区；当选择"固定比例"选项时，可以在右侧的"宽度"和"高度"文本框中输入数值，以创建固定比例的选区。例如，设置"宽度"为1、

139

"高度"为2，那么创建出来的矩形选区的高度就是宽度的2倍，如图4-25所示。当选择"固定大小"选项时，可以在右侧的"宽度"和"高度"文本框中输入数值，然后单击鼠标左键，即可创建一个固定大小的选区，如图4-26所示。单击"高度和宽度互换"按钮 ⇄ ，可以切换"宽度"和"高度"的数值。

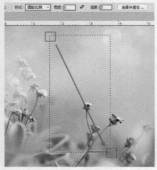 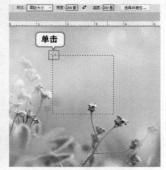

图4-25　　　　　　　　图4-26

{重点}4.2.2　动手练：椭圆选框工具

"椭圆选框工具"主要用来制作椭圆选区和正圆选区。右键单击工具箱中的"选框工具组"按钮，在弹出的工具组列表中单击选择"椭圆选框工具"。将光标移动到画面中，按住鼠标左键并拖曳即可出现椭圆形的选区，松开鼠标后完成选区的绘制，如图4-27所示。在绘制过程中按住Shift键的同时按住鼠标左键拖曳可以创建正圆选区，如图4-28所示。

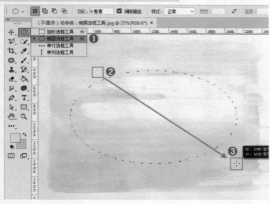

图4-27

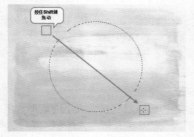

图4-28

提示：变换选区

创建好的选区也可以进行类似"自由变换"的形态调整。在保留选区的状态下执行"选择>变换选区"命令调出定界框，即可弹出类似自由变换的定界框，操作方法与自由变换相同，调整完成后按Enter键即可得到变形之后的选区。

4.2.3　单行/单列选框工具：1像素宽/1像素高的选区

"单行选框工具" ⟶ 和"单列选框工具" ⋮ 主要用来创建高度或宽度为1像素的选区，常用来制作分割线以及网格效果。右键单击工具箱中的"选框工具组"按钮，在弹出的工具组列表中单击选择"单行选框工具"。选择工具箱中的"单行选框工具"，接着在画面中单击，即可绘制1像素高的横向选区，如图4-29所示。单击选择"单列选框工具" ⋮ ，接着在画面中单击，即可绘制1像素宽的纵向选区，如图4-30所示。

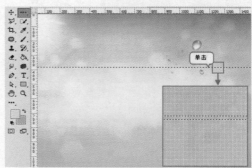

图4-29

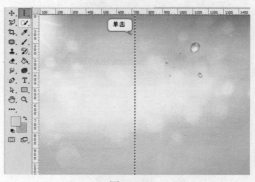

图4-30

{重点}4.2.4　套索工具：绘制随意的选区

"套索工具" ♺ 可以绘制出不规则形状的选区。例如需要任意选择画面中的某个部分，或者绘制一个不规则的图形，

中文版Photoshop CC数码照片处理从入门到精通（微课视频　全彩版）

都可以使用"套索工具"。单击工具箱中的"套索工具",将光标移动至画面中,按住鼠标左键拖曳,如图4-31所示。最后将光标定位到起始位置时,松开鼠标即可得到闭合选区,如图4-32所示。如果在绘制中途松开鼠标左键,Photoshop会在该点与起点之间建立一条直线以封闭选区。

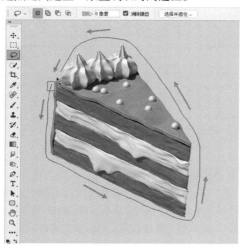

图4-31

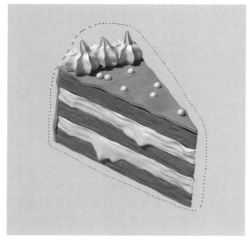

图4-32

【重点】**4.2.5 多边形套索工具:创建带有尖角的选区**

"多边形套索工具" 能够创建转角比较强烈的选区,例如绘制楼房、书本等对象的选区。选择工具箱中的"多边形套索工具",接着在画面中单击确定起点,如图4-33所示。接着移动到第二个位置单击,如图4-34所示。继续通过单击的方式进行绘制,当绘制到起始位置时,光标变为 后单击,如图4-35所示。即会得到选区,如图4-36所示。

图4-33   图4-34

图4-35

图4-36

4.2.6 选区的基本操作

创建完成的"选区"可以进行一些操作,例如移动、全选、反选、取消选择、重新选择、存储与载入等。

扫一扫,看视频

- **取消选区**:当绘制了一个选区后,会发现操作都是针对选区内的图像进行的。如果不需要对局部进行操作,就可以取消选区。执行"选择>取消选择"命令或Ctrl+D组合键,可以取消选区状态。
- **重新选择**:如果刚刚错误地取消了选区,则可以将选区"恢复"回来。要恢复被取消的选区,可以执行"选择>重新选择"命令。

- 移动选区位置：创建完的选区可以进行移动，但是移动选区不能使用"移动工具"，而要使用选区工具，否则移动的内容将是图像，而不是选区。将光标移动至选区内，光标变为▷∷状后，按住鼠标左键拖曳。
- 全选：利用"全选"命令能够选择当前文档边界内的全部图像。执行"选择>全部"命令或按Ctrl+A快捷键即可进行全选。
- 反选：执行"选择>反向选择"命令（快捷键：Shift+Ctrl+I），可以选择反向的选区，也就是原本没有被选择的部分。
- 载入当前图层的选区：在操作过程中经常需要得到某个图层的选区。在"图层"面板中按住Ctrl键的同时单击该图层缩略图，即可载入该图层选区。

4.2.7 选区的编辑

"选区"创建完成后还是可以对已有的选区进行一定的编辑操作的，例如缩放选区、旋转选区、调整选区边缘、创建边界选区、平滑选区、扩展与收缩选区、羽化选区、扩大选区、选区相似等，熟练掌握这些操作对于快速选择需要的部分非常重要。为了方便后面的操作，可以在画面中创建一个选区，或按住Ctrl键单击图层缩览图，载入图层选区，如图4-37和图4-38所示。

图 4-37

图 4-38

1. 创建边界选区

"边界"命令作用于已有的选区，可以将选区的边界向内或向外进行扩展，扩展后的选区边界将与原来的选区边界形成新的选区。接着执行"选择>修改>边界"命令，在弹出的"边界选区"对话框中设置"宽度"数值，数值越大，新选区越宽，设置完成后单击"确定"按钮，如图4-39所示。边界选区效果如图4-40所示。

图 4-39

图 4-40

2. 平滑选区

"平滑"命令可以将参差不齐的选区边缘平滑化。在保留选区的状态下，执行"选择>修改>平滑"命令，在弹出的"平滑选区"对话框设置"取样半径"选项，数值越大，选区越平滑，设置完成后单击"确定"按钮，如图4-41所示。此时选区效果如图4-42所示。

图 4-41

图 4-42

3. 扩展选区

"扩展"命令可以将选区向外延展，以得到较大的选区。在保留选区的状态下，执行"选择>修改>扩展"命令，打开"扩展选区"对话框，通过设置"扩展量"的数值控制选区向外扩展的距离，数值越大，距离越远，参数设置完成后单击"确定"按钮，如图4-43所示。扩展选区效果如图4-44所示。

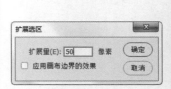

图 4-43

图 4-44

4. 收缩选区

"收缩"命令可以将选区向内收缩，使选区范围变小。例如在抠图的时候会留下一些残存的像素，这时可以通过"收缩"命令将残存像素删除。在保留选区的状态下，执行"选择>修改>收缩"命令，在弹出的"收缩选区"对话框中设置合适的"收缩量"，设置完成后单击"确定"按钮，如图4-45所示。收缩选区效果如图4-46所示。

图 4-45

图 4-46

5. 羽化选区

"羽化"命令可以将边缘较"硬"的选区变为边缘较"柔和"的选区。羽化半径越大，选区边缘越柔和。"羽化"命令是通过建立选区和选区周围像素之间的转换边界来模糊边缘的，这种模糊方式将丢失选区边缘的一些细节。

在保留选区的状态下，执行"选择>修改>羽化"命令(快捷键：Shift+F6)打开"羽化选区"对话框，在该对话框中"羽化半径"选项用来设置边缘模糊的强度，数值越高，边缘模糊范围越大。参数设置完成后单击"确定"按钮，如图4-47所示。此时选区效果如图4-48所示。按Delete键可以删除选区中的像素，可以查看羽化效果，如图4-49所示。

图4-47

图4-48　　　　　　　　　图4-49

[重点]4.2.8 剪切/拷贝/粘贴图像

剪切、拷贝(也称复制)、粘贴相信大家都不陌生，剪切是将某个对象暂时存储到剪贴板中备用，并从原位置删除；拷贝是保留原始对象并复制到剪贴板中备用；粘贴则是将剪贴板中的对象提取到当前位置。

扫一扫，看视频

对于图像也是一样。想要使不同位置出现相同的内容，需要使用"拷贝"+"粘贴"命令；想要将某部分的图像从原始位置去除并移动到其他位置，需要使用"剪切"+"粘贴"命令。

(1) 选择一个普通图层(非"背景"图层)，然后选择工具箱中的"椭圆选框工具"，按住鼠标左键拖曳，绘制一个选区，如图4-50所示。执行"编辑>剪切"命令或按快捷键Ctrl+X，可以将选区中的内容剪切到剪贴板上，此时原始位置的图像消失了，如图4-51所示。

图4-50　　　　　　　　　图4-51

(2) 执行"编辑>粘贴"命令或按快捷键Ctrl+V，可以将剪切的图像粘贴到画布中并生成一个新的图层，如图4-52和图4-53所示。

图4-52　　　　　　　　　图4-53

(3) 创建选区后，执行"编辑>拷贝"命令或按快捷键Ctrl+C，可以将选区中的图像拷贝到剪贴板中，如图4-54所示。然后执行"编辑>粘贴"命令或按快捷键Ctrl+V，可以将拷贝的图像粘贴到画布中并生成一个新的图层，如图4-55所示。

图4-54　　　　　　　　　图4-55

[重点]4.2.9 清除图像

使用"清除"命令可以删除选区中的图像。清除图像分为两种情况：一种是清除普通图层中的像素，另一种是清除"背景"图层中的像素。两种情况遇到的问题和结果是不同的。

（1）打开一张图片，在"图层"面板中自动生成一个"背景"图层。使用"矩形选框工具"绘制一个矩形选区，然后执行"编辑>清除"命令或者按Delete键进行删除，如图4-56所示。在弹出的"填充"对话框中设置填充的"内容"，如选择"背景色"，然后单击"确定"按钮，如图4-57所示。此时可以看到选区中原有的像素消失了，而以"背景色"进行填充，如图4-58所示。

图4-56

图4-57

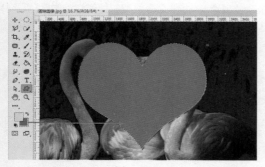

图4-58

（2）选择一个普通图层，然后绘制一个选区，接着按Delete键进行删除，如图4-59所示。随即可以看到选区中的像素消失了，如图4-60所示。

图4-59

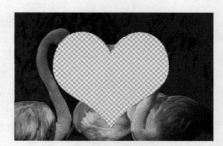

图4-60

4.3 主体物与背景存在色差的抠图

"快速选择""魔棒""磁性套索"以及"色彩范围"可以用于制作主体物或背景部分的选区。例如得到了主体物的选区，如图4-61所示，就可以将选区中的内容复制为独立图层，如图4-62所示。或者将选区反向选择，得到主体物以外的选区，删除背景，如图4-63所示。这两种方式都可以实现抠图操作。而"魔术橡皮擦"和"背景橡皮擦"则用于擦除背景部分。

图4-61　　　　　　　　　　图4-62

图4-63

[重点] 4.3.1　快速选择：拖动并自动创建选区

"快速选择工具" ☑ 能够自动查找颜色接近的区域，并创建出这部分区域的选区。单击工具箱中的"快速选择工具"按钮 ，将光标定位在要创建选区的位置，然后在选项栏中设置合适的绘制模式以及画笔大小，在画面中按住鼠标左键拖曳，即可自动创建与光标移动过的位置颜色相似的选区，如图4-64和图4-65所示。得到选区后分别使用复制、粘贴快捷键Ctrl+C、Ctrl+V进行粘贴，隐藏原始图层，效果如图4-66所示。

图 4-64

图 4-65

图 4-66

如果当前画面中已有选区，想要创建新的选区，可以单击"新选区"按钮 ☑，然后在画面中按住鼠标左键拖动，如图4-67所示。如果第一次绘制的选区不够，则可以单击选项栏中的"添加到选区"按钮 ☑，即可在原有选区的基础上添加新创建的选区，如图4-68所示。如果绘制的选区有多余的部分，则可以单击"从选区减去"按钮 ☑，接着在多余的选区部分涂抹，即可在原有选区的基础上减去当前新绘制的选区，如图4-69所示。

图 4-67

图 4-68

图 4-69

- 对所有图层取样：如果选中该复选框，则在创建选区时会根据所有图层显示的效果建立选取范围，而不仅是只针对当前图层。如果只想针对当前图层创建选区，则需要取消选中该复选框。
- 自动增强：降低选取范围边界的粗糙度与区块感。

4.3.2　魔棒：获取容差范围内颜色的选区

"魔棒工具" ☑ 用于获取与取样点颜色相似部分的选区。使用"魔棒工具"在画面中单击，光标所处的位置就是"取样点"，而颜色是否"相似"则是由"容差"数值控制的，数值越大，可被选择的范围越大。

"魔棒工具"与"快速选择工具"位于同一个工具组中。打开该工具组，从中选择"魔棒工具"。在其选项栏中设置"容差"数值，并指定"选区绘制模式"（☐ ☐ ☐ ☐）以及是否"连续"等。然后，在画面中单击，如图4-70所示。即可得到与光标单击位置颜色相近区域的选区，如图4-71所示。

图 4-70

图 4-71

如果我们想要选中的是画面中绿色的区域,而此时得到的选区并没有覆盖全部绿色,那么此时我们需要适当增大"容差"数值,然后重新制作选区,如图4-72所示。如果想要得到画面中多种颜色的选区,那么需要在选项栏中单击"添加到选区"按钮 ,然后依次单击需要取样的颜色,接下来能够得到这几种颜色选区相加的结果,如图4-73所示。得到选区后分别使用复制、粘贴快捷键Ctrl+C、Ctrl+V进行粘贴,隐藏原始图层,效果如图4-74所示。

图4-72

图4-73

图4-74

- 取样大小:用来设置"魔棒工具"的取样范围。选择"取样点",可以只对光标所在位置的像素进行取样;选择

"3×3平均",可以对光标所在位置3个像素区域内的平均颜色进行取样;其他的以此类推。

- 容差:决定所选像素之间的相似性或差异性,其取值范围为0~255。数值越低,对像素相似程度的要求越高,所选的颜色范围就越小;数值越高,对像素相似程度的要求越低,所选的颜色范围就越广,选区也就越大。图4-75为不同"容差"值时的选区效果。

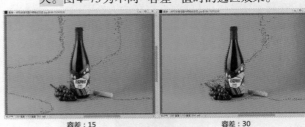

容差:15   容差:30

图4-75

- 消除锯齿:默认情况下,"消除锯齿"复选框始终处于选中状态。选中此复选框,可以消除选区边缘的锯齿。
- 连续:当选中该复选框时,只选择颜色连接的区域;当取消选中该复选框时,可以选择与所选像素颜色接近的所有区域,当然也包含没有连接的区域。其对比效果如图4-76所示。

未勾选"连续"   勾选"连续"

图4-76

- 对所有图层取样:如果文档中包含多个图层,则当选中该复选框时,可以选择所有可见图层上颜色相近的区域。当取消选中该复选框时,仅选择当前图层上颜色相近的区域。

{重点}4.3.3 磁性套索:自动查找差异边缘绘制选区

扫一扫,看视频

"磁性套索工具" ,能够自动识别颜色差别,并自动描边具有颜色差异的边界,以得到某个对象的选区。"磁性套索工具"常用于快速选择与背景对比强烈且边缘复杂的对象。

（1）"磁性套索工具"位于套索工具组中。打开该工具组，从中选择"磁性套索工具" ![icon]，然后将光标定位到需要制作选区的对象的边缘处，单击确定起点，沿对象边界移动光标，对象边缘处会自动创建出选区的边线，如图4-77所示。继续沿着对象边缘拖动光标，如果有错误的锚点可以将光标移动到该锚点位置按Delete键删除锚点，还可以通过单击的方式添加锚点，继续沿着对象边缘拖动光标，当光标移动到起始锚点位置时，光标会变为 ![icon] 状，如图4-78所示。

图4-77

图4-78

（2）单击鼠标左键即可得到选区，如图4-79所示。得到选区后即可进行抠图、合成等操作。效果如图4-80所示。

图4-79

图4-80

- 宽度："宽度"值决定了以光标中心为基准，光标周围有多少个像素能够被"磁性套索工具"检测到。如果对象的边缘比较清晰，可以设置较大的值；如果对象的边缘比较模糊，可以设置较小的值。
- 对比度：主要用来设置"磁性套索工具"感应图像边缘的灵敏度。如果图像的边缘比较清晰，可以将该值设置得高一些；如果图像的边缘比较模糊，可以将该值设置得低一些。
- 频率：在使用"磁性套索工具"勾画选区时，Photoshop会生成很多锚点。"频率"选项就是用来设置锚点的数量的，数值越高，生成的锚点越多，捕捉到的边缘越准确，但是可能会造成选区不够平滑。如图4-81所示为设置不同参数值时的对比效果。

频率:20　　　　　　　频率:100

图4-81

- 钢笔压力 ![icon]：如果计算机配有数位板和压感笔，可以单击该按钮，Photoshop会根据压感笔的压力自动调节"磁性套索工具"的检测范围。

4.3.4　色彩范围：获取特定颜色选区

"色彩范围"命令可根据图像中某一种或多种颜色的范围创建选区。执行"选择>色彩范围"命令，在弹出的"色彩范围"对话框中可以进行颜色的选择、颜色容差的设置，还可使用"添加到取样"吸管、"从选区中减去"吸管对选中的区域进行调整。

扫一扫，看视频

（1）打开一张图片，如图4-82所示。执行"选择>色彩范围"命令，弹出"色彩范围"窗口。在这里首先需要设置"选择"（取样方式）。打开该下拉列表框，可以看到其中有多种颜色取样方式可供选择，如图4-83所示。

图 4-82

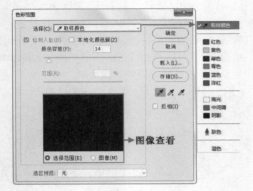

图 4-83

图像查看区域包含"选择范围"和"图像"两个单选按钮。当选中"选择范围"单选按钮时,预览区中的白色代表被选择的区域,黑色代表未被选择的区域,灰色代表部分被选择的区域(即有羽化效果的区域);当选中"图像"单选按钮时,预览区内会显示彩色图像。

(2) 如果选择"红色""黄色""绿色"等选项,则在图像查看区域中可以看到,画面中包含这种颜色的区域会以白色(选区内部)显示,不包含这种颜色的区域以黑色(选区以外)显示。如果图像中仅部分包含这种颜色,则以灰色显示。例如,图像中粉色的背景部分包含红色,皮肤和服装上也是部分包含红色,所以这部分显示为明暗不同的灰色,如图 4-84 所示。也可以从"高光""中间调""阴影"中选择一种方式,如选择"阴影",在图像查看区域可以看到被选中的区域变为白色,其他区域为黑色,如图 4-85 所示。

图 4-84

图 4-85

- 选择:用来设置创建选区的方式。选择"取样颜色"选项时,光标会变成 ✐ 形状,将其移至画布中的图像上,单击即可进行取样;选择"红色""黄色""绿色""青色"等选项时,可以选择图像中特定的颜色;选择"高光""中间调"和"阴影"选项时,可以选择图像中特定的色调;选择"肤色"时,会自动检测皮肤区域;选择"溢色"选项时,可以选择图像中出现的溢色。
- 检测人脸:当"选择"设置为"肤色"时,选中"检测人脸"复选框,可以更加准确地查找皮肤部分的选区。
- 本地化颜色簇:选中此复选框,拖动"范围"滑块可以控制要包含在蒙版中的颜色与取样点的最大和最小距离。
- 颜色容差:用来控制颜色的选择范围。数值越高,包含的颜色越多;数值越低,包含的颜色越少。
- 范围:当"选择"设置为"高光""中间调"和"阴影"时,可以通过调整"范围"数值,设置"高光""中间调""阴影"各部分的大小。

(3) 如果其中的颜色选项无法满足我们的需求,则可以在"选择"下拉列表框中选择"取样颜色",光标会变成 ✐ 形状,将其移至画布中的图像上,单击即可进行取样,如图 4-86 所示。在图像查看区域中可以看到与单击处颜色接近的区域变为白色,如图 4-87 所示。

图 4-86

中文版Photoshop CC数码照片处理从入门到精通(微课视频 全彩版)

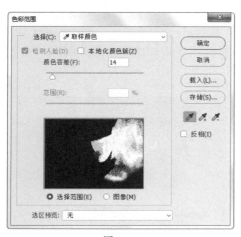

图 4-87

（4）此时如果发现单击后被选中的区域范围有些小，原本非常接近的颜色区域并没有在图像查看区域中变为白色，可以适当增大"颜色容差"数值，使选择范围变大，如图 4-88 所示。

图 4-88

（5）虽然增大"颜色容差"数值可以增大被选中的范围，但还是会遗漏一些区域。此时可以单击"添加到取样"按钮，在画面中多次单击需要被选中的区域，如图 4-89 所示。也可以在图像查看区域中单击，使需要选中的区域变白，如图 4-90 所示。

图 4-89

图 4-90

- : 在"选择"下拉列表中选择"取样颜色"选项时，可以对取样颜色进行添加或减去。使用"吸管工具" 可以直接在画面中单击进行取样；如果要添加取样颜色，可以单击"添加到取样"按钮 ，然后在预览图像上单击，以取样其他颜色；如果要减去多余的取样颜色，可以单击"从取样中减去"按钮 ，然后在预览图像上单击，以减去其他取样颜色。
- 反相：将选区进行反转，其作用相当于创建选区后，执行了"选择＞反选"命令。

（6）为了便于观察选区效果，可以从"选区预览"下拉列表框中选择文档窗口中选区的预览方式。选择"无"选项时，表示不在窗口中显示选区；选择"灰度"选项时，可以按照选区在灰度通道中的外观来显示选区；选择"黑色杂边"选项时，可以在未选择的区域上覆盖一层黑色；选择"白色杂边"选项时，可以在未选择的区域上覆盖一层白色；选择"快速蒙版"选项时，可以显示选区在快速蒙版状态下的效果，如图 4-91 所示。

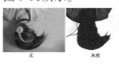

图 4-91

（7）最后单击"确定"按钮，即可得到选区，如图 4-92 所示。单击"存储"按钮，可以将当前的设置状态保存为选区预设；单击"载入"按钮，可以载入存储的选区预设文件，如图 4-93 所示。得到选区后，按住 Alt 键双击背景图层，将其解锁，按 Delete 键删除背景，效果如图 4-94 所示。

图 4-92

图 4-93

图 4-94

练习实例：复杂植物抠图换背景

文件路径	资源包\第4章\复杂植物抠图背景
难易指数	★★★★★
技术要点	色彩范围、反选、图层蒙版

扫一扫，看视频

案例效果

案例处理前后的效果对比如图4-95和图4-96所示。

图 4-95

图 4-96

操作步骤

步骤 01 执行"文件>打开"命令，在弹出的"打开"对话框中选择素材"2.jpg"，然后单击"打开"按钮，将素材打开，如图4-97所示。接着需要将植物素材置入画面中。执行"文件>置入嵌入对象"命令，在弹出的"置入嵌入的对象"对话

框中选择植物素材"1.jpg"，然后单击"置入"按钮，将素材植入画面中，调整大小使其充满整个画面，如图4-98所示。选择植物素材图层，单击右键执行"栅格化图层"命令，将图层进行栅格化处理。

图 4-97

图 4-98

步骤 02 接着需要将植物素材的白色背景去除。选择该图层，执行"选择>色彩范围"命令，在弹出的"色彩范围"对话框中，在"选择"下拉单中选择"取样颜色"，设置"颜色容差"为80，单击"吸管工具"按钮，设置完成后在植物素材的白色背景位置单击鼠标，让其他植物在"色彩范围"对话框中显现出来，如图4-99所示。

图 4-99

步骤 03 操作完成后单击"色彩范围"对话框右边的"确定"按钮，在画面中加选出植物的选区，如图4-100所示。然后执行"选择>反选"命令，将选区反选，让选区只选择植物部分，效果如图4-101所示。

图 4-100　　　　　　　　图 4-101

步骤 04 在当前植物选区状态下，单击图层蒙版底部的"添加图层蒙版"按钮，为该选区添加图层蒙版，将不需要的部分隐藏。"图层"面板如图4-102所示。效果如图4-103所示。

图 4-102　　　　　　　　图 4-103

步骤 05 添加了图层蒙版的植物素材有些部位变为透明，需要进一步处理。按住Alt键的同时单击图层蒙版缩略图，如图4-104所示。将图层蒙版效果在画面中显示出来，如图4-105所示。图层蒙版中黑色部分为透明，白色为不透明，灰色为半透明，所以在这里需要将蒙版中主体物部分带有灰色和黑色的区域涂抹为白色。

图 4-104　　　　　　　　图 4-105

步骤 06 在当前蒙版效果显示状态下，选择工具箱中的"画笔工具"，在选项栏中设置大小合适的硬边圆画笔，设置"前景色"为白色，然后在蒙版涂抹，将灰色的部分涂白，如图4-106所示。接着单击该图层的图层缩览图，回到图层画面效果，即将植物透明的部位显示出来，如图4-107所示。此

时复杂植物抠图并更换背景的操作完成。

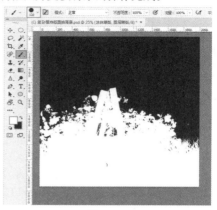

图 4-106

图 4-107

〖重点〗4.3.5　魔术橡皮擦：擦除颜色相似区域

"魔术橡皮擦"可以快速擦除画面中相同的颜色，使用方法与"魔棒"工具非常相似。"魔术橡皮擦"位于橡皮擦工具组中，右键单击工具组，在弹出的工具列表中选择"魔术橡皮擦"。

扫一扫，看视频

首先需要在选项栏中设置"容差"数值以及是否"连续"。设置完成后，在画面中单击，如图4-108所示。即可擦除与单击点颜色相似的区域，如图4-109所示。如果没有擦除干净则可以重新设置参数进行擦除，或者使用"橡皮擦"工具擦除远离主体物的部分。继续进行擦除，抠图效果如图4-110所示。

图 4-108

图 4-109

图 4-110

- 容差：此处的"容差"与"魔棒工具"选项栏中的"容差"功能相同，都是用来限制所选像素之间的相似性或差异性的。在此主要用来设置擦除的颜色范围。"容差"值越小，擦除的范围相对越小；"容差"值越大，擦除的范围相对越大。图 4-111 为设置不同参数值时的对比效果。

容差：30

容差：80

图 4-111

- 消除锯齿：可以使擦除区域的边缘变得平滑。图 4-112 为选中和取消选中"消除锯齿"复选框的对比效果。

启用"消除锯齿"　　　　未启用"消除锯齿"

图 4-112

- 连续：选中该复选框时，只擦除与单击点像素相连接的区域。取消选中该复选框时，可以擦除图像中所有与单击点像素相近似的像素区域。其对比效果如图 4-113 所示。

启用"连续"　　　　　未启用"连续"

图 4-113

- 不透明度：用来设置擦除的强度。数值越大，擦除的

像素越多；数值越小，擦除的像素越少，被擦除的部分变为半透明。数值为 100% 时，将完全擦除像素。图 4-114 为设置不同参数值时的对比效果。

不透明度：20%　　　　不透明度：60%　　　　不透明度：100%

图 4-114

4.3.6　背景橡皮擦：智能擦除背景像素

扫一扫，看视频

　　"背景橡皮擦工具"是一种基于色彩差异的智能化擦除工具，它可以自动采集画笔中心的色样，同时删除在画笔内出现的这种颜色，使擦除区域成为透明区域。

　　"背景橡皮擦工具"位于橡皮擦工具组中。打开该工具组，从中选择"背景橡皮擦工具" 。将光标移动到画面中，光标呈现出中心带有＋的圆形效果，其中圆形表示当前工具的作用范围，而圆形中心的＋则表示在擦除过程中自动采集颜色的位置，如图 4-115 所示。在涂抹过程中会自动擦除圆形画笔范围内出现的相近颜色的区域，如图 4-116 所示。

→擦除的位置

→拾取颜色

图 4-115　　　　　　　　图 4-116

- 取样：用来设置取样的方式，不同的取样方式会直接影响到画面的擦除效果。激活"取样：连续"按钮 ，在拖动鼠标时可以连续对颜色进行取样，凡是出现在光标中心十字线以内的图像都将被擦除，如图 4-117 所示。激活"取样：一次"按钮 ，只擦除包含第 1 次单击处颜色的图像，如图 4-118 所示。激活"取样：背景色板"按钮 ，只擦除包含背景色的图像，如图 4-119 所示。

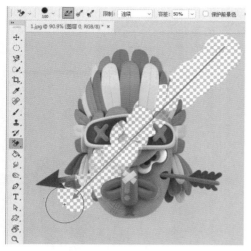

图 4-117

图 4-118

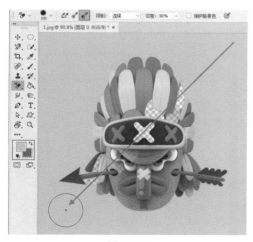

图 4-119

> 🤓 **提示：如何选择合适的"取样方式"**
>
> - **连续取样**：这种取样方式会随画笔圆形中心的**十**位置的改变而更换取样颜色，所以适合在背景颜色差异较大时使用。
> - **一次取样**：这种取样方式适合背景为单色或颜色变化不大的情况。因为这种取样方式只会识别画笔圆形中心的**十**第一次在画面中单击的位置，所以在擦除过程中不必特别留意**十**的位置。
> - **背景色板取样**：由于这种取样方式可以随时更改背景色板的颜色，从而方便地擦除不同的颜色，所以非常适合在背景颜色变化较大，而又不想使用擦除程度较大的"连续取样"方式的情况下使用。

- **限 制**：设置擦除图像时的限制模式。选择"不连续"选项时，可以擦除出现在光标下任何位置的样本颜色；选择"连续"选项时，只擦除包含样本颜色并且相互连接的区域；选择"查找边缘"选项时，可以擦除包含样本颜色的连接区域，同时更好地保留形状边缘的锐化程度，如图4-120所示。

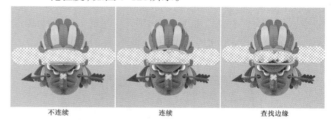

不连续　　　　　　　连续　　　　　　　查找边缘

图 4-120

- **容 差**：用来设置颜色的容差范围。低容差仅限于擦除与样本颜色非常相似的区域，高容差可擦除范围更广的颜色，如图4-121所示。

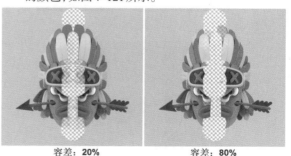

容差：**20%**　　　　　　　容差：**80%**

图 4-121

- **保护前景色**：勾选该复选框后，可以防止擦除与前景色匹配的区域。

练习实例：为儿童照片抠图制作插画效果

文件路径	资源包\第4章\为儿童照片抠图制作插画效果
难易指数	★★★★★
技术要点	渐变工具、快速选择工具、魔术橡皮擦工具

扫一扫，看视频

案例效果

案例处理前后的效果对比如图4-122和图4-123所示。

图4-122

图4-123

操作步骤

步骤 01 首先新建一个大小合适的空白文档。单击工具箱中的"渐变工具"，编辑一种蓝黑色系的渐变，设置渐变方式为"径向渐变"。然后在画面中按住鼠标左键拖曳，为画面填充，效果如图4-124所示。接着执行"文件>置入嵌入对象"命令，置入素材"1.jpg"，如图4-125所示。选择人物素材图层，单击右键执行"栅格化图层"命令，将图层栅格化。

图4-124

图4-125

步骤 02 接着需要将人物从背景中抠出。选择人物图层，单击工具箱中的"快速选择工具"，在选项栏中单击"添加到选区"按钮，设置大小合适的笔尖，然后将光标放在人物上方按住鼠标左键拖曳绘制出人物选区，如图4-126所示。在当前选区状态下，使用快捷键Ctrl+J将选区内的图形复制一份，形

成一个新图层。此时将人物从背景中抠出，将带有背景的人物图层隐藏，效果如图4-127所示。

图4-126

图4-127

步骤 03 接着置入素材"2.jpg"，调整大小使其充满整个画面并将图层栅格化。此时置入的素材带有背景，需要将背景去除。选择素材图层，单击工具箱中的"魔术橡皮擦工具"按钮，在选项栏中设置"容差"为20像素，勾选"消除锯齿"复选框，取消"连续"复选框的勾选，如图4-128所示。设置完成后在素材的青色背景位置单击，即将背景去除，最终效果如图4-129所示。

图4-128

中文版Photoshop CC数码照片处理从入门到精通（微课视频 全彩版）

图 4-129

4.4 自动识别主体物抠图

4.4.1 焦点区域：自动获取清晰部分的选区

"焦点区域"命令能够自动识别画面中处于拍摄焦点范围内的图像，并制作这部分的选区。使用"焦点区域"命令可以快速获取图像中清晰部分的选区，它常用来进行抠图操作。

扫一扫，看视频

（1）打开一张图片，如图 4-130 所示。接着执行"选择>焦点区域"命令打开"焦点区域"对话框。首先选择一个合适的视图模式，单击视图后侧的倒三角按钮，在下拉列表中选择一种合适的视图。在这里设置视图为"黑底"，如图 4-131 所示。此时画面中黑色的部分为非选区，如图 4-132 所示。

图 4-130

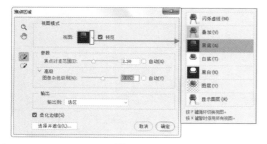

图 4-131

图 4-132

视图是用来显示选择的区域，默认的视图方式为"闪烁虚线"，即选区。单击"视图"右侧的"倒三角"按钮可以看到"闪烁虚线""叠加""黑底""白底""黑白""图层"和"显示图层"等视图选项。

（2）调整"焦点对准范围"选项，该选项用来调整所选范围，数值越大，选择范围越大；接着调整"图像杂色级别"，该选项用来调整在包含杂色的图像中选定过多背景时增加图像杂色级别。在调整参数的时候一边调整参数，一边查看效果，如图 4-133 和图 4-134 所示。

图 4-133

图 4-134

（3）通过调整参数的方法得到的效果有时并不能让人满意，可以通过"添加选区工具" 和"减去选区工具" 手动调整选区的大小。单击"添加选区工具"按钮，然后在需要添加的区域按住鼠标左键拖曳，如图 4-135 所示。释放鼠标后即可自动识别出颜色相近的区域，如图 4-136 所示。

图 4-135

图 4-136

（4）选区调整满意以后，接下来就需要"输出"了。单击"输出到"按钮，在下拉菜单中可以选择一种选区保存的方式，如图 4-137 所示。为了方便后期的编辑处理，在这里选择"图层蒙版"，接着单击"确定"按钮。即可创建图层蒙版，如

图4-138所示。此时图像已经抠取完成,最后可以更换背景进行合成。效果如图4-139所示。

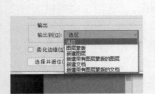

图 4-137　　　　　　　　图 4-138

图 4-139

【重点】4.4.2　选择并遮住:抠出边缘细密的图像

"选择并遮住"命令是一个既可以对已有选区进行进一步编辑,又可以重新创建选区的功能。该命令可以用于对选区进行边缘检测,调整选区的平滑度、羽化、对比度以及边缘位置。由于"选择并遮住"命令可以智能地细化选区,所以常用于长发、动物或细密的植物的抠图,如图4-140和图4-141所示。

扫一扫,看视频

图 4-140　　　　　　　图 4-141

(1)首先使用快速选择工具创建主体物的基本选区,如图4-142所示。然后执行"选择>选择并遮住"命令,此时Photoshop界面发生了改变,如图4-143所示。左侧为一些用于调整选区以及视图的工具,左上方为所选工具的选项,右侧为选区编辑选项。

图 4-142

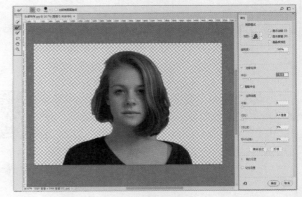

图 4-143

(2)接着单击"视图"后侧的倒三角按钮,在下拉列表中选择视图模式,视图模式是根据个人的操作习惯而选择的,常用的视图模式有"洋葱皮"和"闪烁虚线",如图4-144所示。利用"洋葱皮"视图模式能够很清楚地看到抠图效果,如图4-145所示。"闪烁虚线"视图模式则会在视图中显示图像的全部内容,通过选区去判断抠图效果,如图4-146所示。

图 4-144

图 4-145　　　　　　　图 4-146

- 视图:在"视图"下拉列表中可以选择不同的显示效果。
- 显示边缘:显示以半径定义的调整区域。
- 显示原稿:可以查看原始选区。
- 高品质预览:勾选该复选框,能够以更好的效果预览选区。

(3) 接下来就需要对边缘进行处理了,首先调整"半径"数值,"半径"数值确定发生边缘调整的选区边界的大小。对于锐边,可以使用较小的半径;对于较柔和的边缘,可以使用较大的半径。如图4-147所示为不同"半径"数值的对比效果。在该图中,由于头发位置比较柔和,所以"半径"数值应该稍大一些。

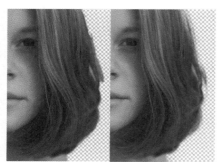

半径:20　　　　半径:80

图 4-147

"智能半径"用来自动调整边界区域中发现的硬边缘和柔化边缘的半径。

(4) 此时头发边缘还有未处理干净的像素,如图4-148所示。接下来手动调整边缘的效果,单击工具箱中的"调整半径工具",先单击"扩展检测选区"按钮⊕,然后设置合适的笔尖大小,在头发边缘位置按住鼠标左键拖曳涂抹,此时能够看到头发后侧的像素被隐藏了,并且头发边缘呈现出半透明的效果,如图4-149所示。继续沿着头发边缘按住鼠标左键拖曳进行涂抹。效果如图4-150所示。

图 4-148

图 4-149

图 4-150

- 快速选择工具：通过按住鼠标左键拖曳涂抹,软件会自动查找和跟随图像颜色的边缘创建选区。
- 调整半径工具：精确调整发生边缘调整的边界区域。制作头发或毛皮选区时可以使用"调整半径工具"柔化区域以增加选区内的细节。
- 画笔工具：通过涂抹的方式添加或减去选区。单击"画笔工具",在选项栏中单击"添加到选区"按钮⊕,单击·按钮在下拉面板中设置笔尖的"大小""硬度"和"距离"选项,在画面中按住鼠标左键拖曳进行涂抹,涂抹的位置就会显示出像素,也就是在原来选区的基础上添加了选区,如图4-151所示。若单击"从选区减去"按钮⊖,在画面中涂抹,即可对选区进行减去,如图4-152所示。

图 4-151

图 4-152

- 套索工具组 $\mathcal{P}$.：在该工具组中有"套索工具"和"多边形套索工具"两种工具。使用该工具可以在选项栏中设置选区运算的方式，如图 4-153 所示。例如选择"套索工具"，设置运算方式为"添加到选区" $\square$，然后在画面中绘制选区，效果如图 4-154 所示。

图 4-153

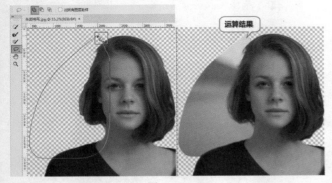

图 4-154

(5)"全局调整"选项组主要用来对选区进行平滑、羽化和扩展等处理，如图 4-155 所示。因为羽毛边缘柔和，所以适当调整"平滑"和"羽化"选项，如图 4-156 所示。

图 4-155　　　　　　　　图 4-156

- 平滑：减少选区边界中的不规则区域，以创建较平滑的轮廓。
- 羽化：模糊选区与周围像素之间的过渡效果。
- 对比度：锐化选区边缘并消除模糊的不协调感。在通常情况下，配合"智能半径"选项调整出来的选区效果会更好。
- 移动边缘：当设置为负值时，可以向内收缩选区边界；当设置为正值时，可以向外扩展选区边界。
- 清除选区：单击该按钮可以取消当前选区。
- 反相：单击该选项，即可得到反相的选区。

(6) 此时在缩览图中能看到人像抠出后的效果，接下来需要选择输出方式。"输出"是指我们需要得到一个什么样的效果，单击窗口右下方"输出到"按钮，在下拉菜单中能够看到多种输出方式，如图 4-157 所示。例如设置"输出到"为"选区"，然后单击"确定"按钮，此时会得到选区，如图 4-158 所示。若选择"图层蒙版"，则会自动创建图层蒙版，选区以外的像素将被图层蒙版隐藏，如图 4-159 所示。

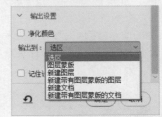

图 4-157

图 4-158　　　　　　　　图 4-159

- 净化颜色：将彩色杂边替换为附近完全选中的像素颜色。颜色替换的强度与选区边缘的羽化程度是

中文版Photoshop CC数码照片处理从入门到精通（微课视频 全彩版）

成正比的。

- 记住设置：选中该复选框，在下次使用该命令的时候会默认显示上次使用的参数。
- 复位工作区 ⟲：单击该按钮可以使当前参数恢复默认效果。

（7）抠出操作完成后就可以进行合成等操作了，效果如图4-160所示。

图4-160

提示：单击"选择并遮住"按钮打开"选择并遮住"窗口

在画面中有选区的状态下，在选项栏中单击 选择并遮住... 按钮，即可打开"选择并遮住"对话框。

练习实例：长发人像抠图换背景

文件路径	资源包\第4章\长发人像抠图换背景
难易指数	★★★★★
技术要点	快速选择、选择并遮住

扫一扫，看视频

案例效果

案例处理前后的效果对比如图4-161和图4-162所示。

图4-161

图4-162

操作步骤

步骤 01 打开背景素材"1.jpg"，如图4-163所示。执行"文件>置入嵌入对象"命令，将人像素材"2.jpg"置入文件中，调整到合适大小、位置后按Enter键完成置入操作，并将其栅格化，如图4-164所示。

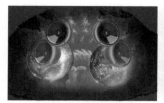

图4-163

图4-164

步骤 02 单击工具箱中的"快速选择工具"，在人像区域按住鼠标左键并拖曳光标，制作出人物部分的大致选区，单击选项栏中的"选择并遮住"按钮，如图4-165所示。

图4-165

步骤 03 为了便于观察，首先在弹出的"选择并遮住"对话框中设置"视图模式"为"黑底"，如图4-166所示。此时在画面中可以看到选区以内的部分显示，选区以外的部分被半透明的黑色遮挡，如图4-167所示。

图4-166

图4-167

步骤 04 单击界面左侧的"调整边缘画笔工具"按钮 ，在人物左侧头发部分按住鼠标左键涂抹，可以看到头发边缘的选区逐步变得非常精确，如图4-168所示。继续处理右侧头发部分，效果如图4-169所示。

图4-168　　　　　　　　　图4-169

步骤 05 此时头发边缘仍然残留大量的背景颜色，所以需要在"全局调整"选项组中适当降低"移动边缘"的数值，如图4-170所示。此时效果如图4-171所示。

图4-170　　　　　　　　　图4-171

步骤 06 单击界面右下角的"确定"按钮得到选区，如图4-172所示。接着对当前选区使用快捷键Ctrl+J将选区中的内容复制为独立图层，隐藏原始人像，如图4-173所示。

图4-172　　　　　　　　　图4-173

步骤 07 执行"文件>置入嵌入对象"命令，置入前景素材"3.png"，效果如图4-174所示。执行"文件>置入嵌入对象"命令，置入前景素材"4.jpg"，如图4-175所示。

图4-174　　　　　　　　　图4-175

步骤 08 设置该图层的"混合模式"为"滤色"，如图4-176所示。最终效果如图4-177所示。

图4-176　　　　　　　　　图4-177

4.4.3　扩大选取、选取相似

"扩大选取"命令是基于"魔棒工具" 选项栏中指定的"容差"范围来决定选区的扩展范围的。

首先绘制选区，接着选择工具箱中的"魔棒工具"，在选项栏中设置"容差"数值，该数值越大，所选取的范围越广。执行"选择>扩大选取"命令(没有参数设置窗口)，接着Photoshop会查找并选择那些与当前选区中像素色调相近的像素，从而扩大选择区域，如图4-178所示。图4-179为将"容差"数值设置为50像素后的选区效果。

图4-178

图4-179

"选取相似"也是基于"魔棒工具"选项栏中指定的"容差"数值来决定选区的扩展范围的。首先绘制一个选区，如图4-180所示。接着执行"选择>选取相似"命令后，Photoshop同样会查找并选择那些与当前选区中像素色调相近的像素，从而扩大选择区域，如图4-181所示。

中文版Photoshop CC数码照片处理从入门到精通（微课视频 全彩版）

图 4-180

图 4-181

图 4-183

图 4-184

> **提示:"扩大选取"与"选取相似"的区别**
>
> "扩大选取"和"选取相似"这两个命令的最大共同之处就在于它们都是扩大选区区域。但是"扩大选取"命令只针对当前图像中连续的区域,非连续的区域不会被选择;而"选取相似"命令针对的是整张图像,意思就是说该命令可以选择整张图像中处于"容差"范围内的所有像素。如图 4-182 为选区的位置;图 4-183 所示为使用"扩大选取"命令得到的选区;图 4-184 所示为使用"选取相似"得到的选区。

图 4-182

4.5 利用蒙版进行非破坏性的抠图

"蒙版"这个词语对传统摄影爱好者来说,并不陌生。"蒙版"原本是摄影术语,是指用于控制照片不同区域曝光的传统暗房技术。Photoshop 中蒙版的功能主要用于画面的修饰与"合成"。什么是"合成"呢? "合成"这个词的含义:由部分组成整体。在 Photoshop 的世界中,就是把原本不在一张图像上的内容,通过一系列的手段进行组合拼接,使之出现在同一画面中,呈现出一张新的图像,如图 4-185 所示。这看起来是不是很神奇? 其实在前面的学习中,我们已经进行过一些简单的"合成"了。例如利用抠图工具将人像从原来的照片中"抠"出来,并放到新的背景中,如图 4-186 所示。

图 4-185　　　　　　　图 4-186

在这些"合成"的过程中，经常需要将图片的某些部分隐藏，以显示出特定内容。直接擦掉或者删除多余的部分是一种"破坏性"的操作，被删除的像素无法复原。而借助蒙版功能则能够轻松地隐藏或恢复显示部分区域。

Photoshop中共有4种蒙版：剪贴蒙版、图层蒙版、矢量蒙版和快速蒙版。这4种蒙版的原理与操作方式各不相同，下面我们简单了解一下各种蒙版的特性。

- 剪贴蒙版：以下层图层的"形状"控制上层图层显示的"内容"。常用于合成中为某个图层赋予另外一个图层中的内容。
- 图层蒙版：通过"黑白"来控制图层内容的显示和隐藏。图层蒙版是经常使用的功能，常用于合成中图像某部分区域的隐藏。
- 矢量蒙版：以路径的形态控制图层内容的显示和隐藏。路径以内的部分被显示，路径以外的部分被隐藏。由于以矢量路径进行控制，所以可以实现蒙版的无损缩放。
- 快速蒙版：以"绘图"的方式创建各种随意的选区。与其说是蒙版的一种，不如称之为选区工具的一种。

[重点]4.5.1　图层蒙版

"图层蒙版"常用于隐藏图层的局部内容，来实现画面局部修饰或者合成作品的制作。这种隐藏而非删除的编辑方式是一种非常方便的非破坏性编辑方式。

扫一扫，看视频

为某个图层添加"图层蒙版"后，可以通过在图层蒙版中绘制黑色或者白色，来控制图层的显示与隐藏。图层蒙版是一种非破坏性的抠图方式。在图层蒙版中显示黑色的部分，其图层中的内容会变为透明；灰色部分为半透明；白色则是完全不透明，如图4-187所示。

　　原图　　　　　　图层蒙版　　　　　　效果

图 4-187

创建图层蒙版有两种方式：在没有任何选区的情况下直接创建出空的蒙版，画面中的内容不会被隐藏；而在包含选区的情况下创建图层蒙版，选区以内的部分为显示状态，选区以外的部分会隐藏。

1. 直接创建图层蒙版

选择一个图层，单击"图层"面板底部的"创建图层蒙版"按钮■，即可为该图层添加图层蒙版，如图4-188所示。该图层的缩览图右侧会出现一个"图层蒙版缩览图"的图标，如图4-189所示。每个图层只能有一个图层蒙版，如果已有图层蒙版，再次单击该按钮创建出的是矢量蒙版。图层组、文字图层、3D图层、智能对象等特殊图层都可以创建图层蒙版。

图 4-188　　　　　　　图 4-189

单击图层蒙版缩览图，接着可以使用画笔工具在蒙版中进行涂抹。在蒙版中只能使用灰度颜色进行绘制。蒙版中被绘制了黑色的部分，图像会隐藏，如图4-190所示。蒙版中被绘制了白色的部分，图像相应的部分会显示，如图4-191所示。图层蒙版中绘制了灰色的区域，图像相应的位置会以半透明的方式显示，如图4-192所示。

图 4-190

图 4-191

图 4-192

还可以使用"渐变工具"或"油漆桶工具"对图层蒙版进行填充。单击"图层蒙版缩览图"，使用"渐变工具"在蒙版中填充从黑到白的渐变，白色部分显示，黑色部分隐藏，灰色的部分为半透明的过渡效果，如图 4-193 所示。使用"油漆桶工具"，在选项栏中设置填充类型为"图案"，然后选中一个图案，在图层蒙版中进行填充，图案内容会转换为灰度，如图 4-194 所示。

图 4-193

图 4-194

2. 基于选区添加图层蒙版

如果当前画面中包含选区，单击选中需要添加图层蒙版的图层，单击"图层"面板底部的"添加图层蒙版"按钮 ▢，选区以内的部分显示，选区以外的图像将被图层蒙版隐藏，

如图 4-195 和图 4-196 所示。这样既能够实现抠图的目的，又能够不删除主体物以外的部分。一旦需要重新对背景部分进行编辑，还可以停用图层蒙版，回到之前的画面效果。

图 4-195　　　　　　　　　图 4-196

> 💡 **提示：图层蒙版的编辑操作**
>
> • **停用图层蒙版**：在"图层蒙版缩览图"上单击鼠标右键，然后在弹出的快捷菜单中选择"停用图层蒙版"命令，即可停用图层蒙版，使蒙版效果隐藏，原图层内容会全部显示出来。
>
> • **启用图层蒙版**：在停用图层蒙版以后，如果要重新启用图层蒙版，可以在"图层蒙版缩略图"上单击鼠标右键，然后在弹出的快捷菜单中选择"启用图层蒙版"命令。
>
> • **删除图层蒙版**：如果要删除图层蒙版，可以在"图层蒙版缩略图"上单击鼠标右键，然后在弹出的快捷菜单中选择"删除图层蒙版"命令。
>
> • **链接图层蒙版**：默认情况下，图层与图层蒙版之间带有一个 ⑧ 链接图标，此时移动/变换原图层，蒙版也会发生变化。如果不想在变换图层或蒙版时影响对方，可以单击链接图标取消链接。如果要恢复链接，可以在取消链接的地方单击。
>
> • **应用图层蒙版**："应用图层蒙版"可以将蒙版效果应用于原图层，并且删除图层蒙版。图像中对应蒙版中的黑色区域删除，白色区域保留下来，而灰色区域将呈半透明效果。在"图层蒙版缩略图"上单击鼠标右键，在弹出的快捷菜单中选择"应用图层蒙版"命令。
>
> • **转移图层蒙版**："图层蒙版"是可以在图层之间转移的。在要转移的"图层蒙版缩略图"上按住鼠标左键并拖曳到其他图层上，松开鼠标后即可将该图层的蒙版转移到其他图层上。
>
> • **换图层蒙版**：如果要将一个图层蒙版移动到另外一个带有图层蒙版的图层上，则可以替换该图层的图层蒙版。
>
> • **复制图层蒙版**：如果要将一个图层蒙版复制到另外一个图层上，则可在按住 Alt 键的同时，将图层蒙版拖曳到另外一个图层上。
>
> • **载入蒙版的选区**：蒙版可以转换为选区。按住 Ctrl 键的同时单击图层蒙版缩览图，蒙版中白色的部分为选区以内，黑色的部分为选区以外，灰色为羽化的选区。

"剪贴蒙版"至少需要两个图层才能够使用。其原理是通过使用处于下方图层(基底图层)的形状,限制上方图层(内容图层)的显示内容。也就是说"基底图层"的形状决定了显示的形状,而"内容图层"则控制显示的图案。如图4-197所示为一个剪贴蒙版组。

扫一扫,看视频

图 4-197

提示:剪贴蒙版的特点

在剪贴蒙版组中,基底图层只能有一个,而内容图层则可以有多个。如果对基底图层的位置或大小进行调整,则会影响剪贴蒙版组的形态。

而对内容图层进行增减或者编辑,则只会影响显示内容。如果内容图层小于基底图层,那么露出来的部分则显示为基底图层。

(1)想要创建剪贴蒙版,必须有两个或两个以上的图层,一个作为基底图层,其他的图层可作为内容图层。例如这里我们打开了一个包含多个图层的文档,如图4-198所示。接着在上方用作"内容图层"的图层上单击鼠标右键,在弹出的快捷菜单中执行"创建剪贴蒙版"命令,如图4-199所示。

图 4-198

图 4-199

(2)接着内容图层前方出现了 符号,表明此时已经为下方的图层创建了剪贴蒙版,如图4-200所示。此时内容图层只显示了下方基底图层中的部分,如图4-201所示。

图 4-200   图 4-201

(3)如果有多个内容图层,可以将这些内容图层全部放在基底图层的上方,然后在"图层"面板中选中,单击鼠标右键,在弹出的快捷菜单中执行"创建剪贴蒙版"命令,如图4-202所示。效果如图4-203所示。

图 4-202

图 4-203

(4)如果想要去除剪贴蒙版,则可以在剪贴蒙版组中最底部的内容图层上单击鼠标右键,然后在弹出的快捷菜单中选择"释放剪贴蒙版"命令,如图4-204所示。可以释放整个剪贴蒙版组,如图4-205所示。如果在包含多个内容图层时,想要释放某一个内容图层,则可以在"图层"面板中把该内容图层拖曳到基底图层的下方,如图4-206所示。就相当于释放剪贴蒙版,如图4-207所示。

图 4-204　　　　　　　图 4-205

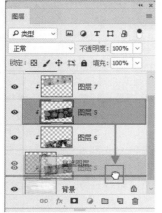

图 4-206　　　　　　　图 4-207

提示：剪贴蒙版的使用技巧

（1）如果想要使剪贴蒙版组上出现图层样式，那么需要为"基底图层"添加图层样式，否则附着于内容图层的图层样式可能无法显示。

（2）选择内容图层，在设置图层的"不透明度"和"混合模式"时，所选的内容图层会与下方图层产生混合效果。当对基底图层的"不透明度"和"混合模式"调整时，整个剪贴蒙版中的所有图层都会以设置不透明度数值以及混合模式进行混合。

（3）剪贴蒙版组中的内容图层顺序可以随意调整，基底图层如果调整了位置，原本剪贴蒙版组的效果就会产生错误。内容图层一旦移动到基底图层的下方就相当于释放剪贴蒙版。在已有剪贴蒙版的情况下，将一个图层拖曳到基底图层上方，即可将其加入剪贴蒙版组中。

举一反三：使用调整图层与剪贴蒙版进行调色

默认情况下，创建了一个调整图层，那么在"图层"面板中，处于该图层下方的图层都会受到影响。而如果借助剪贴蒙版功能，则可以使调色效果只针对一个图层起作用。如图 4-208 所示的文档包括两个图层。在这里我们需要对图层 1 进行调色，创建一个"色相/饱和度"调整图层，如图 4-209 所示。此时画面整体颜色都发生了变化，如图 4-210 所示。

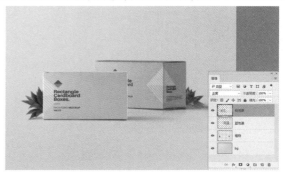

图 4-208

图 4-209

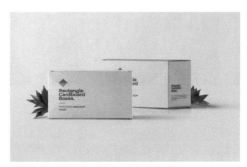

图 4-210

由于调整图层只针对于图层 1 进行调整，所以需要将该调整图层放在目标图层的上方，单击鼠标右键，在弹出的快捷菜单中执行"创建剪贴蒙版"命令，如图 4-211 所示。此时背景图层不受影响，如图 4-212 所示。

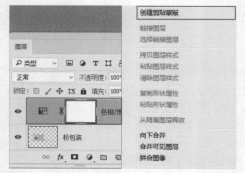

图 4-211

图 4-212

图 4-214

图 4-215

图 4-216

4.6 钢笔抠图：精确提取边缘清晰的主体物

虽然前面讲到的几种基于颜色差异的抠图工具可以进行非常便捷的抠图操作，但还是有一些情况无法处理。例如，主体物与背景非常相似的图像，对象边缘模糊不清的图像，基于颜色抠图后对象边缘参差不齐的情况等，这些都无法利用前面学到的工具很好地完成抠图操作。这时就需要使用"钢笔工具"进行精确路径的绘制，然后将路径转换为选区，删除背景或者单独把主体物复制出来，就完成了抠图，如图 4-213 所示。

扫一扫，看视频

原图　　钢笔绘制路径　　转换为选区　　提取主体物　　合成

图 4-213

需要注意的是，虽然很多时候图片中主体物与背景颜色区别比较大，但是为了得到边缘较为干净的主体物抠图效果，仍然建议使用"钢笔工具"的抠图方法，如图 4-214 所示。因为在利用"快速选择""魔棒工具"等进行抠图时，通常边缘不会很平滑，而且很容易残留背景像素，如图 4-215 所示。而利用"钢笔工具"进行抠图得到的边缘通常是非常清晰而锐利的，对于主体物的展示是非常重要的，如图 4-216 所示。

抠图也需要考虑到时间成本，基于颜色进行抠图的方法通常比钢笔抠图要快一些。如果抠图的对象是商品，需要尽可能的精美，那么要考虑使用钢笔工具进行精细抠图。而如果需要抠图的对象为画面辅助对象，不作为主要展示内容，则可以使用其他工具快速抠取。如果在基于颜色抠图时遇到局部边缘不清的情况，则可以单独对局部进行钢笔抠图的操作。另外，在钢笔抠图时，路径的位置可以适当偏向于对象边缘的内侧，这样会避免抠图后遗留背景像素，如图 4-217 所示。

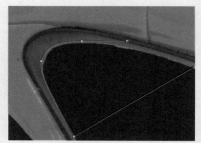

图 4-217

4.6.1 认识"钢笔工具"

"钢笔工具"是一种矢量工具，主要用于矢量绘图。矢量绘图有 3 种不同的模式，其中"路径"模式允许我们使用"钢笔工具"绘制出矢量的路径。使用"钢笔工具"绘制的路径可控性极强，而且可以在绘制完毕后进行重复修改，所以非常适合绘制精细而复杂的路径。因此，"路径"可以转换为"选区"，有了选区就可以轻松完成抠图操作。因此，使用"钢笔工具"进行抠图是一种比较精确的抠图方法。

在使用"钢笔工具"抠图之前，先来认识几个概念。使用"钢笔工具"以"路径"模式绘制出的对象是"路径"。"路

中文版Photoshop CC数码照片处理从入门到精通（微课视频 全彩版）

径"是由一些"锚点"联结而成的线段或者曲线。当调整"锚点"位置或弧度时，路径形态也会随之发生变化，如图4-218和图4-219所示。

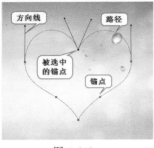

图 4-218　　　　　　　图 4-219

"锚点"可以决定路径的走向以及弧度。"锚点"有两种：尖角锚点和平滑锚点。如图4-220所示的平滑锚点上会显示一条或两条"方向线"（有时也被称为"控制棒""控制柄"）。"方向线"两端为"方向点"，"方向线"和"方向点"的位置共同决定了这个锚点的弧度，如图4-221和图4-222所示。

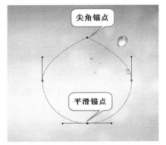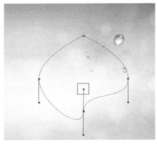

图 4-220　　　　　　　图 4-221

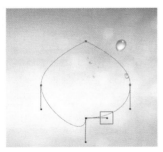

图 4-222

在使用"钢笔工具"进行精确抠图的过程中，需要用到钢笔工具组和选择工具组。其中包括"钢笔工具""自由钢笔工具""添加锚点工具""删除锚点工具""转换点工具""路径选择工具""直接选择工具"，如图4-223和图4-224所示。其中"钢笔工具"和"自由钢笔工具"用于绘制路径，而其他工具都是用于调整路径的形态。通常我们会使用"钢笔工具"尽可能准确地绘制出路径，然后使用其他工具进行细节形态的调整。

图 4-223　　　　　　　图 4-224

【重点】4.6.2　动手练：使用"钢笔工具"绘制路径

1. 绘制直线／折线路径

单击工具箱中的"钢笔工具"按钮 ⬚，在其选项栏中设置"绘制模式"为"路径"。在画面中单击，画面中出现一个锚点，这是路径的起点，如图4-225所示。接着在下一个位置单击，在两个锚点之间可以生成一段直线路径，如图4-226所示。继续以单击的方式进行绘制，可以绘制出折线路径，如图4-227所示。

图 4-225

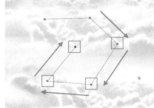

图 4-226　　　　　　　图 4-227

 提示：终止路径的绘制

终止路径的绘制有两种方法：在使用"钢笔工具"的状态下按Esc键可终止路径的绘制；单击工具箱中的其他任意一个工具，也可以终止路径的绘制。

2. 绘制曲线路径

曲线路径由平滑的锚点组成。使用"钢笔工具"直接在画面中单击，创建出的是尖角的锚点。想要绘制平滑的锚点，需要按住鼠标左键拖动，此时可以看到按下鼠标左键的位置生成了一个锚点，而拖曳的位置显示了方向线，如图4-228所示。此时可以按住鼠标左键，同时上、下、左、右拖曳方向线，调整方向线的角度，曲线的弧度也随之发生变化，如图4-229所示。

 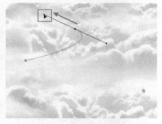

图 4-228　　　　　　　　图 4-229

3. 绘制闭合路径

路径绘制完成后，将"钢笔工具"光标定位到路径的起点处，当它变为形状时（如图4-230所示），单击即可闭合路径，如图4-231所示。

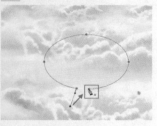 

图 4-230　　　　　　　　图 4-231

提示：如何删除路径

路径绘制完成后，如果需要删除路径，则可以在使用"钢笔工具"的状态下单击鼠标右键，在弹出的快捷菜单中选择"删除路径"命令。

4. 继续绘制未完成的路径

对于未闭合的路径，如要继续绘制，则可以将"钢笔工具"光标移动到路径的一个端点处，当它变为形状时，单击该端点，如图4-232所示。接着将光标移动到其他位置进行绘制，可以看到在当前路径上向外产生了延伸的路径，如图4-233所示。

 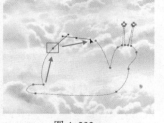

图 4-232　　　　　　　　图 4-233

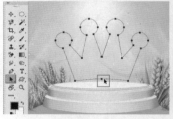**提示：继续绘制路径时需要注意**

需要注意的是，如果光标变为，那么此时绘制的是一条新的路径，而不是在之前路径的基础上继续绘制了。

4.6.3　编辑路径形态

1. 选择路径、移动路径

单击工具箱中的"路径选择工具"按钮，在需要选中的路径上单击，路径上出现锚点，表明该路径处于选中状态，如图4-234所示。按住鼠标左键拖动，即可移动该路径，如图4-235所示。

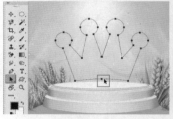 

图 4-234　　　　　　　　图 4-235

2. 选择锚点、移动锚点

右键单击选择工具组中的任意一组工具按钮，在弹出的选择工具组中选择"直接选择工具"。使用"直接选择工具"可以选择路径上的锚点或者方向线，选中之后可以移动锚点、调整方向线。将光标移动到锚点位置，单击可以选中其中某一个锚点，如图4-236所示。框选可以选中多个锚点，如图4-237所示。按住鼠标左键拖动，可以移动锚点位置，如图4-238所示。在使用"钢笔工具"状态下，按住Ctrl键可以切换为"直接选择工具"，松开Ctrl键会变回"钢笔工具"。

图 4-236

图 4-237　　　　　　　　图 4-238

提示：快速切换"直接选择工具"

在使用"钢笔工具"状态下，按住Ctrl键切换到"直接选择工具"。

3. 添加锚点

如果路径上的锚点较少，就无法精细地刻画细节。此时可以使用"添加锚点工具" ⚫ 在路径上添加锚点。

右键单击钢笔工具组中的任意一组工具按钮，在弹出的钢笔工具组中选择"添加锚点工具"按钮 ⚫ 。将光标移动到路径上，当它变成 ⚫ 形状时单击，即可添加一个锚点，如图4-239所示。在使用"钢笔工具"状态下，将光标放在路径上，光标也会变成 ⚫ 形状，单击即可添加一个锚点，如图4-240所示。添加了锚点后，就可以使用"直接选择工具"调整锚点位置了，如图4-241所示。

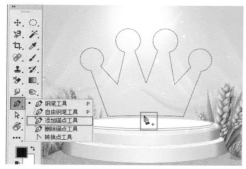

图 4-239

图 4-240

图 4-241

4. 删除锚点

要删除多余的锚点，可以使用钢笔工具组中的"删除锚点工具" ⚫ 来完成。右键单击钢笔工具组中的任一组工具按钮，在弹出的钢笔工具组中选择"删除锚点工具" ⚫ ，将光标放在锚点上单击，即可删除锚点，如图4-242所示。在使用"钢笔工具"状态下，直接将光标移动到锚点上，当它变为 ⚫ 形状时，单击也可以删除锚点，如图4-243所示。

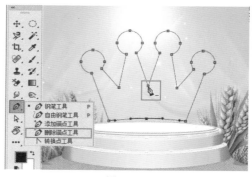

图 4-242

图 4-243

5. 转换锚点类型

"转换点工具" ⚫ 可以将锚点在尖角锚点与平滑锚点之间进行转换。右键单击钢笔工具组中的任一组工具按钮，在弹出的钢笔工具组中单击"转换点工具" ⚫ ，在平滑锚点上单击，可以使平滑的锚点转换为尖角的锚点，如图4-244所示。在尖角的锚点上按住鼠标左键拖动，即可调整锚点的形状，使其变得平滑，如图4-245所示。在使用"钢笔工具"状态下，按住Alt键可以切换为"转换点工具"，松开Alt键会变回"钢笔工具"。

图 4-244

图 4-245

重点 4.6.4　将路径转换为选区

路径已经绘制完了，想要抠图，最重要的一个步骤就是将路径转换为选区。在使用"钢笔工具"状态下，在路径上单击鼠标右键，在弹出的快捷菜单中选择"建立选区"命令，如图4-246所示。在弹出的"建立选区"窗口中可以进行"羽化半径"的设置，如图4-247所示。直接按快捷键Ctrl+Enter也可以将路径快速转换为选区。

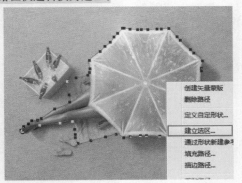

图 4-246

图 4-247

"羽化半径"为0时,选区边缘清晰、明确;羽化半径越大,选区边缘越模糊,如图4-248所示。按Ctrl+Enter快捷键,可以迅速将路径转换为选区。

羽化半径:0像素　　羽化半径:7像素　　羽化半径:50像素

图 4-248

4.6.5　钢笔抠图基本思路

钢笔抠图需要使用的工具已经学习过了,下面梳理一下钢笔抠图的基本思路:首先使用"钢笔工具"绘制大致轮廓(注意,"绘制模式"必须设置为"路径"),如图4-249所示;接着使用"直接选择工具""转换点工具"等对路径形态进行进一步调整,如图4-250所示;路径准确后转换为选区(在无需设置羽化半径的情况下,可以按Ctrl+Enter快捷键),如图4-251所示;得到选区后选择"反相"删除背景或者将主体物复制为独立图层,如图4-252所示;抠图完成后可以更换新背景,添加装饰元素,完成作品的制作,如图4-253所示。

图 4-249　　　　　　　　图 4-250

图 4-251　　　　　　　　图 4-252

图 4-253

练习实例：使用"钢笔工具"为人像抠图

文件路径	资源包\第4章\使用"钢笔工具"为人像抠图
难易指数	★★★★★
技术要点	钢笔工具

案例效果

案例处理前后的效果对比如图4-254和图4-255所示。

图4-254　　　　　　　　　　图4-255

操作步骤

步骤01 创新横版文档，并置入人物素材，将人物图层栅格化。为了避免原图层被破坏，可以复制人像图层，并隐藏原图层。单击工具箱中的"钢笔工具"按钮，在其选项栏中设置"绘制模式"为"路径"，将光标移至人物边缘，单击生成锚点，如图4-256所示。将光标移至下一个转折点处，单击生成锚点，如图4-257所示。

图4-256　　　　　　　　　　图4-257

步骤02 继续沿着人物边缘绘制路径，如图4-258所示。当绘制至起点处光标变为 形状时，单击闭合路径，如图4-259所示。

图4-258　　　　　　　　　　图4-259

步骤03 在使用"钢笔工具"状态下，按住Ctrl键切换到"直接选择工具"。在锚点上按下鼠标左键，将锚点拖动至人物边缘，如图4-260所示。继续将临近的锚点移至人物边缘，如图4-261所示。

图4-260　　　　　　　　　　图4-261

步骤04 继续调整锚点位置。若遇到锚点数量不够的情况，则可以添加锚点，再继续移动锚点位置，如图4-262所示。在工具箱中选择"钢笔工具"，将光标移至路径处，当它变为 形状时，单击即可添加锚点，如图4-263所示。

图4-262　　　　　　　　　　图4-263

步骤05 若在调整过程中锚点过于密集（如图4-264所示），则可以将"钢笔工具"光标移至需要删除的锚点的位置，当它变为 形状时，单击即可将锚点删除，如图4-265所示。

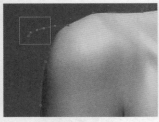

图 4-264　　　　　　　图 4-265

图 4-271　　　　　　　图 4-272

步骤 06 调整了锚点位置后，虽然锚点的位置贴合到人物边缘，但本应是带有弧度的线条却呈现出尖角的效果，如图 4-266 所示。在工具箱中选择"转换点工具" ，在尖角的锚点上按住鼠标左键拖动，使之产生弧度，如图 4-267 所示。接着在方向线上按住鼠标左键拖动，即可调整方向线角度，使之与人物形态相吻合，如图 4-268 所示。

步骤 08 执行"文件>置入嵌入对象"命令，将背景素材置入文档中，并将其移动到人物图层下方，如图 4-273 所示。接着将光效素材置入文档中，放置在人像的上方，如图 4-274 所示。

图 4-266　　　　　图 4-267　　　　　图 4-268

图 4-273　　　　　　　图 4-274

步骤 07 将路径转换为选区。路径调整完成，效果如图 4-269 所示。按 Ctrl+Enter 快捷键，将路径转换为选区，如图 4-270 所示。按 Ctrl+Shift+I 快捷键将选区反相选择，然后按 Delete 键，将选区中的内容删除，此时可以看到手臂处还有部分背景，如图 4-271 所示。同样使用钢笔工具绘制路径，转换为选区后删除，如图 4-272 所示。

步骤 09 选择光效图层，在"图层"面板中设置混合模式为"滤色"，如图 4-275 所示。此时画面效果如图 4-276 所示。

图 4-275　　　　　　　图 4-276

步骤 10 最后将艺术字素材"4.png"置入文档中，放置在画面中合适的位置，案例完成效果如图 4-277 所示。

图 4-269　　　　　　　图 4-270

中文版Photoshop CC数码照片处理从入门到精通（微课视频 全彩版）

图 4-277

4.6.6 自由钢笔

"自由钢笔工具"也是绘制路径的一种工具,但并不适合绘制精确的路径。在使用"自由钢笔工具"状态下,在画面中按住鼠标左键随意拖动,光标经过的区域即可形成路径。

右键单击钢笔工具组中的任一组工具按钮,在弹出的钢笔工具组中选择"自由钢笔工具" ,在画面中按住鼠标左键拖动(如图4-278所示),即可自动添加锚点,绘制出路径,如图4-279所示。

图 4-278

图 4-279

在选项栏中单击 按钮,在弹出的下拉列表框中可以对磁性钢笔的"曲线拟合"数值进行设置。该数值用于控制绘制路径的精度。数值越小,路径越复杂、精确,如图4-280所示;数值越大,路径越平滑,如图4-281所示。

图 4-280

曲线拟合:1像素　　　　曲线拟合:10像素

图 4-281

4.6.7 磁性钢笔工具

"磁性钢笔工具"能够自动捕捉颜色差异的边缘以快速绘制路径,与"磁性套索"非常相似,但是"磁性钢笔工具"绘制出的是路径,如果效果不满意可以继续对路径进行调整,常用于抠图操作中。

(1)"磁性钢笔工具"并不是一个独立的工具,而是需要在使用"自由钢笔工具"状态下,在选项栏中勾选"磁性的"复选框,才会将其切换为"磁性钢笔工具" 。在画面中主体物边缘单击,如图4-282所示。接着沿着图形边缘拖动鼠标,光标经过的位置会自动追踪图像边缘创建路径,如图4-283所示。

图 4-282

图 4-283

（2）当在创建路径的过程中，如果锚点没有定位在图像边缘，则可以将光标移动到锚点上方按Delete键删除锚点。继续沿着主体物边缘拖动光标创建路径，当钢笔移动到起始位置时单击鼠标左键闭合路径，如图4-284所示。在得到闭合路径后，如果对路径效果不满意，则可以使用"直接选择工具"对其进行调整，如图4-285所示。

图4-284   图4-285

- 宽度：用于设置磁性钢笔的检测范围，数值越高，检测的范围越广。
- 对比：用于设置工具对图像边缘的敏感度，如果图像的边缘与背景的色调比较接近，则可以将数值增大。
- 频率：用于确定锚点的密度，该数值越高，锚点的密度越大。

练习实例：为人像更换风光背景

文件路径	资源包\第4章\为人像更换风光背景
难易指数	★★★★★
技术要点	自由钢笔工具

扫一扫，看视频

案例效果

案例处理前后的效果对比如图4-286和图4-287所示。

图4-286   图4-287

操作步骤

步骤 01 执行"文件>打开"命令，打开素材"1.jpg"，如图4-288所示。执行"文件>置入嵌入对象"命令置入素材"2.jpg"，并将其栅格化，如图4-289所示。本案例需要将人物白色的背景去除，然后更换为新的背景。

图4-288   图4-289

步骤 02 选择人物图层，单击工具箱中的"自由钢笔工具"按钮，在其选项栏中选中"磁性的"复选框。接着在人像的边缘上单击确定起点，然后沿着人像边缘拖动绘制路径，如图4-290所示。继续沿着人物边缘拖动光标，当拖动到起始锚点后单击闭合路径，如图4-291所示。注意：此处人物头发边缘比较清晰，可以直接采用"自由钢笔工具"进行抠图。如果人物头发边缘存在细密的发丝，那么则需要单独将头发边缘部分复制为独立图层并进行通道抠图。

图4-290

图4-291

中文版Photoshop CC数码照片处理从入门到精通（微课视频 全彩版）

步骤 03 按Ctrl+Enter快捷键得到路径的选区，然后按Ctrl+Shift+I快捷键将选区反选，如图4-292所示。接着按Delete键删除选区中的像素，按Ctrl+D快捷键取消选区，效果如图4-293所示。

图 4-292　　　　　　　　图 4-293

步骤 04 此时虽然更换了新背景，但是人物的明暗与新增背景的光感不吻合，接下来需要对人物左侧部分的暗部进行提亮处理，如图4-294所示。由于该调整图层只针对于人物暗部调整，所以需要在该调整图层上单击鼠标右键，在弹出的快捷菜单中执行"创建剪贴蒙版"命令。接着选择该调整图层蒙版，设置"前景色"为黑色，使用Alt+Delete快捷键进行填充，接着使用白色半透明画笔涂抹人物暗部的区域，如图4-295所示。此时画面效果如图4-296所示。

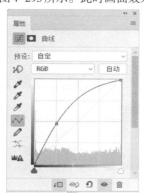 

图 4-294　　　　　　　　图 4-295

图 4-296

4.7 通道抠图：毛发、半透明对象

"通道抠图"是一种比较专业的抠图技法，能够抠出其他抠图方式无法抠出的对象。对于带有毛发的小动物和人像、边缘复杂的植物、半透明的薄纱或云朵、光效等一些比较特殊的对象（如图4-297～图4-302所示），我们都可以尝试使用通道抠图。

扫一扫，看视频

图 4-297　　　　　　　　图 4-298

图 4-299　　　　　　　　图 4-300

 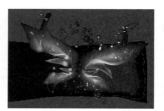

图 4-301　　　　　　　　图 4-302

4.7.1 通道与选区

执行"窗口>通道"命令，打开"通道"面板。在"通道"面板中，最顶部的通道为复合通道，下方的为颜色通道，除此之外还可能包括Alpha通道和专色通道。

默认情况下，颜色通道和Alpha通道显示为灰度，如图4-303所示。我们可以尝试单击选中任何一个灰度的通道，画面即变为该通道的效果；单击"通道"面板底部的"将通道作为选区载入"按钮，即可载入通道的选区，如图4-304所示。通道中白色的部分为选区内部，黑色的部分为选区外部，灰色区域为羽化选区（即半透明选区）。

图 4-303

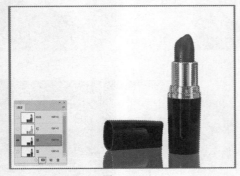

图 4-304

得到选区后，单击最顶部的"复合通道"，可以回到原始效果，如图4-305所示。在"图层"面板中，将选区内的部分按Delete键删除，观察一下效果。可以看到有的部分被彻底删除，有的部分变为半透明，如图4-306所示。

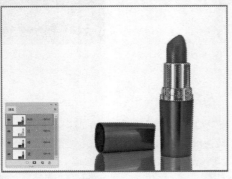

图 4-305

图 4-306

〔重点〕4.7.2 通道与抠图

虽然通道抠图的功能非常强大，且不难掌握，但前提是要理解通道抠图的原理。首先，我们要清楚以下几点。

（1）通道与选区可以相互转化（通道中的白色为选区内部，黑色为选区外部，灰色可得到半透明的选区），如图4-307所示。

（2）通道是灰度图像，排除了色彩的影响，更容易进行明暗的调整。

（3）不同通道黑白内容不同，抠图之前找对通道很重要。

（4）不可直接在原通道上进行操作，必须复制通道。直接在原通道上进行操作，会改变图像颜色。

复制、粘贴
得到的图像

图 4-307

总的来说，通道抠图的主体思路就是在各个通道中进行对比，找到一个主体物与环境黑白反差最大的通道，复制并进行操作；然后进一步强化通道黑白反差，得到合适的黑白通道；最后将通道转换为选区，回到原图中，完成抠图，如图4-308所示。

原图　　　复制主体物与环境反差大的通道　　强化通道黑白反差

载入通道选区　　　回到原图层　　　抠图完成

图 4-308

〔重点〕4.7.3 动手练：使用"通道"进行抠图

本节以一幅长发美女的照片为例进行讲解，如图4-309所示。如果想要将人像从背景中分离出来，则使用"钢笔工具"抠图可以提取身体部分，而头发边缘处无法处理，因为发丝边缘非常细密。此时可以尝试使用通道抠图。

（1）首先复制"背景"图层，将其他图层隐藏，这样可以避免破坏原始图像。选择需要抠图的图层，执行"窗口>通道"命令，在弹出的"通道"面板中逐一观察并选择主体物与背景黑白对比最强烈的通道。经过观察，"绿"通道中人物与背景颜色反差比较大,如图4-310所示。因此选择"绿"通道,单击鼠标右键,在弹出的快捷菜单中选择"复制通道"命令,创建出"绿 拷贝"通道,如图4-311所示。

图 4-309

图 4-310

图 4-311

(2)利用调整命令增强复制出的通道黑白对比,使选区与背景区分开来。单击选择"绿 拷贝"通道,按Ctrl+M快捷键,在弹出的"曲线"窗口中单击"在图像中取样以设置黑场"按钮,然后在人物头发上单击。此时头发部分连同比头发暗的区域全部变为黑色,如图4-312所示。单击"在图像中取样以设置白场"按钮,单击背景部分,背景变为全白,如图4-313所示。设置完成后,单击"确定"按钮。

图 4-312

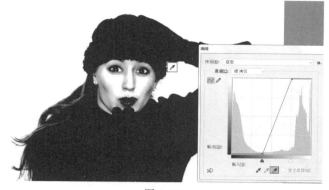

图 4-313

(3)此时头发边缘的位置仍然没有完全变成黑色,可以使用工具箱中的"加深工具",在选项栏中设置"范围"为"中间调",然后设置合适的"曝光度"数值,设置完成后在头发边缘反复涂抹使其变为黑色(涂抹的时候需要适度,最边缘的发丝可以保持灰色,抠图效果会更加自然),如图4-314所示。接着使用"画笔工具",将"前景色"设置为黑色,然后在皮肤位置将其涂抹成黑色,如图4-315所示。此时人像变为了全黑,而背景变为了全白。

图 4-314

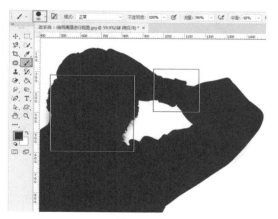

图 4-315

（4）调整完毕后，选中该通道，单击"通道"面板下方的"将通道作为选区载入"按钮 ⃝ ，得到人物的选区，如图4-316和图4-317所示。

图4-316　　　　　　　　图4-317

（5）单击RGB复合通道，如图4-318所示。回到"图层"面板，选中复制的图层，按Delete键删除背景。此时人像以外的部分被隐藏，如图4-319所示。最后为人像添加一个新的背景，如图4-320所示。

图4-318

图4-319　　　　　　　　图4-320

练习实例：通道抠图——云朵

文件路径	资源包\第4章\通道抠图——云朵
难易指数	★★★★★
技术要点	通道抠图、画笔工具、动感模糊

扫一扫，看视频

案例效果

案例处理前后的效果对比如图4-321和图4-322所示。

图4-321　　　　　　　　图4-322

操作步骤

步骤 01　执行"文件>打开"命令，打开素材"1.jpg"。接着需要将云朵素材置入画面中。执行"文件>置入嵌入对象"命令，在弹出的"置入嵌入的对象"窗口中选择云朵素材"2.jpg"，然后单击"置入"按钮将素材置入，调整大小放在画面中杯子上方位置，如图4-323所示。选择云朵图层，单击鼠标右键并执行"栅格化图层"命令，将图层栅格化。

图4-323

步骤 02　接着需要将云朵从蓝色天空背景中抠出。将背景图层隐藏，只显示云朵图层。选择云朵图层，执行"窗口>通道"命令，在弹出的"通道"面板中选择主体物与背景黑白对比最强烈的通道。经过观察，"红"通道中云朵与背景之间的黑白对比较为明显。接着选择"红"通道，单击鼠标右键，在弹出的快捷菜单中执行"复制通道"命令，在弹出的"复制通道"面板中单击"确定"按钮，创建出"红 拷贝"通道，如图4-324所示。

图4-324

步骤 03　为了将选区与背景区分开，需要增强对比度。选择"红 拷贝"通道，使用快捷键Ctrl+M调出"曲线"命令，在弹出的"曲线"窗口中单击"在图像中取样以设置黑场"按钮，然后在背影边缘处单击，背景变为黑色，如图4-325所示。然

中文版Photoshop CC数码照片处理从入门到精通（微课视频 全彩版）

后选择该通道,单击底部的"将通道作为选区载入"按钮,得到选区,如图4-326所示。

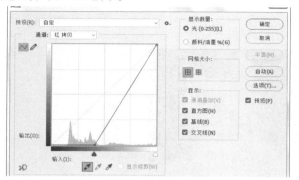

图 4-325

图 4-326

步骤 04 接着回到"图层"面板选择云朵图层,单击"图层"面板底部的"添加图层蒙版"按钮,如图4-327所示。此时将云朵从背景中抠出,将背景图层显示出来。效果如图4-328所示。

图 4-327

图 4-328

步骤 05 通过操作,云朵的颜色偏蓝,需要更改颜色。选择该图层,执行"图层>新建调整图层>色相/饱和度"命令,创建一个"色相/饱和度"调整图层。在弹出的"属性"面板中设置"色相"为0,"饱和度"为0,"明度"为+100,设置完成后单击面板底部的"此调整剪切到此图层"命令,使调整效果只针对下方云朵图层,如图4-329所示。此时云朵变为白色,效果如图4-330所示。

图 4-329

图 4-330

步骤 06 此时云朵过于透明,可以按住Ctrl键依次加选云朵图层和"色相/饱和度"调整图层,使用快捷键Ctrl+J,多次复制,增强效果。效果如图4-331所示。

图 4-331

步骤 07 此时云朵的立体效果制作完成,接着制作云朵下方的下雨效果。新建一个图层,单击工具箱中的"画笔工具",然后执行"窗口>画笔"命令,在弹出的"画笔设置"面板中,单击"画笔笔尖形状"按钮,设置"大小"为4像素,"硬度"为100%,"间距"为600%,如图4-332所示。接着单击"形状动态"按钮,设置"大小抖动"为50%,如图4-333所示。然后单击"散布"按钮,设置"散布"为230%,如图4-334所示。画笔设置完成后在画面中云朵下方位置按住鼠标左键绘制雨点,如图4-335所示。

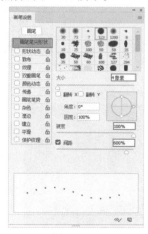

图 4-332

图 4-333

图 4-334　　　　　　　　　图 4-335

步骤 08 接着为制作的雨滴增加动感效果。选择绘制的雨滴图层，执行"滤镜>模糊>动感模糊"命令，在弹出的"动感模糊"对话框中设置"角度"为90度，"距离"为8像素，设置完成后单击"确定"按钮，如图4-336所示。增加下雨效果的真实感。效果如图4-337所示。

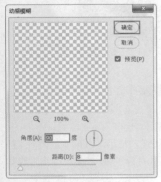

图 4-336　　　　　　　　　图 4-337

练习实例：通道抠图——动物皮毛

文件路径	资源包\第4章\通道抠图——动物皮毛
难易指数	★★★★★
技术要点	通道面板、图层蒙版

扫一扫，看视频

案例效果

案例处理前后的效果对比如图4-338、图4-339所示。

图 4-338　　　　　　　　　图 4-339

操作步骤

步骤 01 执行"文件>打开"命令，打开素材"1.jpg"，如图4-340所示。为了避免破坏原图像，按Ctrl+J快捷键复制"背景"图层，如图4-341所示。

图 4-340　　　　　　　　　图 4-341

步骤 02 将"背景"图层隐藏，选择"图层1"。进入"通道"面板，观察每个通道主体物与背景色的对比效果，发现"绿"通道的对比较为明显，如图4-342所示。因此选择"绿"通道，将其拖动到"新建通道"按钮上，创建出"绿 拷贝"通道，如图4-343所示。

图 4-342

图 4-343

步骤 03 增强画面的黑白对比。按Ctrl+M快捷键，在弹出的"曲线"窗口中单击"在画面中取样以设置白场"按钮，然后在小猫上单击，小猫变为了白色，如图4-344所示。单击"在画面中取样以设置黑场"按钮，在背景处单击，如图4-345所示。

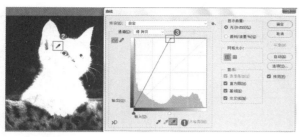

图 4-344

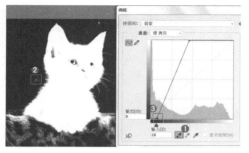

图 4-345

步骤 04 设置完成后单击"确定"按钮，画面效果如图 4-346 所示。接着使用白色的画笔将小猫五官和毛毯涂抹成白色，但是需要保留毯子边缘，如图 4-347 所示。

图 4-346

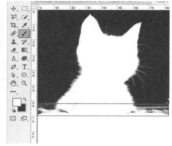

图 4-347

步骤 05 在工具箱中选择"减淡工具"，设置合适的笔尖大小，设置"范围"为"中间调"，"曝光度"为80%，然后在毛毯位置按住鼠标左键拖动进行涂抹，提高亮度，如图 4-348 所示。单击工具箱中的"加深工具"按钮，在其选项栏中设置"范围"为"阴影"，"曝光度"为50%，然后在灰色的背景处涂抹，使其变为黑色，如图 4-349 所示。

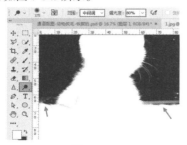

图 4-348

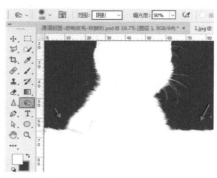

图 4-349

步骤 06 在"绿 拷贝"通道中，按住 Ctrl 键的同时单击通道缩略图得到选区。回到"图层"面板中，选中复制的图层，单击"添加图层蒙版"按钮，基于选区添加图层蒙版，如图 4-350 所示。此时画面效果如图 4-351 所示。

图 4-350

图 4-351

步骤 07 由于小猫的皮毛边缘还有黑色背景的颜色，所以需要进行一定的调色。执行"图层>新建调整图层>色相/饱和度"命令，在弹出的"色相/饱和度"面板中设置"通道"为"全图"，"明度"为+80，单击"此调整剪切到此图层"按钮，如图 4-352 所示。效果如图 4-353 所示。

图 4-352

图 4-353

步骤 08 选择调整图层的图层蒙版，将"前景色"设置为黑色，然后按Alt+Delete快捷键进行填充。接着使用白色的柔角画笔在小猫边缘拖动进行涂抹，蒙版涂抹位置如图4-354所示。涂抹完成后，边缘处的皮毛变为了白色，如图4-355所示。

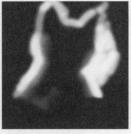 

图4-354　　　　　　　图4-355

步骤09　执行"文件>置入嵌入对象"命令，置入素材"2.jpg"，并将其移动到猫咪图层的下层。最终效果如图4-356所示。

图4-356

练习实例：通道抠图——白纱

文件路径	资源包\第4章\通道抠图——白纱
难易指数	★★★★★
技术要点	通道面板、图层蒙版

扫一扫，看视频

案例效果

案例处理前后的效果对比如图4-357、图4-358所示。

图4-357　　　　　　　图4-358

操作步骤

步骤01　打开背景素材"1.jpg"，如图4-359所示。执行"文件>置入嵌入对象"命令，并将其栅格化，如图4-360所示。

图4-359　　　　　　　图4-360

步骤02　想要将带有头纱的婚纱照片从背景中分离出来，首先需要使用"钢笔工具"将其进行抠图，接着使用通道抠图的方法将头纱单独抠出为半透明效果。单击工具箱中的"钢笔工具"，在选项栏中设置"绘图模式"为"路径"，接着沿着人物周边绘制路径。使用Ctrl+Enter快捷键将路径转换为选区，选择人物图层，使用快捷键Ctrl+J将人物部分复制为独立的图层，隐藏原始人物图层，如图4-361所示。

图4-361

步骤03　由于人物是合成到场景中的，白纱后侧还有原来场景的内容，没有体现出半透明的效果，所以需要进行抠图，如图4-362所示。接着需要得到头纱部分的选区，如图4-363所示。使用快捷键Ctrl+X进行剪切，然后使用快捷键Ctrl+V进行粘贴，让头纱和人像分为两个图层，并摆放在原位置，如图4-364所示。

图4-362　　　　　　　图4-363

中文版Photoshop CC数码照片处理从入门到精通（微课视频 全彩版）

图 4-364

步骤 04 将头纱以外的图层隐藏,只显示头纱图层,如图 4-365 所示。接着在"通道"面板中对比头纱的黑白关系,将对比最强烈的通道——"蓝"通道进行复制,得到"蓝 拷贝"通道,如图 4-366 所示。

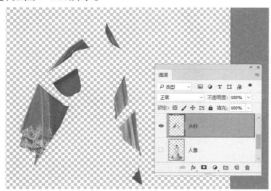

图 4-365

图 4-366

步骤 05 需要使头纱与其背景形成强有力的黑白对比,选择"蓝 拷贝"通道,使用快捷键 Ctrl+M 打开"曲线"窗口,单击"在画面中取样以设置黑场"按钮,移动光标至画面中深灰色区域单击,然后单击"在画面中取样以设置白场"按钮,在浅灰色位置单击。此时头纱的黑白对比将会更加强烈,如图 4-367 所示。

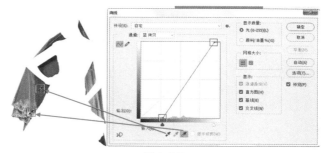

图 4-367

步骤 06 接着单击"通道"面板下方的"将通道作为选区载入"按钮 得到选区,如图 4-368 所示。单击 RGB 复合通道,显示出完整图像效果,如图 4-369 所示。

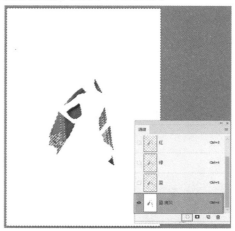

图 4-368

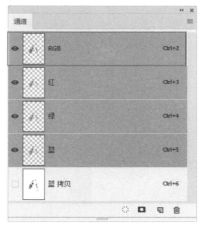

图 4-369

步骤 07 回到"图层"面板,选择"头纱"图层,单击"图层"面板底部的"添加图层蒙版"按钮,基于选区添加图层蒙版,如图 4-370 所示。此时画面效果如图 4-371 所示。接着显示文档中的其他图层,此时画面效果如图 4-372 所示。

图 4-370

图 4-375

图 4-376

图 4-371

图 4-372

步骤 08 接着对头纱进行调色。选择头纱所在的图层,执行"图层>新建调整图层>色相/饱和度"命令,在打开的"属性"面板中设置"明度"为+25,单击"此调整剪切到此图层"按钮,如图4-373所示。原本偏灰的头纱变白了,效果如图4-374所示。

图 4-377

4.8 透明背景素材的获取与保存

在进行设计制图过程中经常需要使用很多元素来美化版面,所以也就经常需要进行抠图。而一旦有了很多可以直接使用的透明背景素材,就会为我们节省很多时间。透明背景素材也常被称为"免抠图""去背图""退底图",其实就是指已经抠完图的,从原始背景中分离出来的,只有主体物的图片。

当我们对某一图像完成了抠图操作,并且想将当前去除背景的素材进行储存,以备以后使用,那么可以将该素材储存为PNG格式,如图4-378所示。PNG格式的图片会保留图像中的透明区域,而如果将抠好的素材储存为JPG格式则会将透明区域填充为纯色。

图 4-373

图 4-374

步骤 09 此时画面中人物与背景的色调有些不协调,需要进行色彩的调整。将构成人物的几个图层放在一个图层组中,接着执行"图层>新建调整图层>照片滤镜"命令,选择一种合适的暖调滤镜,设置"浓度"为10%,单击底部的"此调整剪切到此图层"按钮,如图4-375所示。"图层"面板如图4-376所示。此时人物色调与背景更加统一,画面效果如图4-377所示。

图 4-378

其实这种透明背景的素材也可以通过网络搜索获取，只需要在想要的素材的名称后方加上PNG、"免抠"等关键词进行搜索，就可能找到合适的素材，如图4-379所示。

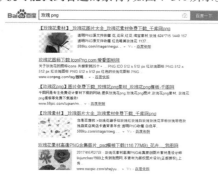

图 4-379

但也经常会遇到这种情况：在网页中看起来是背景透明的素材，储存到计算机上发现图片是JPG格式的，在Photoshop中打开之后却带有背景。这种情况比较常见，可能储存的图片为素材下载网站的预览图。那么这时可以进入该素材下载网站的下载页面进行下载。

另外，如果对此类PNG免抠素材需求量比较大，则可以直接搜索查找专业提供PNG素材下载的网站，并在该网站上进行所需图片的检索。

 提示：PNG 与透明背景素材

需要注意的是，PNG格式可以保留画面中的透明区域，绝大多数透明背景的素材都是以PNG格式进行储存的，但这并不代表所有PNG格式的图片都是透明背景的素材。

综合实例：使用多种抠图方式抠取果汁

文件路径	资源包\第4章\使用多种抠图方式抠取果汁
难易指数	★★★★★
技术要点	快速选择工具、曲线调整图层、通道抠图

扫一扫，看视频

案例效果

案例处理前后的效果对比如图4-380和图4-381所示。

图 4-380　　　　　　图 4-381

操作步骤

步骤 01 执行"文件>打开"命令，在弹出的"打开"窗口中选择素材"1.jpg"，然后单击"打开"按钮，将素材打开。接着需要将杯子素材置入画面中。执行"文件>置入嵌入对象"命令，在弹出的"置入嵌入的对象"窗口中，选择杯子素材"2.jpg"，然后单击"置入"按钮，将素材置入画面中，如图4-382所示。选择杯子图层，单击鼠标右键执行"栅格化图层"命令，将图层栅格化。

图 4-382

步骤 02 接着需要将杯子从背景中抠出。因为杯口和杯子底座为透明的玻璃，与背景颜色较为相近，所以需要用不同的方式将玻璃部分和杯身分别从背景中抠出。首先抠取杯身部位。选择杯子素材图层，单击工具箱中的"快速选择工具"，在选项栏中单击"添加到选区"按钮，设置大小合适的笔尖，然后将光标放在杯子上方按住鼠标左键拖动绘制出杯身的选区，如图4-383所示。然后在当前选区状态下，使用快捷键Ctrl+J将选区内的图形复制一份，形成一个单独的新图层。

图 4-383

中文版Photoshop CC数码照片处理从入门到精通（微课视频 全彩版）

步骤 03 接着将杯子上、下透明玻璃部分从背景中抠出。由于玻璃颜色与素材背景颜色较为相近，一般的抠图方法无法进行操作，所以需要借助通道将其从背景中抠出。先将"杯体"图层隐藏，接着选择工具箱中的"钢笔工具"，设置"绘制模式"为"路径"，然后在杯子透明的部分绘制路径，如图4-384所示。路径绘制完成后使用快捷键Ctrl+Enter将路径转换为选区。接着选择杯子素材图层，使用快捷键Ctrl+J将选区中的像素复制到图层，然后将该图层移动到"杯体"图层的上方。将"玻璃"图层以外的图层隐藏，如图4-385所示。

图 4-384

图 4-385

步骤 04 接下来需要进行通道抠图，打开"通道"面板，接着将"蓝"通道复制一份，得到"蓝 拷贝"通道。选择"蓝 拷贝"通道，然后使用快捷键Ctrl+M调出"曲线"窗口，然后将曲线形状调整为S形，增加黑白的对比度，设置完成后单击"确定"按钮，如图4-386所示。接着单击"通道"面板底部的"将通道作为选区载入"按钮，得到画面中白色区域的选区，如图4-387所示。

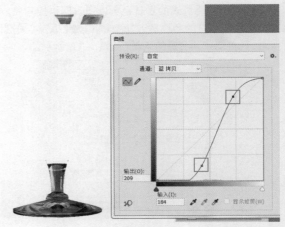

图 4-386

图 4-387

步骤 05 接着单击"通道"面板中的RGB复合通道，然后回到"图层"面板中，选择"玻璃"图层，然后单击"图层"面板底部的"添加图层蒙版"按钮，基于当前选区添加图层蒙版，接着显示"背景"图层和"杯体"图层，此时画面效果如图4-388所示。

图 4-388

步骤 06 此时已将整个杯子从背景中抠出，通过操作，玻璃部分颜色较暗需要提高亮度。选择"玻璃"图层，执行"图层>新建调整图层>曲线"命令，创建一个曲线调整图层。在弹出的"属性"面板中将光标放在曲线中段的控制点上,按住鼠标左键向左上角拖动,然后单击面板底部的"此调整剪切到此图层"按钮,使调整效果只针对下方的玻璃图层,如图4-389所示。效果如图4-390所示。

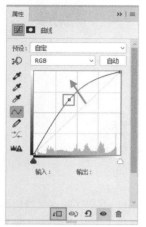

图 4-389

图 4-390

步骤 07 接着再次置入素材"3.png",调整大小放在画面中并将图层栅格化,如图4-391所示。此时画面效果制作完成。

图 4-391

读书笔记

Br_ke
Chapter
5
第5章
_a o

扫一扫，看视频

照片模糊和锐化处理

本章内容简介：

　　模糊和锐化一直是数码照片处理中经常使用的操作。Photoshop 提供了很多种模糊操作以及锐化操作的命令/工具，这些命令/工具大致分为两种：一种是使用工具，另一种是使用命令。使用锐化/模糊工具需要动手去操作，就像使用画笔一样，可以方便地对图像局部进行处理。而使用命令进行锐化或模糊处理，则可以更快捷地对整个画面进行处理，Photoshop 提供了多种命令可供选择，效果非常丰富。

重点知识掌握：

- 掌握数码照片的局部模糊、锐化方法
- 掌握制作带有运动感模糊的方法
- 掌握为图像降噪的基本方法
- 掌握增强图像清晰度的方法

通过本章学习，我能做什么？

　　通过本章的学习，我们可以对照片的局部进行适当的模糊以增加画面的层次感，而针对整个画面都比较模糊且缺乏表现力，则可以进行锐化处理以增强其清晰度。除此之外，还可以利用本章介绍的多种特殊效果的模糊和锐化的方法来制作奇特的画面效果。例如能定点模糊的"场景模糊"命令，能制作出运动模糊效果的"动感模糊"命令，这些命令都有自身的特点，要根据所制作的效果使用。

优秀作品欣赏

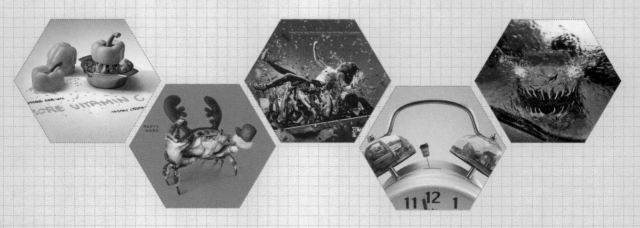

5.1 数码照片的模糊处理

在画面中有适度的模糊效果可以增加画面的层次感觉，例如在人像外拍时，街上很多人，那么就可以通过将背景虚化的方式将模特从大环境中凸显出来。在傍晚或灯光昏暗的光线下拍摄的照片会产生噪点，也可以通过模糊处理的方式进行降噪。本节主要讲解一些简单的模糊处理方法。

扫一扫，看视频

【重点】5.1.1 对图像局部进行模糊处理

利用"模糊工具"可以轻松地对画面局部进行模糊处理，其使用方法非常简单，单击工具箱中的"模糊工具"按钮 ◌，接着在选项栏中设置工具的"模式"和"强度"，"模式"包括"正常""变暗""变亮""色相""饱和度""颜色"和"明度"。如果仅需要使画面局部模糊一些，那么选择"正常"即可。选项栏中的"强度"选项是比较重要的选项，该选项用来设置"模糊工具"的模糊强度。设置完成后在画面中按住鼠标左键涂抹，涂抹的区域会变得模糊，如图5-1所示。图5-2为不同参数下在画面中涂抹一次的效果。

扫一扫，看视频

图 5-1

强度：50%　　　　　　强度：100%

图 5-2

如果想要使画面变得更模糊，除了设置强度外，也可以在某个区域中多次涂抹以加强效果，如图5-3所示。

涂抹一次　　　　　　涂抹多次

图 5-3

举一反三：模糊工具打造柔和肌肤

光滑柔和的皮肤质感是大部分人像修图需要实现的效果。除了运用复杂的磨皮技法，"模糊工具"也能够进行简单的"磨皮"处理，特别适合新手操作。如图5-4所示，人物额头和面部有密集的雀斑，而且颜色比较淡，通过"模糊工具"可以使斑点模糊，并且使肌肤变得柔和。选择工具箱中的"模糊工具"，在选项栏中选择一个柔角画笔，这样涂抹的边缘效果会比较柔和、自然，然后设置合适的画笔笔尖，"强度"为50%，然后在皮肤的位置按住鼠标左键涂抹，随着涂抹可以发现像素变得柔和，雀斑颜色也变浅了，如图5-5所示。继续涂抹，完成效果如图5-6所示。

图 5-4

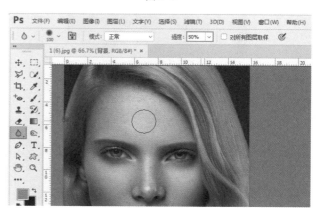

图 5-5

图 5-6

5.1.2　图像整体的轻微模糊

　　"模糊"滤镜因为比较"轻柔",所以主要应用于为显著颜色变化的地方消除杂色。打开一张图片,如图 5-7 所示。接着执行"滤镜>模糊>模糊"命令,该滤镜没有对话框。"模糊"滤镜与"进一步模糊"滤镜都属于轻微模糊滤镜。相比于"进一步模糊"滤镜,"模糊"滤镜的模糊效果要低三四倍。画面效果如图 5-8 所示。细节对比效果如图 5-9 所示。

图 5-7　　　　　　　　图 5- 8

模糊前　　　　　模糊后

图 5-9

　　"进一步模糊"滤镜的模糊效果比较弱,也没有参数设置窗口。打开一张图片,执行"滤镜>模糊>进一步模糊"命令,模糊对比效果如图 5-10 所示。该滤镜可以平衡已定义的线条和遮蔽区域的清晰边缘旁边的像素,使变化显得柔和。"进一步模糊"滤镜生成的效果比"模糊"滤镜强三四倍。

模糊前　　　　　模糊后

图 5-10

【重点】5.1.3　高斯模糊:最常用的模糊滤镜

　　"高斯模糊"滤镜是"模糊"滤镜组中使用频率最高的滤镜之一。"模糊"滤镜应用十分广泛,例如制作景深效果、制作模糊的投影效果等。打开一张图片(也可以绘制一个选区,对选区进行操作),如图 5-11 所示。接着执行"滤镜>模糊>高斯模糊"命令,在弹出的"高斯模糊"对话框中设置合适的参数,然后单击"确定"按钮,如图 5-12 所示。画面效果如图 5-13 所示。"高斯模糊"滤镜的工作原理是在图像中添加低频细节,使图像产生一种朦胧的模糊效果。

图 5-11　　　　　　　　图 5-12

图 5-13

- 　半径:调整用于计算指定像素平均值的区域大小。数值越大,产生的模糊效果越强烈。如图 5-14 所示为半径为 2 像素和 15 像素的对比效果。

半径：2像素   半径：15像素

图 5-14

【重点】5.1.4　减少画面细节

　　"表面模糊"滤镜常用于将接近的颜色融合为一种颜色，从而减少画面的细节，或降噪。打开一张图片，如图5-15所示。执行"滤镜>模糊>表面模糊"命令，在弹出的"表面模糊"对话框设置合适的参数，如图5-16所示。此时图像在保留边缘的同时模糊了图像，如图5-17所示。

图 5-15

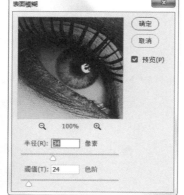

图 5-16

图 5-17

图 5-18

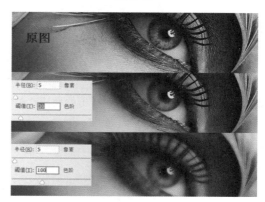

图 5-19

- 半径：设置模糊取样区域的大小。如图5-18所示为半径为3像素和半径为15像素的对比效果。
- 阈值：控制相邻像素色调值与中心像素值相差多大时才能成为模糊的一部分。色调值差小于阈值的像素将被排除在模糊之外。图5-19为阈值30色阶和阈值100色阶的对比效果。

练习实例：快速净化背景布

文件路径	资源包\第5章\快速净化背景布
难易指数	★★★★★
技术要点	智能滤镜、表面模糊

扫一扫，看视频

案例效果

　　案例处理前后的效果对比如图5-20和图5-21所示。

图 5-20

图 5-21

操作步骤

步骤 01 执行"文件>打开"命令，在弹出的"打开"对话框中选择素材"1.jpg"，单击"打开"按钮，将素材打开，如图5-22所示。素材背景显得比较脏乱，本案例将使用"表面模糊"滤镜对背景进行处理。

图 5-22

步骤 02 选中人物图层，使用快捷键Ctrl+J复制背景图层，在"图层"面板中单击鼠标右键，在弹出的快捷菜单中执行"转换为智能对象"命令，如图5-23所示。

图 5-23

步骤 03 执行"滤镜>模糊>表面模糊"命令，设置"半径"为30像素，"阈值"为24色阶。如图5-24所示。此时素材中人物背景的斑点、瑕疵都被处理掉了，背景显得更加干净。效果如图5-25所示。

图 5-24

图 5-25

步骤 04 通过"表面模糊"的操作，人物存在细节缺失的问题。因此选中"人物"图层，展开"图层"面板中的"智能滤镜"列表，在其中单击"智能滤镜"的蒙版，如图5-26所示。设置"前景色"为黑色，使用合适大小的柔边圆画笔，对蒙版中人物部分进行涂抹，效果如图5-27所示。

图 5-26

图 5-27

步骤 05 让人物还原回清晰的效果，效果如图5-28所示。

图 5-28

5.2 制作带有运动感的模糊图像

执行"滤镜>模糊"命令,可以在子菜单中看到多种用于模糊图像的滤镜,如图5-29所示。这些滤镜适合应用的场合不同:高斯模糊是最常用的图像模糊滤镜;模糊、进一步模糊属于"无参数"滤镜,即无参数可供调整,适合于轻微模糊的情况;表面模糊、特殊模糊常用于图像降噪;动感模糊、径向模糊会沿一定方向进行模糊;方框模糊、形状模糊以特定的形状进行模糊;镜头模糊常用于模拟大光圈摄影效果;平均滤镜用于获取整个图像的平均颜色值。

图 5-29

"模糊画廊"滤镜组中的滤镜同样是对图像进行模糊处理的,但这些滤镜主要用于为数码照片制作特殊的模糊效果,例如模拟景深效果、旋转模糊、移轴摄影、微距摄影等特殊效果。这些简单、有效的滤镜非常适合于摄影工作者。如图5-30所示为不同滤镜的效果。

图 5-30

[重点] 5.2.1 动感模糊:制作运动模糊效果

"动感模糊"可以模拟出高速跟拍而产生的带有运动方向的模糊效果。打开一张图片,如图5-31所示。接着执行"滤镜>模糊>动感模糊"命令,在弹出的"动感模糊"对话框中进行设置,如图5-32所示。然后单击"确定"按钮,动感模糊效果如图5-33所示。"动感模糊"滤镜可以沿指定的角度方向(-360~360度),以指定的距离(1~999)进行模糊,所产生的效果类似于在固定的曝光时间拍摄一个高速运动的对象。

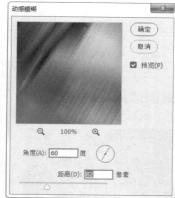

图 5-31　　　　　　　　图 5-32

图 5-33

- **角度**:用来设置模糊的方向。图5-34为不同"角度"的对比效果。

角度:90°　　　　角度:20°

图 5-34

- **距离**:用来设置像素模糊的程度。图5-35为不同"距离"的对比效果。

距离:20像素　　　距离:80像素

图 5-35

练习实例：氛围感虚化光晕

文件路径	资源包\第5章\氛围感虚化光晕
难易指数	★★★★★
技术要点	动感模糊、自然饱和度、曲线

扫一扫，看视频

案例效果

案例处理前后的效果对比如图5-36和图5-37所示。

图5-36　　　　　　　　图5-37

操作步骤

步骤 01 执行"文件>打开"命令，在弹出的"打开"对话框中选择素材"1.jpg"，然后单击"打开"按钮将素材打开，如图5-38所示。本案例需要制作一种前景物体具有运动模糊的虚化效果。单击工具箱中的"矩形选框工具"，在画面中绘制一个矩形选区作为制作虚化效果的对象（尽量选取颜色反差较大的细节），如图5-39所示。

图5-38

图5-39

步骤 02 在当前选区状态下，使用快捷键Ctrl+J将其复制一份，形成一个新图层，如图5-40所示。选择该图层，使用快捷键Ctrl+T调出定界框，将光标放在定界框一角按住Shift键的

同时按住鼠标左键将图形进行等比例放大，如图5-41所示。操作完成后按Enter键完成操作。

图5-40　　　　　　　　图5-41

步骤 03 选择该图层，设置"混合模式"为"滤色"，如图5-42所示。效果如图5-43所示。

图5-42　　　　　　　　图5-43

步骤 04 选择该图层，执行"滤镜>模糊>动感模糊"命令，在弹出的"动感模糊"对话框中设置"角度"为−31度，"距离"为150像素，单击"确定"按钮，如图5-44所示。效果如图5-45所示。

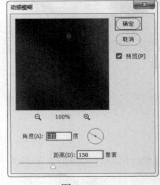

图5-44　　　　　　　　图5-45

步骤 05 选择该图层，执行"图层>新建调整图层>自然饱和度"命令，创建一个"自然饱和度"调整图层。然后在弹出的"属性"面板中设置"自然饱和度"为−76，"饱和度"为0，设置完成后单击面板底部的"此调整剪切到此图层"按钮，使调整效果只针对下方图层，如图5-46所示。效果如图5-47所示。

中文版Photoshop CC数码照片处理从入门到精通（微课视频 全彩版）

图 5-46

图 5-47

步骤 06 执行"图层>新建调整图层>曲线"命令,调整曲线形态,然后单击面板底部的"此调整剪切到此图层"按钮,使调整效果只针对下方图层,如图5-48所示。效果如图5-49所示。

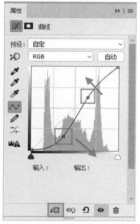

图 5-48

图 5-49

5.2.2 径向模糊

"径向模糊"滤镜用于模拟缩放或旋转相机时所产生的模糊。打开一张图片,如图5-50所示。执行"滤镜>模糊>径向模糊"命令,在弹出的"径向模糊"对话框中可以设置模糊方法、品质以及数量,然后单击"确定"按钮,如图5-51所示。画面效果如图5-52所示。

图 5-50

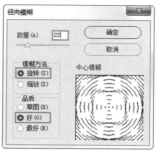

图 5-51

图 5-52

- **数量:**用于设置模糊的强度。数值越高,模糊效果越明显。如图5-53所示为不同"数量"值的对比效果。

数量:10

数量:30

图 5-53

- **模糊方法:**选中"旋转"单选按钮时,图像可以沿同心圆环线产生旋转的模糊效果,如图5-54所示;选中"缩放"单选按钮时,可以从中心向外产生反射的模糊效果,如图5-55所示。

图 5-54

图 5-55

- **中心模糊:**将光标放置在设置框中,按住鼠标左键拖曳可以定位模糊的原点,原点位置不同,模糊中心也不同。图5-56和图5-57分别为不同原点的旋转模糊效果。

图 5-56

图 5-57

- **品质:**用来设置模糊效果的质量。"草图"的处理速度较快,但会产生颗粒效果;"好"和"最好"的处理速度较慢,但是生成的效果比较平滑。

5.2.3　动手练：路径模糊

"路径模糊"滤镜可以沿着一定方向进行画面模糊，使用该滤镜可以在画面中创建任何角度的直线或者是弧线的控制杆，像素沿着控制杆的走向进行模糊。"路径模糊"滤镜可以用于制作带有动效的模糊效果，并且能够制作出多角度、多层次的模糊效果。

（1）打开一张图片或者选定一个需要模糊的区域（此处选择了背景部分），如图5-58所示。接着执行"滤镜>模糊画廊>路径模糊"命令，会进入到模糊画廊界面，在默认情况下画面中央有一个箭头形的控制杆。在窗口右侧进行参数的设置，可以看到画面中所选的部分发生了横向的带有运动感的模糊，如图5-59所示。

图 5-58

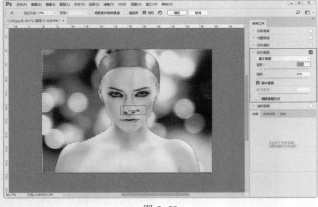

图 5-59

（2）拖曳控制点可以改变控制杆的形状，同时会影响模糊的效果，如图5-60所示。也可以在控制杆上单击添加控制点，并调整箭头的形状，如图5-61所示。

图 5-60

图 5-61

（3）在画面中按住鼠标左键拖曳即可添加控制杆，如图5-62所示。勾选"编辑模糊形状"复选框，会显示红色的控制线，拖曳控制点也可以改变模糊效果，如图5-63所示。若要删除控制杆可以按Delete键删除。

图 5-62

图 5-63

（4）在窗口右侧可以通过调整"速度"参数调整模糊的强度，调整"锥度"参数调整模糊边缘的渐隐强度，如图5-64所示。调整完成后单击"确定"按钮，效果如图5-65所示。

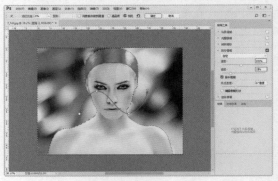

图 5-64

图 5-65

5.2.4　动手练：旋转模糊

"旋转模糊"滤镜与"径向模糊"较为相似，但是"旋转模糊"比"径向模糊"滤镜功能更加强大。"旋转模糊"滤镜可以一次性在画面中添加多个模糊点，还能够随意控制每个模糊点的模糊范围、形状与强度。"径向模糊"滤镜可以用于模拟拍照时旋转相机所产生的模糊效果，以及旋转的物体产生的模糊效果。例如模拟运动中的车轮，或者模拟旋转的视角，如图5-66和图5-67所示。

图 5-66

图 5-67

（1）打开一张图片，如图5-68所示。接着执行"滤镜>模糊画廊>旋转模糊"命令，会进入到模糊画廊界面，在该窗口中，画面中央位置有一个"控制点"用来控制模糊的位置，在窗口的右侧调整"模糊"数值用来调整模糊的强度，如图5-69所示。

图 5-68

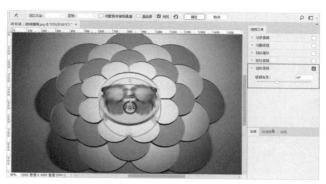

图 5-69

（2）接着拖曳外侧圆形控制点即可调整控制框的形状、大小，如图5-70所示。拖曳内侧圆形控制点可以调整模糊的过渡效果，如图5-71所示。

图 5-70

图 5-71

（3）在画面中继续单击，添加控制点，并进行参数调整，如图5-72所示。设置完成后单击"确定"按钮。

图 5-72

举一反三：让静止的车"动"起来

首先我们来观察一下图5-73所示的汽车，从清晰的轮胎上来看，这辆汽车可能是静止的，至少看起来像是静止的。那么如何使汽车看起来在"动"呢？我们可以想象一下，飞驰而过的汽车的车轮轮毂细节几乎是看不清楚的，如图5-74所示。

图 5-73

图 5-74

那么使用"高斯模糊"滤镜将其处理成模糊的可以吗？答案是不可以，因为车轮是围绕一个圆点进行旋转的，所以产生的模糊感应该是带有向心旋转的模糊。最合适的就是"旋转模糊"滤镜。选择该图层，执行"滤镜>模糊画廊>旋转模糊"命令，调整模糊控制点的位置，使模糊范围覆盖在汽车轮胎上，如图5-75所示。接着可以在另一个轮胎上单击添加控制点，并同样调整其模糊范围，如图5-76所示。最后单击"确定"按钮即可产生轮胎在转动的感觉，这样汽车也就"跑"了起来，如图5-77所示。如果照片中还带有背景，那么可以单独对背景部分进行一定的"运动模糊"处理。

图 5-75

图 5-76

图 5-77

5.3 特殊的模糊效果

扫一扫，看视频

【重点】5.3.1 镜头模糊：模拟大光圈/浅景深效果

摄影爱好者对"大光圈"这个词肯定不陌生，使用大光圈镜头可以拍摄出主体物清晰、背景虚化柔和的效果，也就

是专业术语中所说的"浅景深"。这种"浅景深"效果在拍摄人像或者景物时经常使用。而Photoshop中的"镜头模糊"滤镜能模仿出非常逼真的浅景深效果。这里所说的"逼真"是因为"镜头模糊"滤镜可以通过"通道"或"蒙版"中的黑白信息为图像中的不同部分施加以不同程度的模糊。而"通道"和"蒙版"中的信息则是我们可以轻松控制的。

（1）打开一张图片，然后制作出需要进行模糊位置的选区，如图5-78所示。接着进入"通道"面板中，新建Alpha 1通道。在通道中，将要被模糊的区域填充为白色，非模糊的区域填充为黑色，在不同模糊程度的区域可以填充为由白色到黑色的渐变，如图5-79所示。

图 5-78

图 5-79

（2）接着单击RGB复合通道，使用快捷键Ctrl+D取消选区的选择。然后回到"图层"面板中，选择风景图层。接着执行"滤镜>模糊>镜头模糊"命令，在弹出的"镜头模糊"窗口中，先设置"源"为Alpha 1，"模糊焦距"为3，"半径"为90，如图5-80所示。设置完成后单击"确定"按钮，景深效果如图5-81所示。

图 5-80

中文版Photoshop CC数码照片处理从入门到精通（微课视频 全彩版）

图 5-81

- 预览：用来设置预览模糊效果的方式。选择"更快"选项，可以提高预览速度；选择"更加准确"选项，可以查看模糊的最终效果，但生成的预览时间更长。
- 深度映射：从"源"下拉列表中可以选择使用Alpha通道或图层蒙版来创建景深效果（前提是图像中存在Alpha通道或图层蒙版），其中通道或蒙版中的白色区域将被模糊，而黑色区域则保持原样；"模糊焦距"选项用来设置位于焦点内的像素的深度；"反相"选项用来反转Alpha通道或图层蒙版。
- 光圈：该选项组用来设置模糊的显示方式。"形状"选项用来选择光圈的形状；"半径"选项用来设置模糊的数量；"叶片弯度"选项用来设置对光圈边缘进行平滑处理的程度；"旋转"选项用来旋转光圈。
- 镜面高光：该选项组用来设置镜面高光的范围。"亮度"选项用来设置高光的亮度；"阈值"选项用来设置亮度的停止点，比停止点亮的所有像素都被视为镜面高光。
- 杂色："数量"选项用来在图像中添加或减少杂色；"分布"选项用来设置杂色的分布方式，包含"平均分布"和"高斯分布"两种；如果选择"单色"选项，则添加的杂色为单一颜色。

举一反三：多层次模糊使产品更突出

一张优秀的商品照片首先要做到主次分明，通常照片中不仅包括商品本身，还包括一些装饰元素时，在拍摄时经常会运用较大的光圈，使主体物处于焦点范围内，显得清晰而锐利；将装饰物置于焦点外，使其模糊。而这种大光圈带来的景深感会随着物体的远近而产生不同的模糊效果，既突出了主体物，又能够通过不同的模糊程度呈现出一定的空间感。所以在很多商品照片后期处理时，都经常会运用模糊滤镜来模拟这样的景深感。

（1）打开一张摄影作品，如图5-82所示。如果想要通过对主体物以外的画面进行统一的"高斯模糊"处理，则可能会使画面失去层次感，如图5-83所示。而借助"镜头模糊"滤镜，则可以有针对性的，按照距离的远近对画面进行不同程度的

模糊。想要实现不同程度的模糊，就需要创建一个为不同区域填充不同明度黑白颜色的通道。保持清晰的部分需要在通道中的该区域填充为白色，需要适当模糊的部分为浅灰色，模糊程度越大的部分需要使用越深的颜色。

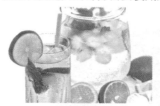 

图 5-82　　　　　　　　　　图 5-83

（2）首先需要分析画面的主次关系，在这张图像中前面的杯子应该是最清晰的，最后侧的玻璃罐子应该是最模糊的，底部的水果应该是轻微模糊的。首先使用快速选择工具得到杯子的选区，如图5-84所示。接着在"通道"面板中新建Alpha 1通道，因为杯子是最清晰的，所以将选区填充为白色，如图5-85所示。

图 5-84

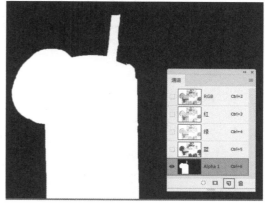

图 5-85

（3）接着使用同样的方法分别得到后侧玻璃瓶子和水果的选区，并在 Alpha 1 通道中填充不同明度的灰色。因为玻璃瓶子最模糊，所以填充深灰色；因为前方的水果轻微模糊，所以填充浅灰色，后侧的水果比较模糊，所以填充为中明度灰色，如图 5-86 所示。

图 5-86

（4）接着在"图层"面板中选择背景图层，执行"滤镜>模糊>镜头模糊"命令，在"镜头模糊"窗口中设置"源"为 Alpha 1 通道，接着向右拖动"模糊焦距"滑块将数值设置到最大，然后设置"半径"为100，如图 5-87 所示。设置完成后单击"确定"按钮，此时画面中的物体产生不同程度的模糊，效果如图 5-88 所示。

图 5-87

图 5-88

5.3.2 场景模糊：定点模糊

以往的模糊滤镜几乎都是以同一个参数对整个画面进行模糊。而"场景模糊"滤镜则可以在画面中不同的位置添加多个控制点，并对每个控制点设置不同的模糊数值，这样就能使画面中不同的部分产生不同的模糊效果。

（1）打开一张图片，如图 5-89 所示。接着执行"滤镜>模糊画廊>场景模糊"命令，会进入到模糊画廊界面，在默认情况下，在画面的中央位置有一个"控制点"，这个控制点用来控制模糊的位置，在窗口的右侧通过设置"模糊"数值控制模糊的强度。效果如图 5-90 所示。

图 5-89

图 5-90

（2）控制点的位置可以进行调整，将光标移动至"控制点"的中央位置，按住鼠标左键拖曳即可移动，如图 5-91 所示。此时模糊的效果影响了整个画面，如果想将主体物变清晰，可以在主体物的位置单击添加一个"控制点"，然后设置"模糊"为0，此时画面效果如图 5-92 所示。

图 5-91

图 5-92

（3）如果要让模糊呈现出层次感，可以添加多个控制点，并根据层次关系调整不同的模糊数值，如图5-93所示。设置完成后单击"确定"按钮，效果如图5-94所示。

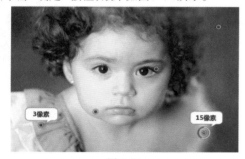

图 5-93

图 5-94

- 光源散景：用于控制光照亮度，数值越大，高光区域的亮度就越高。
- 散景颜色：通过调整数值控制散景区域颜色的程度。
- 光照范围：通过调整滑块用色阶来控制散景的范围。

提示："模糊画廊"的使用

执行"模糊画廊"命令下的任意一个子命令都会打开"模糊画廊"窗口，在窗口的右侧面板中可以看到其他的模糊画廊滤镜，勾选后方的复选框即可启用，可以同时启用多个模糊画廊滤镜，如图5-95所示。

图 5-95

[重点] 5.3.3 动手练：光圈模糊

"光圈模糊"滤镜是一个单点模糊滤镜，使用"光圈模糊"滤镜可以根据不同的要求对焦点（也就是画面中清晰的部分）的大小与形状、图像其余部分的模糊数量以及清晰区域与模糊区域之间的过渡效果进行相应的设置。

（1）打开一张图片，如图5-96所示。执行"滤镜>模糊画廊>光圈模糊"命令，打开"模糊画廊"窗口。在该窗口中可以看到画面中带有一个控制点并且带有控制框，该控制框以外的区域为被模糊的区域。在窗口的右侧可以设置"模糊"选项控制模糊的程度，如图5-97所示。

图 5-96

图 5-97

（2）拖曳控制框右上角的控制点即可改变控制框的形状，如图 5-98 所示。拖曳控制框内侧的圆形控制点可以调整模糊过渡的效果，如图 5-99 所示。

图 5-98 　　　　　　图 5-99

（3）拖曳控制框上的控制点可以将控制框进行旋转并同时调整控制框的大小，如图 5-100 所示。拖曳"中心点"可以调整模糊的位置，如图 5-101 所示。

图 5-100 　　　　　　图 5-101

（4）设置完成后，单击"确定"按钮。效果如图 5-102 所示。

图 5-102

{重点}5.3.4　移轴模糊：轻松打造移轴摄影

"移轴摄影"是一种特殊的摄影类型，从画面上看所拍摄的照片效果就像是缩微模型一样，非常特别。如图 5-103 和图 5-104 所示为移轴摄影作品。移轴摄影，即移轴镜摄影，泛指利用移轴镜头创作的作品。没有"移轴镜头"想要制作移轴效果怎么办？答案当然是通过 Photoshop 进行后期调整。在 Photoshop 中可以使用"移轴模糊"滤镜轻松地模拟"移轴摄影"效果。

图 5-103 　　　　　　图 5-104

（1）打开一张图片，如图 5-105 所示。执行"滤镜>模糊画廊>移轴模糊"命令，打开"模糊画廊"窗口，在其右侧控制模糊的强度，如图 5-106 所示。

图 5-105

图 5-106

（2）如果想要调整画面中清晰区域的范围，可以通过按住并拖曳"中心点"的位置，如图 5-107 所示。拖曳上、下两端

中文版Photoshop CC数码照片处理从入门到精通（微课视频　全彩版）

的"虚线"可以调整清晰和模糊范围的过渡效果,如图5-108所示。

图 5-107

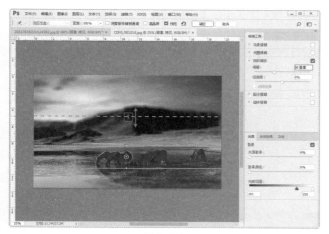

图 5-108

(3) 按住鼠标左键拖曳实线上圆形的控制点可以旋转控制框,如图5-109所示。参数调整完成后可以单击"确定"按钮,效果如图5-110所示。

图 5-109

图 5-110

练习实例:移轴模糊滤镜制作移轴摄影效果

文件路径	资源包\第5章\移轴模糊滤镜制作移轴摄影效果
难易指数	⭐⭐⭐⭐⭐
技术要点	移轴模糊、曲线

扫一扫,看视频

案例效果

案例效果如图5-111所示。

图 5-111

操作步骤

步骤 01 执行"文件>打开"命令,打开素材"1.jpg",如图5-112所示。要制作"移轴效果"有两种方法:一种是通过移轴镜头进行拍摄,另一种是使用"移轴模糊"滤镜进行后期制作。移轴效果通过变化景深聚焦位置,将真实世界拍成像"假的"一样,可以营造出"微观世界"或"人造都市"的感觉。本案例就是使用"移轴模糊"滤镜将照片制作出具有移轴摄影的艺术效果。执行"滤镜>模糊画廊>移轴模糊"命令,在打开的"模糊画廊"窗口右侧设置"模糊"为20像素,如图5-113所示。

图 5-112

图 5-113

步骤 02 拖动画面中心的控制点,调整模糊的位置,如图5-114所示。设置完成后单击"确定"按钮,效果如图5-115所示。

图 5-114 　　　　　　　　　图 5-115

步骤 03 执行"图层>新建调整图层>曲线"命令,在弹出的"新建图层"对话框中单击"确定"按钮,在弹出的"属性"面板中的曲线上方单击添加控制点,调整曲线形状,如图5-116所示。画面效果如图5-117所示。

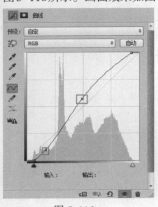 

图 5-116 　　　　　　　　　图 5-117

5.4 其他模糊

5.4.1 方框模糊

　　"方框模糊"滤镜能够以"方框"的形状对图像进行模糊处理。打开一张图片,如图5-118所示,执行"滤镜>模糊>方框模糊"命令,打开"方框模糊"对话框,如图5-119所示。此时软件基于相邻像素的平均颜色值来模糊图像,生成的模糊效果类似于方块的模糊感,如图5-120所示。"半径"用于计算指定像素平均值的区域大小,数值越大,产生的模糊效果越强,效果如图5-121所示。

 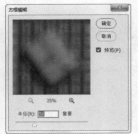

图 5-118 　　　　　　　　　图 5-119

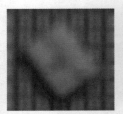 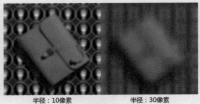

图 5-120 　　　　　　　　　图 5-121

5.4.2 形状模糊

　　"形状模糊"滤镜能够以特定的"图形"对画面进行模糊化处理。选择一张需要模糊的图片,如图5-122所示。执行"滤镜>模糊>形状模糊"命令,弹出"形状模糊"对话框,如图5-123所示。选择一个合适的形状,设置"半径"数值,然后单击"确定"按钮,效果如图5-124所示。

 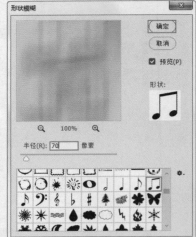

图 5-122 　　　　　　　　　图 5-123

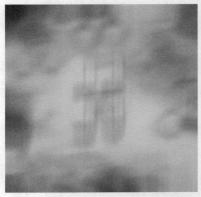

图 5-124

- 半径:用来调整形状的大小。数值越大,模糊效果越好。如图5-125所示为数值为10像素和70像素的效果对比。

中文版Photoshop CC数码照片处理从入门到精通(微课视频 全彩版)

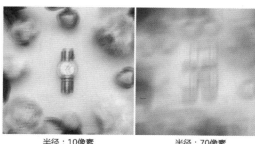

半径：10像素　　　　　　　　半径：70像素

图 5-125

- **形状列表**：在形状列表中选择一个形状，可以使用该形状来模糊图像。单击形状列表右侧的三角形 ⚙ 图标，可以载入预设的形状或外部的形状。如图 5-126 和图 5-127 所示为不同形状的效果对比。

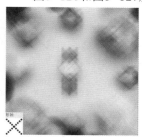

图 5-126

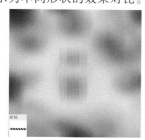

图 5-127

5.4.3　特殊模糊

"特殊模糊"滤镜常用于模糊画面中的褶皱、重叠的边缘，还可以进行图片"降噪"处理。如图 5-128 所示为一张图片的细节图，我们可以看到有轻微噪点。执行"滤镜>模糊>特殊模糊"命令，然后在弹出的"特殊模糊"对话框中进行参数设置，如图 5-129 所示。设置完成后单击"确定"按钮，效果如图 5-130 所示。"特殊模糊"滤镜只对有微弱颜色变化的区域进行模糊，模糊效果细腻，添加该滤镜后既能够最大限度地保留画面内容的真实形态，又能够使小的细节变得柔和。

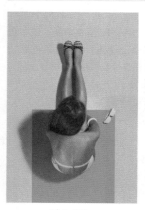

图 5-128　　　　　　　　图 5-129

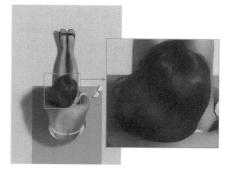

图 5-130

5.4.4　平均：得到画面平均颜色

"平均"滤镜常用于提取出画面中颜色的"平均值"。打开一张图片或者在图像上绘制一个选区，如图 5-131 所示。执行"滤镜>模糊>平均"命令，该区域变为了平均色效果，如图 5-132 所示。"平均"滤镜可以查找图像或选区的平均颜色，并使用该颜色填充图像或选区，以创建平滑的外观效果。

图 5-131

图 5-132

练习实例：使用"平均"命令快速制作单色背景

文件路径	资源包\第5章\使用"平均"命令快速制作单色背景
难易指数	★★★★★
技术要点	平均

扫一扫，看视频

案例效果

案例处理前后的效果对比如图 5-133 和图 5-134 所示。

图 5-133

图 5-134

操作步骤

步骤 01 执行"文件>打开"命令，将素材"1.jpg"打开，如图 5-135 所示。可以看到素材背景的颜色有些不均匀，可以通过平均命令制作出干净的单色背景，使画面主体突出。首先得到背景的选区。单击工具箱中的"快速选择工具"，单击属性栏中的"添加到选区"按钮，然后设置合适的画笔半径大小，在背景的位置按住鼠标左键拖曳到得到背景位置的选区，如图5-136所示。

图5-135

图5-136

步骤 02 接着执行"滤镜>模糊>平均"命令，即可得到背景的平均颜色，如图5-137所示。然后使用快捷键Ctrl+D取消选区的选择。案例完成效果如图5-138所示。

图5-137　　　　　　　图5-138

5.5 图像降噪

　　"杂色"滤镜组可以添加或移去图像中的杂色，这样有助于将选择的像素混合到周围的像素中。"杂色"，又称为"噪点"，一直都是大部分摄影爱好者最头疼的主题。暗环境下拍照片，好好的照片放大后仔细一看全是细小的噪点。或者有时想要拍一张复古感的"年代照片"，却怎么也弄不出合适的噪点。这些问题都可以在"杂色"滤镜组中寻找答案。

　　"杂色"滤镜组包含5种滤镜："减少杂色""蒙尘与划痕""去斑""添加杂色""中间值"。"添加杂色"滤镜常用于画面中杂色的添加，如图5-139所示。而另外4种滤镜都是用于降噪，也就是去除画面的杂色。效果对比如图5-140和图5-141所示。

图5-139

图5-140　　　　　　　图5-141

【重点】5.5.1　减少杂色：图像降噪

　　"减少杂色"滤镜可以进行降噪和磨皮。该滤镜可以对整个图像进行统一的参数设置，也可以对各个通道的降噪参数进行分别的设置，尽可能多地在保留边缘的前提下减少图像中的杂色。

　　（1）在打开的这张照片中，可以看到人物皮肤面部比较粗糙，如图5-142所示。接着执行"滤镜>杂色>减少杂色"命令，打开"减少杂色"对话框。在"减少杂色"对话框中选择"基本"选项，可以设置"减少杂色"滤镜的基本参数，接着进行参数的调整。调整完成后通过预览图我们可以看到皮肤表面变得光滑，如图5-143所示。如图5-144所示为对比效果。下面我们来了解一下各个参数的设置。

图5-142

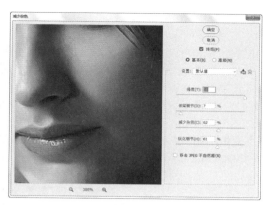

图 5-143

图 5-147　　　　　　　图 5-148

图 5-144

- 强度：用来设置应用于所有图像通道的明亮度杂色的减少量。
- 保留细节：用来控制保留图像的边缘和细节（如头发）的程度。数值为100%时，可以保留图像的大部分细节，但是会将明亮度杂色减到最低。
- 减少杂色：移去随机的颜色像素。数值越大，减少的杂色越多。
- 锐化细节：用来设置移去图像杂色时锐化图像的程度。
- 移去JPEG不自然感：勾选该复选框以后，可以移去因JPEG压缩而产生的不自然的像素块。

（2）在"减少杂色"对话框中选择"高级"选项，可以设置"减少杂色"滤镜的高级参数。其中"整体"选项卡与基本参数完全相同，如图5-145所示；"每通道"选项卡可以基于红、绿、蓝通道来减少通道中的杂色，如图5-146～图5-148所示。

【重点】5.5.2　蒙尘与划痕

"蒙尘与划痕"滤镜常用于照片的降噪或者"磨皮"（磨皮是指肌肤质感的修饰，使肌肤变得光滑柔和），还能够制作照片转手绘的效果。打开一张图片，如图5-149所示。接着执行"滤镜>杂色>蒙尘与划痕"命令，在弹出的"蒙尘与划痕"对话框中进行参数的设置，如图5-150所示。随着参数的调整我们会发现画面中的细节在不断减少，画面中大部分接近的颜色都被合并为一个颜色。设置完成后单击"确定"按钮，效果如图5-151所示。这样的操作可以将噪点与周围正常的颜色融合以达到降噪的目的，也能够实现以较少照片细节使其更接近绘画作品的目的。

图 5-149

图 5-145　　　　　　　图 5-146

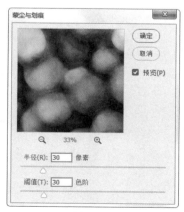

图 5-150

207

图 5-151

- **半径**：用来设置柔化图像边缘的范围。数值越大，模糊程度越大。图5-152为较小数值与较大数值的对比效果。

半径：30像素　　　　　　半径：80像素

图 5-152

- **阈值**：用来定义像素的差异有多大才被视为杂色。数值越高，消除杂色的能力越弱。图5-153为较小阈值与较大阈值的对比效果。

阈值：10色阶　　　　　　阈值：50色阶

图 5-153

5.5.3　去斑

　　"去斑"滤镜可以检测图像的边缘(即颜色发生显著变化的区域)，并模糊边缘外的所有区域，同时会保留图像的细节。打开一张图片，如图5-154所示。接着执行"滤镜>杂色>去斑"命令(该滤镜没有参数设置窗口)，此时画面效果如图5-155所示。此滤镜也常用于细节去除和降噪操作。

图 5-154　　　　　　图 5-155

5.5.4　中间值

　　"中间值"滤镜可以混合选区中像素的亮度来减少图像的杂色。打开一张图片，如图5-156所示。接着执行"滤镜>杂色>中间值"命令，在弹出的"中间值"对话框中进行参数的设置，如图5-157所示。设置完成后单击"确定"按钮，此时画面效果如图5-158所示。该滤镜会搜索像素选区的半径范围以查找亮度相近的像素，并且会扔掉与相邻像素差异太大的像素，然后用搜索到的像素的中间亮度值来替换中心像素。

图 5-156　　　　　　图 5-157

图 5-158

　　"半径"用于设置搜索像素选区的半径范围。图5-159为不同参数的对比效果。

半径：5像素　　　　　　半径：20像素

图 5-159

5.6　增强图像清晰度

扫一扫，看视频

　　在Photoshop中"锐化"与"模糊"是相反的关系。"锐化"就是使图像"看起来更清晰"，而这里所说的"看起来更清晰"并不是增加画面的细节，而是使图像中像素与像素之间的颜色反差增大,利用对比增强带给人的视觉冲击,产生一种"锐利"的视觉感受。

如图5-160所示,两张图像看起来右侧会比较"清晰"一些,放大细节观看一下:左图中大面积红色区域中每个方块(像素)颜色都比较接近,甚至红、黄两色之间带有一些橙色像素,这样柔和的过渡带来的结果就是图像会显得比较模糊。而右图中原有的像素数量没有变,原有的内容也没有增加。红色还是红色,黄色还是黄色。但是图像中原本色相、饱和度、明度都比较相近的像素颜色反差被增强了。例如分割线处的暗红色变得更暗,橙红色变为了红色,中黄色变成更亮的柠檬黄,如图5-161所示。从这里就能看出,所谓的"清晰感"并不是增加了更多的细节,而是增强了像素与像素之间的对比反差,从而产生"锐化"感。

图5-160

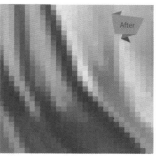

图5-161

"锐化"操作能够增强颜色边缘的对比,使模糊的图形变得清晰。但是过度的锐化会造成噪点、色斑的出现,所以锐化的数值要适当使用。同一图像中模糊、正常与锐化过度的3种效果如图5-162所示。

执行"滤镜>锐化"命令,可以在子菜单中看到多种用于锐化的滤镜,如图5-163所示。这些滤镜应用的场合不同,"USM锐化""智能锐化"是最为常用的锐化图像的滤镜,参数可调性强;"进一步锐化""锐化""锐化边缘"属于"无参数"滤镜,即没有参数可供调整,适合于轻微锐化的情况;"防抖"滤镜则用于处理带有抖动的照片。

图5-162   图5-163

提示:在进行锐化时,有两个误区

误区一:将图片进行模糊后再进行锐化,能够使图像变成原图的效果。这是一个错误的观点,这两种操作是不可逆转的,画面一旦进行模糊操作后,原始细节会彻底丢失,不会因为锐化操作而被找回。

误区二:一张特别模糊的图像,经过锐化可以变得很清晰、很真实。这也是一个很常见的错误观点。锐化操作是对模糊图像的一个"补救",实属"没有办法的办法"。只能在一定程度上增强画面感官上的锐利度,因为无法增加细节,所以不会使图像变得更真实。如果图像损失得特别严重,是很难仅通过锐化将其变得清晰又自然的。正如30万像素镜头的手机,无论把镜头擦得多干净,也拍不出2000万像素镜头的效果。

重点 **5.6.1 对图像局部进行锐化处理**

"锐化工具" △ 可以通过增强图像中相邻像素之间的颜色对比,来提高图像的清晰度。"锐化工具"与"模糊工具"的大部分选项相同,操作方法也相同。右键单击工具组按钮,在工具列表中选择工具箱中的"锐化工具" △ 。在选项栏中设置"模式"与"强度";勾选"保护细节"复选框后,在进行锐化处理时,将对图像的细节进行保护。接着在画面中按住鼠标左键涂抹锐化。涂抹的次数越多,锐化效果越强烈,如图5-164所示。值得注意的是如果反复涂抹锐化过度,会产生噪点和晕影,如图5-165所示。

扫一扫,看视频

209

图 5-164

图 5-165

练习实例：使用"锐化工具"使主体物变清晰

文件路径	资源包\第5章\使用"锐化工具"使主体物变清晰
难易指数	★★★★★
技术要点	锐化工具

扫一扫，看视频

案例效果

案例处理前后的效果对比如图5-166和图5-167所示。

图 5-166　　　　　　　　　　图 5-167

操作步骤

步骤 01　执行"文件>打开"命令，打开素材"1.jpg"命令。由于素材中的主体动物图像不是很清晰（如图5-168和图5-169所示），我们可以使用"锐化工具"将动物的纹理变得清晰。

图 5-168　　　　　　　　　图 5-169

步骤 02　单击工具箱中的"锐化工具"按钮，在选项栏上设置"画笔大小"为90像素，"模式"为"正常"，"强度"为50%，取消勾选"对所有图层取样"复选框，勾选"保护细节"复选框，接着按住鼠标左键在大象鼻子上拖动，随着拖动，光标位置的像素变得清晰了，如图5-170所示。接着继续按住光标在动物的图像上拖动，最终效果如图5-171所示。

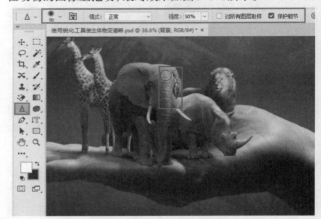

图 5-170

图 5-171

5.6.2　轻微的快速锐化

（1）执行"滤镜>锐化>进一步锐化"命令，即可应用该滤镜。"锐化"滤镜没有参数设置窗口，它的锐化效果比"进一步锐化"滤镜的锐化效果更弱一些。

（2）"进一步锐化"滤镜没有参数设置窗口，同时它的锐化效果也更弱，适合那种只有轻微模糊的图片。打开一张图片，如图5-172所示。接着执行"滤镜>锐化>进一步锐化"命令，如果锐化效果不明显，那么使用快捷键Ctrl+Alt+F多次

中文版Photoshop CC数码照片处理从入门到精通（微课视频 全彩版）

进行锐化。如图5-173所示为应用了3次"进一步锐化"滤镜以后的效果，如图5-174所示为锐化前后的对比效果。

图5-172 　　　　　　　　　　 图5-173 　　　　　　　　　 图5-174

(3) 对于画面内容色彩清晰、边界分明、颜色区分强烈的图像，使用"锐化边缘"滤镜就可以轻松进行锐化处理。这个滤镜既简单又快捷，而且锐化效果明显，对于不太会调整参数的新手非常实用。打开一张图片，如图5-175所示。接着执行"滤镜>锐化>锐化边缘"命令(该滤镜没有参数设置窗口)，接着可以看到锐化效果，此时的画面可以看到颜色差异边界被锐化了，而颜色差异边界以外的区域内容仍然较为平滑，如图5-176所示。

图5-175 　　　　　　　　　　　　 图5-176

【重点】5.6.3　USM锐化

　　"USM锐化"滤镜可以查找图像中颜色差异明显的区域，然后将其锐化。这种锐化方式能够在锐化画面的同时，不增加过多的噪点。打开一张图片，如图5-177所示。接着执行"滤镜>锐化>USM锐化"命令，在打开的"USM锐化"窗口中进行设置，如图5-178所示。单击"确定"按钮完成操作，效果如图5-179所示。

图5-177 　　　　　　　　　　 图5-178 　　　　　　　　　 图5-179

- 数量：用来设置锐化效果的精细程度。图5-180为不同参数的对比效果。

数量：200%　　　　　数量：400%

图 5-180

- 半径：用来设置图像锐化的半径范围大小。
- 阈值：只有相邻像素之间的差值达到所设置的"阈值"时才会被锐化。该值越高，被锐化的像素就越少。

[重点] 5.6.4　智能锐化：增强图像清晰度

"智能锐化"滤镜是"锐化滤镜组"中最为常用的滤镜之一，"智能锐化"滤镜具有"USM锐化"滤镜所没有的锐化控制功能，即可以设置锐化算法，或控制在阴影和高光区域中的锐化量，而且能避免"色晕"等问题。如果想达到更好的锐化效果，那么必须学会这个滤镜！

（1）打开一张图片，如图5-181所示。接着执行"滤镜>锐化>智能锐化"命令，打开"智能锐化"对话框。设置"数量"增加锐化强度，使效果看起来更加锐利。设置"半径"，该选项用来设置边缘像素受锐化影响的数量，"半径"数值无须设定太大，否则会产生白色晕影。此时我们在预览图中查看一下效果，如图5-182所示。

图 5-181

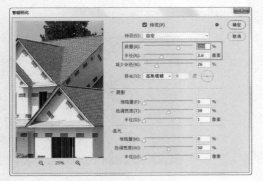

图 5-182

（2）接着设置"减少杂色"，该选项数值越高，效果越强烈，画面效果越柔和（注意锐化要适度）。接着设置"移去"，该选项用来区别影像边缘与杂色噪点，重点在于提高中间调的锐度和分辨率，如图5-183所示。设置完成后单击"确定"按钮，效果如图5-184所示。锐化前后的对比效果如图5-185所示。

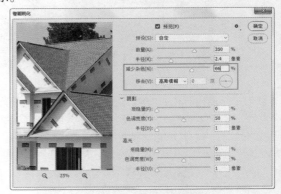

图 5-183

图 5-184

锐化前　　　　　　　锐化后

图 5-185

- 数量：用来设置锐化的精细程度。数值越高，越能强化边缘之间的对比度。"数量"为100%和500%时的锐化效果如图5-186所示。

数量：100%　　　　　数量：500%

图 5-186

中文版Photoshop CC数码照片处理从入门到精通（微课视频　全彩版）

- **半径**：用来设置受锐化影响的边缘像素的数量。数值越高，受影响的边缘就越宽，锐化的效果也越明显。"半径"为2像素和8像素时的锐化效果如图5-187所示。

半径：2像素　　　　半径：8像素

图 5-187

- **减少杂色**：用来消除锐化产生的杂色。
- **移去**：选择锐化图像的算法。选择"高斯模糊"选项，可以使用"USM锐化"滤镜的方法锐化图像；选择"镜头模糊"选项，可以查找图像中的边缘和细节，并对细节进行更加精细的锐化，以减少锐化的光晕；选择"动感模糊"选项，可以激活下面的"角度"选项，通过设置"角度"值可以减少由于相机或对象移动而产生的模糊效果。
- **渐隐量**：用于设置阴影或高光中的锐化程度。
- **色调宽度**：用于设置阴影和高光中色调的修改范围。
- **半径**：用于设置每个像素周围的区域的大小。

练习实例：使用"智能锐化"使珠宝更精致

文件路径	资源包\第5章\使用"智能锐化"使珠宝更精致
难易指数	★★★★★
技术要点	智能锐化、曲线、自然饱和度

扫一扫，看视频

案例效果

案例处理前后的效果对比如图5-188和图5-189所示。

图 5-188　　　　　　图 5-189

操作步骤

步骤 01 执行"文件>打开"命令，在弹出的"打开"对话框中选择素材"1.jpg"，单击"打开"按钮，将素材打开，如图5-190所示。画面中饰物缺少光泽，细节感不强，颜色老旧，缺乏金属质感，背景颜色偏灰，给人感觉不精致。

图 5-190

步骤 02 首先增添画面细节，执行"滤镜>智能锐化"命令，在弹出的"智能锐化"对话框中设置"数量"为90%，"半径"为4.0像素，"减少杂色"为10%，"移去"选择"高斯模糊"，单击"确定"按钮，如图5-191所示。通过操作增加了饰物的细节感，效果如图5-192所示。

图 5-191

图 5-192

步骤 03 执行"图层>新建调整图层>自然饱和度"命令，设置"自然饱和度"为+100，"饱和度"为0，如图5-193所示。通过操作增加了饰物的金属质感，增强视觉冲击力，效果如图5-194所示。

图 5-193　　　　　　图 5-194

步骤 04 画面背景左边部分颜色偏灰，执行"图层>新建调整图层>曲线"命令，在相应"属性"面板中单击"在图像中取样以设置白场"，如图5-195所示。在画面左侧背景区域单击，让整个背景变为白色，使饰物在画面中更加突出。效果如图5-196所示。

图 5-195　　　　　　　图 5-196

【重点】5.6.5　防抖：减少拍照抖动模糊

"防抖"滤镜是减少由于相机震动而产生的拍照模糊的问题。例如线性运动、弧形运动、旋转运动、Z字形运动产生的模糊。"防抖"滤镜适合处理对焦正确、曝光适度、杂色较少的照片。

（1）打开一张图片，如图5-197所示。接着执行"滤镜>锐化>防抖"命令，随即会打开"防抖"对话框，画面的中央会显示"模糊评估区域"，并以默认数值进行防抖锐化处理，如图5-198所示。

图 5-197

图 5-198

（2）如果我们对锐化的处理不够满意，可以调整"模糊描摹边界"选项，该选项用来增加锐化的强度，这是该滤镜中最基础的锐化，如图5-199所示。"模糊描摹边界"选项数值越高，锐化效果越好，但是过大的数值会产生一定的晕影。这时就可以配合"平滑"和"伪像抑制"选项进行调整，如图5-200所示。

图 5-199

图 5-200

（3）如果对"模糊描摹边界"的位置不满意可以拖曳"控制点"进行更改，如图5-201所示。调整完成后单击"确定"按钮，效果如图5-202所示。

图 5-201　　　　　　　图 5-202

- 模糊评估工具 ：使用该工具在画面中单击可以弹出小窗口，在小窗口中可以定位画面细节，如图5-203所示。按住鼠标左键拖曳可以手动定义模糊评估区域，并且在"高级"选项中设置"模糊评估区域"的显示、隐藏与删除，如图5-204所示。

图 5-203

图 5-204

- 模糊方向工具 ：根据相机的震动类型，在图像上画出表示模糊的方向线，并配合"模糊描摹长度"和"模糊描摹方向"进行调整，如图5-205所示。该工具可通过按"["键或"]"键微调长度，按快捷键"Ctrl+]"或"Ctrl+["可微调角度。得到一个合适的效果后单击"确定"按钮。

图 5-205

5.7 外挂磨皮滤镜——Portraiture

"磨皮"主要是指对人物面部、身体皮肤进行柔化、去除毛孔、去除痘印、均匀颜色，使皮肤变细腻等一系列的美化操作。在很多智能手机拍照APP以及修图APP中都包含此功能。而针对于专业的数码照片处理，我们则需要认识一款更加专业的磨皮工具——Portraiture。

Portraiture是一款非常优秀的外挂磨皮插件，可以方便快捷地进行人像皮肤的柔化操作，而且这款插件能够智能地识别画面中的皮肤区域，在磨皮的同时会最大限度地保证其他区域的清晰度。我们可以打开一张人物面部占比较大比例的照片来使用这款滤镜。

（1）由于Portraiture是一款Photoshop的外挂滤镜，所以无法单独使用。需要安装与当前PS版本匹配的版本插件。正确安装后可以在滤镜菜单的最底部找到该磨皮插件。执行"滤镜>Imagenomic>Portraiture"命令，如图5-206所示。

（2）此时照片在Portraiture滤镜的窗口中打开，Portraiture滤镜左侧为参数设置区域，中间为效果展示区域，右侧会显示当前所选的皮肤区域以及导航器（目前没有进行皮肤的取样，所以没有显示）。单击顶部的第二种预览方式按钮，即可切换到原始效果与处理效果的对比视图。可以看到软件自动识别人物皮肤区域，并进行了磨皮操作，皮肤细节减少了很多，皱纹、毛孔等被去除了一些，皮肤变得更加细腻了，人物也显得更加年轻，如图5-207所示。

图 5-206

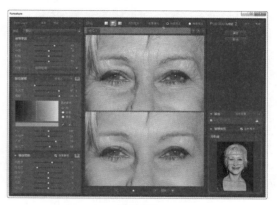

图 5-207

（3）如果该滤镜无法自动识别需要处理的皮肤，那么我们可以使用左侧的两个吸管样子的工具 ，在中间人物皮肤处多次单击进行取样，右侧会显示当前取样的范围，如图5-208所示。

图 5-208

（4）皮肤的范围设定完毕后，可以在左侧"细节平滑"选项组中进行磨皮程度的设置，在这里可以分别对"较细""中等""较粗"等参数进行设置，以影响皮肤不同程度的细节。如图5-209所示。通常针对一般的皮肤，增大"较细"的数值就可以较好地增强磨皮效果，图5-210为不同的"较细"数值的对比效果。磨皮滤镜的参数效果大多非常微妙，建议打开图片并应用该滤镜逐一进行参数调整，来观察细节效果。

图 5-209

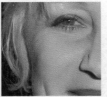

较细：8 　　　　较细：20

图 5-210

（5）左下角的"增强功能"选项组中的参数也比较常用，不仅可以通过调整"柔和度"数值来增强或减弱整体磨皮强度，还可以通过设置"清晰度"数值使磨皮之后的图像保持正常的清晰度。除此之外，还可以通过调整"暖色调""色调""亮度""对比度"数值来调整皮肤的颜色感，如图5-211所示。

调整完成后单击右侧的"确定"按钮，完成操作，如图5-212所示。

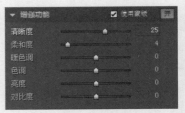

图 5-211

图 5-212

（6）很多时候，磨皮之后的图像虽然皮肤部分漂亮了很多，但是很容易造成其他区域细节缺失，所以更多的时候我们会单独提取皮肤部分进行磨皮操作，或者复制图层进行磨皮后为其添加图层蒙版，在蒙版中使用黑色画笔涂抹其他区域（如头发、五官、衣服、背景等），使其他区域还原清晰的效果，如图5-213所示。

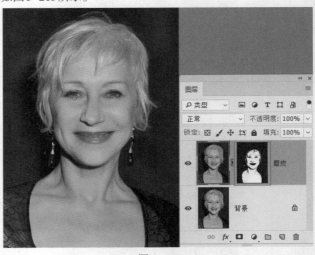

图 5-213

中文版Photoshop CC数码照片处理从入门到精通（微课视频 全彩版）

Chapter 6
第6章

扫一扫,看视频

滤　镜

本章内容简介:

　　滤镜主要用来实现图像的各种特殊效果。在Photoshop中有数十种滤镜,有些滤镜通过几个参数的设置就能让图像"改头换面",例如"油画"滤镜。有的滤镜效果则让人摸不到头脑,例如"纤维"滤镜、"彩色半调"滤镜。这是因为有时需要几种滤镜相结合才能制作出令人满意的滤镜效果。这就需要掌握各个滤镜的特点,然后开动脑筋,将多种滤镜相结合使用,才能制作出神奇的效果。

重点知识掌握:

- · 滤镜库的使用
- · 滤镜组的使用方法

通过本章学习,我能做什么?

　　本章所讲解的"滤镜"种类非常多,不同类型的滤镜可制作的效果也大不相同。通过本章的学习,我们能够对数码照片制作一些特殊效果,例如素描效果、油画效果、水彩画效果、拼图效果、火焰效果、做旧杂色效果、雾气效果等。我们还可以通过网络进行学习,在网页的搜索引擎中输入"Photoshop　滤镜　教程"关键词,相信能为我们开启一个更广阔的学习空间!

优秀作品欣赏

6.1 使用滤镜

在很多手机拍照App中都会出现"滤镜"这样的词语，我们也经常会在用手机拍完照片后为照片添加一个"滤镜"，让照片变美一些。但是手机拍照App中的"滤镜"大多只起到为照片调色的作用，而PS中的"滤镜"概念则是为图像添加一些"特殊效果"，例如把照片变成木刻画效果、为图像打上马赛克、使整个照片变模糊、把照片变成"石雕"等，如图6-1和图6-2所示。

图 6-1　　　　　　　　图 6-2

PS中的"滤镜"与手机拍照App中的滤镜概念虽然不太相同，但是有一点非常相似，那就是大部分PS滤镜使用起来都非常简单，只需要简单调整几个参数就能够实时地观察到效果。PS中的滤镜集中在"滤镜"菜单中，单击菜单栏中的"滤镜"按钮，在菜单列表中可以看到很多种滤镜，如图6-3所示。

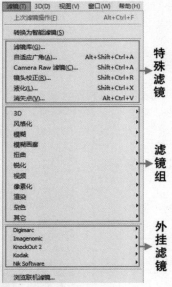

图 6-3

位于滤镜菜单上半部分的几个滤镜，我们通常称为"特殊滤镜"，因为这些滤镜的功能比较强大，有些像独立的软件。这几种特殊滤镜的使用方法也各不相同。

滤镜菜单的第二大部分为"滤镜组"，"滤镜组"的每个菜单命令下都包含多个滤镜效果，这些滤镜大多数使用起来非常简单，只需要执行相应的命令，并调整简单参数就能够得到有趣的效果。

滤镜菜单的第三大部分为"外挂滤镜"，PS支持使用第三

方开发的滤镜，这种滤镜通常被称为"外挂滤镜"。外挂滤镜的种类非常多，例如人像皮肤美化滤镜、照片调色滤镜、降噪滤镜、材质模拟滤镜等。这部分可能在你的菜单中并没有显示，这是因为你并没有安装其他外挂滤镜（也可能是没有安装成功）。

> **提示：关于外挂滤镜**
>
> 这里所说的"人像皮肤美化滤镜""照片调色滤镜"是一类外挂滤镜的统称，并不是某一个滤镜的名称，例如Imagenomic Portraiture就是其中一款皮肤美化滤镜。除此之外，还可能有许多其他磨皮滤镜。感兴趣的朋友可以在网络上搜索这些关键词。外挂滤镜的安装方法也各不相同，具体安装方式也可以通过网络搜索得到答案。需要注意的是有的外挂滤镜可能无法在我们当前使用的PS版本上使用。

【重点】6.1.1　滤镜库：滤镜大集合

扫一扫，看视频

"滤镜库"中集合了很多滤镜，虽然滤镜效果风格迥异，但是使用方法非常相似。在滤镜库中不仅能够添加一个滤镜，还可以添加多个滤镜，制作多种滤镜混合的效果。

（1）打开一张图片，如图6-4所示。执行"滤镜＞滤镜库"命令，打开"滤镜库"对话框，在中间的滤镜列表中选择一个滤镜组，单击即可展开。然后在该滤镜组中选择一个滤镜，单击即可为当前画面应用该滤镜效果。然后在右侧适当调节参数，即可在左侧预览图中观察到滤镜效果。滤镜设置完成后单击"确定"按钮，如图6-5所示。

图 6-4

图 6-5

执行"滤镜>滤镜库"命令,即可打开"滤镜库"窗口,如图6-6所示为"滤镜库"窗口中各个位置的名称。

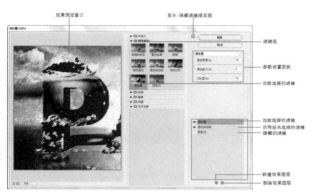

图6-6

(2) 如果要制作两个滤镜叠加一起的效果,可以单击右下角的"新建效果图层"按钮□,然后选择合适的滤镜并进行参数设置,如图6-7所示。设置完成后单击"确定"按钮,效果如图6-8所示。

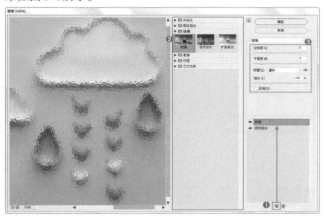

图6-7

图6-8

练习实例: 使用干画笔滤镜制作风景画

文件路径	资源包\第6章\使用干画笔滤镜制作风景画
难易指数	★★★★★
技术要点	干画笔滤镜、色相/饱和度、曲线

扫一扫,看视频

案例效果

案例处理前后的效果对比如图6-9和图6-10所示。

图6-9　　　　　　　　　图6-10

操作步骤

步骤〔01〕 新建一个空白文档。接着执行"文件>置入嵌入对象"命令,置入绘画感素材"1.jpg",然后将该图层栅格化,如图6-11所示。接着置入风景照片素材"2.jpg",然后将图片移动到画面的下方,接着将该图层栅格化,如图6-12所示。

图6-11

图6-12

步骤〔02〕 选择"素材2"图层,单击"图层"面板底部的"添加图层蒙版"按钮,为该图层添加图层蒙版,如图6-13所示。接着选择图层蒙版,将"前景色"设置为黑色,然后使用画笔工具在画面的上方涂抹,利用图层蒙版将图像上部生硬的边缘隐藏,使其与后方背景融合在一起,如图6-14所示。

图 6-13

图 6-14

步骤 03 选择"素材2"图层，执行"滤镜>滤镜库"命令，在弹出的窗口中单击"艺术效果"，然后单击"干画笔"滤镜，然后在右侧设置"画笔大小"为3，"画笔细节"为10，"纹理"为1，如图6-15所示。设置完成后单击"确定"按钮，此时前景的风景照片产生一种绘画效果，如图6-16所示。

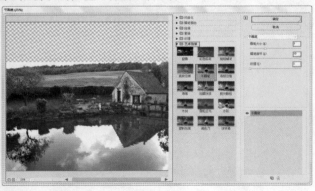

图 6-15

图 6-16

步骤 04 接下来进行调色。执行"图层>新建调整图层>色相饱和度"命令，在"属性"面板中设置"饱和度"为+40，然后单击 按钮，如图6-17所示。此时画面效果如图6-18所示。

图 6-17　　　　　　　　图 6-18

步骤 05 接着执行"图层>新建调整图层>曲线"命令，在"属性"面板中的曲线上单击添加控制点然后向上拖曳，接着单击 按钮，如图6-19所示。画面效果如图6-20所示。

图 6-19　　　　　　　　图 6-20

练习实例：制作素描画效果

文件路径	资源包\第6章\制作素描画效果
难易指数	★★★★★
技术要点	照亮边缘、黑白、反相、混合模式、色阶

扫一扫，看视频

案例效果

案例处理前后的效果对比如图6-21和图6-22所示。

图 6-21　　　　　　　　图 6-22

操作步骤

步骤 01 执行"文件>打开"命令，打开旧纸张素材"2.jpg"，如图6-23所示。本案例首先使用"照亮边缘"滤镜得到人像的线条感效果。接着使用"黑白"及"反相"命令，得到白底黑线的效果，并使用混合模式将其融合到旧纸张素材中。执行"文件>置入嵌入对象"命令，置入人物素材"1.jpg"，按Enter键确定此操作，如图6-24所示。在"图层"面板中选择该图层并单击鼠标右键，在弹出的快捷菜单中执行"栅格化图层"命令，将其转换为普通图层。

图 6-23　　　　　　　　图 6-24

步骤 02 制作素描画效果。选择"人物"图层，执行"滤镜>滤镜库"命令，在弹出的"滤镜库"窗口中，单击"风格化"滤镜组，单击选择"照亮边缘"滤镜，在右侧设置"边缘宽度"为1，"边缘亮度"为20，"平滑度"为7，设置完成后单击"确定"按钮执行此操作，如图6-25所示。此时画面效果如图6-26所示。

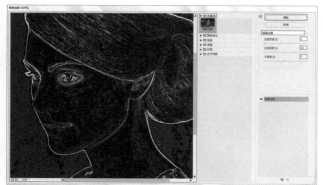

图 6-25

图 6-26

步骤 03 执行"图层>新建调整图层>黑白"命令，在弹出的"新建图层"窗口中，单击"确定"按钮，然后在弹出的"属性"面板中，设置"红色"为40、"黄色"为60、"绿色"为40、"青色"为60、"蓝色"为20、"洋红"为80，单击面板底部的"此调整剪切到此图层"按钮，使其效果只作用于下方图层，如图6-27所示。此时画面变为黑白色调，效果如图6-28所示。

图 6-27　　　　　　　　图 6-28

步骤 04 由于画面黑色面积偏大，缺少素描感，所以执行"图层>新建调整图层>反相"命令，同样为照片图层创建剪贴蒙版，得到白底的效果，如图6-29所示。

图 6-29

步骤 05 设置人像照片图层混合模式为"正片叠底"，如图6-30所示。此时效果如图6-31所示。

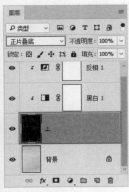

图 6-30

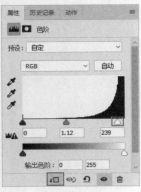

图 6-31

步骤 06 最后提亮人物整体形象,增强素描效果。执行"图层>新建调整图层>色阶"命令,在弹出的"属性"面板中适当调整色阶滑块位置,并单击"色阶"面板底部的"此调整剪切到此图层"按钮,如图 6-32 所示。最终效果如图 6-33 所示。

图 6-32　　　　　图 6-33

练习实例:使用海绵滤镜制作水墨画效果

文件路径	资源包\第6章\使用海绵滤镜制作水墨画效果
难易指数	★★★★★
技术要点	海绵滤镜、黑白命令、曲线命令

扫一扫,看视频

案例效果

案例最终效果如图 6-34 所示。

图 6-34

操作步骤

步骤 01 执行"文件>打开"命令,打开素材"1.jpg",如图 6-35 所示。

图 6-35

步骤 02 执行"图层>新建调整图层>黑白"命令,在弹出的"属性"面板中设置"预设"为默认值,如图 6-36 所示。此时画面效果如图 6-37 所示。

图 6-36

图 6-37

步骤 03 执行"图层>新建调整图层>黑白"命令,在弹出的"属性"面板中,在高光调部单击添加控制点并向上拖动,然后在阴影部单击添加控制点并向下拖动,如图 6-38 所示。此时画面效果如图 6-39 所示。

中文版Photoshop CC数码照片处理从入门到精通(微课视频 全彩版)

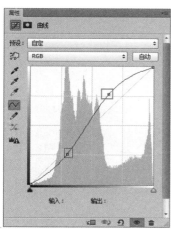

图 6-38

图 6-39

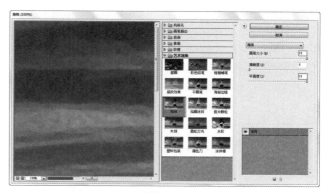

图 6-42

图 6-43

步骤 04 按下盖印图层快捷键Ctrl+Alt+Shift+E, 得到一个合并图层, 如图6-40所示。选中盖印图层, 执行"滤镜>转换为智能滤镜"命令, 如图6-41所示。

图 6-40

图 6-41

步骤 06 选中盖印图层, 执行"图层>新建调整图层>曲线"命令, 在"属性"面板中调整曲线形状, 如图6-44所示。此时画面效果如图6-45所示。

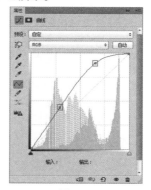

图 6-44

步骤 05 执行"滤镜>滤镜库"命令, 在打开的"滤镜库"窗口中选择"艺术效果"文件夹, 单击"海绵"按钮, 设置"画笔大小"为10, "平滑度"为15, 单击"确定"按钮完成设置, 如图6-42所示。效果如图6-43所示。

图 6-45

223

步骤 07 执行"文件>置入嵌入对象"命令，置入素材"2.png"。接着将置入对象调整到合适的大小、位置，然后按Enter键完成置入操作。最终效果如图6-46所示。

图 6-46

6.1.2 自适应广角：校正广角镜头造成的变形问题

"自适应广角"滤镜可以对广角、超广角及鱼眼效果进行变形校正，如图6-47和图6-48所示。

图 6-47　　　　　　　图 6-48

（1）打开一张存在变形问题的图片，该图片中可以看出来桥向上凸起，左侧的楼也发生了变形，如图6-49所示。执行"滤镜>自适应广角"命令，打开"滤镜"窗口。在"校正"下拉列表中可以选择校正的类型，包含鱼眼、透视、自动、完整球面。选择不同的校正方式，即可对图像进行自动校正，如图6-50所示。

图 6-49

图 6-50

（2）接着设置"校正"为"透视"，然后向右拖曳"焦距"滑块，此时在左侧预览图中可以看到桥变成水平效果，如图6-51所示。接着单击"约束工具" ，在楼的左侧按住鼠标左键拖曳绘制约束线，此时楼变成垂直效果，如图6-52所示。最后单击"确定"按钮，效果如图6-53所示。

图 6-51

图 6-52

图 6-53

-

图 6-55

- 约束工具：单击图像或拖动端点可添加或编辑约束。按住Shift键单击可添加水平/垂直约束；按住Alt键单击可删除约束。
- 多边形约束工具：单击图像或拖动端点可添加或编辑约束。
- 移动工具：拖动或在画布中移动内容。
- 抓手工具：放大窗口的显示比例后，可以使用该工具移动画面。
- 缩放工具：单击即可放大窗口的显示比例，按住Alt键单击即可缩小显示比例。

（2）接着设置"数量"为25，此时可以看到四角的亮度提高了，如图6-56所示。设置完成后单击"确定"按钮，效果如图6-57所示。

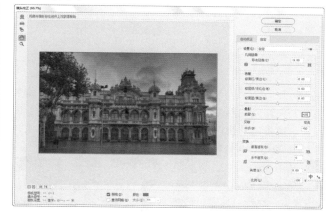

图 6-56

6.1.3 镜头校正：校正扭曲、紫边/绿边、四角失光

使用单反相机拍摄数码照片时，可能会出现扭曲、歪斜、四角失光等现象，使用"镜头校正"滤镜可以轻松校正这一系列问题。

（1）打开一张有问题的照片，在该图片中可以看到地面水平线向上弯曲（可以通过在画面中创建参考线，来观察画面中的对象是否水平或垂直），而且四角有失光的现象，如图6-54所示。接着执行"滤镜>镜头校正"命令，打开"镜头校正"窗口，由于现在画面有些变形，单击"自定"按钮切换到"自定"选项卡中，然后向左拖动"移去扭曲"滑块或设置数值为9。此时可以在左侧的预览窗口中查看效果，如图6-55所示。

图 6-57

- 移去扭曲工具：使用该工具可以校正镜头桶形失真或枕形失真。
- 拉直工具：绘制一条直线，以将图像拉直到新的横轴或纵轴。
- 移动网格工具：使用该工具可以移动网格，以将其与图像对齐。
- 抓手工具/缩放工具：这两个工具的使用方法与

图 6-54

"工具箱"中的相应工具完全相同。

在窗口右侧单击"自定"标签,打开"自定"选项卡,如图6-58所示。

图 6-58

- 几何扭曲:"移去扭曲"选项主要用来校正镜头桶形失真或枕形失真,如图6-59所示。数值为正时,图像将向外扭曲;数值为负时,图像将向中心扭曲,如图6-60所示。

图 6-59

图 6-60

- 色差:用于校正色边。在进行校正时,放大预览窗口的图像,可以清楚地查看色边校正情况。
- 晕影:校正由于镜头缺陷或镜头遮光处理不当而导致边缘较暗的图像。"数量"选项用于设置沿图像边缘变亮或变暗的程度,如图6-61所示;"中点"选项用来指定受"数量"数值影响的区域的宽度,如图6-62所示。

图 6-61

图 6-62

- 变换:"垂直透视"选项用于校正由于相机向上或向下倾斜而导致的图像透视错误;"水平透视"选项用于校正图像在水平方向上的透视效果;"角度"选项用于旋转图像,针对相机歪斜加以校正;"比例"选项用来控制镜头校正的比例。

6.1.4 消失点:修补带有透视的图像

如果想要对图片中某个部分的细节进行去除,或者想要在某个位置添置一些内容,不带有透视感的图像直接使用"仿制图章""修补工具"等修饰工具即可。而对于要修饰的部分具有明显的透视感时,这些工具可能就不那么合适了。"消失点"滤镜则可以在包含透视平面(如建筑物的侧面、墙壁、地面或任何矩形对象)的图像中进行细节的修补,如图6-63所示。

图 6-63

(1)打开一张带有透视关系的图片,如图6-64所示。执行"滤镜>消失点"命令,在修补之前首先要让Photoshop"知道"图像的透视方式。单击"创建平面工具"按钮 ⊞,然后在要修饰对象所在的透视平面的一角处单击,接着将光标移动到下一个位置单击,如图6-65所示。

图 6-64

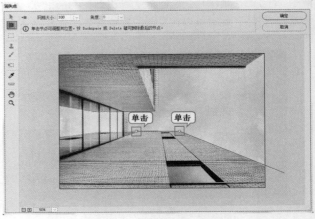

图 6-65

（2）继续沿着透视平面对象边缘位置单击绘制出带有透视的网格，如图6-66所示。在绘制的过程中若有错误操作，可以按Backspace删除控制点，也可以单击工具箱中的"编辑平面工具" ，拖曳控制点调整网格形状，如图6-67所示。

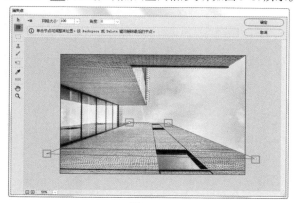

图6-66

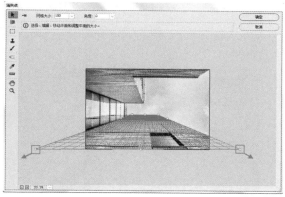

图6-67

（3）接着单击工具箱中的"选框工具" ，这里的选框工具是用于限定修补区域的工具。使用该工具在网格中按住鼠标左键拖动绘制选区，绘制出选区也带有透视效果，如图6-68所示。

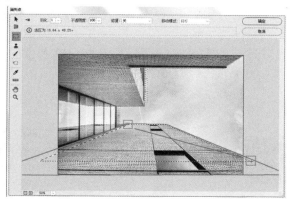

图6-68

（4）接着单击"图章工具" ，然后在需要仿制的位置按住Alt键单击进行拾取，然后在空白位置单击并按住鼠标左键涂抹，可以看到绘制出的内容与当前平面的透视相符合，如图6-69所示。继续进行涂抹，仿制效果如图6-70所示。

按Alt键单击

图6-69

图6-70

（5）制作完成后，单击"确定"按钮，效果如图6-71所示。

图6-71

- 编辑平面工具 ：用于选择、编辑、移动平面的节点以及调整平面的大小。
- 创建平面工具 ：用于定义透视平面的4个角节点。创建好4个角节点以后，可以使用该工具对节点进行移动、缩放等操作。如果按住Ctrl键拖曳边节点，则可以拉出一个垂直平面。另外，如果节点的位置不正确，则可以按Backspace键删除该节点。

- 选框工具 ▣：使用该工具可以在创建好的透视平面上绘制选区，以选中平面上的某个区域。建立选区以后，在选择"选框工具"的状态下移动选区的位置，选区仍然保持透视关系，如图6-72所示。将光标放置在选区内，按住Alt键拖曳选区，可以复制图像，如图6-73所示。

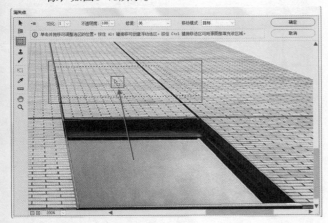

图 6-72

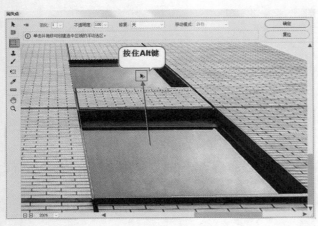

图 6-73

- 图章工具 ▲：使用该工具时，按住Alt键在透视平面内单击可以设置取样点，然后在其他区域拖曳鼠标即可进行仿制操作。

提示："图章工具"的选项栏

选择"图章工具"▲后，在对话框的顶部可以设置该工具修复图像的"模式"。如果要绘画的区域不需要与周围的颜色、光照和阴影混合，则可以选择"关"选项；如果要绘画的区域需要与周围的光照混合，同时又需要保留样本像素的颜色，则可以选择"明亮度"选项；如果要绘画的区域需要保留样本像素的纹理，同时又要与周围像素的颜色、光照和阴影混合，则可以选择"开"选项。

- 画笔工具 ✐：该工具主要用来在透视平面上绘制选定的颜色。
- 变换工具 ▣：该工具主要用来变换选区，其作用相当于"编辑>自由变换"菜单命令。如图6-74为利用"选框工具"▣复制的图像，图6-75为利用"变换工具"▣对选区进行变换以后的效果。

图 6-74

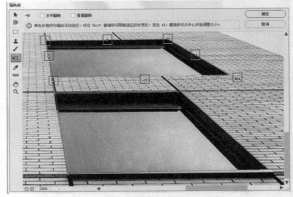

图 6-75

- 吸管工具 ✐：可以使用该工具在图像上拾取颜色，以用作"画笔工具"✐的绘画颜色。
- 测量工具 ▭：使用该工具可以在透视平面中测量项目的距离和角度。
- 抓手工具 ✋/缩放工具 ☌：这两个工具的使用方法与"工具箱"中的相应工具完全相同。

[重点] 6.1.5 动手练：滤镜组的使用

扫一扫，看视频

　　Photoshop的滤镜多达几十种，一些效果相近的、工作原理相似的滤镜被集合在滤镜组中，滤镜组中滤镜的使用方法非常相似：几乎都要进行"选择图层""执行命令""设置参数""单击确定"这几个步骤。差别在于不同的滤镜，其参数选项略有不同，但是好在滤镜的参数效果大部分都是可以实时预览的，所以可以随意调整参数来观察效果。

1. 滤镜组的使用方法

（1）选择需要进行滤镜操作的图层，如图6-76所示。例如执行"滤镜>模糊>动感模糊"命令，打开"动感模糊"对话框，进行参数的设置，如图6-77所示。

图6-76

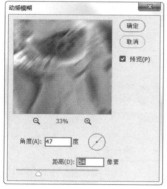

图6-77

（2）在该窗口的预览窗口中可以预览滤镜效果，同时可以拖曳图像，以观察其他区域的效果，如图6-78所示。单击🔍按钮或🔍按钮可以缩放图像的显示比例。另外，在图像的某个点上单击，预览窗口中就会显示出该区域的效果，如图6-79所示。

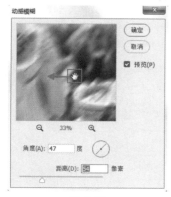

图6-78

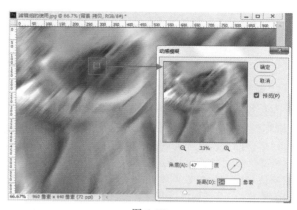

图6-79

（3）在任何一个滤镜对话框中按住Alt键，"取消"按钮都将变成"复位"按钮，如图6-80所示。单击"复位"按钮，可以将滤镜参数恢复到默认设置。继续进行参数的调整，然后单击"确定"按钮，滤镜效果如图6-81所示。

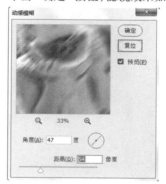

图6-80　　　　　　　　图6-81

提示：如何终止滤镜效果

在应用滤镜的过程中，如果要终止处理，可以按Esc键。

（4）如果图像中存在选区，则滤镜效果只应用在选区之内，如图6-82和图6-83所示。

图6-82　　　　　　　　图6-83

提示：重复使用上一次滤镜

当应用完一个滤镜以后，"滤镜"菜单下的第1行会出

现该滤镜的名称。执行该命令或按Alt+Ctrl+F快捷键，可以按照上一次应用该滤镜的参数配置再次对图像应用该滤镜。

2. 智能滤镜的使用方法

直接对图层进行滤镜操作时是直接应用于画面本身，具有"破坏性"的。所以我们也可以使用"智能滤镜"，使其变为"非破坏性"的，可再次调整的滤镜。应用于智能对象的任何滤镜都是智能滤镜，智能滤镜属于"非破坏性滤镜"。因为智能滤镜可以进行参数调整、移除、隐藏等操作。而且智能滤镜还带有一个蒙版，可以调整智能滤镜的作用范围。

(1) 选择图层，执行"滤镜>转换为智能滤镜"命令，选择的图层即可变为智能图层，如图6-84所示。接着为该图层使用滤镜命令(例如使用"滤镜>滤镜库"命令，在其中随意选择一个滤镜)，此时可以看到"图层"面板中智能图层发生了变化，如图6-85所示。

图 6-84

图 6-85

(2) 在智能滤镜的蒙版中使用黑色画笔涂抹以隐藏部分区域的滤镜效果，如图6-86所示。还可以设置智能滤镜与图

像的"混合模式"，双击滤镜名称右侧的 ≒ 图标，可以在弹出的"混合选项"对话框中调节滤镜的"模式"和"不透明度"，如图6-87所示。

图 6-86

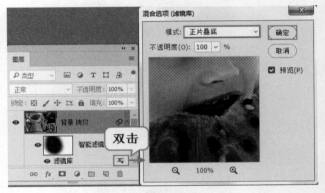

图 6-87

提示："渐隐"滤镜效果

若要调整滤镜产生效果的"不透明度"和"混合模式"可以通过"渐隐"命令进行制作。首先为图片添加滤镜，然后执行"编辑>渐隐"菜单命令，在弹出的"渐隐"对话框中设置"模式"和"不透明度"，如图6-88所示。滤镜效果就会以特定的混合模式和不透明度与原图进行混合，画面效果如图6-89所示。

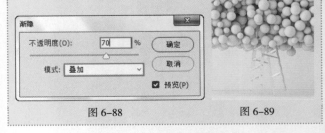

图 6-88　　　　　　　　　图 6-89

6.2 风格化滤镜组

执行"滤镜>风格化"命令，在子菜单中可以看到多种滤镜，如图6-90所示。滤镜效果如图6-91所示。

图6-90

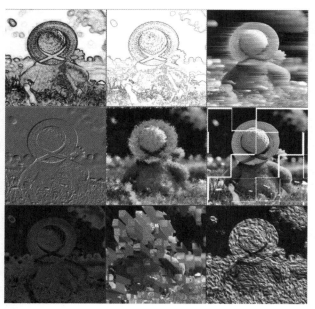

图6-91

【重点】6.2.1 查找边缘

"查找边缘"滤镜可以制作出线条感的画面。打开一张图片，如图6-92所示。执行"滤镜>风格化>查找边缘"命令，无须设置任何参数。该滤镜会将图像的高反差区变亮，低反差区变暗，而其他区域则介于两者之间。同时硬边会变成线条，柔边会变粗，从而形成一个清晰的轮廓，如图6-93所示。

图6-92　　　　　　　　　　图6-93

练习实例：使用滤镜制作线条感绘画

文件路径	资源包\第6章\使用滤镜制作线条感绘画
难易指数	★★★★★
技术要点	风格化滤镜、混合模式、色阶

案例效果

案例处理前后的效果对比如图6-94和图6-95所示。

图6-94　　　　　　　　　　图6-95

操作步骤

步骤 01 本案例使用"风格化"滤镜中的"查找边缘"以突出图片的边缘，使用"色阶"强化对比度。从而将正常照片制作出具有线条感的绘画效果。执行"文件>打开"命令，打开风景素材"1.jpg"，如图6-96所示。使用Ctrl+J快捷键复制背景图层。

图6-96

步骤 02 接下来调整画面效果，增强视觉冲击力。执行"滤镜>风格化>查找边缘"命令，画面效果如图6-97所示。

图6-97

步骤 03 由于画面效果过于僵硬失去原画面美感,设置该图层的"混合模式"为"正片叠底",如图6-98所示。此时画面效果如图6-99所示。

图 6-98　　　　　　　　图 6-99

步骤 04 选择上层图层,使用快捷键Ctrl+Shift+U进行去色操作,画面效果如图6-100所示。

图 6-100

步骤 05 最后调整画面整体效果,提亮画面。执行"图层>新建调整图层>色阶"命令,在弹出的"新建图层"窗口中单击"确定"按钮,然后在弹出的"属性"面板中调整色阶滑块的位置,提高画面亮度,如图6-101所示。最终画面效果如图6-102所示。

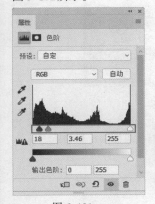 

图 6-101　　　　　　　　图 6-102

6.2.2 等高线

"等高线"滤镜常用于将图像转换为线条感的等高线图。

打开一张图片,如图6-103所示。执行"滤镜>风格化>等高线"命令,在打开的"等高线"对话框中设置色阶数值、边缘类型后,单击"确定"按钮,如图6-104所示。"等高线"滤镜会以某个特定的色阶值查找主要亮度区域,并为每个颜色通道勾勒主要亮度区域。效果如图6-105所示。

图 6-103

图 6-104　　　　　　图 6-105

· **色阶**:用来设置区分图像边缘亮度的级别。图6-106~图6-108分别为色阶设置为60、120和200的效果。

色阶:60　　　　　　　色阶:120

图 6-106　　　　　　图 6-107

色阶:200

图 6-108

- 边缘：用来设置处理图像边缘的位置，以及便捷的产生方法。选择"较低"选项时，可以在基准亮度等级以下的轮廓上生成等高线；选项"较高"选项时，可以在基准亮度等级以上生成等高线。

6.2.3　风

打开一张图片，如图6-109所示。执行"滤镜>风格化>风"命令，在弹出的"风"窗口中进行参数的设置，如图6-110所示。"风"滤镜效果如图6-111所示。"风"滤镜能够将像素朝着指定的方向进行虚化，通过产生一些细小的水平线条来模拟风吹效果。

| 图 6-109 | 图 6-110 | 图 6-111 |

- 方法：包含"风""大风""飓风"3种，效果如图6-112所示。

风　　　　　　　　　　　大风　　　　　　　　　　　飓风

图 6-112

- 方向：用来设置风源的方向，包含"从右"和"从左"两种。

6.2.4　浮雕效果

"浮雕效果"可以用来制作模拟金属雕刻的效果，该滤镜常用于制作硬币、金牌的效果。打开一张图片，如图6-113所示。接着执行"滤镜>风格化>浮雕效果"命令，在打开的"浮雕效果"对话框中进行参数设置，如图6-114所示。该滤镜的工作原理是通过勾勒图像或选区的轮廓和降低周围颜色值来生成凹陷或凸起的浮雕效果，如图6-115所示。

图 6-113

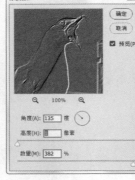
图 6-114

图 6-115

- 角度：用于设置浮雕效果的光线方向。光线方向会影响浮雕的凸起位置。图6-116为不同角度的对比效果。

角度：150°　　　　　　角度：50°

图 6-116

- 高度：用于设置浮雕效果的凸起高度。图6-117为不同"高度"的对比效果。

高度：1像素　　　　　　高度：5像素

图 6-117

- 数量：用于设置"浮雕"滤镜的作用范围。数值越高，边界越清晰，小于40%时，图像会变灰。

6.2.5　扩散

"扩散"滤镜可以制作类似于磨砂玻璃观察物体时的分离模糊效果。打开一张图片，如图6-118所示。接着执行"滤镜>风格化>扩散"命令，在弹出的"扩散"对话框中选择合适的"模式"，然后单击"确定"按钮，如图6-119所示。扩散效果如图6-120所示。该滤镜的工作原理是将图像中相邻的像素按指定的方式有机移动。

图 6-118

图 6-119

图 6-120

中文版Photoshop CC数码照片处理从入门到精通（微课视频 全彩版）

- 正常：使图像的所有区域都进行扩散处理，与图像的颜色值没有任何关系，效果如图6-121所示。
- 变暗优先：用较暗的像素替换亮部区域的像素，并且只有暗部像素产生扩散，效果如图6-122所示。
- 变亮优先：用较亮的像素替换暗部区域的像素，并且只有亮部像素产生扩散，效果如图6-123所示。
- 各向异性：使用图像中较暗和较亮的像素产生扩散效果，即在颜色变化最小的方向上搅乱像素，效果如图6-124所示。

| 正常 | 变暗优先 | 变亮优先 | 各向异性 |
| 图 6-121 | 图 6-122 | 图 6-123 | 图 6-124 |

6.2.6 拼贴

　　"拼贴"滤镜常用于制作拼图效果。打开一张图片，如图6-125所示。接着执行"滤镜>风格化>拼贴"命令，在弹出的"拼贴"对话框中进行参数设置，如图6-126所示。"拼贴"滤镜可以将图像分解为一系列块状，并使其偏离其原来的位置，以产生不规则拼砖的图像效果，如图6-127所示。

| 图 6-125 | 图 6-126 | 图 6-127 |

- 拼贴数：用来设置在图像每行和每列中要显示的贴块数。图6-128为不同"拼贴数"的对比效果。

拼贴数：10　　　　　拼贴数：25

图 6-128

- 最大位移：用来设置拼贴偏移原始位置的最大距离。图6-129为不同参数的对比效果。

最大位移：10　　　　　最大位移：30

图 6-129

- 填充空白区域用：用来设置填充空白区域的使用方法。

6.2.7 曝光过度

"曝光过度"滤镜可以模拟出传统摄影术中暗房显影过程中短暂增加光线强度而产生的过度曝光效果。打开一张图片，如图6-130所示。接着执行"滤镜>风格化>曝光过度"命令，画面效果如图6-131所示。

图 6-130　　　　　　　图 6-131

6.2.8 凸出

"凸出"滤镜通常用于制作立方体向画面外"飞溅"的3D效果，可以制作创意海报、新锐设计等。打开一张图片，如图6-132所示。执行"滤镜>风格化>凸出"命令，在弹出的"凸出"对话框中进行参数的设置，如图6-133所示。单击"确定"按钮，凸出效果如图6-134所示。该滤镜可以将图像分解成一系列大小相同且有机重叠放置的立方体或椎体，以生成特殊的3D效果。

图 6-132　　　　　　　图 6-133

图 6-134

- 类型：用来设置三维方块的形状，包含"块"和"金字塔"两种，如图6-135所示。

类型：块　　　　　　类型：金字塔

图 6-135

- 大小：用来设置"块"或"金字塔"底面的大小。
- 深度：用来设置凸出对象的深度。"随机"选项表示为每个"块"或"金字塔"设置一个随机的任意深度；"基于色阶"选项表示使每个对象的深度与其亮度相对应，亮度越亮，图像越凸出。
- 立方体正面：当"类型"为"块"时，可以勾选该复选框。勾选该复选框后将失去图像的整体轮廓，生成的立方体上只显示单一的颜色，如图6-136所示。

图 6-136

- 蒙版不完整块：使所有图像都包含在凸出的范围之内。

6.2.9 油画

"油画"滤镜主要用于将照片快速地转换为"油画效果"，使用"油画"滤镜能够产生笔触鲜明、厚重，质感强烈的画面效果。打开一张图片，如图6-137所示。执行"滤镜>风格化>油画"命令，在打开的"油画"对话框进行参数调整，如图6-138所示。效果如图6-139所示。

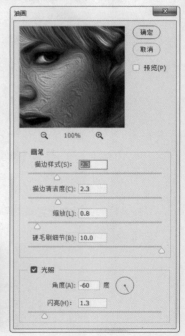

图 6-137　　　　　　　图 6-138

图 6-139

- 描边样式：通过调整参数调整笔触样式。图6-140为数值为0.1和10的对比效果。

描边样式：0.1　　　　　描边样式：10

图 6-140

- 描边清洁度：通过调整参数设置纹理的柔化程度。图6-141为数值为0和10的对比效果。

描边清洁度：0　　　　　描边清洁度：10

图 6-141

- 缩放：设置纹理缩放程度。图6-142为数值为0.1和10的对比效果。

缩放：0.1　　　　　　缩放：10

图 6-142

- 硬毛刷细节：设置画笔细节程度，数值越大毛刷纹理越清晰。图6-143为数值为0和10的对比效果。

硬毛刷细节：0　硬毛刷细节：10

图 6-143

- 光照：启用该选项画面中会显现出画笔肌理受光照后的明暗感。图6-144为未启用与启用后的对比效果。

未启用"光照"　　　　　启用"光照"

图 6-144

- 角度：启用"光照"选项，可以通过"角度"设置光线的照射方向。
- 闪亮：启用"光照"选项，可以通过"闪亮"控制纹理的清晰度，产生锐化效果。图6-145为数值为1和10的对比效果。

闪亮：1　　　　　　闪亮：10

图 6-145

练习实例：照片变油画

文件路径	资源包\第6章\照片变油画
难易指数	★★★★★
技术要点	油画滤镜

扫一扫，看视频

案例效果

案例处理前后的效果对比如图6-146和图6-147所示。

图 6-146　　　　　　　　图 6-147

操作步骤

步骤 01 创建新的空白文件，置入素材"1.jpg"，摆放在画面中，如图6-148所示。本案例通过使用油画滤镜并设置"描边样式"及"描边清洁度"的参数，使得正常的画面呈现出油画的感觉。

图 6-148

步骤 02 执行"滤镜>风格化>油画"命令,在弹出的"油画"对话框中设置画笔的"描边样式"和"描边清洁度"各为10,设置"缩放"为0.1,"硬毛刷细节"为1.8,设置完成后单击"确定"按钮,如图6-149所示。此时效果如图6-150所示。

图 6-149

图 6-150

步骤 03 最后执行"文件>置入嵌入对象"命令,置入油画框素材"2.png",如图6-151所示,然后按Enter键确定置入该操作,选择该图层单击鼠标右键执行"栅格化图层"命令将其转换为普通图层,如图6-152所示。

图 6-151

图 6-152

6.3 扭曲滤镜组

扫一扫,看视频

执行"滤镜>扭曲"命令,在子菜单中可以看到多种滤镜,如图6-153所示。滤镜效果如图6-154所示。

图 6-153

图 6-154

6.3.1 波浪

"波浪"滤镜可以在图像上创建类似于波浪起伏的效果。使用"波浪"滤镜可以制作带有波浪纹理的效果,或制作带有波浪线边缘的图片。首先绘制一个矩形,如图6-155所示。接着执行"滤镜>扭曲>波浪"命令,首先可以进行"类型"的设置,在弹出的"波浪"对话框中进行类型以及参数的设置,如图6-156所示。设置完成后单击"确定"按钮,效果如图6-157所示。这种图形应用非常广泛,例如照片的边框等。

图 6-155

中文版Photoshop CC数码照片处理从入门到精通(微课视频 全彩版)

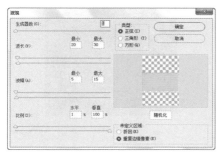

图 6-156

图 6-157

- 生成器数：用来设置波浪的强度。
- 波长：用来设置相邻两个波峰之间的水平距离，包含"最小""最大"两个选项，其中"最小"数值不能超过"最大"数值。
- 波幅：设置波浪的宽度（最小）和高度（最大）。
- 比例：设置波浪在水平方向和垂直方向上的波动幅度。
- 类型：选择波浪的形态，包括"正弦""三角形""方形"3种，如图6-158～图6-160所示。

图 6-158   图 6-159   图 6-160

- 随机化：如果对波浪效果不满意，可以单击该按钮，以重新生成波浪效果。
- 未定义区域：用来设置空白区域的填充方式。选中"折回"单选按钮，可以在空白区域填充溢出的内容；选中"重复边缘像素"单选按钮，可以填充扭曲边缘的像素颜色。

6.3.2 波纹

"波纹"滤镜可以通过控制波纹的数量和大小制作出类似水面的波纹效果。打开一张图片素材，如图6-161所示。执行"滤镜>扭曲>波纹"命令，在弹出的"波纹"对话框进行参数的设置，如图6-162所示。设置完成后单击"确定"按

钮，效果如图6-163所示。

图 6-161   图 6-162

图 6-163

- 数量：用于设置产生波纹的数量。图6-164为不同数量的对比效果。

数量：200%   数量：500%

图 6-164

- 大小：选择所产生的波纹的大小。图6-165分别为小、中、大的对比效果。

大小：小   大小：中   大小：大

图 6-165

6.3.3 动手练：极坐标

"极坐标"滤镜可以将图像从平面坐标转换到极坐标，或从极坐标转换到平面坐标。简单来说，该滤镜的两种方式可以分别实现以下两种效果：第一种是将水平排列的图像的左右两侧作为边界，首尾相连，中间的像素将会被挤压，四周的像素被拉伸，从而形成一个"圆形"；第二种则是相反，将原本

圆形内容的图像从中"切开",并"拉"成平面。"极坐标"滤镜常用于制作"鱼眼镜头"特效。

（1）打开一张图片,然后将"背景"图层转换为普通图层,如图6-166所示。接着执行"滤镜>扭曲>极坐标"命令,在弹出的"极坐标"对话框中选中"平面坐标到极坐标"单选按钮,如图6-167所示。

图 6-166

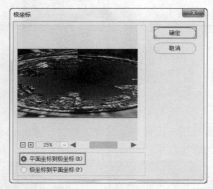

图 6-167

> **提示：选中"极坐标到平面坐标"单选按钮**
>
> 若选中"极坐标到平面坐标"单选按钮,则使圆形图像变为矩形图像,如图6-168所示。
>
>
>
> 图 6-168

（2）单击"确定"按钮,画面效果如图6-169所示。使用快捷键Ctrl+T调出定界框,然后将其进行不等比缩放。这样鱼眼镜头的效果就制作完成了,如图6-170所示。

图 6-169

图 6-170

举一反三：翻转图像后使用极坐标

若在应用"极坐标"滤镜之前,将图像垂直翻转,如图6-171所示。使用"极坐标"滤镜处理出的效果会相反,即原本的中心部分的内容到了四周,四周的内容到了中心处,形成了一个小星球的效果,如图6-172所示。

图 6-171

图 6-172

6.3.4　挤压

"挤压"滤镜可以将选区内的图像或整个图像向外或向内挤压。与"液化"滤镜中的"膨胀工具"与"收缩工具"类似。打开一张图片,如图6-173所示。接着执行"滤镜>扭曲>挤压"命令,在弹出的"挤压"对话框进行参数的设置,如图6-174所示。单击"确定"按钮,完成挤压变形操作,效果如图6-175所示。

图 6-173

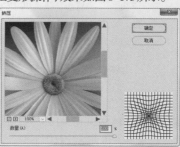

图 6-174

图 6-175

"数量"用来控制挤压图像的程度。当数值为负值时，图像会向外挤压；当数值为正值时，图像会向内挤压。不同"数量"值的对比效果如图6-176所示。

数量：-100　　　　　　　数量：100

图 6-176

6.3.5　切变

"切变"滤镜可以将图像按照设定好的"路径"进行左右移动，图像一侧被移出画面的部分会出现在画面的另外一侧。该滤镜可以用来制作飘动的彩旗。打开一张图片，如图6-177所示。接着执行"滤镜>扭曲>切变"命令，在打开的"切变"对话框中拖曳曲线，此时可以沿着这条曲线进行图像的扭曲，如图6-178所示。设置完成后单击"确定"按钮，效果如图6-179所示。

图 6-177　　　　　　　　　图 6-178

图 6-179

- 曲线调整框：可以通过控制曲线的弧度来控制图像的变形效果。如图6-180和图6-181所示为不同的变形效果。

图 6-180　　　　　　　　　图 6-181

- 折回：在图像的空白区域中填充溢出图像之外的图像内容，如图6-182所示。
- 重复边缘像素：在图像边界不完整的空白区域填充扭曲边缘的像素颜色，如图6-183所示。

折回　　　　　　　　**重复边缘像素**

图 6-182　　　　　　　　　图 6-183

6.3.6　球面化

"球面化"滤镜可以将选区内的图像或整个图像向外"膨胀"成为球形。打开一张图像，可以在画面中绘制一个选区，如图6-184所示。接着执行"滤镜>扭曲>球面化"命令，在弹出的"球面化"对话框中进行数量和模式的设置，如图6-185所示。球面化效果如图6-186所示。

图 6-184　　　　　　　　　图 6-185

图 6-186

- **数量**：用来设置图像球面化的程度。当设置为正值时，图像会向外凸起；当设置为负值时，图像会向内收缩。不同"数量"值的对比效果如图6-187所示。

数量：100　　　　　数量：-100

图 6-187

- **模式**：用来选择图像的挤压方式，包含"正常""水平优先""垂直优先"3种。

举一反三：制作"大头照"

球面化滤镜可以使画面局部产生一种向外凸出的效果，与"鱼眼镜头"拍摄的效果比较相似，所以可以尝试制作"大头照"。首先就要在头部绘制一个圆形选区，如图6-188所示。接着为该选区添加"球面化"滤镜。将滑块向右调整，增大数值，如图6-189所示。可以看到小狗的头部明显变大了，而且看起来也更加贴近"镜头"，效果如图6-190所示。

图 6-188　　　　　图 6-189

图 6-190

6.3.7　水波

"水波"滤镜可以模拟石子落入平静水面而形成的涟漪效果。例如绿茶广告中常见的茶叶掉落在水面上形成的波纹，就可以使用"水波"滤镜制作。选择一个图层或者绘制一个选区，如图6-191所示。接着执行"滤镜>扭曲>水波"命令，在打开的"水波"对话框中进行参数的设置，如图6-192所示。

设置完成后单击"确定"按钮，效果如图6-193所示。

图 6-191　　　　　图 6-192

图 6-193

- **数量**：用来设置波纹的数量。当设置为负值时，将产生下凹的波纹，如图6-194所示；当设置为正值时，将产生上凸的波纹，如图6-195所示。

图 6-194　　　　　图 6-195

- **起伏**：用来设置波纹的数量。数值越大，波纹越多。
- **样式**：用来选择生成波纹的方式。选择"围绕中心"选项时，可以围绕图像或选区的中心产生波纹，如图6-196所示；选择"从中心向外"选项时，波纹将从中心向外扩散，如图6-197所示；选择"水池波纹"选项时，可以产生同心圆形状的波纹，如图6-198所示。

图 6-196　　　　　图 6-197

中文版Photoshop CC数码照片处理从入门到精通（微课视频 全彩版）

图 6-198

6.3.8 旋转扭曲

"旋转扭曲"可以围绕图像的中心进行顺时针或逆时针的旋转。打开一张图片，如图6-199所示。执行"滤镜>扭曲>旋转扭曲"命令，打开"旋转扭曲"对话框，如图6-200所示。在该窗口中调整"角度"选项，当设置为正值时，会沿顺时针方向进行扭曲，如图6-201所示；当设置为负值时，会沿逆时针方向进行扭曲，如图6-202所示。

图 6-199 　　　　　　　　图 6-200

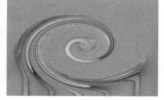
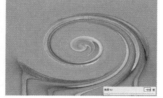

图 6-201 　　　　　　　　图 6-202

[重点] 6.3.9 动手练：置换

"置换"滤镜是利用一个图像文档(必须为PSD格式文件)的亮度值来置换另外一个图像像素的排列位置。"置换"滤镜通常用于制作形态复杂的透明体，或带有褶皱的服装印花等，如图6-203和图6-204所示。

图 6-203

图 6-204

（1）打开一个图片，如图6-205所示。接着准备一个PSD格式的文档(无需打开该PSD文件)，如图6-206所示。

图 6-205 　　　　　　　　图 6-206

（2）选择图片的图层，接着执行"滤镜>扭曲>置换"命令，在弹出的"置换"对话框中进行参数的设置，如图6-207所示。接着单击"确定"按钮，然后在弹出的"选取一个置换图"窗口中选择之前准备的PSD格式文档，单击"打开"按钮，如图6-208所示。此时画面效果如图6-209所示。

图 6-207

图 6-208 　　　　　　　　图 6-209

- 水平/垂直比例：用来设置水平方向和垂直方向所移动的距离。图6-210和图6-211为水平比例和垂直比例均为10，以及水平比例和垂直比例均为200的对比效果，数值越大，置换效果越明显。

243

图 6-210   图 6-211

- 置换图：用来设置置换图像的方式，包括"伸展以适合"和"拼贴"两种。
- 未定义区域：选择因置换后像素位移而产生的空缺的填充方式，选择"折回"，会使用超出画面区域的内容填充空缺部分，如图6-212所示。选择"重复边缘像素"，则会将边缘处的像素多次复制并填充整个画面区域，如图6-213所示。

图 6-212   图 6-213

6.4 像素化滤镜组

"像素化"滤镜组可以将图像进行分块或平面化处理。"像素化"滤镜组包含7种滤镜："彩块化""彩色半调""点状化""晶格化""马赛克""碎片""铜板雕刻"。执行"滤镜>像素化"命令即可看到该滤镜组中的命令，如图6-214所示。如图6-215所示为滤镜效果。

扫一扫，看视频

图 6-214   图 6-215

6.4.1　彩块化

"彩块化"滤镜常用来制作手绘图像、抽象派绘画等艺术效果。打开一张图片，如图6-216所示。接着执行"滤镜>像素化>彩块化"命令（该滤镜没有参数设置对话框），"彩块化"滤镜可以将纯色或相近色的像素结合成相近颜色的像素块效果，如图6-217所示。

图 6-216   图 6-217

6.4.2　彩色半调

"彩色半调"滤镜可以模拟在图像的每个通道上使用放大的半调网屏的效果。打开一张图片，如图6-218所示。接着执行"滤镜>像素化>彩色半调"命令，在弹出的"彩色半调"对话框中进行参数的设置，如图6-219所示。设置完成后单击"确定"按钮，效果如图6-220所示。

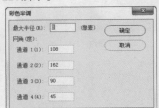

图 6-218   图 6-219

图 6-220

- 最大半径：用来设置生成的最大网点的半径。图6-221为不同"最大半径"值的对比效果。

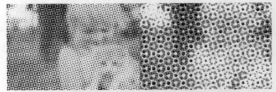

最大半径：15像素   最大半径：30像素

图 6-221

- 网角（度）：用来设置图像各个原色通道的网点角度。

6.4.3 点状化

"点状化"滤镜可以从图像中提取颜色,并以彩色斑点的形式将画面内容重新呈现出来。该滤镜常用来模拟制作"点彩绘画"效果。打开一张图片,如图6-222所示。接着执行"滤镜>像素化>点状化"命令,在弹出的"点状化"对话框中进行参数设置,如图6-223所示。设置完成后单击"确定"按钮,点状化效果如图6-224所示。

图 6-222

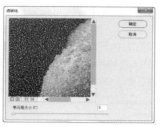

图 6-223

图 6-224

"单元格大小"用来设置每个多边形色块的大小。图6-225和图6-226为不同参数的对比效果。

图 6-225

图 6-226

6.4.4 晶格化

"晶格化"滤镜可以使图像中相近的像素集中到多边形色块中,产生类似结晶颗粒的效果。打开一张图片,如图6-227所示。接着执行"滤镜>像素化>晶格化"命令,在弹出的"晶格化"对话框中进行参数的设置,如图6-228所示。然后单击"确定"按钮,效果如图6-229所示。

图 6-227

图 6-228

图 6-229

"单元格大小"用来设置每个多边形色块的大小。图6-230为不同参数的对比效果。

单元格大小:20   单元格大小:50

图 6-230

{重点}6.4.5 马赛克

"马赛克"滤镜常用于隐藏画面的局部信息,也可以用来制作一些特殊的图案效果。打开一张图片,如图6-231所示。接着执行"滤镜>像素化>马赛克"命令,在弹出的"马赛克"对话框中进行参数的设置,如图6-232所示。然后单击"确定"按钮,该滤镜可以使像素结为方形色块,效果如图6-233所示。

图 6-231

图 6-232

图 6-233

"单元格大小"用来设置每个多边形色块的大小。图6-234为不同"单元格大小"值的对比效果。

单元格大小：30　　　　　单元格大小：90

图 6-234

6.4.6　碎片

　　"碎片"滤镜可以将图像中的像素复制4次，然后将复制的像素平均分布，并使其相互偏移。打开一张图片素材，如图6-235所示。接着执行"滤镜>像素化>碎片"命令(该滤镜没有参数设置对话框)，效果如图6-236所示。

图 6-235　　　　　　图 6-236

6.4.7　铜板雕刻

　　"铜板雕刻"滤镜可以将图像转换为黑白区域的随机图案或彩色图像中完全饱和颜色的随机图案。打开一张图片，如图6-237所示。接着执行"滤镜>像素化>铜板雕刻"命令，在弹出的"铜板雕刻"对话框中选择合适的"类型"，如图6-238所示。然后单击"确定"按钮，效果如图6-239所示。

图 6-237　　　　　　图 6-238

图 6-239

　　"类型"选择铜板雕刻的类型，包含"精细点""中等

点""粒状点""粗网点""短直线""中长直线""长直线""短描边""中长描边""长描边"共10种类型。

6.5　渲染滤镜组

扫一扫，看视频

　　"渲染"滤镜组在滤镜中算是"另类"，该滤镜组中滤镜的特点是其自身可以产生图像。比较典型的就是"云彩"滤镜和"纤维"滤镜，这两个滤镜可以利用前景色与背景色直接产生效果。在新版本中还增加了"火焰""图片框""树"3个滤镜，执行"滤镜>渲染"命令即可看到该滤镜组中的滤镜，如图6-240所示。如图6-241所示为该组中的滤镜效果。

图 6-240　　　　　　图 6-241

重点 6.5.1　火焰

　　"火焰"滤镜可以轻松打造出沿路径排列的火焰。在使用"火焰"滤镜命令之前首先需要在画面中绘制一条路径，选择一个图层(可以是空图层)，如图6-242所示。执行"滤镜>渲染>火焰"命令，弹出"火焰"对话框，在"基本"选项卡中可以针对"火焰类型"进行设置，在下拉列表中可以看到多种火焰的类型，接下来可以针对火焰的长度、宽度、角度以及时间间隔数值进行设置，如图6-243所示。保持默认状态单击"确定"按钮，图层中即可出现火焰效果，如图6-244所示。接着可以按Delete键删除路径。如果火焰应用于透明的空图层，则可以继续对火焰进行移动、编辑等操作。

图 6-242

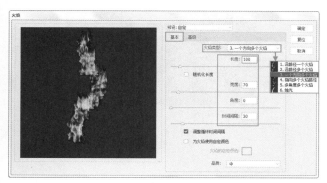

图 6-243

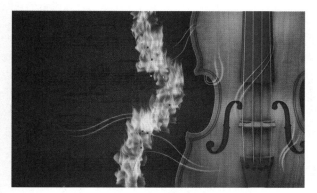

图 6-244

- 长度：用于控制火焰的长度。数值越大，每个火苗的长度越长。图6-245为不同长度的火苗效果。

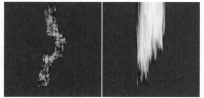

长度：80　　　　　　长度：800

图 6-245

- 宽度：用户控制每个火苗的宽度。数值越大，火苗越宽。图6-246为不同宽度的火苗效果。

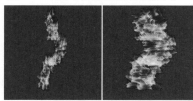

宽度：70　　　　　　宽度：200

图 6-246

- 角度：用于控制火苗的旋转角度。图6-247为不同角度的火苗效果。

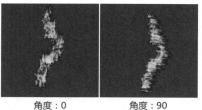

角度：0　　　　　　角度：90

图 6-247

- 时间间隔：用于控制火苗之间的间隔，数值越大，火苗之间的距离越大。图6-248为不同时间间隔的对比效果。

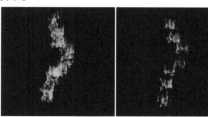

图 6-248

- 为火焰使用自定颜色：默认的火苗与真实火苗颜色非常接近，如果想要制作出其他颜色的火苗可以勾选"为火焰使用自定颜色"选项，然后在下方设置火焰的颜色。图6-249为不同颜色的火焰效果。

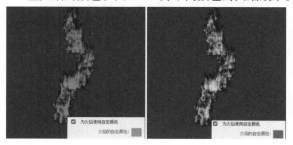

图 6-249

单击"高级"选项卡，在其窗口中可以对湍流、锯齿、不透明度、火焰线条(复杂性)、火焰底部对齐、火焰样式、火焰形状等参数进行设置，如图6-250所示。

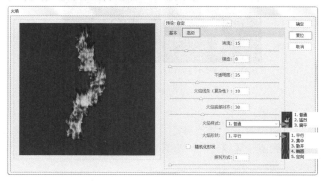

图 6-250

- 湍流：用于设置火焰左右摇摆的动态效果，数值越大，波动越强，如图6-251所示。

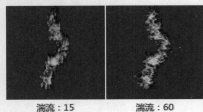

湍流：15　　　　湍流：60

图 6-251

- 锯齿：设置较大的数值后，火苗边缘呈现出更加尖锐的效果，如图6-252所示。

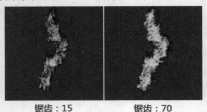

锯齿：15　　　　锯齿：70

图 6-252

- 不透明度：用于设置火苗的透明效果，数值越小，火焰越透明，如图6-253所示。

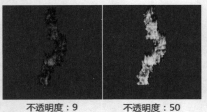

不透明度：9　　　不透明度：50

图 6-253

- 火焰线条（复杂性）：该选项用于设置构成火焰的火苗的复杂程度，数值越大，火苗越多，火焰效果越复杂，如图6-254所示。

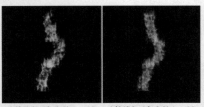

火焰线条（复杂性）：10　火焰线条（复杂性）：20

图 6-254

- 火焰底部对齐：用于设置构成每一簇火焰的火苗底部是否对齐。数值越小，对齐程度越高；数值越大，火苗底部越分散，如图6-255所示。

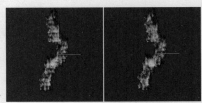

火焰底部对齐：0　　火焰底部对齐：40

图 6-255

6.5.2 图片框

"图片框"滤镜可以在图像边缘处添加各种风格的花纹相框。使用方法非常简单，打开一张图片，如图6-256所示。新建图层，执行"滤镜>渲染>图片框"命令，在弹出"图案"对话框的"基本"选项卡进行参数设置，在"图案"列表中选择一个合适的图案样式，接着可以在下方对图案上的颜色以及细节参数进行设置，如图6-257所示。设置完成后单击"确定"按钮，效果如图6-258所示。单击"高级"选项卡还可以对图片框的其他参数进行设置，如图6-259所示。

图 6-256

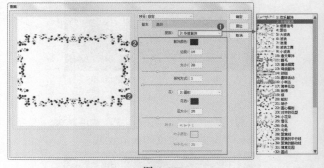

图 6-257

图 6-258

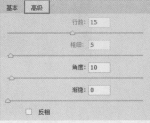

图 6-259

6.5.3 树

使用"树"滤镜可以轻松创建出多种类型的树。首先仍需要在画面中绘制一条路径，新建一个图层(在新建图层中操作，方便后期调整树的位置和形态)，如图6-260所示。接着执行"滤镜>渲染>树"命令，在弹出的"树"对话框的"基本"选项卡中单击"基本树类型"列表，在其中选择一个合适的树型，接着在下方进行相应参数设置，参数设置效果非常直观，只需尝试调整并观察效果即可，如图6-261所示。调整完成后单击"确定"按钮，效果如图6-262所示。

图 6-260

图 6-261

图 6-262

单击"高级"选项卡还可以对"树"的其他参数进行设置，如图6-263所示。刚刚绘制的是一条直线路径，如果绘制的是带有弧度的路径，那么创建出的树也会带有弧度，如图6-264所示。

图 6-263

图 6-264

6.5.4 分层云彩

"分层云彩"滤镜可以结合其他技术制作火焰、闪电等特效。该滤镜是通过将云彩像素与现有的像素以"差值"方式进行混合。打开一张图片，如图6-265所示。接着执行"滤镜>渲染>分层云彩"命令(该滤镜没有参数设置窗口)。首次应用该滤镜时，图像的某些部分会被反相成云彩图案，效果如图6-266所示。

图 6-265   图 6-266

6.5.5 动手练：光照效果

"光照效果"滤镜可以在二维的平面世界中添加灯光，并且通过参数的设置制作出不同效果的光照。除此之外，还可以使用灰度文件作为凹凸纹理图，制作出类似3D的效果。

(1)选择需要添加滤镜的图层，如图6-267所示。执行"滤镜>渲染>光照效果"命令，在相应"属性"面板中对"光照效果"进行参数设置，默认情况下图像中会显示着一个"聚光灯"光源的控制框，如图6-268所示。

图 6-267

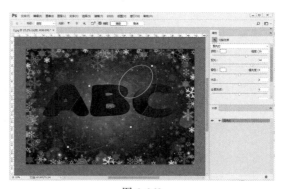

图 6-268

（2）以这一盏灯的操作为例。按住鼠标左键拖曳控制点可以更改光源的位置、形状，如图6-269所示。配合窗口右侧的"属性"面板可以对光源的颜色、强度等选项进行调整，如图6-270所示。

图 6-269

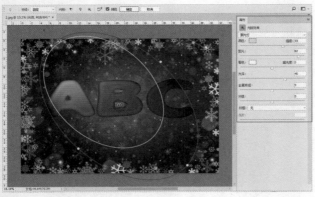

图 6-270

- 颜色：控制灯光的颜色。
- 强度：控制灯光的强弱。
- 聚光：用来控制灯光的光照范围。该选项只能用于聚光灯。
- 着色：单击以填充整体光照。
- 曝光度：控制光照的曝光效果。数值为负时，可减少光照；数值为正时，可增加光照。
- 光泽：用来设置灯光的反射强度。
- 金属质感：用于设置反射的光线是光源色彩，还是图像本身的颜色。该数值越高，反射光越接近反射体本身的颜色；该值越低，反射光越接近光源颜色。
- 环境：漫射光，使该光照如同与室内的其他光照相结合一样。
- 纹理：在下拉列表中选择通道，为图像应用纹理通道。
- 高度：启用"纹理"后，该选项可以用。可以控制应用纹理后凸起的高度。

（3）在选项栏中的"预设"下拉列表中包含多种预设的光照效果，如图6-271所示。选中某一项即可更改当前画面效果，如图6-272所示为"蓝色全光源"效果。

图 6-271

图 6-272

- 储存：若要储存预设，需要单击下拉列表中的"存储"，在弹出的窗口中选择储存位置并命名该样式，然后单击"确定"按钮。储存的预设包含每种光照的所有设置，并且无论何时打开图像，存储的预设都会出现在"样式"菜单中。
- 载入：若要载入预设，需要单击下拉列表中的"载入"，在弹出的窗口中选择文件并单击"确定"即可。
- 删除：若要删除预设，需要选择该预设并单击下拉列表中的"删除"。
- 自定：若要创建光照预设，需要从"预设"下拉列表中的中选择"自定"，然后单击"光照"图标以添加点光、点测光和无限光类型。按需要重复操作，最多可获得16种光照。

（4）在选项栏中单击"光源"右侧的按钮即可快速在画面中添加光源，单击"重置当前光照" 按钮即可对当前光源进行重置。图6-273～图6-275分别为3种光源的对比效果。

图 6-273	图 6-274	图 6-275

（5）在"光源"面板(执行"窗口>光源"命令，打开"光源"面板)中可以看到当前场景中创建的光源。当然也可以使用"回收站"图标 ，删除不需要的光源，如图6-276所示。

图 6-276

- 无限光：像太阳一样使光照射在整个平面上。若要更改方向需要拖动线段末端的手柄，若要更改亮度需要拖动光照控件中心部位强度环的白色部分。
- 聚光灯：投射一束椭圆形的光柱。预览窗口中的线条定义光照方向和角度，而手柄定义椭圆边缘。若要移动光源需要在外部椭圆内拖动光源；若要旋转光源需要在外部椭圆外拖动光源；若要更改聚光角度需要拖动内部椭圆的边缘；若要扩展或收缩椭圆需要拖动4个外部手柄中的一个。按住 Shift 键并拖动，可使角度保持不变而只更改椭圆的大小；按住 Ctrl 键并拖动，可保持大小不变并更改点光的角度或方向。若要更改椭圆中光源填充的强度，请拖动中心部位强度环的白色部分。
- 点光：像灯泡一样使光在图像正上方的各个方向照射。若要移动光源，需要将光源拖动到画布上的任何地方；若要更改光的分布（通过移动光源使其更近或更远来反射光），需要拖动中心部位强度环的白色部分。

重点 6.5.6　镜头光晕：为画面添加唯美眩光

"镜头光晕"滤镜常用于模拟由于光照射到相机镜头产生的折射，在画面中出现眩光的效果。虽然在拍摄照片时经常需要避免这种眩光的出现，但是很多时候应用眩光能使画面效果更加丰富。

（1）打开一张图片，如图6-277所示。因为该滤镜需要直接作用于画面，这样会给原图造成破坏。所以我们可以新建一个图层，并填充为黑色，如图6-278所示。之所以填充为黑色，是因为将黑色图层混合模式设置为滤色即可完美去除黑色部分，并且不会对原始画面带来损伤。

图 6-277	图 6-278

（2）选择黑色的图层，执行"滤镜>渲染>镜头光晕"命令，接着会弹出的"镜头光晕"对话框。先在缩览图中拖曳"+"字光标的位置，以调整光源的位置。接着在下方调整光源的亮度和镜头类型。然后单击"确定"按钮，如图6-279所示。接着设置黑色图层混合模式为"滤色"。此时画面效果如图6-280所示。如果此时觉得效果不满意可以在黑色图层上进行位置或缩放比例的修改，同时避免了对原图层的破坏。

图 6-279

图 6-280

- 预览窗口：在该窗口中可以通过拖曳"+"字光标来调节光源的位置。
- 亮度：用来控制镜头光源的亮度，其取值范围为10%～300%。图6-281为不同参数的对比效果。

亮度：100　　　　　亮度：150

图 6-281

- 镜头类型：用来选择镜头光源的类型，包括"50-300毫米变焦""35毫米聚焦""105毫米聚焦""电影镜头"4种类型，如图6-282所示。

50-300毫米变焦　　35毫米聚焦　　105毫米聚焦　　电影镜头

图 6-282

{重点}6.5.7　纤维

"纤维"滤镜可以在空白图层上根据前景色和背景色创建出纤维感的双色图案。首先设置合适的前景色与背景色，如图6-283所示。接着执行"滤镜>渲染>纤维"命令，在弹出的"纤维"对话框中进行参数的设置，如图6-284所示。然后单击"确定"按钮，效果如图6-285所示。

图 6-283　　　　　　　图 6-284

图 6-285

- 差异：用来设置颜色变化的方式。较低的数值可以生成较长的颜色条纹，如图6-286所示，较高的数值可以生成较短且颜色分布变化更大的纤维，如图6-287所示。

图 6-286　　　　　　　图 6-287

- 强度：用来设置纤维外观的明显程度，数值高，强度越强。图6-288和图6-289为不同参数

中文版Photoshop CC数码照片处理从入门到精通（微课视频 全彩版）

的对比效果。

图 6-288

图 6-289

- 随机化：单击该按钮，可以随机生成新的纤维。图 6-290 和图 6-291 为随机化产生的纤维效果。

图 6-290

图 6-291

〔重点〕6.5.8 动手练：云彩

"云彩"滤镜常用于制作云彩、薄雾的效果。该滤镜可以根据前景色和背景色随机生成云彩图案。打开一张图片，新建一个图层。然后设置合适的前景色与背景色，接着执行"滤镜>渲染>云彩"命令(该滤镜没有参数设置窗口)，此时画面会以前景色和背景色生成"云彩"效果，如图 6-292 所示。

图 6-292

练习实例：使用云彩滤镜制作云雾

文件路径	资源包\第6章\使用云彩滤镜制作云雾
难易指数	★★★★★
技术要点	云彩滤镜、混合模式

扫一扫，看视频

案例效果

案例处理前后的效果对比如图 6-293 和图 6-294 所示。

图 6-293

图 6-294

操作步骤

步骤 01 执行"文件>打开"命令，打开素材"1.jpg"，如图 6-295 所示。"分层云彩"滤镜可以将云彩数据与现有的像素以"差值"方式进行混合。首次应用该滤镜时，图像的某些部分会被反相成云彩图案。本案例运用此滤镜效果为图片周围制作出更多云彩。

图 6-295

步骤 02 接下来制作云雾效果。单击图层面板底部的"新建图层" 按钮，新建一个图层。执行菜单栏中的"滤镜>渲染>云彩"命令，效果如图 6-296 所示。

图 6-296

步骤 03 接下来在图层蒙版中选择该图层，并设置该图层的"混合模式"为"滤色"，凸显出云彩氛围，如图 6-297 所示。此时画面效果如图 6-298 所示。

图 6-297

图 6-298

步骤 04 接下来使用图层蒙版将人物身体内云彩擦掉，突显出人物形象。单击图层面板下方的"添加图层蒙版" ▢ 按钮，为该图层添加图层蒙版，选择工具箱中的"画笔工具"在选项栏中单击打开"画笔预设"选取器，在"画笔预设"选取器中单击选择一个"柔边圆"画笔，设置画笔"大小"为200像素，如图6-299所示。然后将"前景色"设置为黑色，设置完毕后在画面中人物周围按住鼠标左键拖动进行涂抹，蒙版效果如图6-300所示。

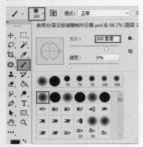 

图 6-299　　　　　　　　　图 6-300

步骤 05 最终画面效果如图6-301所示。

图 6-301

重点 6.6 添加杂色

"添加杂色"滤镜可以在图像中添加随机的单色或彩色的像素点。打开一张图片，如图6-302所示，执行"滤镜>杂色>添加杂色"命令，在弹出的"添加杂色"对话框中进行参数的设置，如图6-303所示。设置完成后单击"确定"按钮，此时画面效果如图6-304所示。

扫一扫，看视频

"添加杂色"滤镜也可以用来修缮图像中经过重大编辑过的区域。图像在经过较大程度的变形或者绘制涂抹后，表面细节会缺失，使用"添加杂色"滤镜能够在一定程度上为该区域增添一些略有差异的像素点，以增强细节感。

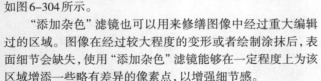

图 6-302

图 6-303　　　　　　　　　图 6-304

- 数量：用来设置添加到图像中的杂色的数量。如图6-305所示为不同参数的对比效果。

数量：50　　　　　　　　数量：200

图 6-305

- 分布：选中"平均分布"单选按钮，可以随机向图像中添加杂色，杂点效果比较柔和；选中"高斯分布"单选按钮，杂点效果比较明显。
- 单色：勾选该复选框后，杂色只影响原有像素的亮度，且像素的颜色不会发生改变，如图6-306所示。

图 6-306

练习实例：使用添加杂色滤镜制作雪景效果

扫一扫，看视频

文件路径	资源包\第6章\使用添加杂色滤镜制作雪景效果
难易指数	★★★★★
技术要点	添加杂色滤镜、动感模糊滤镜

案例效果

案例处理前后的效果对比如图6-307和图6-308所示。

中文版Photoshop CC数码照片处理从入门到精通（微课视频 全彩版）

图 6-307

图 6-308

操作步骤

步骤 01 执行"文件>打开"命令，打开雪景素材"1.jpg"，如图6-309所示。本案例利用"添加杂色"制作一些杂色，并借助"动感模糊"滤镜制作出雪花下落的运动感。

图 6-309

步骤 02 单击图层面板下方的"创建新图层" ❑ 按钮，添加新图层，并将"前景色"设置为黑色，然后使用前景色填充快捷键Alt+Delete进行填充，此时画面效果为黑色。在菜单栏中执行"滤镜>杂色>添加杂色"命令，在弹出的"添加杂色"对话框中设置"数量"为40%，选择"高斯分布"，并勾选"单色"复选框，如图6-310所示。此时画面效果如图6-311所示。

图 6-310

图 6-311

步骤 03 接下来在图层面板中设置"图层1"的"混合模式"为"滤色"，如图6-312所示。此时可以看到非常细小的雪花，效果如图6-313所示。

图 6-312

图 6-313

步骤 04 接下来需要放大雪花。在工具箱中选择"矩形选框工具"，然后将光标移到画面中画一个合适的矩形选区，如图6-314所示。按下快捷键Ctrl+J得到新图层，隐藏"图层1"并使用Ctrl+T快捷键进行"自由变换"，将其大小覆盖整个画面，如图6-315所示。然后按Enter键确定执行此操作。此时雪花变大了一些。

图 6-314

图 6-315

步骤 05 最后执行菜单栏中的"滤镜>模糊>动感模糊"命令，在"动感模糊"对话框中设置"角度"为30度，"距离"为15像素，设置完成后单击"确定"按钮，如图6-316所示。此时雪花产生了随风飘落的效果，如图6-317所示。

图 6-316

图 6-317

6.7 其他滤镜组

扫一扫，看视频

其他滤镜组中包含了HSB/HSL滤镜、"高反差保留"滤镜、"位移"滤镜、"自定"滤镜、"最大值"滤镜与"最小值"滤镜。

6.7.1 HSB/HSL

色彩有3大属性，分别是：色相、饱和度和明度。在计算机领域通常使用RGB颜色系统，但这种系统在艺术创作中使用起来很不方便。使用"HSB/HSL"滤镜可以实现RGB到HSL(色相、饱和度、明度)的相互转换，也可以实现从RGB到HSB(色相、饱和度、亮度)的相互转换。

打开一张图片，如图6-318所示。接着执行"滤镜>其他>HSB/HSL"，打开"HSB/HSL参数"对话框，如图6-319所示。接着进行设置，然后单击"确定"按钮，画面效果如图6-320所示。

图 6-318   图 6-319   图 6-320

[重点] 6.7.2 高反差保留

"高反差保留"滤镜可以在具有强烈颜色变化的地方，按指定的半径来保留边缘细节，并且不显示图像的其余部分。在去除脸上较为密集斑点、痘痘时可以使用该命令(用于提取斑点选区)，如图6-321所示。也可以在需要强化图像细节时使用(用于与原图叠加混合，以起到锐化细节的作用)，如图6-322所示。

图 6-321   图 6-322

打开一张图片，如图6-323所示。接着执行"滤镜>其他>高反差保留"命令，在弹出的"高反差保留"对话框中进行参数的设置，如图6-324所示。设置完成后单击"确定"按钮，效果如图6-325所示。

图 6-323   图 6-324   图 6-325

中文版Photoshop CC数码照片处理从入门到精通（微课视频 全彩版）

"半径"用来设置滤镜分析处理图像像素的范围。数值越大，所保留的原始像素就越多；当数值为0.1像素时，仅保留图像边缘的像素。如图6-326所示为不同"半径"值的对比效果。

半径：5像素　　　　半径：30像素

图 6-326

举一反三：高反差保留锐化法

通过使用高反差保留滤镜可以发现，该滤镜可以提取图像边缘的细节的灰度图像，而得到的灰度图像则可以用于增强图像的清晰度，并且不会破坏原图。接下来我们可以尝试一下。

（1）首先我们观察一下图像的细节，如图6-327所示。图像细节较多，但是却不够明确。然后复制该图层，执行"滤镜>其他>高反差保留"命令，在弹出的"高反差保留"对话框中设置数值时要以当前预览图所呈现出的细节为主。如果我们想要锐化图像较小的细节，那么可以将"半径"数值设置的小一些，那么得到的灰度图像的线条则会显得比较"细腻"，如图6-328所示。

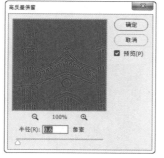

图 6-327　　　　图 6-328

（2）设置完毕后得到灰度图像，我们可以设置其"混合模式"为"柔光"，如图6-329所示。此时灰度图像中的中性灰的成分可以被完全去掉，亮度高于中性灰的部分会变亮，亮度低于中性灰的细节会变暗。细节处的明暗对比更强，所以画面细节会显得更加"锐利"。细节对比如图6-330所示。

图 6-329　　　　图 6-330

（3）如果锐化效果不够强烈，可以多次复制该灰度图层，如图6-331所示。效果如图6-332所示。

图 6-331　　　　图 6-332

6.7.3　位移

"位移"滤镜常用于制作无缝拼接的图案。该命令能够水平或垂直方向上偏移图像。打开一张图片，如图6-333所示。接着执行"滤镜>其他>位移"命令，在弹出的"位移"对话框中进行参数的设置，如图6-334所示。参数设置完成后单击"确定"按钮，画面效果如图6-335所示。

图 6-333　　　　图 6-334

图 6-335

- 水平：用来设置图像像素在水平方向上的偏移距离。数值为正值时，图像会向右偏移，同时左侧会出现空缺。
- 垂直：用来设置图像像素在垂直方向上的偏移距离。数值为正值时，图像会向下偏移，同时上方会出现空缺。
- 未定义区域：用来选择图像发生偏移后填充空白区域的方式。选中"设置为背景"单选按钮时，可以用背景色填充空缺区域（当被选中的图层为普通图层时，此选项为"设置为透明"；当被选中的图层为背景图层，此选项为"设置为背景"）；选中"重复边缘像素"单选按钮时，可以在空缺区域填充扭曲边缘的像素颜色；选中"折回"单选按钮时，可以在空缺区域填充溢出图像之外的图像内容。

6.7.4 自定

"自定"滤镜可以设计用户自己的滤镜效果。该滤镜可以根据预定义的"卷积"数学运算来更改图像中每个像素的亮度值，执行"滤镜>其他>自定"命令即可打开"自定"对话框，如图6-336所示。

图 6-336

6.7.5 最大值

"最大值"滤镜可以在指定的半径范围内，用周围像素的最高亮度值替换当前像素的亮度值。该滤镜对于修改蒙版非常有用。打开一张图片，如图6-337所示。接着执行"滤镜>其他>最大值"命令，打开"最大值"对话框，如图6-338所示。接着设置"半径"选项，该选项用来设置用周围像素的最高亮度值来替换当前像素的亮度值的范围。设置完成后单击"确定"按钮，效果如图6-339所示。该滤镜具有阻塞功能，可以展开白色区域，而阻塞黑色区域。

图 6-337　　　　　　　　图 6-338

图 6-339

6.7.6 最小值

"最小值"滤镜具有伸展功能，可以扩展黑色区域，而收缩白色区域。打开一张图片，如图6-340所示。接着执行"滤镜>其他>最小值"命令打开"最小值"对话框，如图6-341所示。接着设置"半径"选项，该选项是用来设置滤镜扩展黑色区域、收缩白色区域的范围。设置完成后单击"确定"按钮，效果如图6-342所示。

图 6-340

图 6-341　　　　　　　　图 6-342

Chapter
7
第7章

扫一扫，看视频

照片排版

本章内容简介：

在本章中主要讲解一些关于排版、绘图、增强图层效果的知识。在照片中添加文字需要使用到文字工具组中的工具，使用该工具组中的工具，不仅能添加行数较少的"点文字"，还可以添加大段的"段落文字"，而且还能够制作区域文字和路径文字。使用形状工具中的工具可以绘制一些常规的几何图形，例如矩形、圆角矩形、圆形、直线、箭头。使用"自定形状工具"能够绘制出预设中的形状，例如心形、音符、拼图等图形。在本章中，图层样式也是一个比较重要的知识点，通过为图层添加图层样式，能够让画面效果更加丰富。

重点知识掌握：

- 掌握创建文字的方法
- 掌握形状工具组中工具的使用方法
- 学会添加图层样式和编辑图层样式的方法
- 掌握图层之间对齐与分布的方法

通过本章学习，我能做什么？

通过本章的学习，我们可以在为画面添加了图片元素的基础上，添加一些文字和图形并进行简单的排版，掌握了这些功能，我们可以进行影楼画册的排版、商品主图的制作、画册杂志的排版甚至是一些简单的平面设计作品的制作。

优秀作品欣赏

7.1 在照片版面中添加文字

在 Photoshop 的工具箱中右键单击"横排文字工具"按钮 ▣，打开文字工具组。其中包括4种工具，即"横排文字工具""直排文字工具""横排文字蒙版工具""直排文字蒙版工具"，如图7-1所示。"横排文字工具"和"直排文字工具"主要用来创建实体文字，如点文字、段落文字、路径文字、区域文字，如图7-2所示；而"直排文字蒙版工具" ▣ 和"横排文字蒙版工具" ▣ 则是用来创建文字形状的选区，如图7-3所示。

图 7-1

图 7-2

图 7-3

【重点】7.1.1 文字工具选项

"横排文字工具" ▣ 和"直排文字工具" ▣ 的使用方法相同，区别在于输入文字的排列方式不同。"横排文字工具"输入的文字是横向排列的，是目前最为常用的文字排列方式，如图7-4所示；而"直排文字工具"输入的文字是纵向排列的，常用于古典感文字以及日文版面的编排，如图7-5所示。

图 7-4

图 7-5

在输入文字前，需要对文字的字体、大小、颜色等属性进行设置。这些设置都可以在文字工具的选项栏中进行。单击工具箱中的"横排文字工具"按钮，其选项栏如图7-6所示。

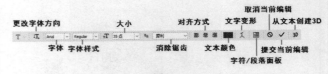

图 7-6

提示：设置文字选项

想要设置文字属性，可以先在选项栏中设置好合适参数，再进行文字的输入；也可以在文字制作完成后，选中文字对象，然后在选项栏中更改参数。

- 切换文本取向 ▣：单击该按钮，横向排列的文字将变为直排，直排文字将变为横排。其功能与执行"文字>取向>水平/垂直"命令相同。图7-7为对比效果。

图 7-7

- 设置字体系列 Arial ▾：在选项栏中单击"设置字体"下拉箭头，并在下拉列表中单击可选择合适的字体。图7-8为不同字体的效果。

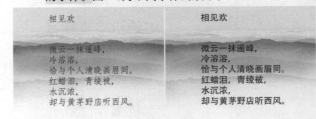

图 7-8

- 设置字体样式 Regular ▾：字体样式只针对部分英文体有效。输入字符后，可以在该下拉列表框中选择需要的字体样式，包含Regular（规则）、Italic（斜体）、Bold（粗体）和Bold Italic（粗斜体）。
- 设置字体大小 ▣ 12点 ▾：如要设置文字的大小，可以直接输入数值，也可以在下拉列表框中选择预设的字体大小。图7-9为不同大小的对比效果。若要改变部分字符的大小，则需要选中需要更改的字符后进行设置。

80点   150点

图 7-9

- 设置消除锯齿的方法 _aa 锐利 ⇅：输入文字后，可以在该下拉列表框中为文字指定一种消除锯齿的方法。选择"无"时，Photoshop不会消除锯齿，文字边缘会呈现出不平滑的效果；选择"锐利"时，文字的边缘最为锐利；选择"犀利"时，文字的边缘比较锐利；选择"浑厚"时，文字的边缘会变粗一些；选择"平滑"时，文字的边缘会非常平滑。图7-10为不同方法的对比效果。

无   锐利   犀利   浑厚   平滑

图 7-10

- 设置文本对齐方式 ≣≣≣：根据输入字符时光标的位置来设置文本对齐方式。图7-11为不同对齐方式的对比效果。

图 7-11

- 设置文本颜色 ▬：单击该颜色块，在弹出的"拾色器"窗口中可以设置文字颜色。如果要修改已有文字的颜色，可以先在文档中选择文本，然后在选项栏中单击颜色块，在弹出的窗口中设置所需要的颜色。图7-12为不同颜色的对比效果。

图 7-12

- 创建文字变形 ㇉：选中文本，单击该按钮，在弹出的窗口中可以为文本设置变形效果。

- 切换字符和段落面板 ▤：单击该按钮，可在"字符"面板或"段落"面板之间进行切换。
- 取消所有当前编辑 ⊘：在文本输入或编辑状态下显示该按钮，单击即可取消当前的编辑操作。
- 提交所有当前编辑 ✔：在文本输入或编辑状态下显示该按钮，单击即可确定并完成当前的文字输入或编辑操作。文本输入或编辑完成后，需要单击该按钮，或者按Ctrl+Enter快捷键完成操作。
- 从文本创建3D 3D：单击该按钮，可将文本对象转换为带有立体感的3D对象。

> **提示："直排文字工具"选项栏**
>
> "直排文字工具"与"横排文字工具"的选项栏参数基本相同，区别在于"对齐方式"。其中，▮表示顶对齐文本，▮表示居中对齐文本，▮表示底对齐文本，如图7-13所示。

图 7-13

重点 7.1.2　动手练：创建点文字

"点文本"是最常用的文本形式。在点文本输入状态下输入的文字，会一直沿着横向或纵向进行排列，如果输入过多甚至会超出画面显示区域，此时需要按Enter键才能换行。点文本常用于较短文字的输入。

扫一扫，看视频

（1）点文本的创建方法非常简单。单击工具箱中的"横排文字工具"按钮 T，在其选项栏中设置字体、字号、颜色等文字属性。然后在画面中单击（单击处为文字的起点），出现闪烁的光标，如图7-14所示；输入文字，文字会沿横向进行排列；如果需要输入第二行文字，需要按Enter键，然后在下一行继续输入文字。最后单击选项栏中的 ✔ 按钮（或按Ctrl+Enter快捷键）完成文字的输入，如图7-15所示。

图 7-14

图 7-15

(2) 此时在"图层"面板中出现了一个新的文字图层。如果要修改整个文字图层的字体、字号等属性,可以在"图层"面板中单击选中该文字图层(如图7-16所示),然后在选项栏或"字符"面板、"段落"面板中更改文字属性,如图7-17所示。

图 7-16

图 7-17

(3) 如果要修改部分字符的属性,先选择"横排文字工具",然后在需要更改字符的左侧或右侧单击插入光标,如图7-18所示。接着按住鼠标左键拖动将文字选中,被选中的文字将处于高亮状态,如图7-19所示。接着在选项栏可以更改位置属性,更改完成后单击选项栏中的 ✔ 按钮(或按Ctrl+Enter快捷键)完成文字的输入,如图7-20所示。

图 7-18

图 7-19

图 7-20

 提示:方便的字符选择方式

在文字输入状态下,单击3次可以选择一行文字;单击4次可以选择整个段落的文字;按Ctrl+A快捷键可以选择所有的文字。

练习实例：创建直排文字制作简单的照片排版

文件路径	资源包\第7章\创建直排文字制作简单的照片排版
难易指数	★★★★★
技术要点	直排文字工具、自定形状工具、横排文字工具

扫一扫，看视频

案例效果

案例处理前后的效果对比如图7-21和图7-22所示。

图 7-21　　　　　　图 7-22

操作步骤

步骤 01 打开素材文件"1.jpg"。接下来需要在画面人物左边位置输入文字。选择工具箱中的"直排文字工具"，在选项栏中设置合适的字体和字号，颜色为白色，设置完成后在画面左边位置单击输入文字，文字输入完成后按Ctrl+Enter快捷键完成操作，如图7-23所示。接着用同样的方式在已有文字下方位置单击，再次输入文字，如图7-24所示。

图 7-23

图 7-24

步骤 02 继续使用直排文字工具，在两个中文文字中间位置单击输入英文，如图7-25所示。再次使用直排文字工具，在已有中文文字下方位置单击输入文字，输入第二行时按Enter键换行开始第二行的输入，如图7-26所示。

图 7-25

图 7-26

步骤 03 选择工具箱中的"自定形状工具"，在选项栏中设置"绘制模式"为形状，"填充"为白色，"描边"为无，在"形状"下拉列表中选择一种边框图形，设置完成后在画面中竖排文字左上角位置绘制形状，如图7-27所示。接着选择工具箱中的"横排文字工具"，在选项栏中设置合适的字体和字号，设置颜色为白色，设置完成后在白色边框图形中单击输入文字，文字输入完成后按Ctrl+Enter快捷键完成操作。完成效果如图7-28所示。

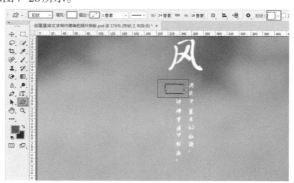

图 7-27

图 7-28

重点 7.1.3 动手练：创建段落文字

顾名思义，"段落文字"是一种用来制作大段文字的常用方式。"段落文字"可以使文字限定在一个矩形范围内，在这个矩形区域中文字会自动换行，而且文字区域的大小还可以进行方便的调整。配合对齐方式的设置，可以制作出整齐排列的效果。

扫一扫，看视频

（1）单击工具箱中的"横排文字工具"按钮，在其选项栏中设置合适的字体、字号、文字颜色、对齐方式，然后在画布中按住鼠标左键拖动，绘制出一个矩形的文本框，如图7-29所示。在其中输入文字，文字会自动排列在文本框中，如图7-30所示。

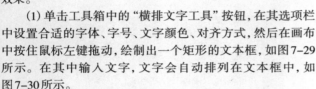
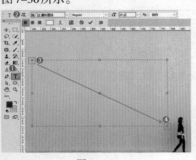

图 7-29   图 7-30

（2）如果要调整文本框的大小，可以将光标移动到文本框边缘处，按住鼠标左键拖动即可，如图7-31所示。随着文本框大小的改变，文字也会重新排列。当定界框较小而不能显示全部文字时，其右下角的控制点会变为 ⊞ 形状，拉大文本框即可完整显示文字，如图7-32所示。

图 7-31   图 7-32

（3）文本框还可以进行旋转。将光标放在文本框一角处，当其变为弯曲的双向箭头 ↕ 时，按住鼠标左键拖动，即可旋

转文本框，文本框中的文字也会随之旋转（在旋转过程中如果按住Shift键，能够以15°角为增量进行旋转），如图7-33所示。单击工具选项栏中的 ✔ 按钮或者按Ctrl+Enter快捷键完成文本编辑。如果要放弃对文本的修改，可以单击工具选项栏中的 ⊘ 按钮或者按Esc键。

图 7-33

提示：点文本和段落文本的转换

如果当前选择的是点文本，执行"文字>转换为段落文本"命令，可以将点文本转换为段落文本；如果当前选择的是段落文本，执行"文字>转换为点文本"命令，可以将段落文本转换为点文本。

提示：如何使用其他字体

在进行照片排版时经常需要根据照片的主题切换各种风格的字体，而计算机自带的字体样式可能无法满足实际需求，这时就需要安装额外的字体。由于Photoshop中所使用的字体其实是调用操作系统中的系统字体，所以用户只需要把字体文件安装在操作系统的字体文件夹下即可。常见的字体安装文件有多种形式，安装方式也略有区别。安装好字体以后，重新启动Photoshop就可以在文字工具选项栏中的字体系列中查找到新安装的字体。

下面列举几种比较常见的字体安装方法。

（1）很多时候我们使用到的字体文件是EXE格式的可执行文件，这种字库文件安装比较简单，双击运行并按照提示进行操作即可。

（2）当遇到后缀名为".ttf"或".fon"等没有自动安装程序的字体文件时，需要打开"控制面板"（单击计算机桌面左下角的"开始"按钮，在其中单击"控制面板"），然后在控制面板中打开"字体"窗口，接着将".ttf"或".fon"格式的字体文件复制到打开的"字体"窗口中即可。

练习实例：为商品照片添加水印

文件路径	资源包\第7章\为商品照片添加水印
难易指数	★★★★★
技术要点	横排文字工具、段落文本的创建方法

扫一扫，看视频

案例效果

案例效果如图7-34所示。

图 7-34

操作步骤

步骤 01 执行"文件>打开"命令，打开素材"1.jpg"，如图7-35所示。为了防止产品照片被他人盗用，在处理好的产品照片上添加"防盗"的品牌或店铺名称的文字信息是很有必要的。如果水印比较小或者数量较少，则很容易被他人轻易去除；而水印过大则容易影响画面效果。本案例介绍一种制作容易且又不影响产品展示的水印制作方法。

图 7-35

步骤 02 接着单击工具箱中的"横排文字工具"，在画面中按住鼠标左键拖动绘制一个文本框，如图7-36所示。接着在选项栏中选择合适的字体、字号，然后将文字颜色设置为白色。然后在文本框中输入文字，文字的后方可以接着按几下Space键，如图7-37所示。

图 7-36

图 7-37

步骤 03 接着按住鼠标左键拖动，将文字选中，然后使用快捷键Ctrl+C进行复制，如图7-38所示。接着多次使用快捷键Ctrl+V进行粘贴，如图7-39所示。

图 7-38　　　　　　　　图 7-39

步骤 04 为了保证文字的数量足够多，需要拖动控制点将文本框放大，然后继续复制文字，如图7-40所示。为了更加快捷地将复制的文字填充整个画面，可以在复制出几行文字之后，使用快捷键Ctrl+A全选文字，然后使用快捷键Ctrl+C进行复制，接着多次按下快捷键Ctrl+V进行粘贴，可以快捷地复制大面积的文字，如图7-41所示。

图 7-40　　　　　　　　图 7-41

步骤 05 选中文字图层，在图层面板中设置"不透明度"为25%，如图7-42所示。画面效果如图7-43所示。

图 7-42

图 7-43

步骤 06 接着使用快捷键Ctrl+T调出定界框，然后将其进行旋转，如图7-44所示。旋转完成后按Enter键确定变换。

图 7-44

步骤 07 接下来处理挡住人物部分的文字。选择工具箱中的"钢笔工具"，设置绘制模式为"路径"，然后沿着人物边缘绘制路径，如图7-45所示。接着使用快捷键Ctrl+Enter将路径转换为选区，如图7-46所示。

图 7-45

图 7-46

步骤 08 接着执行"选择>反向"命令，得到背景部分的选区。选择文字图层，单击图层面板底部的"添加图层蒙版"按钮，为该图层添加图层蒙版，如图7-47所示。此时水印文字只遮挡了背景，而不影响人物和服装。案例完成效果如图7-48所示。

图 7-47

图 7-48

7.1.4 动手练：创建路径文字

扫一扫，看视频

前面介绍的两种文字都是排列比较规则的，但是有的时候我们可能需要一些排列得不那么规则的文字效果，例如使文字围绕在某个图形周围，使文字像波浪线一样排布。这时就要用到"路径文字"功能了。"路径文字"比较特殊，它是使用"横排文字工具"或"直排文字工具"创建出的依附于"路径"上的一种文字类型。依附于路径上的文字会按照路径的形态进行排列。

（1）为了制作路径文字，需要先绘制路径。然后将"横排文字工具"移动到路径上并单击，此时路径上出现了文字的输入点，如图7-49所示。输入文字后，文字会沿着路径进行排列，如图7-50所示。改变路径形状时，文字的排列方式也会随之发生改变，如图7-51所示。

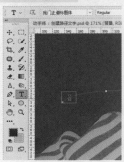
图 7-49

图 7-50

中文版Photoshop CC数码照片处理从入门到精通（微课视频 全彩版）

图 7-51

（2）在创建路径时，使用"横排文字工具"创建路径时，在路径上单击的位置为路径文字的起点位置，带有✂标志；在路径的末端为路径文字的终点，带有○标志，如图7-52所示。如果要更改路径文字的起点和终点的位置，可以选择"直接选择工具"，光标放在起点或终点的位置，例如放在起点位置，光标变为▶状后按住鼠标左键向后拖动，即可更改径文字的起点位置，如图7-53所示。

图 7-52

图 7-53

提示：将文字对象变为普通图层

"栅格化"在 Photoshop 中经常用到，例如栅格化智能对象、栅格化图层样式、栅格化3D对象等。而这些操作通常都是指将特殊对象变为普通对象的过程。文字对象也是一种比较特殊的对象，无法直接进行形状或者内部像素的更改。而想要进行这些操作就需要将文字对象转换为普通的图层，"栅格化文字"命令就派上用场了。

在"图层"面板中选择文字图层，然后在图层名称上单击鼠标右键，接着在弹出的菜单中选择"栅格化文字"命令，如图7-54所示。就可以将文字图层转换为普通图层，如图7-55所示。

图 7-54　　　　　　　图 7-55

7.1.5　动手练：创建区域文字

扫一扫，看视频

"区域文字"与"段落文字"相似，都是被限定在某个特定的区域内。"段落文字"处于一个矩形的文本框内，而"区域文字"的外框可以是任何图形。

首先绘制一条闭合路径；然后单击工具箱中的"横排文字工具"按钮，在其选项栏中设置合适的字体、字号及文本颜色；将光标移动至路径内，当它变为 ⓘ 形状，单击即可插入光标，如图7-56所示。输入文字，可以看到文字只在路径内排列。文字输入完成后，单击选项栏中的"提交所有当前操作"按钮 ✔，完成区域文本的制作，如图7-57所示。单击其他图层即可隐藏路径，如图7-58所示。

图 7-56

图 7-57

图 7-58

【重点】7.1.6　动手练：制作变形文字

在制作网店标志或者网页广告上的主题文字时，经常需要对文字进行变形。Photoshop 提供了对文字进行变形的功能。选中需要变形的文字图层；在使用文字工具的状态下，在选项栏中

扫一扫，看视频

单击"创建文字变形"按钮 ⊥，打开"变形文字"对话框，在该对话框中，从"样式"下拉列表框中选择变形文字的方式，然后分别设置文本扭曲的方向、"弯曲""水平扭曲""垂直扭曲"等参数，单击"确定"按钮，即可完成文字的变形，如图7-59所示。图7-60为选择不同变形方式产生的文字效果。

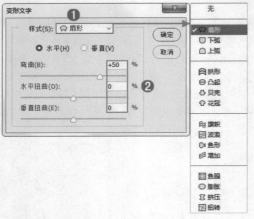

图 7-59

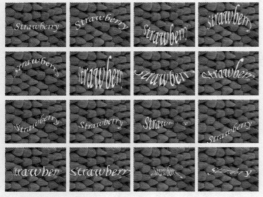

图 7-60

- 水平/垂直：选中"水平"单选按钮时，文本扭曲的方向为水平方向，如图7-61所示；选中"垂直"单选按钮时，文本扭曲的方向为垂直方向，如图7-62所示。

图 7-61　　　　　　　图 7-62

- 弯曲：用来设置文本的弯曲程度。图7-63为设置不同参数值时的对比效果。

弯曲：-60　　　　　　　弯曲：60

图 7-63

- 水平扭曲：用来设置水平方向的透视扭曲变形的程度。图7-64为设置不同参数值时的对比效果。

水平扭曲：100　　　　　水平扭曲：-100

图 7-64

- 垂直扭曲：用来设置垂直方向的透视扭曲变形的程度。图7-65为设置不同参数值时的对比效果。

垂直扭曲：-60　　　　　垂直扭曲：60

图 7-65

> **提示：为什么"变形文字"不可用**
>
> 如果所选的文字对象被添加了"仿粗体"样式 **T**，那么在使用"变形文字"功能时可能会出现不可用的提示。此时只需单击"确定"按钮，即可去除"仿粗体"样式，并可继续使用"变形文字"功能。

[重点]7.1.7　编辑文字属性

扫一扫，看视频

虽然在文字工具的选项栏中可以进行一些文字属性的设置，但并未包括所有的文字属性。执行"窗口>字符"命令，打开"字符"面板。该面板是专门用来定义页面中字符的属性的。在"字符"面板中，除了能对常见的字体系列、字体样式、字体大小、文本颜色和消除锯齿的方法等进行设置，也可以对行距、字距等字符属性进行设置，如图7-66所示。

中文版Photoshop CC数码照片处理从入门到精通（微课视频 全彩版）

字体系列 — Adobe 黑体 Std — 字体样式
字体大小 — 12点 — 设置行距
字距微调 — 0 — 字距调整
比例间距 — 0%
垂直缩放 — 100% — 100% — 水平缩放
基线偏移 — 0点 — 颜色 — 文本颜色
— 文字样式
— OpenType功能
语言 — 美国英语 — 锐利 — 消除锯齿

图 7-66

- 设置行距 ：行距就是上一行文字基线与下一行文字基线之间的距离。选择需要调整的文字图层，然后在"设置行距"文本框中输入行距值或在下拉列表中选择预设的行距值，然后按Enter键即可。图7-67为设置不同参数值时的对比效果。

行距：24点　　　　行距：48点

图 7-67

- 字距微调 ：用于设置两个字符之间的字距微调。在设置时，先要将光标插入到需要进行字距微调的两个字符之间，然后在该文本框中输入所需的字距微调数量（也可在下拉列表框中选择预设的字距微调数量）。输入正值时，字距会扩大；输入负值时，字距会缩小。图7-68为设置不同参数值时的对比效果。

字距微调：0　　　　字距微调：150

图 7-68

- 字距调整 ：用于设置所选字符的字距调整。输入正值时，字距会扩大；输入负值时，字距会缩小。图7-69为设置不同参数值时的对比效果。

字距：-100　　　字距：0　　　字距：300

图 7-69

- 比例间距 ：比例间距是按指定的百分比来减少字符周围的空间，因此字符本身并不会被伸展或挤压，而是字符之间的间距被伸展或挤压了。图7-70为设置不同参数值时的对比效果。

比例间距：0　　　　比例间距：100

图 7-70

- 垂直缩放 /水平缩放 ：用于设置文字的垂直或水平缩放比例，以调整文字的高度或宽度。图7-71为设置不同参数值时的对比效果。

垂直缩放：100% 水平缩放：100%　　垂直缩放：200% 水平缩放：100%　　垂直缩放：100% 水平缩放：200%

图 7-71

- 基线偏移 ：用于设置文字与文字基线之间的距离。输入正值时，文字会上移；输入负值时，文字会下移。图7-72为设置不同参数值时的对比效果。

基线偏移：0　　　　基线偏移：100　　　　基线偏移：-60

图 7-72

- 文字样式 ：用于设置文字的特殊效果，仿粗体 、仿斜体 、全部大写字母 、小型大写字母 、上标 、下标 、下划线 、删除线 ，如图7-73所示。

Summer　仿粗体　　　　Summer　上标
Summer　仿斜体　　　　Summer　下标
SUMMER　全部大写字母　Summer　下划线
Summer　小型大写字母　Summer　删除线

图 7-73

- Open Type功能：包括标准连字 、上下文替代字 、自由连字 、花饰字 、替代样式 、标题替代字 、序数字 、分数字 。
- 语言设置：对所选字符进行有关连字符和拼写规则的语言设置。

- **消除锯齿方式**：输入文字后，可以在该下拉列表框中为文字指定一种消除锯齿的方法。

"段落"面板用于设置文字段落的属性，如文本的对齐方式、缩进方式、避头尾法则设置、间距组合设置、连字等。在文字工具选项栏中单击"切换字符"和"段落"面板按钮或执行"窗口>段落"命令，都可打开"段落"面板，如图7-74所示。

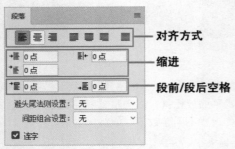

图 7-74

- **左对齐文本** ▤：文本左对齐，段落右端参差不齐，如图7-75所示。
- **居中对齐文本** ▤：文本居中对齐，段落两端参差不齐，如图7-76所示。
- **右对齐文本** ▤：文本右对齐，段落左端参差不齐，如图7-77所示。

图 7-75 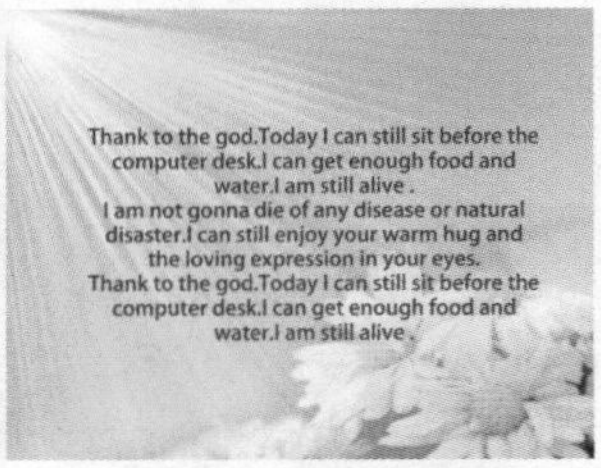　　　　　　　　图 7-76

图 7-77

- **最后一行左对齐** ▤：最后一行左对齐，其他行左右两端强制对齐。段落文本、区域文字可用，点文本不可用，如图7-78所示。
- **最后一行居中对齐** ▤：最后一行居中对齐，其他行左右两端强制对齐。段落文本、区域文字可用，点文本不可用，如图7-79所示。
- **最后一行右对齐** ▤：最后一行右对齐，其他行左右

两端强制对齐。段落文本、区域文字可用，点文本不可用，如图7-80所示。

- **全部对齐** ▤：在字符间添加额外的间距，使文本左右两端强制对齐。段落文本、区域文字、路径文字可用，点文本不可用，如图7-81所示。

图 7-78 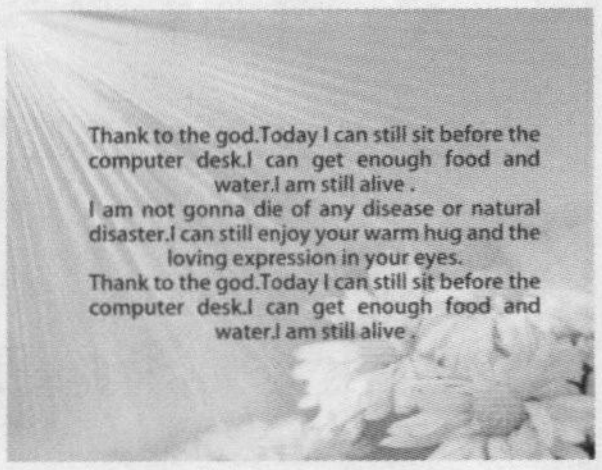　　　　　　　　图 7-79

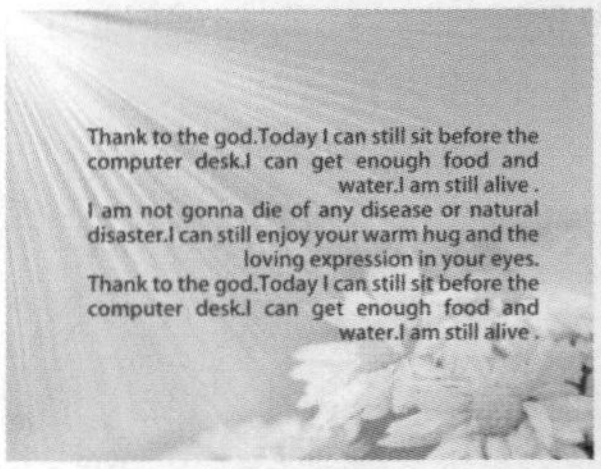

图 7-80 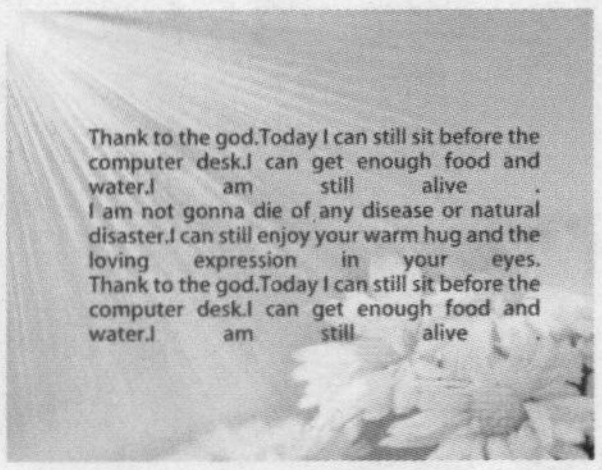　　　　　　　　图 7-81

- **左缩进** ▸▤：用于设置段落文本向右（横排文字）或向下（直排文字）的缩进量。
- **右缩进** ▤◂：用于设置段落文本向左（横排文字）或向上（直排文字）的缩进量。
- **首行缩进** ▤：用于设置段落文本中每个段落的第1行向右（横排文字）或第1列文字向下（直排文字）的缩进量。
- **段前添加空格** ▸▤：设置光标所在段落与前一个段落之间的间隔距离。
- **段后添加空格** ▸▤：设置光标所在段落与后一个段落之间的间隔距离。
- **避头尾法则设置**：在中文书写习惯中，标点符号通常不会位于每行文字的第一位（日文的书写也遵循相同的规则），在Photoshop中可以通过设置"避头尾法则设置"来设定不允许出现在行首或行尾的字符。
- **间距组合设置**：为日语字符、罗马字符、标点、特殊字符、行开头、行结尾和数字的间距指定文本编排方式。
- **连字**：勾选"连字"复选框后，在输入英文单词时，如果段落文本框的宽度不够，英文单词将自动换行，并在单词之间用连字符连接起来。

练习实例：杂志感的照片排版

文件路径	资源包\第7章\杂志感的照片排版
难易指数	★★★★★
技术要点	横排文字工具、直排文字工具、投影

案例效果

案例效果如图7-82所示。

图 7-82

操作步骤

步骤 01 首先新建一个大小合适的空白文档，设置"前景色"为灰色，使用快捷键Alt+Delete进行填充，效果如图7-83所示。选择工具箱中的"矩形工具"，在选项栏中设置"绘制模式"为"形状"，"填充"为白色，"描边"为无，设置完成后在灰色背景上方按住鼠标左键拖动绘制一个白色矩形，如图7-84所示。

图 7-83　　　　　　图 7-84

步骤 02 接着制作白色矩形的立体效果。选择白色矩形图层，执行"图层>图层样式>投影"命令，在弹出的"投影"图层样式中设置"混合模式"为"正片叠底"，"颜色"为黑色，"不透明度"为30%，"角度"为120度，"距离"为0像素，"扩展"为0%，"大小"为50像素，"杂色"为0%，设置完成后单击"确定"按钮完成操作，如图7-85所示。效果如图7-86所示。

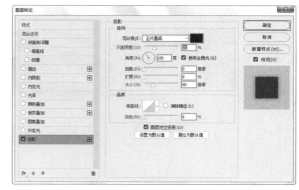

图 7-85

图 7-86

步骤 03 接下来需要将照片素材置入到画面中。置入素材"1.jpg"，调整大小放在画面中白色矩形上半部分位置。效果如图7-87所示。

图 7-87

步骤 04 图片的置入操作已经完成，接下来为画面添加文字。单击工具箱中的"横排文字工具"按钮，在选项栏中设置一种日系的文字字体，设置合适的字号和颜色，设置完成后在图片下方位置单击输入文字，如图7-88所示。文字输入完成后按下快捷键Ctrl+Enter完成操作。接着使用横排文字工具，已有文字下方位置按住鼠标左键绘制一个文本框，并在文本框中输入段落文字，如图7-89所示。

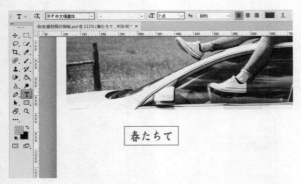

图7-88

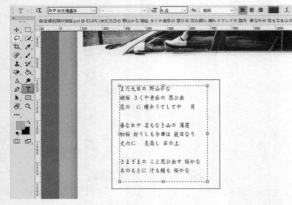

图7-89

步骤 05 继续使用横排文字工具,在选项栏中设置合适的字体、字号和颜色,设置完成后在已有段落文字下方位置单击输入文字,如图7-90所示。接着用同样的方式在英文文字下方单击输入文字,如图7-91所示。

图7-90

さまざまの こと思ひ出す 桜かな
木のもとに 汁も鱠も 桜かな

Dream what you want to dream; go where you want to go; be what you
chance to do all the things you want to do.
GREAT MINDS HAVE PURPOSE, OTHERS HAVE WISHES.

图7-91

步骤 06 单击工具箱中的"直排文字工具"按钮,在选项栏中设置合适的字体、字号和颜色,设置完成后在日式文字左边位置单击输入文字。文字输入完成后按快捷键Ctrl+Enter完成操作,效果如图7-92所示。接着用同样的方式在该文字下方位置单击输入文字,效果如图7-93所示。

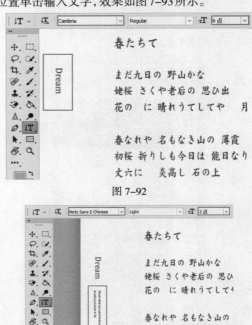

图7-92

图7-93

步骤 07 选择工具箱中的"矩形工具",在选项栏中设置"绘制模式"为"形状","填充"为深灰色,"描边"为无,设置完成后在两个竖排文字中间位置绘制矩形,如图7-94所示。接着单击工具箱中的"自定形状工具"按钮,在选项栏中设置"绘制模式"为"形状","填充"为深灰色,"描边"为无,在"形状"下拉单中选择枫叶图形,设置完成后在深灰色矩形上方位置绘制一个较小的枫叶图形,如图7-95所示。

图7-94　　　　　　　　图7-95

步骤 08 选择枫叶图层,将其复制一份并向下移动至画面底部英文上方位置,如图7-96所示。接着选择复制得到的图层,使用自由变换快捷键Ctrl+T调出定界框,将光标放在定界框外，按住Shift键的同时按住鼠标左键将图形进行等比例放大，如图7-97所示。操作完成后按Enter键完成操作。

图7-96　　　　　　　　　图7-97

步骤 09 再次将原始枫叶图层复制一份，并向下移动至放大的枫叶右下角位置，选择深灰色矩形图层，将其复制一份并向下移动至最底部大写英文字母左边位置，效果如图7-98所示。此时杂志感的照片排版效果制作完成。效果如图7-99所示。

图7-98　　　　　　　　　图7-99

步骤 10 完成效果如图7-100所示。

图7-100

7.2 在照片版面中绘制图形

在Photoshop中有两大类可以用于绘图的矢量工具：钢笔工具以及形状工具。钢笔工具用于绘制不规则的形态，而形状工具则用于绘制规则的几何图形，例如椭圆形、矩形、多边形等。

扫一扫，看视频

在使用"钢笔工具"或"形状工具"绘图前，首先要在工具选项栏中选择绘图模式："形状""路径"和"像素"，如图7-101所示。图7-102为3种绘图模式的不同效果。注意，"像素"模式无法在"钢笔工具"状态下启用。

图7-101

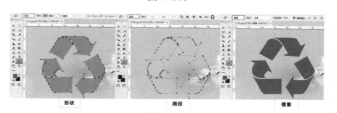

图7-102

矢量图时经常使用"形状模式"进行绘制，因为可以方便、快捷地在选项栏中设置填充与描边属性；"路径"模式常用来创建路径后转换为选区；而"像素"模式则用于快速绘制常见的几何图形。

> 💡 提示：不同矢量绘图模式的特点
>
> ·形状：带有路径，可以设置填充与描边。绘制时自动新建的"形状图层"，绘制出的是矢量对象。钢笔工具与形状工具皆可使用此模式。常用于淘宝页面中图形的绘制，不仅方便绘制完毕后更改颜色，还可以轻松调整形态。
>
> ·路径：只能绘制路径，不具有颜色填充属性。无须选中图层，绘制出的是矢量路径，无实体，打印输出不可见，可以转换为选区后填充。钢笔工具与形状工具皆可使用此模式。此模式常用于抠图。
>
> ·像素：没有路径，以前景色填充绘制的区域。需要选中图层，绘制出的对象为位图对象。形状工具可用此模式，钢笔工具不可用。

重点 7.2.1　动手练：使用"形状"模式绘图

在使用"形状工具组"中的工具或"钢笔工具"时，都可将绘制模式设置为"形状"。在"形状"绘制模式下可以设置形状的填充，将其填充为"纯色""渐变""图案"或者无填充。同样还可以设置描边的颜色、粗细以及描边样式，如图7-103所示。

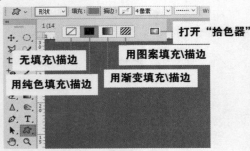

图 7-103

（1）下面以使用"矩形工具"为例尝试使用"形状"模式进行绘图。选择工具箱中的"矩形工具" ，在选项栏中设置"绘制模式"为"形状"，然后单击"填充"下拉面板的"无"按钮 ，同样设置"描边"为"无"。"描边"下拉面板与"填充"下拉面板是相同的，如图7-104所示。接着按住鼠标左键拖曳图形，此时绘制的形状既没有填充颜色也没有描边颜色。效果如图7-105所示。

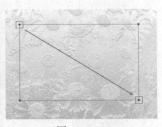

图 7-104　　　　　　　　　图 7-105

（2）按快捷键Ctrl+Z进行撤销。单击"填充"按钮，在下拉面板中单击"纯色"按钮 ，在下拉面板中可以看到多种颜色，单击即可选中相应的颜色，如图7-106所示。接着绘制图形，该图形就会填充该颜色，如图7-107所示。若单击"拾色器"按钮 ，可以打开"拾色器"窗口，自定义颜色。

图 7-106　　　　　　　　　图 7-107

（3）如果想要设置"填充"为渐变，可以单击"填充"按钮，在下拉面板中单击"渐变"按钮 ，然后在下拉面板中编辑渐变颜色，如图7-108所示。渐变编辑完成后绘制图形，效果如图7-109所示。

图 7-108　　　　　　　　　图 7-109

（4）如果要设置"填充"为图案，可以单击"填充"按钮，在下拉面板中单击"图案"按钮 ，在下拉面板中单击选择一个图案，如图7-110所示。接着绘制图形，效果如图7-111所示。

图 7-110　　　　　　　　　图 7-111

（5）接着设置"描边"颜色，然后调整描边粗细，如图7-112所示。单击"描边类型"按钮，在下拉列表中可以选择一种描边线条的样式，如图7-113所示。

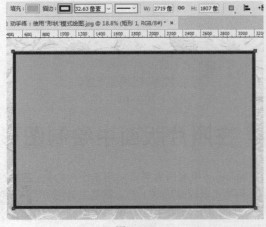

图 7-112

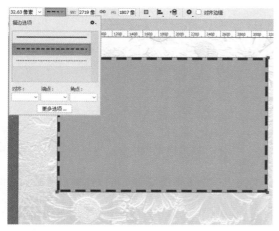

图 7–113

提示：编辑形状图层

形状图层带有 标志，它具有填充、描边等属性。在形状绘制完成后，还可以进行修改。选择形状图层，接着单击工具箱中的“直接选择工具” 、“路径选择工具” 、“钢笔工具”或者形状工具组中的工具，随即会在选项栏中显示当前形状的属性，接着在选项栏中进行修改即可。

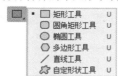

7.2.2 形状绘图工具的使用方法

右键单击工具箱中的形状工具组按钮 ，在弹出的工具组中可以看到6种形状工具，如图7–114所示。使用这些形状工具可以绘制出各种各样的常见形状，如图7–115所示。

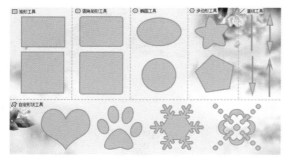

图 7–114

图 7–115

1. 使用绘图工具绘制简单图形

这些绘图工具虽然能够绘制出不同类型的图形，但是它们的使用方法是比较接近的。首先单击工具箱中的相应工具按钮，以使用“矩形工具”为例。右键单击工具箱中的形状工具组按钮，在工具列表中单击“矩形工具”。在选项栏里设置“绘制模式”以及“描边”“填充”等属性，设置完成后在画面中按住鼠标左键并拖动，可以看到出现了一个圆角矩形，如图7–116所示。

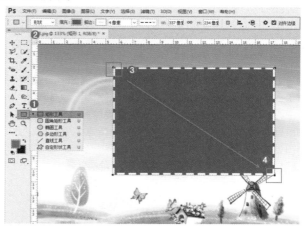

图 7–116

2. 绘制精确尺寸的图形

上面学习的绘制方法属于比较“随意”的绘制方式，如果想要得到精确尺寸的图形，那么可以使用图形绘制工具在画面中单击，然后会弹出一个用于设置精确选项数值的窗口，参数设置完毕后单击“确定”按钮，如图7–117所示。即可得到一个精确尺寸的图形，如图7–118所示。

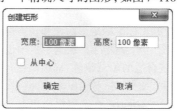

图 7–117

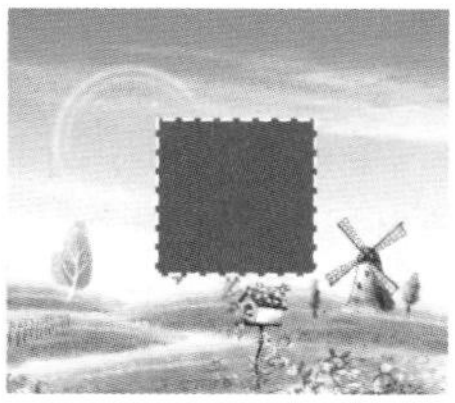

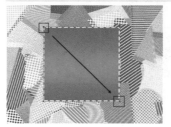

图 7–118

3. 绘制“正”的图形

在绘制的过程中，按住Shift键拖曳鼠标，可以绘制正方形、正圆形等图形，如图7–119所示。按住Alt键拖曳鼠标可以绘制由鼠标落点为中心点向四周延伸的矩形，如图7–120所示。

图 7–119

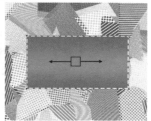

图 7–120

> **提示：矢量图形对象无法直接进行编辑**
>
> 　　矢量图形对象无法直接进行局部擦除或画笔绘制等操作，因为该对象并不是普通图层，属于特殊的形状图层。所以想要进行其他的编辑需要将该图层栅格化，选择该图层，执行"图层>栅格化>形状图层"命令即可。

举一反三：以起点作为中心点绘制规则图形

　　在绘图时有多个可以使用的快捷键，例如Shift键用于绘制正方形、正圆形等规则图形，而Alt键则用于将起点作为图形中心点。那么我们也可以尝试同时按住Shift键和Alt键，按住鼠标左键并拖曳，可以绘制出以鼠标落点为中心的正方形，如图7-121所示。

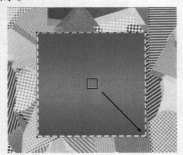

图7-121

7.2.3 动手练：绘制常见几何图形

　　（1）"矩形工具"可以绘制出标准的矩形对象和正方形对象。单击工具箱中的"矩形工具" 按钮，在选项栏中设置"绘制模式"为"形状"，设置合适的填充颜色、描边颜色和描边样式，在画面中按住鼠标左键拖曳，释放鼠标后即可完成一个矩形对象绘制，如图7-122所示。在选项栏中单击 图标，打开"矩形工具"的设置选项，如图7-123所示。

图7-122

图7-123

- **不受约束**：选中该单选按钮，可以绘制出任意大小的矩形。
- **方形**：选中该单选按钮，可以绘制出任意大小的正方形。
- **固定大小**：选中该单选按钮，可以在其后面的数值输入框中输入宽度（W）和高度（H），然后在图像上单击即可创建出矩形。
- **比例**：选中该单选按钮后，可以在其后面的数值输入框中输入宽度（W）和高度（H）比例，此后创建的矩形始终保持这个比例。
- **从中心**：以任何方式创建矩形时，勾选该复选框，鼠标单击点即为矩形的中心。

　　（2）圆角矩形在设计中应用非常广泛，它不像矩形那样锐利、棱角分明，反而给人一种圆润、光滑的感觉，所以也就变得富有亲和力。使用"圆角矩形工具"可以绘制出标准的圆角矩形对象和圆角正方形对象。右键单击"形状工具组"，选择"圆角矩形工具" 。在选项栏中可以对"半径"进行设置，"半径"选项栏用来设置圆角的半径，数值越大，圆角越大。设置完成后在画面中按住鼠标左键拖曳，如图7-124所示。拖曳到理想大小后释放鼠标绘制完成了，如图7-125所示。

图7-124

图7-125

（3）使用"椭圆工具"可绘制出椭圆形和正圆形。在"形状工具组"上单击鼠标右键，选择"椭圆工具" ⬭ 。如果要创建椭圆，可以在画面中按住鼠标左键并拖动，如图7-126所示。松开光标即可创建出椭圆形，如图7-127所示。如果要创建正圆形，可以按Shift键或快捷键Shift+Alt(以鼠标单击点为中心)进行绘制。

图 7-126

图 7-127

（4）使用"多边形工具"可以创建出各种边数的多边形(最少为3条边)以及星形。在"形状工具"组上单击鼠标右键，选择"多边形工具" ⬡ 。在选项栏中可以设置"边"数，还可以在多边形工具选项中设置半径、平滑拐点、星形等参数，如图7-128所示。设置完毕后在画面中按住鼠标左键拖曳，松开鼠标完成绘制操作，如图7-129所示。

图 7-128

图 7-129

（5）使用"直线工具" ╱ 可以创建出直线和带有箭头的形状，如图7-130所示。右键单击"形状工具组"，在其中选择"直线工具"。首先在选项栏中设置合适的填充、描边，调整"粗细"数值设置合适的直线的宽度。接着按住鼠标左键拖曳进行绘制，如图7-131所示。"直线工具"还能够绘制箭头。单击 ⚙ 按钮，在下拉面板中能够设置箭头的起点、终点、宽度、长度和凹度等参数。设置完成后按住鼠标左键拖曳绘制，即可绘制箭头形状，如图7-132所示。

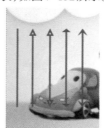

图 7-130

图 7-131

图 7-132

（6）使用"自定形状工具"  可以创建出非常多的形状。右键单击工具箱中的形状工具组，在其中选择"自定形状工具"。在选项栏中单击"形状"按钮，在下拉面板中单击选择一种形状，然后在画面中按住鼠标左键拖曳进行绘制，如图7-133所示。在Photoshop中有很多预设的形状，单击下拉面板右上角的 按钮，在菜单的底部可以看到很多预设形状组，单击选择一个形状组，在弹出的对话框中单击"确定"或"追加"按钮，即可将形状组中的形状载入到面板中，如图7-134所示。

为"形状"。由于钢笔工具具有极强的细节控制能力，所以在绘制矢量图形时也能够得到非常精确的细节效果。

（1）单击工具箱中的"钢笔工具"，设置"绘制模式"为"形状"（为了便于观察绘制效果此处先不进行填充、描边的设置。）然后在画面中相应位置单击，确定第一个锚点的位置，如图7-135所示。接着将光标移动到下一个位置，按住鼠标左键并拖动即可绘制出一段曲线路径，如图7-136所示。

图 7-133

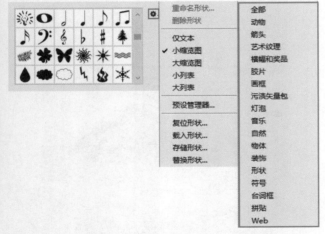

图 7-134

图 7-135

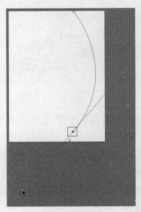

图 7-136

（2）释放鼠标后，如果要调整路径的形态，可以按住Ctrl键切换到"直接选择工具"，然后拖动控制点即可调整路径的形态，如图7-137所示。

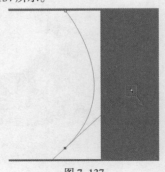

图 7-137

7.2.4　动手练：使用钢笔工具绘制不规则图形

我们知道钢笔工具是一种非常常用的精确抠图的工具，但实际上，钢笔工具不仅用于抠图，在绘图领域也占有重要的地位。区别在于使用钢笔工具抠图时需要设置"绘制模式"为"路径"，而使用钢笔工具绘图时则需要设置"绘制模式"

（3）因为下一段需要绘制直线路径，所以需要将平滑点转换为角点，按住 Alt 键切换到"转换点工具"，在锚点上单击将平滑点转换为角点，将光标向下一个位置移动，然后单击鼠标左键即可绘制一段直线路径，如图 7-138 和图 7-139 所示。

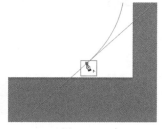

图 7-138　　　　　　图 7-139

（4）接着将光标移动到下一个位置单击，继续以单击的方式绘制直线路径，当绘制到起始锚点位置时，单击鼠标左键可以得到闭合路径，如图 7-140 所示。最后可以在选项栏中为其设置填充颜色，效果如图 7-141 所示。

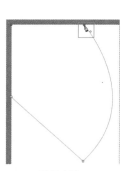

图 7-140　　　　　　图 7-141

（5）再次选择工具箱中的"钢笔工具"，在选项栏中设置"绘制模式"为"形状"，设置填充颜色为无，设置描边颜色和描边的粗细。接着在画面中单击确定起始锚点的位置，然后将光标移动到下一个位置单击，即可绘制一段直线（如果要绘制水平或垂直的路径可以按住 Shift 键单击），如图 7-142 所示。继续以单击的方式进行绘制（若要绘制开放的路径，当绘制完成后可以按 Esc 键退出），如图 7-143 所示。

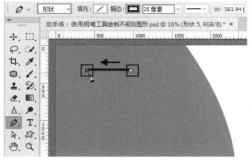

图 7-142

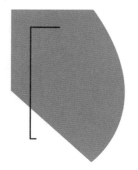

图 7-143

（6）继续以同样的方式绘制另外两段开放的路径，如图 7-144 所示。然后置入人像素材，如图 7-145 所示。最后添加文字，一张海报就制作完成了。效果如图 7-146 所示。

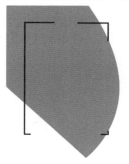　　

图 7-144　　　　　　图 7-145

图 7-146

7.3　图层样式：增强图层效果

图层样式是一种附加在图层上的"特殊效果"，例如浮雕、描边、光泽、发光、投影等。这些样式可以单独使用，也可以多种样式共同使用。Photoshop 中共有 10 种图层样式：斜面和浮雕、描边、内阴影、内发光、光泽、颜色叠加、渐变叠加、图案叠加、外发光与投影。从名称中就能够猜到这些样式的效果。如图 7-147 所示为未添加样式的图层。如图 7-148 所

扫一扫，看视频

示为这些图层样式单独使用的效果。

图 7-147

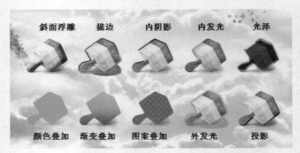

图 7-148

1．添加图层样式

（1）想要使用图层样式，首先需要选中图层（不能是空图层），如图7-149所示。接着执行"图层>图层样式"命令，在子菜单中可以看到图层样式的名称以及图层样式的相关命令，如图7-150所示。从中选择某一图层样式命令，即可打开"图层样式"窗口。

图 7-149

图 7-150

（2）该窗口左侧区域为图层样式列表，在某一样式前单击，样式名称前面的复选框内出现 ✓ 标记，表示在图层中添加了该样式。接着单击样式的名称，才能进入该样式的参数设置窗口。调整好相应的设置以后，单击"确定"按钮，即可为当前图层添加该样式，如图7-151所示。效果如图7-152所示。

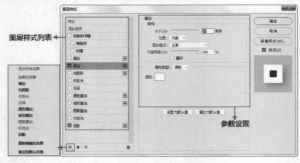

图 7-151

图 7-152

提示：显示所有效果

　　如果"图层样式"窗口左侧的列表中只显示了部分样式，那么可以单击左下角的 fx 按钮，执行"显示所有效果"命令（如图7-153所示），即可显示其他未启用的命令，如图7-154所示。

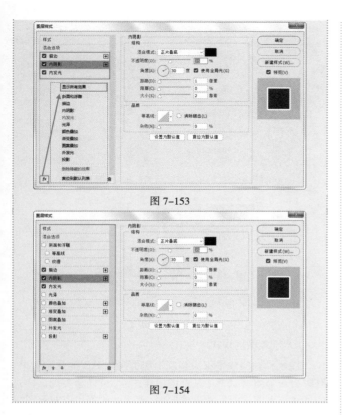

图 7-153

图 7-154

（3）对同一个图层可以添加多个图层样式，在左侧图层列表中可以单击多个图层样式的名称，即可启用该图层样式，如图 7-155 所示。效果如图 7-156 所示。

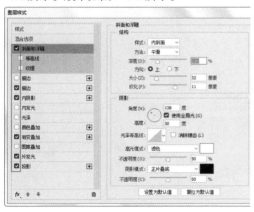

图 7-155

图 7-156

（4）有的图层样式名称后方带有一个 ➕，表明该样式可以被多次添加，例如单击"描边"样式后方的 ➕，在图层样式列表中出现了另一个"描边"样式，如图 7-157 所示。设置不同的描边大小和颜色，此时该图层出现了两层描边，如图 7-158 所示。

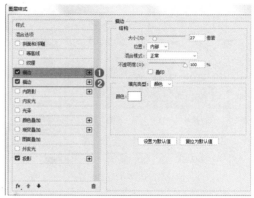

图 7-157

图 7-158

（5）图层样式也会按照上下堆叠的顺序显示，上方的样式会遮挡下方的样式。在图层样式列表中可以对多个相同样式的上下排列顺序进行调整。例如选中该图层三个描边样式中的一个，单击底部的"向上移动效果" ⬆ 按钮，可以将该样式向上移动一层；而单击"向下移动效果" ⬇ 按钮，可以将该样式向下移动一层，如图 7-159 所示。

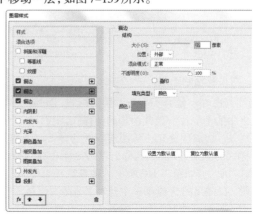

图 7-159

也可以在选中图层后，单击图层面板底部的"添加图层样式"*fx*按钮，接着在弹出的菜单中可以选择合适的样式，如图7-160所示。或在"图层"面板中双击需要添加样式的图层缩览图，也可以打开"图层样式"对话框。

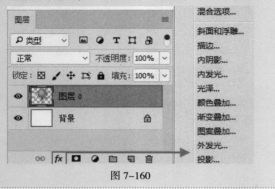

图7-160

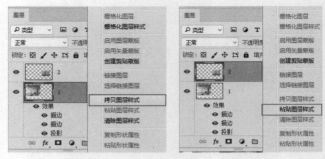

图7-163   图7-164

图7-165

2．编辑已添加的图层样式

为图层添加了图层样式后，在"图层"面板中该图层上会出现已添加的样式列表，单击向下的小箭头 即可展开图层样式堆栈，如图7-161所示。在"图层"面板中双击该样式的名称，即可弹出"图层样式"面板，进行参数的修改即可，如图7-162所示。

4．缩放图层样式

图层样式的参数很大程度上能够影响图层的显示效果。有时为一个图层赋予了某个图层样式后，可能会发现该样式的尺寸与本图层的尺寸不成比例，那么此时就可以对该图层样式进行"缩放"。展开图层样式列表，在图层样式上单击右键，执行"缩放效果"命令，如图7-166所示。然后可以在弹出的"缩放图层效果"窗口中设置"缩放"数值，如图7-167所示。经过缩放的图层样式尺寸会产生相应的放大或缩小，如图7-168所示。

图7-161   图7-162

3．拷贝和粘贴图层样式

当我们已经制作好了一个图层的样式，而其他图层或者其他文件中的图层也需要使用相同的样式，我们可以使用"拷贝图层样式"功能快速赋予该图层相同的样式。选择需要复制图层样式的图层，在图层名称上单击鼠标右键，执行"拷贝图层样式"命令，如图7-163所示。接着选择目标图层，单击鼠标右键，在弹出的快捷菜单中执行"粘贴图层样式"命令，如图7-164所示。此时另外一个图层也出现了相同的样式，如图7-165所示。

图7-166   图7-167

图7-168

5. 隐藏图层效果

展开图层样式列表，在每个图层样式前都有一个可用于切换显示或隐藏的图标 ●，如图7-169所示。单击"效果"前的该按钮可以隐藏该图层的全部样式，如图7-170所示。单击单个样式前的该图标，则可以只隐藏部分样式，如图7-171所示。

图7-169　　　　　　　　　　　图7-170　　　　　　　　　　　图7-171

提示：隐藏文档中的全部效果

如果要隐藏整个文档中图层的图层样式，可以执行"图层>图层样式>隐藏所有效果"命令。

6. 清除图层样式

想要去除图层的样式，可以在该图层上单击鼠标右键，在弹出的快捷菜单中执行"清除图层样式"命令，如图7-172所示。如果只想去除众多样式中的一种，可以展开样式列表，将某一样式拖曳到"删除图层"按钮 🗑 上，就可以删除该图层样式，如图7-173所示。

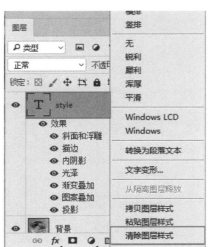 

图7-172　　　　　　　　　　　图7-173

7. 栅格化图层样式

与栅格化文字、栅格化智能对象、栅格化矢量图层相同，"栅格化图层样式"可以将"图层样式"变为普通图层的一个部分，使图层样式部分可以像普通图层中的其他部分一样进行编辑处理。在该图层上单击鼠标右键，在弹出的快捷菜单中执行"栅格化图层样式"命令，如图7-174所示。此时该图层的图层样式也出现在图层的本身内容中了，如图7-175所示。

图 7-174

图 7-175

[重点] 7.3.2 认识各种图层样式

使用"斜面和浮雕"样式可以为图层模拟从表面凸起的立体感。在"斜面和浮雕"样式中包含多种凸起效果,如"外斜面""内斜面""浮雕效果""枕状浮雕""描边浮雕"。"斜面和浮雕"样式主要通过为图层添加高光与阴影,使图像产生立体感,常用于制作立体感的文字或者带有厚度感的对象效果。选中图层,如图 7-176 所示。执行"图层>图层样式>斜面浮雕"命令,打开"斜面和浮雕"参数设置窗口,如图 7-177 所示。从中进行设置后,所选图层会产生凸起效果,如图 7-178 所示。

图 7-176

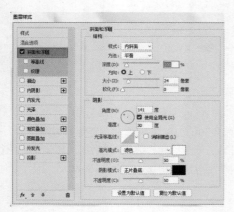

图 7-177

图 7-178

在样式列表中"斜面浮雕"样式下方还有另外两个样式:"等高线"和"纹理"。单击"斜面和浮雕"样式下面的"等高线"选项,切换到"等高线"参数设置窗口,如图 7-179 所示。使用"等高线"可以在浮雕中创建凹凸起伏的效果。"纹理"样式可以为图层表面模拟凹凸效果,如图 7-180 所示。

图 7-179

图 7-180

"描边"样式能够在图层的边缘处添加纯色、渐变色以及图案的边缘。通过参数设置可以使描边处于图层边缘以内的部分、图层边缘以外的部分,或者使描边出现在图层边缘内外。选中图层,如图 7-181 所示。执行"图层>图层样式>描边"命令,在"描边"参数设置窗口中可以对描边大小、位置、混合模式、不透明度、填充类型以及填充内容进行设置,如图 7-182 所示。图 7-183 为颜色描边、渐变描边、图案描边的对比效果。

中文版Photoshop CC数码照片处理从入门到精通（微课视频 全彩版）

图 7-181

图 7-182

颜 色   渐 变   图 案

图 7-183

　　"内阴影"样式可以为图层添加从边缘向内产生的阴影样式,这种效果会使图层内容产生凹陷效果。选中图层,如图7-184所示。执行"图层>图层样式>内阴影"命令,在"内阴影"参数设置窗口中可以对"内阴影"的结构以及品质进行设置,如图7-185所示。图7-186为添加了"内阴影"样式后的效果。

图 7-184

图 7-185

图 7-186

　　"内发光"样式主要用于产生从图层边缘向内发散的光亮效果。选中图层,如图7-187所示。执行"图层>图层样式>内发光"命令,在"内发光"参数设置窗口中可以对"内发光"的结构、图素以及品质进行设置,如图7-188所示,效果如图7-189所示。

图 7-187

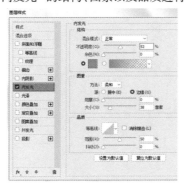
图 7-188

图 7-189

"光泽"样式可以为图层添加收到光线照射后，表面产生的映射效果。"光泽"通常用来制作具有光泽质感的按钮和金属。选中图层，如图7-190所示。执行"图层>图层样式>光泽"命令，在"光泽"参数设置窗口中可以对"光泽"的颜色、混合模式、不透明度、角度、距离、大小、等高线等进行设置，如图7-191所示。效果如图7-192所示。

图 7-190　　　　　　　　　　　图 7-191　　　　　　　　　　　图 7-192

"颜色叠加"样式可以为图层整体赋予某种颜色。选中图层，如图7-193所示。执行"图层>图层样式>颜色叠加"命令，在弹出的"颜色叠加"参数设置窗口中可以调整颜色的"混合模式"与"不透明度"，如图7-194所示。效果如图7-195所示。

图 7-193　　　　　　　　　　　图 7-194　　　　　　　　　　　图 7-195

"渐变叠加"样式与"颜色叠加"样式非常接近，都是以特定的混合模式与不透明度使某种色彩混合于所选图层。但是"渐变叠加"样式是以渐变颜色对图层进行覆盖，所以该样式主要用于使图层产生某种渐变色的效果。选中图层，如图7-196所示。执行"图层>图层样式>渐变叠加"命令，在弹出的"渐变叠加"参数设置窗口中可以对"渐变叠加"的渐变颜色、混合模式、角度、缩放等参数进行设置，如图7-197所示。效果如图7-198所示。

"渐变叠加"不仅仅能够制作带有多种颜色的对象，更能够通过巧妙的渐变颜色设置制作出突起，凹陷等三维效果以及带有反光的质感效果。

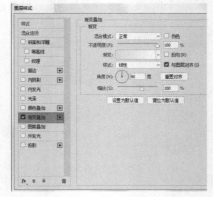

图 7-196　　　　　　　　　　　图 7-197　　　　　　　　　　　图 7-198

"图案叠加"样式与前两种"叠加"样式的原理相似，"图案叠加"样式可以在图层上叠加图案。选中图层，如图7-199所示。执行"图层>图层样式>图案叠加"命令，在弹出的"图案叠加"参数设置窗口中可以对"图案叠加"的图案、混合模式、不透明度等参数进行设置，如图7-200所示。效果如图7-201所示。

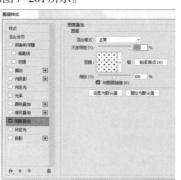

图 7-199　　　　　　　图 7-200　　　　　　　图 7-201

"外发光"样式与"内发光"非常相似，可以沿图层内容的边缘向外创建发光效果。选中图层，如图7-202所示。执行"图层>图层样式>外发光"命令，在弹出的"外发光"参数设置窗口中可以对"外发光"的结构、图素以及品质进行设置，如图7-203所示。效果如图7-204所示。"外发光"样式可用于制作自发光效果以及人像或者其他对象梦幻般的光晕效果。

图 7-202　　　　　　　图 7-203　　　　　　　图 7-204

"投影"样式与"内阴影"样式比较相似，主要用于制作图层边缘向后产生的阴影效果。选中图层，如图7-205所示。执行"图层>图层样式>投影"命令，在弹出的"投影"参数设置窗口设置相应参数来增强某部分层次感以及立体感，如图7-206所示。效果如图7-207所示。

图 7-205　　　　　　　图 7-206　　　　　　　图 7-207

7.4 照片的对齐与分布

〖重点〗7.4.1 动手练：对齐图层

在版面的编排中，有一些元素是必须要进行对齐的，如界面设计中的按钮、版面中的一些图案。那么如何快速、精准地进行对齐呢？使用"对齐"功能可以将多个图层对象排列整齐。

在对图层操作之前，先要选择图层，在此按住Ctrl键加选多个需要对齐的图层。接着选择工具箱中的"移动工具" ⊕ ，在其选项栏中单击对齐按钮 ，即可进行对齐，如图7-208所示。例如，单击"水平居中对齐"按钮 ，效果如图7-209所示。

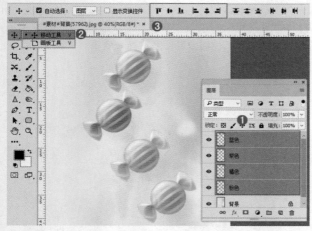

图 7-208

图 7-209

> 💡 **提示：对齐按钮**
> - **顶对齐**：将所选图层最顶端的像素与当前最顶端的像素对齐。
> - **垂直居中对齐**：将所选图层的中心像素与当前图层垂直方向的中心像素对齐。

- **底对齐**：将所选图层的最底端像素与当前图层最底端的中心像素对齐。
- **左对齐**：将所选图层的中心像素与当前图层左边的中心像素对齐。
- **水平居中对齐**：将所选图层的中心像素与当前图层水平方向的中心像素对齐。
- **右对齐**：将所选图层的中心像素与当前图层右边的中心像素对齐。

〖重点〗7.4.2 动手练：分布图层

多个对象已排列整齐了，那么怎样才能让每两个对象之间的距离是相等的呢？这时就可以使用"分布"功能。使用该功能可以将所选的图层以上下或左右两端的对象为起点和终点，将所选图层在这个范围内进行均匀的排列，得到具有相同间距的图层。在使用"分布"命令时，文档中必须包含多个图层(至少为3个图层，"背景"图层除外)。

首先加选需要进行分布的图层，然后在工具箱中选择"移动工具"，在其选项栏中单击分布按钮 ，即可进行分布，如图7-210所示。例如，单击"垂直居中分布"按钮 ，效果如图7-211所示。

图 7-210

图 7-211

7.4.3 自动对齐图层

爱好摄影的朋友们可能会遇到这样的情况：在拍摄全景图时，由于拍摄条件的限制，可能要拍摄多张照片，然后后期进行拼接。使用"自动对齐图层"命令可以快速将单张图片组合成一张全景图。

（1）新建一个空白文档，然后置入素材。接着将置入的图层栅格化，如图7-212所示。然后适当调整图像的位置，图像与图像之间必须要有重合的区域，如图7-213所示。

图 7-212

图 7-213

（2）按住Ctrl键单击以加选图层，然后执行"编辑>自动对齐图层"命令，打开"自动对齐图层"窗口。选中"自动"单选按钮，单击"确定"按钮，如图7-214所示。得到的画面效果如图7-215所示。在自动对齐之后，可能会出现透明像素，可以使用"裁剪工具"进行裁剪。

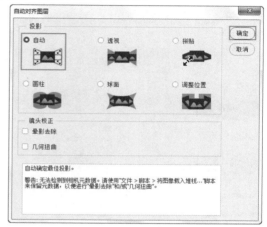

图 7-214

图 7-215

7.4.4 自动混合图层

"自动混合图层"功能可以自动识别画面内容，并根据需要对每个图层应用图层蒙版，以遮盖过度曝光或曝光不足的区域以及内容差异。使用"自动混合图层"命令可以缝合或者组合图像，从而在最终图像中获得平滑的过渡效果。

（1）打开一张素材图片，如图7-216所示。接着置入一张素材，并将置入的图层栅格化，如图7-217所示。

图 7-216   图 7-217

（2）按住 Ctrl 键加选两个图层，然后执行"编辑>自动混合图层"命令，在弹出的"自动混合图层"窗口中选中"堆叠图像"，单击"确定"按钮，如图 7-218 所示。此时画面效果如图 7-219 所示。

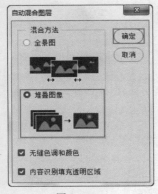

图 7-218   图 7-219

练习实例：利用对齐与分布进行排版

文件路径	资源包\第7章\利用对齐与分布进行排版
难易指数	★★★★★
技术要点	对齐方式设置、分布方式设置

扫一扫，看视频

案例效果

案例效果如图 7-220 所示。

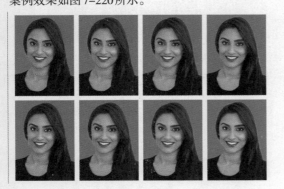

图 7-220

操作步骤

步骤 01　新建一个大小合适的空白文档，如图 7-221 所示。接着需要将人物素材置入到文档中。执行"文件>置入嵌入对象"命令，在弹出的"置入嵌入的对象"中选择人物素材"1.jpg"，然后单击"置入"按钮将素材置入。调整置入素材大小放在画面的左上角位置，如图 7-222 所示。选择置入的素材图层，单击右键执行"栅格化图层"命令，将图层栅格化。

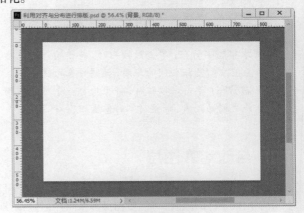

图 7-221

图 7-222

步骤 02　选择素材图层，使用"移动工具"，将光标放在人物素材上方，按住 Alt 键的同时按住鼠标左键向右拖动复制图片，如图 7-223 所示。然后用同样的方式将图片再次复制两份，效果如图 7-224 所示。

图 7-223   图 7-224

步骤 03　下面设置图片的对齐方式。在"图层"面板中，按住 Ctrl 键依次单击加选各个图片图层，然后在选项栏中单击"顶对齐"和"水平居中分布"按钮，对齐效果，如图 7-225 所示。

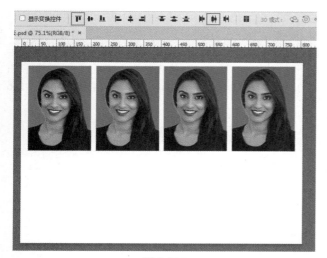

图 7-225

步骤 04 在当前图片图层均被选中的状态下，使用快捷键 Ctrl+J 将其复制一份。然后将复制得到的图片向下移动，效果如图 7-226 所示。

图 7-226

综合实例：儿童照片排版

文件路径	资源包\第7章\儿童照片排版
难易指数	★★★★★
技术要点	横排文字工具、定义图案、投影样式

案例效果

案例效果如图 7-227 所示。

图 7-227

操作步骤

步骤 01 案例效果中的背景图案由很多小的五角星组成，这些五角星并不是一个一个地放上去的，而是由一个五角星定义为"图案"，并进行填充得到的。所以要制作这个背景需要制作原始的五角星图案。首先新建一个宽度和高度均为较小像素的正方形空白文档，设置"前景色"为淡淡的米色，并进行填充，如图 7-228 所示。

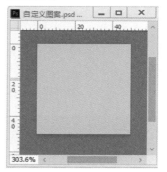

图 7-228

步骤 02 选择工具箱中的"自定形状工具"，在选项栏中设置"绘制模式"为"形状"，"填充"为灰色，"描边"为无，在"形状"下拉列表中选择五角星形状，设置完成后在淡橘色矩形上方按住 Shift 键的同时按住鼠标左键拖动绘制一个五角星，如图 7-229 所示。

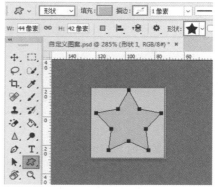

图 7-229

步骤 03 接着需要将制作完成的自定义形状图案存储到 PS 中，以备后面操作使用。执行"编辑>自定图案"命令，在弹出的"图案名称"窗口中设置"名称"，这里"名称"可以根据自己的喜好随意设置。然后单击"确定"按钮，如图 7-230 所示。

图 7-230

步骤 04 接下来制作案例中的五角星背景。执行"文件>新建"命令，创建一个大小合适的、可用于照片排版的空白文档，如图7-231所示。

图 7-231

步骤 05 接着在背景图层上方新建一个图层，然后选择该图层执行"文件>填充"命令，在弹出的"填充"窗口中，设置"内容"为"图案"，"自定图案"选择制作完成的五角星图案，"不透明度"为100%，设置完成后，单击"确定"按钮进行五角星图案填充，如图7-232所示。效果如图7-233所示。

图 7-232   图 7-233

步骤 06 选择工具箱中的"矩形工具"，在选项栏中设置"绘制模式"为"形状"，"填充"为白色，"描边"为无，设置完成后，在五角星图案中间位置绘制矩形，如图7-234所示。

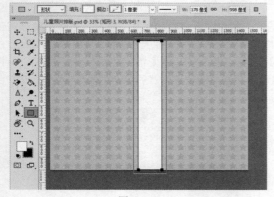

图 7-234

步骤 07 继续使用矩形工具，在选项栏中设置"绘制模式"为"形状"，"填充"为淡灰色，"描边"为无，设置完成后在白色矩形上方位置绘制矩形，如图7-235所示。然后选择该矩形图层，使用"移动工具"，将光标放在该矩形上方，按住Alt键的同时按住鼠标左键将矩形向下拖动复制矩形，如图7-236所示。

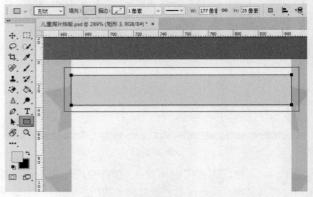

图 7-235

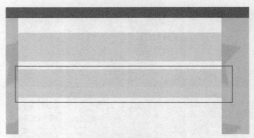

图 7-236

步骤 08 用同样的方式复制多个淡青色矩形，效果如图7-237所示。按住Ctrl键依次加选各个淡青色矩形图层，在选项栏中单击"垂直居中对齐"按钮，设置这些矩形的对齐方式，如图7-238所示。

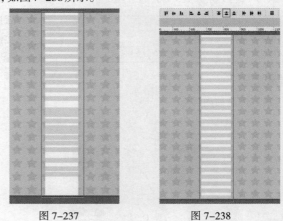

图 7-237   图 7-238

步骤 09 选择工具箱中的"矩形工具"，在选项栏中设置"绘制模式"为"形状"，"填充"为白色，"描边"为白色，"大小"

为20像素，设置描边的对齐方式为"内部"，设置完成后按住Shift键的同时按住鼠标左键拖动绘制一个正方形，如图7-239所示。

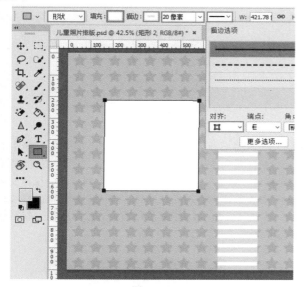

图 7-239

步骤 10 需要将儿童照片置入到画面中。执行"文件>置入嵌入对象"命令，在弹出的"置入嵌入的对象"窗口中选择素材"1.jpg"，然后单击"置入"按钮，将图片置入到画面中并栅格化。调整大小放在白色正方形上方位置，如图7-240所示。

图 7-240

步骤 11 继续选择该图层，单击右键执行"创建剪贴蒙版"命令，将其他不需要的部分隐藏，如图7-241所示。效果如图7-242所示。

图 7-241

图 7-242

步骤 12 按住Ctrl键依次加选白色正方形图层和人物图层，使用自由变换快捷键Ctrl+T调出定界框，将光标放在定界框外，按住鼠标左键将图形旋转到合适位置，如图7-243所示。操作完成后按Enter键完成操作。在两个图层选中状态下，使用快捷键Ctrl+G将其编组。

图 7-243

步骤 13 为照片增加立体效果。选择编组的图层组，执行"图层>图层样式>投影"命令，在弹出的"投影"参数设置窗口中设置"混合模式"为"正片叠底"，"不透明度"为35%，"角度"为90度，"距离"为3像素，"扩展"为0%，"大小"为7像素，"杂色"为0%，设置完成后，单击"确定"按钮，如图7-244所示。效果如图7-245所示。

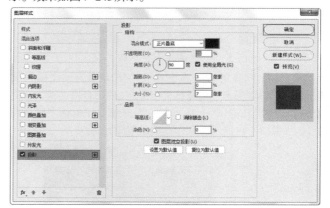

图 7-244

图 7-245

步骤 14 用同样的方式制作另一张照片。效果如图7-246所示。

图 7-246

步骤 15 在画面中添加文字。选择工具箱中的"横排文字工具",在选项栏中设置合适的字体、字号和颜色,设置完成后在画面左边照片下方位置单击输入文字,文字输入完成后,按Ctrl+Enter快捷键,效果如图7-247所示。

图 7-247

步骤 16 用同样的方式在已有文字下方位置单击输入文字,如图7-248所示。选择该文字图层,使用自由变换快捷键Ctrl+T调出定界框,将光标放在定界框外按住鼠标左键进行旋转,如图7-249所示。操作完成后按Enter键。

图 7-248

图 7-249

步骤 17 继续使用横排文字工具,用同样的方式在已有文字下方位置单击输入两行文字,并将文字旋转到合适角度,效果如图7-250所示。

图 7-250

步骤 18 为画面制作一些小图形的装饰。选择工具箱中的"自定形状工具",在选项栏中设置"绘制模式"为"形状","填充"为棕色,"描边"为无,在"形状"下拉列表框中选择五角星形状,然后在画面中按住Shift键的同时按住鼠标左键拖动,绘制一个正的五角星,如图7-251所示。以同样的方式制作其他装饰图形,效果如图7-252所示。

图 7-251

图 7-252

步骤 19 执行"文件>置入嵌入对象"命令,将素材"3.png"置入到画面中,调整大小并将图层栅格化。效果如图7-253所示。

图 7-253

扫一扫，看视频

Chapter 8
第8章

批量处理大量照片

本章内容简介：

本章主要讲解了几种能够在大量照片处理工作中减少工作量的快捷功能，例如"动作"就是一种能够将在一幅图像上进行的操作，"复制"到另外一个文件上的功能。"批处理"功能能够快速地对大量的照片进行相同的操作(例如调色、裁切等)。而"图片处理器"功能则能够帮助我们快速将大量的图片尺寸限定在一定范围内。熟练掌握这些功能的使用能够大大减轻工作负担。

重点知识掌握：

- 记录动作与播放动作
- 载入动作库文件
- 使用批处理快速处理大量文件

通过本章学习，我能做什么？

对数码照片进行处理时，同一批拍摄的照片往往存在相同的问题，或者需要进行相同的处理。通过本章的学习，我们可以轻松应对大量重复的工作，例如为一批照片进行批量的风格化调色，将大量图片转换为特定尺寸、特定格式，为大量的图片添加水印或促销信息等。

优秀作品欣赏

8.1 动作：自动处理照片

"动作"是一个非常方便的功能，可以快速对不同的图片进行相同的操作。例如，处理一组婚纱照时，想要使这些照片以相同的色调出现，使用"动作"功能最合适不过了。"录制"其中一张照片的处理流程，然后对其他照片进行"播放"，快速又准确，如图8-1所示。

扫一扫，看视频

图 8-1

8.1.1 认识"动作"面板

在Photoshop中可以储存多个动作或动作组，这些动作可以在"动作"面板中找到。"动作"面板是进行文件自动化处理的核心工具之一，在"动作"面板中可以进行"动作"的记录、播放、编辑、删除、管理等操作。执行"窗口>动作"菜单命令(快捷键：Alt+F9)，打开"动作"面板，如图8-2所示。在"动作"面板中罗列的动作也可以进行排列顺序的调整、名称的设置或者删除等，这些操作与图层操作非常相似。

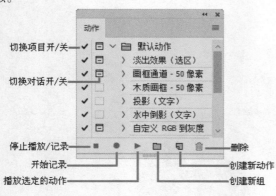

图 8-2

- 切换项目开/关 ✔：如果动作组、动作和命令前显示有该图标，代表该动作组、动作和命令可以执行；如果没有该图标，代表不可以被执行。

- 切换对话开/关 ▣：如果命令前显示该图标，表示动作执行到该命令时会暂停，并打开相应命令的对话框，此时可以修改命令的参数，单击"确定"按钮可以继续执行后面的动作。

- 停止播放/记录 ■：用来停止播放动作和停止记录动作。

- 开始记录 ●：单击该按钮，可以开始录制动作。

- 播放选定的动作 ▶：选择一个动作后，单击该按钮可以播放该动作。

- 创建新组 ▢：单击该按钮，可以创建一个新的动作组，以保存新建的动作。

- 创建新动作 ▢：单击该按钮，可以创建一个新的动作。

- 删除 🗑：选择动作组、动作和命令后，单击该按钮，可以将选中的动作组、动作和命令删除。

【重点】8.1.2 动手练：记录与使用"动作"

默认情况下Photoshop的"动作"面板中带有一些"动作"，但是这些动作并不一定适合我们日常对图像进行处理的要求。所以我们需要重新制作适合操作的"动作"，这个过程也经常被称作"记录动作"或"录制动作"。

"录制动作"的过程很简单，只需要单击开始录制的按钮，然后对图像进行一系列操作，这些操作就会被记录下来。在Photoshop中能够被记录的内容很多，例如，绝大多数的图像调整命令，部分工具(选框工具、套索工具、魔棒工具、裁剪、切片、魔术橡皮擦、渐变、油漆桶、文字、形状、注释、吸管和颜色取样器)，以及部分面板操作(历史记录、色板、颜色、路径、通道、图层和样式)。

（1）执行"窗口>动作"菜单命令或按快捷键Alt+F9，打开"动作"面板。在"动作"面板中单击"创建新动作"按钮 ▢，如图8-3所示。然后在弹出的"新建动作"对话框中设置"名称"，为了便于查找也可以设置"颜色"，单击"记录"按钮，开始记录操作，如图8-4所示。

图 8-3   图 8-4

（2）接下来可以进行一些操作，"动作"面板中会自动记录当前进行的一系列操作。操作完成后，可以在"动作"面板中单击"停止播放/记录"按钮 ■，停止记录，如图8-5所示。当前记录的所有动作如图8-6所示。

中文版Photoshop CC数码照片处理从入门到精通（微课视频 全彩版）

图 8-5　　　　　　图 8-6

（3）"动作"新建并记录完成后，就可以对其他文件播放"动作"了。"播放动作"可以对图像应用所选动作或者动作中的一部分。打开一幅图像，如图8-7所示。接着选择一个动作，然后单击"播放选定的动作"按钮 ▶，如图8-8所示。随即进行动作的播放，画面效果如图8-9所示。

图 8-7　　　　　　图 8-8

图 8-9

（4）也可以只播放其中的某一个命令。单击动作前方 ＞ 按钮展开动作，然后单击选择一个条目，接着单击"播放选定的动作"按钮 ▶，如图8-10所示。接着会从选定条目进行动作的播放，如图8-11所示。

图 8-10

图 8-11

提示：将已有"动作"存储为可随时调用的"动作库"

当动作录制完成后，如果要经常使用这个动作，我们可以将其保存为可以随时调用的动作库文件。在"动作"面板中选择动作组，然后单击面板菜单按钮执行"存储动作"命令，如图8-12所示。接着在弹出的"另存为"窗口中找到合适的存储位置，然后单击"保存"按钮，如图8-13所示。动作的格式ATN文件，如图8-14所示。如果要载入动作，可以在"动作"面板中单击面板菜单按钮执行"载入动作"命令，在弹出的载入窗口中找到动作文档，单击"载入"按钮即可完成载入操作。

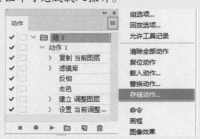

图 8-12

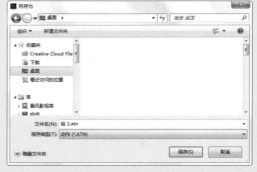

图 8-13

图 8-14

8.2 自动处理大量照片

在工作中经常会遇到将多张照片调整到统一尺寸、调整到统一色调等情况，一张一张地进行处理，非常耗费时间与精力。使用批处理命令可以快速、轻松地处理大量的照片。

扫一扫，看视频

（1）首先录制一个要使用的动作（也可以载入要使用的动作库文件），如图8-15所示。接着将要进行批处理的图片放在一个文件夹中，如图8-16所示。

图8-15

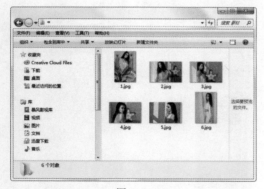

图8-16

（2）执行"文件>自动>批处理"命令，打开"批处理"窗口。因为批处理需要使用动作，而且上一步我们先准备了动作，所以首先设置需要播放的"组"和"动作"，如图8-17所示。接着需要设置批处理的"源"，因为我们把图片都放在了一个文件夹中，所以设置"源"为"文件夹"。然后单击"选择"按钮，在弹出的"浏览文件夹"窗口中选择相应的文件夹，单击"确定"按钮，如图8-18所示。

图8-17

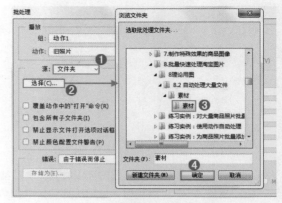

图8-18

（3）设置"目标"选项。因为需要将处理后的图片放置在一个文件夹中，所以设置"目标"为"文件夹"。单击"选择"按钮，在弹出的"浏览文件夹"窗口中选择或新建一个文件夹，然后单击"确定"按钮，如图8-19所示。勾选"覆盖动作中的'存储为'命令"复选框，然后单击"确定"按钮。接下来就可以进行批处理操作，处理完成后效果如图8-20所示。

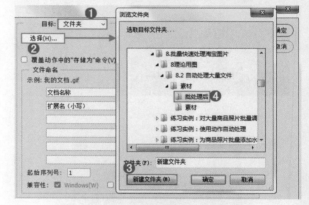

图8-19

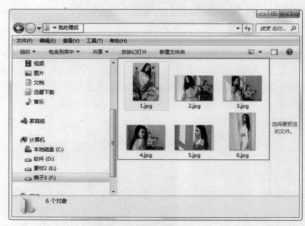

图8-20

- 覆盖动作中的"存储为"命令：如果动作中包含"存储为"命令，则勾选该选项后，在批处理时，动作的"存储为"命令将引用批处理的文件，而不是动作中指定的文件名称和位置。当勾选"覆盖动作中的'存储为'命令"复选框后，将弹出"批处理"对话框，如图8-21所示。

图 8-21

- 文件名称：将"目标"选项设置为"文件夹"后，可以在该选项组的6个选项中设置文件的名称规范，指定文件的兼容性，包括Windows(W)、Mac OS(M)和UNIX(U)。

练习实例：为商品照片批量添加水印

文件路径	资源包\第8章\为商品照片批量添加水印
难易指数	★★★★★
技术要点	使用动作自动处理

扫一扫，看视频

案例效果

案例效果如图8-22 ~ 图8-25所示。

图 8-22

图 8-23

图 8-24

图 8-25

操作步骤

步骤 01 如图8-26所示为原始图像，本例需要为这4幅图像添加相同的水印；如图8-27所示为制作好的水印素材。此处的水印素材为调整好摆放位置，并储存为PNG格式的透明背景的水印，水印位于画面的右下角。如果想要使水印处于其他的特定位置，可以在与画面等大的画布中调整水印位置及大小。

1.jpg

2.jpg

3.jpg

4.jpg

图 8-26

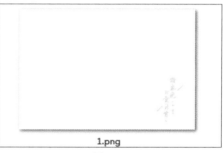
1.png

图 8-27

步骤 02 想要进行批量处理，首先需要录制一个为图片添加水印的"动作"，在这里可以复制其中一张照片素材，并以这张照片进行动作的录制(如果不复制该照片，会造成一张照片进行了两次的水印置入的操作，水印效果可能与其他照片不同)。将复制的照片在Photoshop中打开，如图8-28所示。接着执行"窗口>动作"命令，打开"动作"面板，单击底部的"创建新动作"按钮，如图8-29所示。

图 8-28

图 8-29

步骤 03 接下来在弹出的窗口中单击"记录"按钮，如图8-30所示。此时"动作"面板中出现了新增的"动作1"条目，并且底部出现了一个红色圆形按钮，表示当前正处于动作的录制过程中，在Photoshop中进行的操作都会被记录下来，所以不要进行多余的操作，如图8-31所示。

图 8-30

图 8-31

步骤 04 接着执行"文件>置入嵌入对象"命令，在弹出的窗口中选择素材"1.png"，然后单击"置入"按钮，如图8-32所示。接着将水印素材移动到画面的右下角，如图8-33所示。

图 8-32

图 8-33

步骤 05 接着按Enter键确定置入操作，如图8-34所示。选择素材1图层，单击鼠标右键执行"向下合并"命令，如图8-35所示。

图 8-34

图 8-35

步骤 06 接着执行"文件>存储"命令或者使用快捷键Ctrl+S进行保存，如图8-36所示。接着单击"动作"面板中的"停止/播放记录"按钮，完成动作的录制操作，如图8-37所示。

图 8-36

图 8-37

步骤 07 执行"文件>关闭"命令，将文档关闭，如图8-38所示。

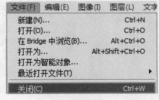

图 8-38

步骤 08 动作录制完成后接下来就需要进行批处理了。首先执行"文件>自动>批处理"命令，在弹出的"批处理"窗口中设置"组"为"组1"，"动作"为"动作1"，"源"为"文件夹"，然后单击"选择"按钮在弹出的窗口中选择素材文件夹，接着设置"目标"为"存储并关闭"，然后单击"确定"按钮。如图8-39所示。需要注意的是，此处即将进行置入的素材位置不要改变，否则可能无法进行批处理操作。

图 8-39

步骤 09 操作完成后素材文件夹中的图像都被添加了水印，效果如图 8-40～图 8-43 所示。

图 8-40

图 8-41

图 8-42

图 8-43

8.3 图像处理器：批量限制商品图像尺寸

使用"图像处理器"可以快速、统一地对选定的产品照片或者网页图片的格式、大小等选项进行修改，极大地提高了工作效率。在这里就以将图片设置统一尺寸为例进行讲解。

（1）将需要处理的文件放在一个文件夹内，如图 8-44 所示。执行"文件>脚本>图像处理器"命令，打开"图像处理器"窗口。首先设置需要处理的文件，单击"选择文件夹"按钮，在弹出的"选择文件夹"窗口中选择需要处理文件所在的文件夹，单击"确定"按钮，如图 8-45 所示。

图 8-44

图 8-45

（2）选择一个存储处理图像的位置。单击"选择文件夹"按钮，在弹出的"选择文件夹"窗口中选择一个文件夹，如图 8-46 所示。设置"文件类型"，其中有"存储为 JPEG""存储为 PSD"和"存储为 TIFF"3 种。在这里勾选"存储为 JPEG"复选框，设置图像的"品质"为 5，因为需要调整图像的尺寸，所以勾选"调整大小以适合"复选框，然后设置相应的尺寸，如图 8-47 所示。

图 8-46

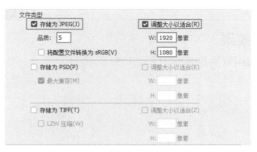

图 8-47

> **提示：图片处理的尺寸**
>
> 在"图像处理器"窗口中进行尺寸的设置，如果原图尺寸小于设置的尺寸，那么该尺寸不会改变。也就是说在

调整尺寸后图形是按照比例进行缩放，不是进行剪裁或不等比缩放。

　　（3）如果需要使用动作进行图像的处理，可以勾选"运行动作"复选框（因为本案例不需要，所以无须勾选），如图8-48所示。设置完成后单击"图像处理器"窗口中的"确定"按钮。处理完成后打开存储的文件夹，即可看到处理后的图片，如图8-49所示。

图 8-48

图 8-49

　　💡 提示：将"图形处理器"窗口中所做配置进行存储

　　设置好参数以后，可以单击"存储"按钮，将当前配置存储起来。在下次需要使用到这个配置时，就可以单击"载入"按钮来载入保存的参数配置。

综合实例：批处理制作清新照片

文件路径	资源包\第8章\批处理制作清新照片
难易指数	★★★★★
技术要点	载入动作、批处理

扫一扫，看视频

案例效果

　　案例效果如图8-50~图8-53所示。

图 8-50　　　　　　　图 8-51

图 8-52　　　　　　　图 8-53

操作步骤

步骤 01　如图8-54所示为需要处理的原图。无需打开素材图像，但是需要载入已有的动作素材。执行"窗口>动作"命令打开"动作"面板，单击面板菜单按钮 ≣ 执行"载入动作"命令，如图8-55所示。

2.jpg　　　　　　　　　3.jpg

4.jpg　　　　　　　　　5.jpg

图 8-54

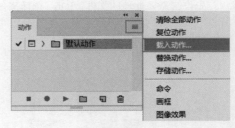

图 8-55

步骤 02　然后在弹出的"载入"窗口中选择已有的动作素材文件，如图8-56所示。此时"动作"面板如图8-57所示。

中文版Photoshop CC数码照片处理从入门到精通（微课视频 全彩版）

图 8-56

图 5-57

步骤 03 执行"文件>自动>批处理"命令打开"批处理"窗口,先设置"组"为"组1","动作"为"动作1",设置"源"为"文件夹",单击"选择"按钮,在弹出的窗口中选择该文件配套的文件夹,单击"确定"按钮完成选择,如图8-58所示。在"批处理"窗口中继续设置"目标"为"文件夹",单击"选择"按钮。在弹出的窗口中选择一个文件夹,单击"确定"按钮完成设置,如图8-59所示。

图 8-58

 读书笔记

图 8-59

步骤 04 设置完成后单击"批处理"窗口中的"确定"按钮。此时被批量处理的照片如图8-60~图8-63所示。

图 8-60   图 8-61

图 8-62   图 8-63

使用Camera Raw处理照片

本章内容简介：

在掌握了Photoshop的调色功能之后，学习Camera Raw会容易很多。因为很多调色思路与操作都是相通的。本章主要讲解使用Camera Raw处理数码照片的方法，例如，对图像颜色、明暗、对比度、曝光度等参数进行调整。还可以通过多种方式锐化图像，为图像添加镜头特效以增强图像的视觉冲击力。对图像的细节调整则主要讲解去除简单的瑕疵，调整画面的局部颜色。

重点知识掌握：

- 熟练使用Camera Raw进行色彩校正
- 掌握使用Camera Raw进行风格化调色的方法
- 熟练掌握使用Camera Raw处理图像细节瑕疵的方法

通过本章学习，我能做什么？

通过本章的学习，我们掌握了另外一种图像调整的方式，而且可以从"修瑕"到"校正偏色"，到"风格化调色"，到"锐化"，再到"特效"都可以在一个窗口中进行，非常方便。掌握了Camera Raw的使用，我们可以完成摄影后期处理的大部分操作，例如画面的小瑕疵进行去除，对图像存在的偏色、曝光问题、对比度问题进行校正，并且调整出独具特色的风格化颜色。

优秀作品欣赏

9.1 认识 Camera Raw

Adobe Camera Raw是一款编辑RAW文件的强大编辑工具。不仅可以处理RAW文件，还能够对JPG文件进行处理。Camera Raw主要是针对数码照片进行修饰、调色编辑，可在不损坏原片的前提下批量、高效、专业、快速地处理照片。简洁、直观的操作版面，便捷、易用的操作方法，使其得到越来越多用户的青睐。Camera Raw可以解析相机原始数据文件，并使用有关相机的信息以及图像元数据来构建和处理彩色图像。在近几个版本的Photoshop中，Camera Raw不再以单独的插件形式存在，而是与Photoshop紧密结合在一起，通过"滤镜"菜单即可将其打开（该滤镜可以应用于普通图层以及数码照片文件）。

【重点】9.1.1 什么是RAW

提到RAW，爱好摄影的朋友可能不会感到陌生，在数码单反相机的照片存储设置中可以选择JPG或者RAW。但是即使拍照时选择了RAW，内存卡中的照片后缀名也不是".raw"，如图9-1所示。

其实"RAW"并不是一种图片格式的后缀名。RAW译为"原材料"或"未经处理的东西"，我们可以把它理解为照片在转换为图像之前的一系列数据信息。因此，准确地说，RAW不是图像文件，而是一个数据包。这也是为什么用普通的看图软件无法预览RAW文件的原因。

不同品牌的相机拍摄出来的RAW文件格式也不相同，甚至同一品牌不同型号的相机拍摄的RAW文件也会有些许差别。例如，佳能相机的文件格式为*.crw、*.cr2，尼康相机的文件格式为*.nef，奥林巴斯相机的文件格式为*.orf，宾得相机的文件格式为*.ptx、*.pef，索尼相机的文件格式为*.arw。早期用户想要处理RAW格式图片的时候必须使用厂家提供的专门软件，而现在有了Adobe Camera Raw（如图9 -2所示），一切就变得简单多了。

图9-1   图9-2

【重点】9.1.2 认识Camera Raw的工作区

在Photoshop中打开一张RAW格式的照片，会自动启

动Camera Raw。对于其他格式的图像，执行"滤镜>Camera Raw"命令，也可以打开Camera Raw。Camera Raw的工作界面非常简单，主要由工具箱、图像显示区、直方图、图像调整选项栏和选项设置窗口等几部分组成，如图9-3所示。如果是直接在Camera Raw中打开的文件，完成参数调整后单击"打开图像"按钮，即可在Photoshop中打开文件。如果是通过执行"滤镜>Camera Raw"命令打开的文件，则需要在右下角单击"确定"按钮完成操作。

图9-3

9.1.3 认识工具箱

Camera Raw顶部工具箱中包含一些工具，可以对画面局部进行处理，下面我们来简单了解一下。

- 缩放工具：使用该工具在图像中单击即可放大图像；按住Alt键单击按钮即可缩小图像；双击该工具按钮可使图像恢复到100%。

- 抓手工具：当图像放大超出窗口显示时，使用该工具在画面中按住鼠标左键并拖动，可以调整在预览窗口中图像显示区域。

- 白平衡工具：调整白平衡首先需要确定图像中应具有中性色（白色或灰色）的对象，然后调整图像中的颜色使这些对象变为中性色。使用该工具在图像中本应是白色或灰色的图像内容上单击，如图9-4所示。使此处还原回白色或灰色的同时，校正照片的白平衡，如图9-5所示。

图9-4

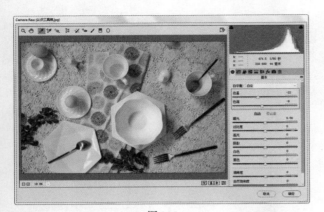

图 9-5

图 9-7

图 9-8

图 9-9

- ✧☞颜色取样器工具：该工具用来检测制定颜色点的颜色信息。选中该工具，在图像中单击，即可显示出该点的颜色信息，如图9-6所示。最多可以显示出9个颜色点。该工具主要用来分析图像的偏色问题。例如将取样器定位在本应是灰色的区域，而得到的RGB数值中却有一项数值偏大，那就说明图像倾向于偏大数值所代表的颜色。单击"清除取样器"即可清除添加的取样点。

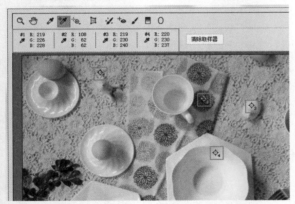

图 9-6

- ✛☞目标调整工具：可以直接通过在画面中单击确定取样颜色，然后按住并移动鼠标来改变图像中取样颜色的色相、饱和度、亮度等属性。
- ⌐☐裁剪工具：在画面中按住鼠标左键拖动绘制裁剪区域，双击即可裁剪图像，裁剪框以外的区域被隐藏。使用方法与Photoshop工具箱中的"裁剪工具"相同。
- ➹拉直工具：在画面中按住鼠标左键并拖动绘制一条线，如图9-7所示。画面中会自动以当前线条的角度创建裁剪框，如图9-8所示。双击鼠标左键即可进行裁剪，如图9-9所示。本工具适用于校正画面角度。

- ▦变换工具：可用于调整画面的扭曲、透视以及缩放，常用于校正画面的透视，或者为画面营造出透视感。单击该工具，可以直接在界面右侧设置画面变换的相关数值。也可以手动调整，在画面中绘制出想要设定为水平线的线条，如图9-10所示。接着绘制出垂直线，如图9-11所示。松开光标后，两条线变为水平和垂直的线条，画面也随之被自动校正了，如图9-12所示。

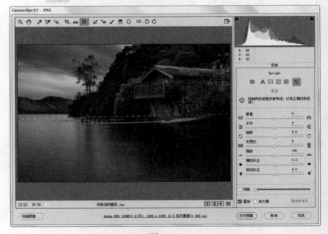

图 9-10

图 9-11

图 9-12

- ✐污点去除：可以使用另一区域中的样本修复图像中选中的区域。

中文版Photoshop CC数码照片处理从入门到精通（微课视频 全彩版）

- ➕👁红眼去除：与Photoshop中的"红眼工具"相同，可以去除红眼。单击"红眼去除"工具，右侧参数面板出现其参数设置。拖动"瞳孔大小"滑块可以增加或减少校正区域的大小。向右拖动"变暗"滑块可以使选区中的瞳孔区域和选区外的光圈区域变暗。

- 🖌调整画笔：使用调整画笔在画面中限定出一个范围，然后在右侧设置数值，来处理局部图像的曝光度、亮度、对比度、饱和度、清晰度等。

- 🔲渐变滤镜：该工具能够以渐变的方式对画面的一侧进行处理，另外一侧不进行处理。两个部分之间过渡柔和。选择该工具在画面中拖动鼠标，会出现两条直线把图像分为两部分，在参数设置里调整一部分的颜色色调，另一部分不会改变，两条直线之间的部分为渐变过渡地带。两条直线的位置、角度都可以进行调整。

- ⭕径向滤镜：该工具能够突出展示图像的特定部分。与"光圈模糊"滤镜类似。

- ≣打开首选项对话框：单击该按钮可以打开"Camera Raw首选项"设置窗口。与执行"编辑>首选项>Camera Raw"命令的作用相同。

- ↺逆时针旋转图像90度：单击该按钮可以逆时针旋转图像90度。

- ↻顺时针旋转图像90度：单击该按钮可以顺时针旋转图像90度。

🤓 提示：为什么 Camera Raw 工具箱中的工具显示不全

是不是突然发现自己计算机上的 Camera Raw 工具箱中显示的工具"缺了几个"？不要怕，Camera Raw 没有出问题，工具显示不同与当前打开图像的方式有关，如果图像直接在 Camera Raw 中打开，而没有通过"滤镜>Camera Raw"命令，那么工具箱中的工具会完整地显示出来；如果图片先在 Photoshop 中打开，之后执行"滤镜>Camera Raw"命令打开 Camera Raw，那么"裁剪工具""拉直工具""旋转工具"等就会被隐藏，如图9-13所示。不过没关系，这几个功能使用 Photoshop 的工具箱以及"变换"命令都可以实现。

🔍✋ 🖊🔅➕💧 🔲 ✂️➕👁 🖌 🔲 ⭕
🔍✋ 🖊🔅➕💧 🔲 🔳 🔲 ✂️➕👁 🖌 🔲 ⭕ ≣↺↻

图9-13

9.1.4　认识图像调整选项卡

Camera Raw界面右侧集中了大量的图像调整命令，这

些命令被分为多个组，以"选项卡"的形式展示在界面中，如图9-14所示。与常见的文字标签形式的选项卡不同，这里是以按钮的形式显示。其中包括多个按钮，每个按钮都对应不同的设置。单击某一按钮，即可切换到相应的选项卡，进行相关参数的设置。

图9-14

- ⚙基本：用来调整图像的基本色调与颜色品质。

- 🔲色调曲线：用来对图像的亮度、阴影等进行调节。

- 🔺细节：用来锐化图像与减少杂色。

- 🔲HSL 调整：其功能类似于"色相/饱和度"命令，可以对各个颜色的色相、饱和度、明度进行设置。使用该选项还可以制作灰度图像。

- 🔲分离色调：可以分别对高光区域和阴影区域进行色相、饱和度的调整。

- 🔲镜头校正：用来去除由于镜头原因造成的图像缺陷，例如扭曲、晕影、紫边、绿边。

- fx效果：可以为图像添加或去除杂色，还可以用来制作暗角、暗影。

- 🔲校准：不同相机都有自己的颜色与色调调整设置，拍摄出的照片颜色也会有一些偏差。"相机校准"功能则可以用于校正这些相机普遍性的色偏问题。

- 🎚预设：在该选项卡中可以将当前图像调整的参数储存为"预设"，然后使用该"预设"快速处理其他图像。

- 🔲快照：用于保存图像调整过程中的特定状态。与"历史记录"面板中的快照功能相同。例如在图像调色的过程中，想要保留当前状态，以便与之后调整的状态进行对比，则可以单击"快照"选项卡，进入快照参数页面，单击底部的"新建快照"按钮🔲，创建一个新的快照。在之后的调整过程中如果想要回到这一快照状态，只需在"快照"参数页面中单击某一快照条目即可。

提示：直接在Camera Raw中打开图像的设置方法

默认情况下在Photoshop中打开RAW照片时，会自动启动Camera Raw，而打开JPG图片时则不会。对于爱好摄影的朋友而言，在Camera Raw中进行照片的简单调色操作是非常方便的。所以很多朋友在Photoshop中打开照片就是为了使用Camera Raw，如果是这样，可以通过以下设置使我们在打开图像时，自动启动Camera Raw，并在其中打开。

执行“编辑>首选项>Camera Raw”命令，在“JPEG和TIFF处理”选项组中将JPEG设置为“自动打开所有受支持的JPEG”，如图9-15所示。接下来打开的JPG图像都会自动在Camera Raw中打开，如果不需要在Camera Raw中编辑图像，可以单击底部的“打开图像”按钮，如图9-16和图9-17所示。

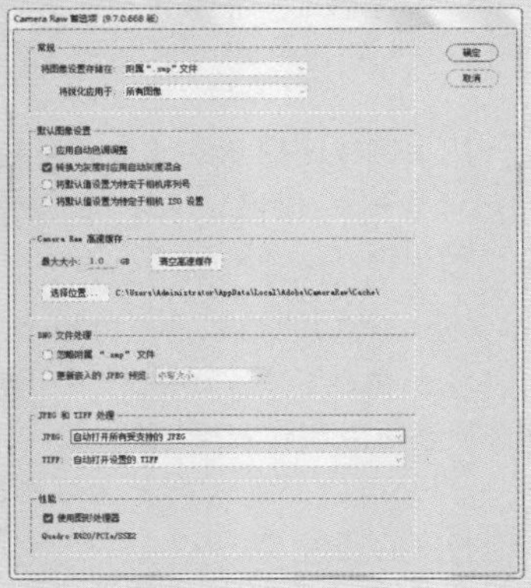

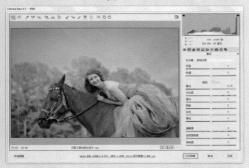

图 9-15

图 9-16

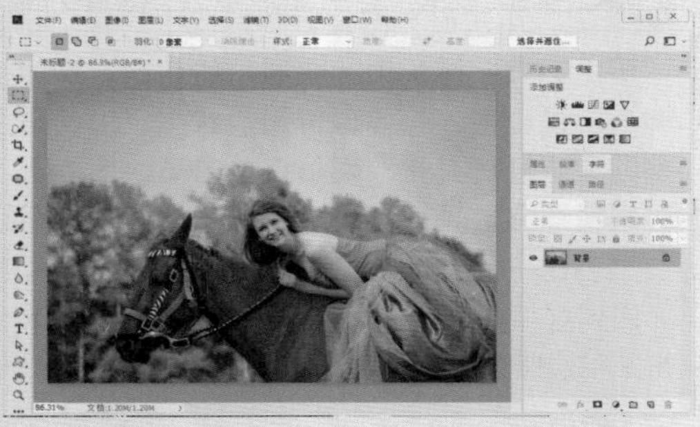

图 9-17

练习实例：简单调整儿童照片

扫一扫，看视频

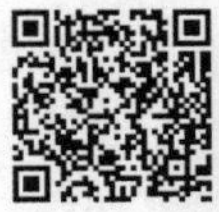

文件路径	资源包\第9章\练习实例：简单调整儿童照片
难易指数	★★★★★
技术要点	Camera Raw的使用

案例效果

案例处理前后的效果对比如图9-18和图9-19所示。

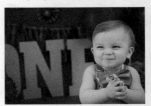

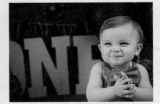

图 9-18

图 9-19

操作步骤

步骤 01 执行“文件>打开”命令，打开素材文件，如图9-20所示。执行“滤镜>Camera Raw”命令，打开Camera Raw。在界面底部单击[Y]按钮，使之变为[YY]，此时界面变为原图与调整效果的对比，如图9-21所示。

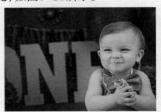

图 9-20

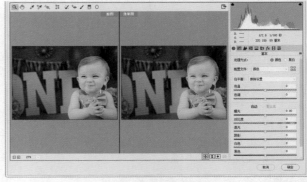

图 9-21

步骤 02 从图9-21中可以看出画面整体偏灰，对比度较低。首先增大“对比度”数值，将其设置为57，此时图像对比度增强，画面颜色感更明显，如图9-22所示。增强对比度之后，亮部区域呈现出曝光的情况。接着将“高光”设置为-10，降低高光区域的亮度，如图9-23所示。

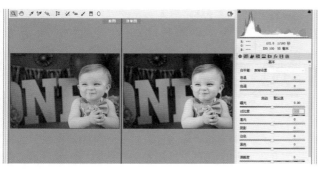

图 9-22

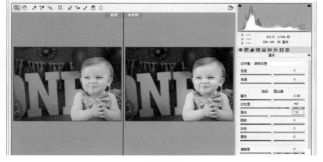

图 9-23

步骤 03 为了使图像更具冲击力，可以增强"清晰度"，设置其值为10，如图9-24所示。最后设置"自然饱和度"为30，增强画面颜色感，如图9-25所示。颜色调整完成，单击"确定"按钮，返回Photoshop界面。

图 9-24

图 9-25

{重点} 9.2 设置图像基本属性

打开一张图片，执行"滤镜>Camera Raw"命令，打开Camera Raw。在工作界面的右侧，默认显示"基本"选项卡(即 ⊙ 按钮处于选中状态)，如图9-26所示。这些参数比较简单，也非常常用。即使没有讲解各项功能的使用方法，通过观察也能大致看懂(拖动滑块就能在画面中看到变化)。这些命令与前面章节学到的调色命令非常相似。按住 Alt 键时"取消"按钮会变为"复位"，单击该按钮即可使图像还原最初效果。

扫一扫，看视频

图 9-26

- 白平衡列表：默认情况下显示的"原照设置"为相机拍摄此照片时所使用原始白平衡设置；还可以选择使用相机的白平衡设置，或基于图像数据来计算白平衡的"自动"选项。

- 色温：色温是人眼对发光体或白色反光体的感觉。在实际拍摄照片时，如果光线色温较低或偏高，则可通过调整"色温"来校正照片。提高"色温"，图像颜色会变得更暖（黄）；降低"色温"，图像颜色会变得更冷（蓝），如图9-27所示。

原图　　　　　冷调　　　　　暖调

图 9-27

- 色调：可通过设置白平衡来补偿绿色或洋红色色调。减少"色调"可在图像中添加绿色；增加"色调"则在图像中添加洋红色。不同"色调"对比效果如图9-28所示。

色调：-60　　　　　　　色调：60

图 9-28

- 曝光：调整整体图像的亮度，对高光部分的影响较大。减少"曝光"会使图像变暗，增加"曝光"则使图像变亮。该值的每个增量等同于光圈大小。不同"曝光"对比效果如图9-29所示。

曝光：-60　　　　　　　曝光：60

图 9-29

- 对比度：可以增加或减少图像对比度，主要影响中间色调。增加对比度时，中到暗图像区域会变得更暗，中到亮图像区域会变得更亮。不同"对比度"效果如图9-30所示。

对比度：-100　　　　　　对比度：100

图 9-30

- 高光：用于控制画面中高光区域的明暗。减小高光数值，高光区域变暗；增大高光数值，高光区域变亮。不同"高光"对比效果如图9-31所示。

高光：-100　　　　　　　高光：100

图 9-31

- 阴影：用于控制画面中阴影区域的明暗。减小阴影数值，阴影区域变暗；增大阴影数值，阴影区域变亮。不同"阴影"对比效果如图9-32所示。

阴影：-100　　　　　　　阴影：100

图 9-32

- 白色：指定哪些输入色阶将在最终图像中映射为白色。增加"白色"可以扩展映射为白色的区域，使图像的对比度看起来更高。它主要影响高光区域，对中间调和阴影影响较小。
- 黑色：指定哪些输入色阶将在最终图像中映射为黑色。增加"黑色"可以扩展映射为黑色的区域，使图像的对比度看起来更高。它主要影响阴影区域，对中间调和高光影响较小。
- 清晰度：通过增强或减弱像素差异控制画面的清晰程度，数值越小，图像越模糊；数值越大，图像越清晰。不同"清晰度"对比效果如图9-33所示。

清晰度：-100　　　　　　清晰度：100

图 9-33

- 去除薄雾："去除薄雾"功能可用于处理类似在薄雾中拍摄的照片，能够增强这类图像的对比度、清晰度以及色彩感，使图像内容的视觉感受得以增强。增大"去除薄雾"的数量，原本灰蒙蒙的图像变得清晰又艳丽。
- 自然饱和度：与"饱和度"数值相似，但是自然饱和度在增强或降低画面颜色的鲜艳程度时，不会产生过于饱和或者完全灰度的图像。不同"自然饱和度"对比效果如图9-34所示。

自然饱和度：-100　　　　自然饱和度：100

图 9-34

- 饱和度：控制画面颜色的鲜艳程度，数值越大，画面色感越强烈。不同"饱和度"对比效果如图9-35所示。

中文版Photoshop CC数码照片处理从入门到精通（微课视频 全彩版）

饱和度：-100　　　　　　饱和度：100

图 9-35

练习实例：清爽夏日色调

文件路径	资源包\第9章\清爽夏日色调
难易指数	★★★★★
技术要点	Camera Raw的使用

扫一扫，看视频

案例效果

案例处理前后的效果对比如图9-36和图9-37所示。

图 9-36　　　　　　图 9-37

操作步骤

步骤 01 执行"文件>打开"命令，打开素材"1.jpg"，如图9-38所示。使用快捷键Ctrl+J进行图层复制。接下来调整照片颜色。在菜单栏中执行"滤镜>Camera Raw滤镜"命令，单击选项栏中的"基本"按钮 ◎，在选项设置栏中设置"色温"为例-50，"色调"为-10，使画面变为冷调。接着设置"对比度"为100，增强画面对比度。设置"阴影"为-39，"黑色"为100，使画面暗部变暗一些，画面整体对比度更强烈。设置"自然饱和度"为50，增强画面色感。此时画面中黄色成分减少了很多，整个画面呈现出淡淡的青色，如图9-39所示。

图 9-38　　　　　　图 9-39

步骤 02 接着单击"HSL调整"按钮 ▤，在选项设置栏中设置"红色"为2，"橙色"为6，"黄色"为-100，"紫色"为31，"洋红"为12，此时肤色变为粉嫩的色彩，如图9-40所示。设置完成后单击"确定"按钮。最后执行"文件>置入嵌入的智能对象"命令置入光效素材"2.png"，如图9-41所示。

图 9-40

图 9-41

9.3 处理图像局部

在对图像颜色进行了整体调整后，可以对细节进行修饰。在Camera Raw的工具箱中包含了一些可以对图像细节进行修饰的工具。例如"目标调整工具""调整画笔""渐变滤镜""径向滤镜"可以对画面局部进行调色，而"污点去除工具"可以去除画面细节处的瑕疵，如图9-42和图9-43所示。

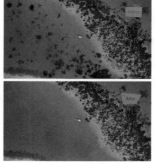

图 9-42

图 9-43

9.3.1 动手练：目标调整

"目标调整工具"是一个非常好用的工具，可以直接通过在画面中单击确定取样颜色，然后按住并移动鼠标来改变图像中取样颜色的色相、饱和度、亮度等属性。

扫一扫，看视频

（1）"目标调整工具"按钮上按下鼠标左键不放，在弹出的下拉菜单里选择要调整的选项。例如选择了"色相"，此时调整面板会同时显示对应的调整设定页"色相"页面。然后将光标移至画面中，如图9-44所示。按住鼠标左键并拖动，可以看到画面中与光标取样点颜色相似的区域颜色都发生了变化，而且右侧的参数数值也随之发生变化，如图9-45所示。这是由于在画面中单击的取样点为绿色，而我们设置的调整内容为"色相"，所以在移动光标的时候就相当于调整画面中绿色和黄色的色相数值，所以包含绿色和黄色的部分颜色就发生了变化，例如此处绿色的草地变成了黄色。

图 9-44

图 9-45

（2）长按"目标调整工具"，执行"明亮度"命令，在画面中按住鼠标左键向右拖动，提高这部分的亮度，如图9-46所示。向左拖动可以降低该区域的亮度，如图9-47所示。除了手动调整，还可以在右侧选项卡中修改参数值，如图9-48所示。

图 9-46

图 9-47

图 9-48

中文版Photoshop CC数码照片处理从入门到精通（微课视频 全彩版）

{重点}9.3.2 污点去除：去除画面瑕疵

"污点去除"工具可以使用另一区域中的样本修复图像中选中的区域。单击"污点去除"工具 ，设置"类型"为"仿制"，设置合适的"大小"数值，将光标移动至画面中需要修补的区域，此时光标为蓝白相间的虚线。在需要去除的位置按住鼠标左键拖动，如图9-49所示。松开鼠标，画面中会显示两种颜色的虚线椭圆，红色虚线区域内代表所修改的区域，绿色虚线区域内代表所仿制的区域，如图9-50所示。如果对当前修复效果不满意可以移动绿色虚线框的位置，或者按Delete键删除此次修复，如图9-51所示。

扫一扫，看视频

图 9-49

图 9-50　　　　　　图 9-51

{重点}9.3.3 调整画笔：更改局部色彩与明暗

"调整画笔" 用于对画面局部进行调色处理。使用该工具可以在画面中限定出一个受调整命令影响的范围。

扫一扫，看视频

(1) 首先单击Camera Raw工具箱中的"调整画笔" 按钮，此时界面右侧的参数发生了变化。右侧的参数是对特定区域进行调色的选项。可以在右侧设置一定的参数，然后可以将光标移动到画面中，如图9-52所示。在画面中按住鼠标左键进行涂抹，涂抹的区域为受调色影响的区域。随着涂抹即可观察到效果，同时还可以在右侧修改数值，使效果更加

明显，如图9-53所示。由于此时"绘制模式"为"添加"，所以继续在画面中绘制会使被绘制的区域受到当前参数的影响。如果绘制的范围大了，可以单击"清除"，并涂抹要去除的区域。

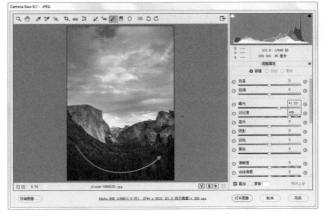

图 9-52

图 9-53

(2) 下面我们需要对另外一个区域进行调整。首先设置"绘制模式"为"新建"，接着在画面中涂抹受影响的区域，并调整右侧参数，如图9-54所示。创建多个调整区域后，如果要删除其中的一个调整区域，则可单击该区域的图钉图标，然后按Delete键。调整完成后单击"打开图像"按钮，在Photoshop中打开文件。调整画笔的参数大部分与图像调整"基本"选项卡一致，不过也有几个比较特殊的选项，如图9-55所示。

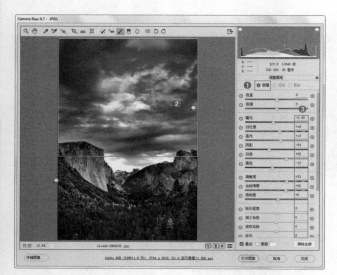

图 9-54

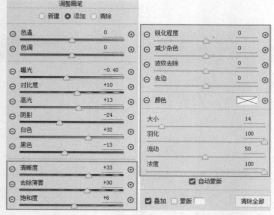

图 9-55

- 清晰度：通过增加局部对比度来增加图像深度。向右拖动滑块可增强清晰度，向左拖动滑块可减弱清晰度。
- 去除薄雾：此功能可用于处理类似在薄雾中拍摄的照片。能够提高这类图像的对比度、清晰度以及色彩感，使图像内容的视觉感受得以增强，如图9-56和图9-57所示。

图 9-56

图 9-57

- 饱和度：调整颜色鲜明度或颜色纯度。向右拖动滑块可增加饱和度，向左拖动滑块可减少饱和度。

- 锐化程度：可增强边缘清晰度以显示细节。向右拖动滑块可锐化细节，向左拖动滑块可模糊细节，如图9-58和图9-59所示。

图 9-58 图 9-59

- 减少杂色：设置减少画面杂色的程度，数值越大，杂色去除程度越大。
- 波纹去除：去除颜色波纹，波纹一般出现在图像密集区域。
- 去边：弱化由于锐化过度带来的边缘。
- 颜色：可以在选中的区域中叠加颜色。单击右侧的颜色块，可以修改颜色。
- 大小：用来指定绘制时画笔笔尖的直径，也可以在视图中单击右键拖动鼠标以调整画笔大小。
- 羽化：用来控制画笔描边的硬度。羽化值越高，画笔的边缘越柔和。
- 流动：设置绘制影响区域的速率。
- 浓度：设置绘制影响区域时笔触的透明度。

[重点] 9.3.4 渐变滤镜：柔和过渡的调色

扫一扫，看视频

"渐变滤镜"能够以渐变的方式对画面的一侧进行处理，另外一侧不进行处理。两个部分之间过渡柔和。

（1）单击Camera Raw工具箱中的"渐变滤镜"，在右侧"渐变滤镜"面板中可以调整相应的参数设置，如图9-60所示。按住鼠标左键并在画面中拖动鼠标，会出现两条直线把图像分为两部分。在参数设置里调整一部分的颜色色调，另一部分不会改变，两条直线之间的部分为渐变的过渡地带，如图9-61所示。

图 9-60

中文版Photoshop CC数码照片处理从入门到精通（微课视频 全彩版）

图 9-61

（2）在画面中可以调整渐变的控制器位置以及形态，如图 9-62 所示。还可以创建多个渐变滤镜，分别调整不同部分的颜色，如图 9-63 所示。

图 9-62

图 9-63

练习实例：夕阳下的城市

文件路径	资源包\第9章\夕阳下的城市
难易指数	★★★★★
技术要点	Camera Raw的使用

扫一扫，看视频

案例效果

案例处理前后的效果对比如图 9-64 和图 9-65 所示。

图 9-64

图 9-65

操作步骤

步骤 01 执行"文件>打开"命令，打开素材"1.jpg"，如图 9-66 所示。Camera Raw 滤镜作为 Photoshop 调色的常用滤镜，为照片处理提供了便捷途径。本案例在 Camera Raw 调色过程中首先针对照片的颜色、细节及灰度进行处理，接着使用渐变滤镜将图片左侧暗部和右上部分曝光处进行单独处理。

图 9-66

步骤 02 在菜单栏中执行"滤镜>Camera Raw 滤镜"命令，单击选项栏中的"基本"按钮 ，在选项设置栏中设置"色温"为20，"色调"为10，使画面偏向于暖黄色。设置"曝光"为 -0.1，"对比度"为13，"高光"为 -58，"阴影"为70，"白色"为 -28，此时画面暗部被提亮，细节明晰了很多。接着设置"清晰度"为33，使画面细节感增强。设置"自然饱和度"为40，"饱和度"为10，使画面颜色感增强，如图 9-67 所示。接着单击"HSL 调整"按钮 ，在选项设置栏中设置"橙色"为 -20，"黄色"为 -10，使黄色的部分偏红一些，如图 9-68 所示。

图 9-67

图 9-68

步骤 03 然后单击"效果"按钮 *fx*，设置"样本"为"高光优先"，"数量"为–19，"中点"为50，"羽化"为50，使画面四周出现暗角，如图9-69所示。此时可以看到画面左侧偏暗，接着单击工具箱中"渐变滤镜"按钮 ▣，然后将光标移至画面左侧，从左向右进行拖曳渐变，接着在右侧渐变滤镜栏中设置"色温"为40，"色调"为40，"清晰度"为33，如图9-70所示。

图 9-69

图 9-70

步骤 04 继续在画面右上方由上到下绘制渐变，设置"曝光"为–0.7，"高光"为–10，"阴影"为–86，"清晰度"为–96，勾选"叠加"，如图9-71所示。设置完成后单击"确定"按钮，最终调色效果如图9-72所示。

图 9-71

图 9-72

9.3.5　使用径向滤镜

扫一扫，看视频

　　"径向滤镜"与"渐变滤镜"的功能非常相似，其区别在于"渐变滤镜"是以线形渐变的方式进行过渡，而"径向滤镜"是以圆形径向渐变的方式进行过渡，而且"径向滤镜"可以设定对"内部"或"外部"进行调整。

　　（1）单击 Camera Raw 工具箱中的"径向滤镜"工具 ○，在右侧的"径向滤镜"进行相应的参数设置，然后在画面中按住鼠标左键拖动，绘制一个椭圆选框，如图9-73所示。拖动选框的控制点可以调整控制框的大小，选中要突出的主题图像，画面效果如图9-74所示。

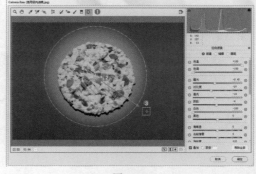

图 9-73

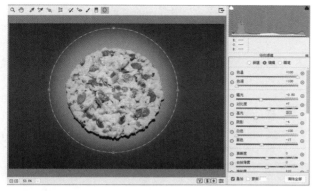

图 9-74

（2）"径向滤镜"可以通过"内部/外部"用来指定编辑的区域。将右侧"径向滤镜"面板拖到最下方，在"效果"选项组中可以看到"外部"和"内部"。当选中"内部"单选按钮时，编辑的区域为绘制圆形的内部；选中"外部"单选按钮时，则相反。图 9-75 为选择"内部"选项时的"径向滤镜"。

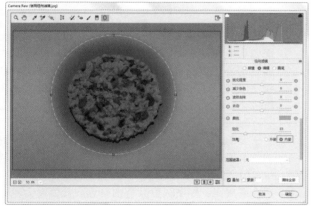

图 9-75

9.4 图像调整

Camera Raw 界面右侧集中了大量的图像调整命令，这些命令被分为多个组，以"选项卡"的形式展示在界面中，如图 9-76 所示。每个选项卡对应一个按钮，每个按钮都对应着不同的设置。单击某个按钮，即可切换到相应选项卡，进行相关参数的设置。

图 9-76

【重点】9.4.1 动手练：色调曲线

单击 Camera Raw 界面中的"色调曲线"按钮 ，进入"色调曲线"选项卡。"色调曲线"与 Photoshop 中的"图像>调整>曲线"命令的使用方法非常相似，都可以对图像的明暗程度进行调

扫一扫，看视频

整。但是"色调曲线"有两种调整方式："参数曲线"和"点曲线"。

（1）在"色调曲线"选项卡中单击"参数"标签，进入"参数"子选项卡，从中可以拖动"高光""亮调""暗调"或"阴影"滑块来调整画面的明暗程度，如图 9-77 所示。例如，调整了"暗调"或"阴影"数值，此时曲线下半部分发生了明显变化，如图 9-78 所示。

图 9-77

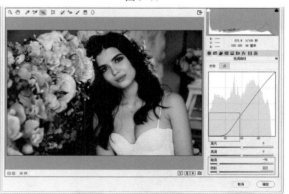

图 9-78

（2）单击"点"标签，进入"点曲线"子选项卡。在曲线上单击添加点并调整曲线形态，其使用方法与"图像>调整>曲线"命令相同，如图 9-79 和图 9-80 所示。

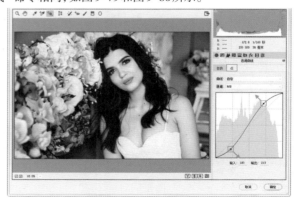

图 9-79

图 9-80

{重点}9.4.2 　细节：锐化与清晰度

单击Camera Raw窗口中的"细节"按钮▲▲，进入"细节"选项卡。"细节"选项卡主要针对图像细节的清晰程度进行调整，拖动滑块或修改参数值即可，如图9-81所示。在对图像进行锐化的同时经常会产生噪点，而且锐化作用越强，所产生噪点就越多。因此，在调整"锐化"的同时，也要适当调整"减少杂色"的参数，以使图像呈现最佳状态。

扫一扫，看视频

图 9-81

- 数量：锐化的数值越大，锐化程度越强，该值为0时关闭锐化。如图9-82所示为不同数值的对比效果。

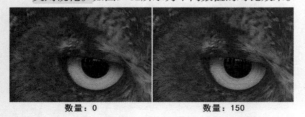

数量：0　　　　　　　　数量：150

图 9-82

- 半径：用来决定边缘强调的像素点的宽度。如果半径值为1，则从亮到暗的整个宽度是2个像素；如果半径值为2，则边沿两边各有2个像素点，那么从亮到暗的整个宽度是4个像素。半径越大，细节的反差越强烈，但锐化的半径值过大会导致图像内容不自然。
- 细节：调整锐化影响的边缘区域的范围，它决定了图像细节的显示程度。较低的值将主要锐化边缘，以便消除模糊；较高的值则可以使图像中的纹理更清楚。如图9-83所示为不同数值的对比效果。

细节：0　　　　　　　　细节：100

图 9-83

- 蒙版：Camera Raw是通过强调图像边缘的细节来实现锐化效果的。将"蒙版"设置为0时，图像中的所有部分均接受等量的锐化；设置为100时，可将锐化限制在饱和度最高的边缘附近，避免非边缘区域锐化。
- 明亮度：用于减少明灰度的杂色。
- 明亮度细节：控制灰度杂色阈值。数值越大，保留的细节就越多，但杂色也较多；数值越小，杂色越少，但会损失图像细节。
- 明亮度对比：控制灰度杂色的对比。数值越大，保留的对比度就越高，但可能会产生杂色的花纹或斑；数值越小，产生的结果就越平滑，但也可能使对比度较低。
- 颜色：用于减少彩色的杂色。
- 颜色细节：控制彩色杂色阈值。数值越大，边缘就能保持得更细，色彩细节也更多，但可能会产生彩色颗粒；数值越小，越能消除色斑，但可能会产生颜色溢出。
- 颜色平滑度：用于控制彩色杂色的平滑程度。

练习实例：巧妙降噪柔化皮肤

文件路径	资源包\第9章\巧妙降噪柔化皮肤
难易指数	★★★★★
技术要点	Camera Raw滤镜

扫一扫，看视频

案例效果

案例处理前后的效果对比如图9-84和图9-85所示。

图 9-84　　　　　　　　　　图 9-85

操作步骤

步骤 01　执行"文件>打开"命令,在弹出的"打开"窗口中选择人物素材"1.jpg",然后单击"打开"按钮将其打开,如图9-86所示。仔细观察可以看到打开的素材中人物皮肤比较粗糙,如图9-87所示。

图 9-86　　　　　　　　　　图 9-87

步骤 02　选择背景图层,单击鼠标右键,执行"转换为智能对象"命令,将该图层转换为智能对象以备后面操作使用,如图9-88所示。

图 9-88

步骤 03　选择转换为智能对象的图层,执行"滤镜>Camera Raw滤镜"命令,在弹出的Camera Raw窗口中单击"细节"按钮,在"锐化"选项组中设置"数量"为40,"半径"为1.0,"细节"为60;在"减少杂色"选项组中设置"明亮度"为80,"明亮度细节"为30,然后单击"确定"按钮,如图9-89所示。

图 9-89

步骤 04　此时人物皮肤变得非常柔和,但是皮肤以外的部分有些失真,与实际情况不太符合。设置"前景色"为黑色,然后选择智能滤镜图层蒙版,使用快捷键Alt+Delete将蒙版进行黑色填充。接着选择工具箱中的"画笔工具",在选项栏中设置大小合适的柔边圆画笔,设置"前景色"为白色,设置完成后在画面人物皮肤部分涂抹,如图9-90所示。此时只有皮肤部分变得非常柔和,效果如图9-91所示。

图 9-90

图 9-91

步骤 05 通过操作，画面整体颜色偏暗偏黄，需要进行调色。使用快捷键Ctrl+Alt+Shift+E盖印当前画面效果为独立图层，继续执行"滤镜>Camera Raw 滤镜"命令，在弹出的Camera Raw窗口中设置"白平衡"为自定，"色温"为–30，"色调"为–30，此时画面暖色成分减少，设置"高光"为+50，"阴影"为+100，"白色"为+50，使画面暗部和亮部变亮一些；设置"清晰度"为+25，使细节更加明确，如图9–92所示。设置完成后单击"确定"按钮，效果如图9–93所示。

图 9–94

图 9–92

图 9–95

（2）如果单击"色相"选项，调整其中一种颜色的滑块，即可影响到包含该颜色区域的色彩倾向。例如调整了蓝色滑块，此时天空变为紫色，如图9–96所示。单击"明度"按钮，向右移动蓝色的滑块，此时天空部分变亮，如图9–97所示。

图 9–93

重点 9.4.3　HSL 调整：单独调整每种颜色

单击Camera Raw窗口中的"HSL 调整"按钮，进入"HSL 调整"选项卡。"HSL 调整"选项卡类似于"色相/饱和度"命令，可以对各种颜色的色相、饱和度、明亮度进行设置。

扫一扫，看视频

（1）打开一张图片，在Camera Raw中单击"HSL 调整"按钮，进入"HSL 调整"选项卡。单击"饱和度"标签，进入"饱和度"子选项卡，如图9–94所示。增加黄色和绿色的饱和度数值，此时画面中草地位置的颜色变得更加鲜艳，如图9–95所示。如果勾选"转换为灰度"复选框，画面会变为灰度图像，如图9–96所示。将彩色图像转换为黑白效果后，可以对各种颜色的数值进行设置，调整画面中各部分颜色转换为灰度之后的明暗程度，如图9–97所示。

图 9–96

图 9–97

【重点】9.4.4　色调分离：单独调整高光/阴影

　　单击 Camera Raw 窗口中的"色调分离"按钮，进入"色调分离"选项卡。在"分离色调"选项卡中，可以分别对高光区域和阴影区域的色相、饱和度进行调整，如图9-98所示。高光和阴影的参数是相同的，以设置阴影参数为例，如果想要更改阴影部分的颜色倾向，可以适当增大饱和度数值，然后移动色相滑块(饱和度为0时，调整色相数值不起作用)，如图9-99所示。

扫一扫，看视频

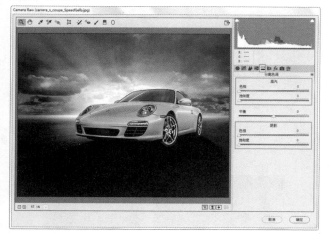

图 9-98

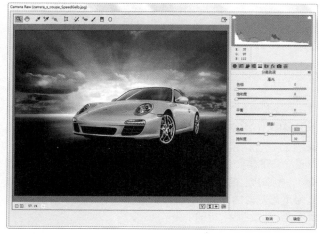

图 9-99

　　调整高光数值，如图9-100所示。平衡用于控制画面中高光和暗部区域的大小。增大平衡数值可以增大画面中高光数值控制的范围，如图9-101所示。反之则增大暗部范围。

图 9-100

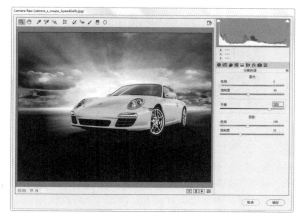

图 9-101

练习实例：调整棚拍照片背景颜色

文件路径	资源包\第9章\调整棚拍照片背景颜色
难易指数	★★★★★
技术要点	快速选择工具、Camera Raw滤镜、表面模糊

扫一扫，看视频

案例效果

　　案例处理前后的效果对比如图9-102和图9-103所示。

图 9-102

图 9-103

操作步骤

步骤 01 执行"文件>打开"命令,打开素材"1.jpg"。选择背景图层,单击工具箱中的"快速选择工具",在选项栏中单击"添加到选区"按钮,设置大小合适的笔尖,然后将光标放在画面背景上方位置,并按住鼠标左键拖动绘制出背景选区,如图9-104所示。在当前选区状态下,使用快捷键Ctrl+J将背景单独复制出来形成一个新图层,如图9-105所示。

 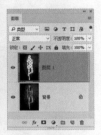

图 9-104　　　　　　　　图 9-105

步骤 02 选择复制出来的背景图层,执行"滤镜>Camera Raw滤镜"命令,在弹出的Camera Raw窗口中单击"基本"按钮,在"基本"选项卡中设置"白平衡"为自定,"色温"为-13,"色调"为+65,"曝光度"为+0.55,单击"分离色调"按钮,设置阴影饱和度为100。然后单击"确定"按钮,如图9-106所示。效果如图9-107所示。

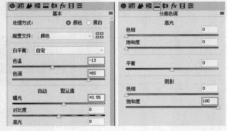

图 9-106

图 9-107

步骤 03 此时背景呈现出比较脏的感觉,需要进一步处理。如图9-108所示。选择复制出来背景图层,执行"滤镜>模糊>表面模糊"命令,在弹出的"表面模糊"窗口中设置"半径"为24像素,"阈值"为51色阶,然后单击"确定"按钮,如图9-109所示。效果如图9-110所示。

图 9-108　　　　　　　　图 9-109

步骤 04 此时照片背景颜色调整完成,效果如图9-111所示。

图 9-110　　　　　　　　图 9-111

9.4.5　镜头校正:消除镜头畸变

"镜头校正"选项卡主要用于消除由于镜头原因造成的图像缺陷,如晕影、桶形扭曲、枕形扭曲等。这项功能与"滤镜>镜头校正"非常相似。单击Camera Raw窗口中的"镜头校正"按钮 ,进入"镜头校正"选项卡,如图9-112所示。拖动"扭曲度"的"数量"滑块可以设置画面扭曲畸变度,数值为正值时向内凹陷,数值为负值时向外膨胀。如图9-113所示为"数量"为-20的效果。

- 扭曲度:设置画面扭曲畸变度,数值为正值时向内凹陷,数值为负值时向外膨胀。
- 去边:在该组中通过调整滑块修复紫边、绿边问题。
- 晕影:"数量"为正值时角落变亮,负值时角落变暗。"中点"数值用于调整晕影的校正范围,向左拖动滑块可以使变亮区域向画面中心扩展;向右拖动则收缩变亮区域。

中文版Photoshop CC数码照片处理从入门到精通(微课视频 全彩版)

图 9-112

图 9-113

提示：打开 RAW 文件后使用镜头校正

打开RAW文件后，在"镜头校正"选项卡中有两种校正方式："配置文件"和"手动"。单击"配置文件"标签，在"配置文件"子选项卡中勾选"启用配置文件校正"复选框，然后设置设备的属性以及校正量，之后画面会自动进行校正，如图9-114所示。

图 9-114

9.4.6 效果：制作颗粒感、添加晕影

单击Camera Raw窗口中的"效果"按钮 *fx*，进入"效果"选项卡。在选项卡中进行相应的参数设置后，可以解决照片灰蒙蒙的问题，为照片添加胶片相机特有的"颗粒感"以及晕影暗角特效。

1. 制作颗粒感

在"颗粒"选项组中可以通过设置参数为画面添加类似胶片相机拍摄出的颗粒效果。增大"数量"数值可以使画面中的颗粒数量增多，如图9-115所示；"大小"数值用于控制颗粒的尺寸，如图9-116所示；增大"粗糙度"数值可以使画面产生一种模糊做旧的效果，如图9-117所示。

| 数量：30 | 数量：100 |

图 9-115

| 大小：10 | 大小：100 |

图 9-116

| 粗糙度：0 | 粗糙度：100 |

图 9-117

2. 添加晕影

在"裁剪后晕影"选项组中可以为画面四角添加暗角或者去除暗角。将"数量"滑块向左移动，可以使画面四周变暗，产生暗角效果，如图9-118所示。将"数量"滑块向右移动可以使四周变亮，数量调整到最大时，四周出现白色晕影，如图9-119所示。"中点""圆度""羽化"主要用于控制四角变暗的区域大小。

图 9-118

图 9-119

练习实例：拯救偏灰的照片

文件路径	资源包\第9章\拯救偏灰的照片
难易指数	★★★★★
技术要点	Camera Raw滤镜

扫一扫，看视频

案例效果

案例处理前后的效果对比如图9-120和图9-121所示。

图 9-120

图 9-121

操作步骤

步骤 01 执行"文件>打开"命令，在弹出的"打开"窗口中选择素材"1.jpg"，然后单击"打开"按钮将其打开，如图9-122所示。

图 9-122

步骤 02 首先来解决一下画面偏灰的问题。执行"滤镜>Camera Raw滤镜"命令，设置"曝光度"为+0.60，适当将画面提亮，设置去除薄雾的"数量"为100，此时画面灰蒙蒙的问题被快速地解决了，如图9-123所示。

图 9-123

步骤 03 去除薄雾后画面整体颜色偏暗，需要提高亮度。在Camera Raw调整状态下，单击"基本"按钮，设置"曝光"为+0.60，适当将画面提亮，然后单击"确定"按钮完成操作。最终效果如图9-124所示。

图 9-124

举一反三：巧用"晕影"制作照片边框

"晕影"功能虽然经常用于添加以及去除画面的晕影，但是从画面效果上来看，它主要是通过对画面四周进行压暗和提亮来实现的。压暗到极致为黑色，提亮到极致为白色。压暗和提亮的范围可以通过"中点"和"圆度"数值控制，可以制作成正圆、椭圆以及圆角矩形。了解了这些，我们就可以借助这些参数制作一些特殊的效果。例如，增大"数量"，可以得到纯白的四边。将"中点"数值设置得小一些，"圆度"为最大，纯白的边缘范围就被调整到一个正圆形以外的区域，如图9-125所示。如果适当增大"中点"数值，可以使白色区域减小；而将"圆度"数值减小很多，则可以制作出圆角矩形的外边框，如图9-126所示。

图 9-125

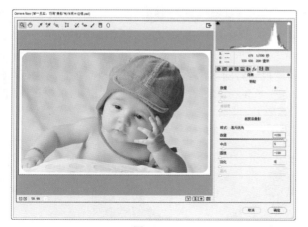

图 9-126

9.4.7　校准：校正相机偏色问题

不同相机都有自己的颜色与色调调整设置，拍摄出的照片颜色也会有些许的偏差。"校准" 功能则可以用于校正这些相机普遍性的色偏问题。单击Camera Raw窗口中的"校准"按钮，进入"校准"选项卡。在这里可以通过对"阴影""红原色""绿原色"和"蓝原色"的"色相"及"饱和度"的调整，来校正偏色问题，如图9-127所示。例如，增大"蓝原色"的饱和度，画面中蓝色成分的区域颜色艳丽了很多，如图9-128所示。

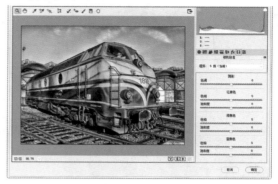

图 9-127

图 9-128

9.4.8　预设：自动处理图像

单击Camera Raw窗口中的"预设"按钮，进入"预设"选项卡。"预设"页面中包含了系统自带的多种预设，可以为画面快速应用。用户也可以将当前图像调整的参数创建为新的"预设"，然后可以使用该"预设"快速处理其他图像。

（1）单击Camera Raw窗口中的"预设"按钮，可以看到多组预设，单击展开一个预设组，可以看到其中的预设列表，如图9-129所示。将光标移动到预设名称上即可预览到预设效果，单击即可为当前图像快速应用该效果，如图9-130所示。

（2）除此之外，我们还可以创建新的预设，以便于对其他图像进行处理。首先在Camera Raw中进行一些颜色调整。然后单击"预设"按钮，在预设窗口右下键单击"新建预设"按钮，在弹出的对话框中设置名称及所要保留项目，单击"确定"键结束操作。如图9-131所示。接着在"预设"列表中就出现了新建的预设。如图9-132所示。

图 9-129

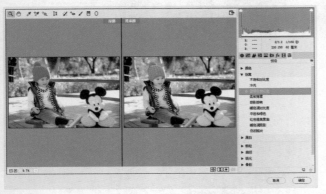

图 9-130

图 9-131

图 9-132

练习实例：HDR效果城市风光

扫一扫，看视频

文件路径	资源包\第9章\HDR效果城市风光
难易指数	★★★★★
技术要点	Camera Raw的使用

案例效果

案例处理前后的效果对比如图9-133和图9-134所示。

图 9-133

图 9-134

操作步骤

步骤 01 先将风景素材"1.jpg"打开，如图9-135所示。为了保护原图，可以在选择"背景"图层的状态下使用快捷键Ctrl+J将图层复制一份，如图9-136所示。

图 9-135

图 9-136

步骤 02 首先需要调整建筑的透视关系，此时建筑具有明显的透视倾斜问题，需要调整使其与地面垂直。执行"滤镜>镜头校正"命令，在弹出的"镜头校正"窗口中选择"自定"选项卡，设置"垂直透视"为-17，然后单击"确定"按钮，如图9-137所示。

图 9-137

步骤 03 接下来进行调色。执行"滤镜 >Camera Raw 滤镜"命令，在打开的 Camera Raw 窗口中单击"基本"按钮，在"基本"选项卡中设置"对比度"为 30，"高光"为 –100，"阴影"为 100，"白色"为 –100，"黑色"为 54，使亮部区域变暗，暗部区域变亮；设置"清晰度"为 100，设置"去除薄雾"为 20，使画面整体细节更加突出；设置"自然饱和度"为 60，使画面颜色感增强，如图 9–138 所示。

图 9–138

步骤 04 单击"细节"按钮，设置"数量"为 40，"半径"为 1.1，"细节"为 100，进一步增强画面锐度；设置"明亮度"为 29，"明亮度细节"为 62，"明亮度对比"59，减少亮部细节中的杂点，如图 9–139 所示。

图 9–139

步骤 05 单击"效果"按钮，设置裁剪后晕影"数量"为 –35，"中点"为 70，"羽化"为 50，为画面添加暗角，然后单击"确定"按钮，如图 9–140 所示。案例完成效果如图 9–141 所示。

图 9–140

图 9–141

练习实例：复古色调

文件路径	资源包\第9章\复古色调
难易指数	★★★★★
技术要点	Camera Raw滤镜、图层蒙版

案例效果

案例处理前后的效果对比如图 9–142 和图 9–143 所示。

图 9–142　　　　　　　　图 9–143

操作步骤

步骤 01 首先执行"文件 >打开"命令，在弹出的"打开"窗口中选择素材"1.jpg"，然后单击"打开"按钮将其打开，如图 9–144 所示。接下来，复制当前图层。

图 9–144

步骤 02 执行"滤镜>Camera Raw 滤镜"命令，在弹出的 Camera Raw 窗口中单击"基本"按钮，在"基本"选项卡中设置"白平衡"为自定，"色温"为+10，"色调"为–5，"曝光"为–0.9，"对比度"为+30，"高光"为–55，"阴影"为+40，"白色"为+20，"清晰度"为+30，"自然饱和度"为–70，如图9-145所示。

图 9-145

步骤 03 通过调整降低了图片颜色的鲜艳程度，但整体颜色还有一些偏红，需要进一步处理。在当前Camera Raw 调整状态下，单击"HSL 调整"按钮，切换到该选项卡，然后选择"明亮度"子选项卡，设置"红色"为+50，如图9-146所示。

图 9-146

步骤 04 此时画面的整体颜色亮度调整完成，接下来需要调整分离色调。在当前Camera Raw调整状态下，单击"分离色调"按钮，设置"高光"的"色相"和"饱和度"分别为50和60，"平衡"为+15，"阴影"的"色相""饱和度"分别为360和20，如图9-147所示。

步骤 05 复古的色调调整完成，接下来为画面制作暗角效果，让复古色调的视觉效果更强一些。在 Camera Raw 调整状态下，单击"效果"按钮，在"裁剪后晕影"选项组中设置"数

量"为–45，"中点"为45，"圆度"为+15，"羽化"为50，然后单击"确定"按钮，如图9-148所示。

图 9-147

图 9-148

步骤 06 经过上述操作后，可以看到图片中人物的皮肤颜色偏暗，需要提高亮度。选择该图层，单击"图层"面板底部的"添加蒙版"按钮，为该图层添加图层蒙版，如图9-149所示。然后选择图层蒙版，单击工具箱中的"画笔工具"，在选项栏中选择大小合适的半透明柔边圆画笔，设置"前景色"为黑色，然后在人物皮肤部位涂抹，提高皮肤亮度。画面效果如图9-150所示。

图 9-149

图 9-150

步骤 07 此时复古色调制作完成，效果如图9-151所示。

图 9-151

综合实例：使用 Camera Raw 处理风光照片

文件路径	资源包\第9章\使用Camera RAW处理风光照片
难易指数	★★★★★
技术要点	Camera Raw的使用

扫一扫，看视频

案例效果

案例处理前后的效果对比如图9-152、图9-153所示。

图 9-152   图 9-153

操作步骤

步骤 01 执行"文件>打开"命令，打开素材文件。可以看到图像偏灰、对比度较低、颜色感不足，暗部细节缺失，而且草地的颜色也不美观，如图9-154所示。执行"滤

镜>Camera RAW"命令，在 Camera RAW中打开该图像。首先对一些基本选项进行调整，设置"白色"数值为52，"黑色"为100，"清晰度"为30，"自然饱和度"为70，此时图像的明暗被强化，颜色感和清晰度也都有所增强，如图9-155所示。

图 9-154

图 9-155

步骤 02 接下来需要对画面的细节进行调整。单击界面右侧的"细节"按钮，进入"细节"选项卡。在这里设置"数量"为120，设置"半径"为2，"细节"为60，如图9-156所示。接着调整草地的颜色，使草地中黄色的部分变为草绿色。单击"HSL 调整"按钮，在"色相"子选项卡中设置"黄色"数值为40，"绿色"为-20，如图9-157所示。

图 9-156

图 9-157

图 9-158

步骤 03 进一步增强草地的颜色感，单击"饱和度"，设置"黄色"数值为30，如图9-158所示。调整完成后单击"确定"按钮，回到Photoshop中，最终效果如图9-159所示。

图 9-159

 **读书笔记**

风光照片处理

本章内容简介：

　　对于一幅优秀的风光摄影作品而言，内容、构图、色彩缺一不可。尤其是色彩，它最能够突出画面的气氛，烘托画面的主题，传递作品情感的元素。所以，对于风光摄影的后期处理，画面内容与构图的调整通常不会很多，更多的是集中在画面颜色的调整中。在本章案例的练习过程中可以带着一些问题进行操作，例如：画面存在哪些严重问题、哪里应该调整、应该调整成什么色调才能突出主题、哪些命令更适合调整此处的颜色等。

优秀作品欣赏

10.1 制作宽幅风景照

文件路径	资源包\第10章\制作宽幅风景照
难易指数	★★★★★
技术要点	自动对齐命令、裁剪工具

扫一扫，看视频

案例效果

案例效果如图10-1所示。

图 10-1

操作步骤

步骤 01 首先创建一个宽幅的文档。执行"文件>新建"命令或按快捷键Ctrl+N，在弹出的"新建文档"窗口中设置"宽度"为1000像素，"高度"为451像素，"分辨率"为96像素/英寸，单击"创建"按钮，如图10-2所示。效果如图10-3所示。

图 10-2

图 10-3

步骤 02 执行"文件>置入嵌入对象"命令，在打开的"置入嵌入对象"窗口中找到素材位置，单击选择素材"1.jpg"，单击"置入"按钮，如图10-4所示。接着将置入对象移动到

画面的左侧，接着按住Shift键拖曳控制点将其等比放大，如图10-5所示。

图 10-4

图 10-5

步骤 03 调整完成后按Enter键完成置入操作。接着使用同样的方式置入素材"2.jpg"，然后调整图片位置与大小，在调整位置时"素材2"要与"素材1"有重叠，如图10-6所示。继续置入另外两个素材(注意置入图片的顺序以及摆放位置)，如图10-7所示。

图 10-6

图 10-7

步骤 04 接着按住 Ctrl 键的同时加选 4 个图层,单击鼠标右键执行"栅格化图层"命令,将智能图层转换为普通图层,如图 10-8 所示。

图 10-8

步骤 05 接着在加选图层的状态下,执行"编辑>自动对齐图层"命令,在弹出的"自动对齐图层"窗口中单击"自动"按钮,单击"确定"按钮完成操作,如图 10-9 所示。此时原本不连续的 4 张图片被连接在一起了。效果如图 10-10 所示。

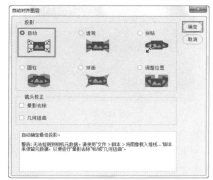

图 10-9

图 10-10

步骤 06 单击工具箱中的"裁剪工具"按钮,在画布上绘制一个裁剪框,如图 10-11 所示。按 Enter 键完成裁剪。最终效果如图 10-12 所示。

图 10-11

图 10-12

10.2 夏季变秋季

文件路径	资源包\第10章\夏季变秋季
难易指数	★★★★★
技术要点	曲线、可选颜色、自然饱和度

扫一扫,看视频

案例效果

案例处理前后的效果对比如图 10-13 和图 10-14 所示。

图 10-13

图 10-14

操作步骤

步骤 01 执行"文件>打开"命令,在打开窗口中选择背景素材"1.jpg",单击"打开"按钮,如图 10-15 所示。

图 10-15

步骤 02 首先要提高画面的对比度。执行"图层>新建调整图层>曲线"命令,在曲线上添加两个点,调整曲线点的位置,使曲线呈现 S 形,如图 10-16 所示。效果如图 10-17 所示。

图 10-16

图 10-17

步骤 03 下面的操作我们就要把绿色的草调整为秋季的颜色。执行"图层>新建调整图层>可选颜色"命令，在弹出的"属性"面板中设置为"颜色"为黄色，调整"青色"为-70%、"洋红"为+30、"黄色"为-20%、"黑色"为+10%，如图10-18所示。设置"颜色"为绿色，调整"青色"为-70%、"洋红"为+50%、"黄色"为-66%、"黑色"为+20%，如图10-19所示。此时草地变为黄色，如图10-20所示。由于草地部分主要由黄和绿构成，所以主要针对这两个通道设置参数。

图 10-18

图 10-19

图 10-20

步骤 04 最后适当增强画面颜色感。执行"图层>新建调整图层>自然饱和度"命令，在弹出的"属性"面板中设置"自然饱和度"为+60，如图10-21所示。效果如图10-22所示。

图 10-21

图 10-22

10.3 更改画面气氛

文件路径	资源包\第10章\更改画面气氛
难易指数	★★★★★
技术要点	曲线、色相/饱和度、色彩平衡、Camera RAW

扫一扫，看视频

案例效果

案例处理前后的效果对比如图10-23和图10-24所示。

图 10-23

图 10-24

操作步骤

步骤 01 执行"文件>打开"命令，打开背景素材"1.jpg"，如图10-25所示。本案例首先使用"曲线"命令压暗画面色调，使用"色相/饱和度"等调色命令增强画面色调，使之产生一种神秘感。

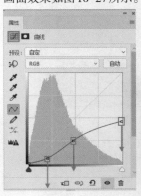
图 10-25

步骤 02 首先将画面压暗。执行"图层>新建调整图层>曲线"命令，在弹出的"曲线"面板中通过单击添加控制点，并向下拖动降低画面的亮度，曲线形状如图10-26所示。此时画面效果如图10-27所示。

图 10-26

图 10-27

步骤 03 接下来降低画面颜色的饱和度。执行"图层>新建调整图层>色相/饱和度"命令，然后在弹出的"色相/饱和度"面板中设置"颜色"为黄色时，"色相"为-18，"饱和度"为-79，"明度"为0，如图10-28所示。此时画面效果如图10-29所示。

图 10-28　　　　　　　　图 10-29

步骤 04　在"色相/饱和度"面板中设置"颜色"为绿色，"色相"为 -90，"饱和度"为 -32，"明度"为 0，如图 10-30 所示。此时黄绿色的草地颜色感减少了很多，画面效果如图 10-31 所示。

图 10-30　　　　　　　　图 10-31

步骤 05　执行"图层>新建调整图层>色彩平衡"命令，然后在弹出的"色彩平衡"面板中设置"色调"为阴影，"青色"为 -11，"洋红"为 -14，"黄色"为 +3，如图 10-32 所示。使画面暗部颜色倾向于紫红色，此时画面效果如图 10-33 所示。

图 10-32　　　　　　　　图 10-33

步骤 06　在"色彩平衡"面板中设置"色调"为"中间值"，"青色"为 -18，"洋红"为 +32，"黄色"为 +31，如图 10-34 所示。此时画面效果如图 10-35 所示。

图 10-34　　　　　　　　图 10-35

步骤 07　在"色彩平衡"面板中设置"色调"为"高光"，"青色"为 -9，"洋红"为 +36，"黄色"为 +34，如图 10-36 所示。此时画面效果如图 10-37 所示。

图 10-36　　　　　　　　图 10-37

步骤 08　执行"图层>新建调整图层>曲线"命令，在弹出的"新建图层"窗口中单击"确定"按钮，在弹出的"曲线"面板中通过单击添加控制点，并向下拖动降低画面的亮度，曲线形状如图 10-38 所示。此时画面效果如图 10-39 所示。

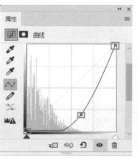

图 10-38　　　　　　　　图 10-39

步骤 09　然后单击该图层的蒙版缩览图，选择工具箱中的"画笔工具" ，在选项栏中单击打开"画笔预设"选取器，在"画笔预设"选取器中单击选择一个"柔边圆"画笔，设置画笔大小为 800 像素。将"前景色"设置为黑色。设置完毕后在画面上单击进行涂抹，此时画面出现暗角效果，如图 10-40 所示。

图 10-40

步骤 `10` 提亮帽子位置的亮度，增加画面的颜色对比效果。再次执行"图层>新建调整图层>曲线"命令，然后在"曲线"面板中通过单击添加控制点，并向上拖动提高画面的亮度，曲线形状如图10-41所示。此时画面效果如图10-42所示。

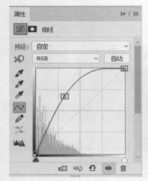

图 10-41

图 10-42

步骤 `11` 单击该图层的蒙版缩览图，然后选择"画笔工具"，在选项栏中单击打开"画笔预设"选取器，在"画笔预设"选取器中单击选择一个"柔边圆"画笔，设置画笔大小为800像素，如图10-43所示。将"前景色"设置为黑色。设置完毕后在画面上四周位置按住鼠标左键拖动进行涂抹，只保留帽子位置的亮度，效果如图10-44所示。

图 10-43

图 10-44

步骤 `12` 使用盖印快捷键Ctrl+Alt+Shift+T，盖印得到一个独立的图层，执行"滤镜>Camera Raw"命令，设置"清晰度"为

100，如图10-45所示。调整完成后单击"确定"按钮，最终效果如图10-46所示。

图 10-45

图 10-46

10.4 水城

文件路径	资源包\第10章\水城
难易指数	★★★★★
技术要点	阴影/高光、曲线、减淡工具

扫一扫，看视频

案例效果

案例处理前后的效果对比如图10-47和图10-48所示。

图 10-47

图 10-48

操作步骤

步骤 `01` 执行"文件>打开"命令，打开风景素材"1.jpg"，如图10-49所示。接下来执行"文件>置入嵌入对象"命令，置入天空素材"1jpg"，将其摆放在画面中的天空位置，然后按Enter键确定置入操作。选择该图层，执行"图层>栅格化>智能对象"命令。此时画面效果如图10-50所示。

图 10-49   图 10-50

步骤 02 先将天空图层隐藏，然后单击工具箱中的"钢笔工具"，在选项栏中设置"绘制模式"为"路径"，然后沿着天空的边缘绘制路径，如图10-51所示。然后使用快捷键Ctrl+Enter生成选区，接着将天空图层显示出来，如图10-52所示。

图 10-51

图 10-52

步骤 03 选择天空图层，单击图面板底部的"添加图层蒙版"按钮 ▣，基于选区添加图层添加蒙版，如图10-53所示。此时只有天空部分被保留了下来，画面效果如图10-54所示。

图 10-53

图 10-54

步骤 04 使用快捷键Ctrl+Shift+Alt+E将所有图层中的图像盖印到新的图层中。接下来调整画面阴影高光，使画面亮部和暗部细节更明晰。执行"图像>调整>阴影/高光"命令，在弹出的"阴影/高光"窗口中设置"阴影"的数量为45%，"高光"的数量为50%，然后单击"确定"按钮，如图10-55所示。画面效果如图10-56所示。

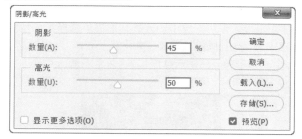

图 10-55

图 10-56

步骤 05 接下来对右下角的阴影进行修补。单击工具箱中的"套索工具"，在选项栏中设置一定的羽化数值，在没有阴影的水面部分绘制选区，如图10-57所示。然后使用快捷键Ctrl+J将选区复制到独立图层，如图10-58所示。

图 10-57

图 10-58

步骤 06 接下来选择复制的图层，然后单击选择工具箱中的"移动工具"，将该图层移动到画面右下角待修补的河水位置，如图10-59所示。使用自由变换快捷键Ctrl+T调出定界框，然后将其适当放大，如图10-60所示。变换完成后按Enter键确定变换操作。

图 10-59 图 10-60

步骤 07 接下来对天空中的云进行提亮。选择工具箱中的"减淡工具"，在"画笔选取器"中设置"大小"为 50 像素，选择一个柔角笔尖。然后选择图层，在天空中的云彩处进行涂抹，提亮效果如图 10-61 所示。

图 10-61

步骤 08 接下来对画面进行整体调色。执行"图层>新建调整图层>曲线"命令，在"属性"面板中曲线上方单击添加控制点并拖动调整曲线形状，如图 10-62 所示。画面效果如图 10-63 所示。

图 10-62 图 10-63

步骤 09 接下来对河水部分进行提亮。执行"图层>新建调整图层>曲线"命令，在"属性"面板中曲线上方单击添加控制点并拖动调整曲线形状，如图 10-64 所示。画面效果如图 10-65 所示。

图 10-64 图 10-65

步骤 10 接下来将"前景色"设置为黑色，单击工具箱中的"画笔工具"，在画笔选取器中设置一个合适的画笔，在曲线调整图层蒙版的河水以外位置进行涂抹，隐藏调色效果。画面效果如图 10-66 所示。

图 10-66

步骤 11 对画面制作暗角效果。执行"图层>新建调整图层>曲线"命令，在"属性"面板中曲线上方单击添加控制点并拖动调整曲线形状，如图 10-67 所示。接下来将"前景色"设置为黑色，单击工具箱中的"画笔工具"，在画笔选取器中设置一个较大的柔角画笔，在曲线调整图层蒙版的中心位置进行涂抹，隐藏画面中央位置的调色效果，形成画面的暗角效果，蒙版中的黑白关系如图 10-68 所示。

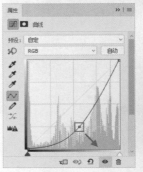

图 10-67 图 10-68

步骤 12 案例完成效果如图 10-69 所示。

图 10-69

中文版 Photoshop CC 数码照片处理从入门到精通（微课视频 全彩版）

10.5 风格化暖调

文件路径	资源包\第10章\风格化暖调
难易指数	★★★★★
技术要点	选取颜色、色彩平衡、曲线

扫一扫，看视频

案例效果

案例处理前后的效果对比如图10-70和图10-71所示。

图 10-70

图 10-71

操作步骤

步骤 01 执行"文件>打开"命令，打开风景素材"1.jpg"，如图10-72所示。首先改变画面色调，执行"图层>新建调整图层>色彩平衡"命令，在"色彩平衡"面板中设置"色调"为"中间调"，"青色–红色"数值为70，"洋红–绿色"数值为–5，"黄色–蓝色"数值为–50，参数设置如图10-73所示。效果如图10-74所示。

图 10-72

图 10-73

图 10-74

步骤 02 因为船的颜色太过鲜艳，所以利用图层蒙版将调色效果进行隐藏。单击选择调整图层的图层蒙版，然后将"前景色"设置为黑色，选择工具箱中的"画笔工具"，在画笔选取器中设置"大小"为200像素，选择一个柔角笔尖。接着在船身和船帆处涂抹，隐藏调色效果，如图10-75所示。

图 10-75

步骤 03 将画面色调调整为暖色调。执行"图层>新建调整图层>可选颜色"命令，在"可选颜色"面板中设置"颜色"为"黄色"，设置"青色"为–15%，"黄色"为12%，参数设置如图10-76所示。再将颜色选为"青色"，然后设置"黄色"为80%，参数设置如图10-77所示。

图 10-76

图 10-77

步骤 04 再将颜色选为"蓝色"，然后设置"青色"为100%，"洋红"为–60%，如图10-78所示。再将颜色选为"白色"，然后设置"青色"为–8%，"洋红"为–12%，"黄色"为26%，"黑色"为7%，如图10-79所示。

图 10-78

图 10-79

步骤 05 再将"颜色"选为"中性色"，然后设置"洋红"为

2%，"黄色"为6%，参数设置如图10-80所示。此时画面效果如图10-81所示。

图10-80　　　　　　　　图10-81

步骤 06 执行"图层>新建调整图层>曲线"命令，调整曲线形状，如图10-82所示。此时画面变暗，效果如图10-83所示。

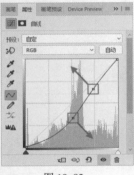 

图10-82　　　　　　　　图10-83

步骤 07 单击曲线调整图层的图层蒙板，将"前景色"设置为黑色，选择工具箱中的"画笔工具"，将其调整为较大的柔角画笔，画笔"不透明度"为40%，然后在右上角天空的位置和左下角海水的位置涂抹，如图10-84所示。将调色效果进行隐藏，画面效果如图10-85所示。

图10-84　　　　　　　　图10-85

步骤 08 提亮画面中心位置的亮度。执行"图层>新建调整图层>曲线"命令，在"属性"面板中的曲线上方单击添加控制点，然后向左上方拖动，曲线形状如图10-86所示。画面效果如图10-87所示。

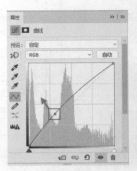 

图10-86　　　　　　　　图10-87

步骤 09 选择曲线调整图层的图层蒙版，使用黑色的柔角画笔，将笔尖适当调大，然后在画面的四个角点处涂抹，画面四周压暗形成暗角，如图10-88所示。案例完成效果如图10-89所示。

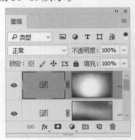 

图10-88　　　　　　　　图10-89

10.6　浓郁色感的晚霞

文件路径	资源包\第10章\浓郁色感的晚霞
难易指数	★★★★★
技术要点	裁剪工具、曲线、色彩平衡、自然饱和度

扫一扫，看视频

案例效果

案例处理前后的效果对比如图10-90和图10-91所示。

图10-90　　　　　　　　图10-91

操作步骤

步骤 01 执行"文件>打开"命令，打开风景素材"1.jpg"，如图10-92所示。单击工具箱中"裁剪工具"，在选项栏中设置为"宽度"为13厘米，"高度"为8厘米，设置完成后双击鼠标左键完成裁剪，如图10-93所示。

图 10-92

图 10-93

步骤 02 可以看出此幅图片下半部分整体感觉偏暗，所以要通过曲线调整亮度。执行"图层>新建调整图层>曲线"命令，在"属性"面板中曲线上方单击添加一个控制点向上拖动，如图 10-94 所示。画面效果如图 10-95 所示。

图 10-94

图 10-95

步骤 03 此时可以看到画面变亮，但是图片上方有些曝光过度，所以建立图层蒙版将图片下半部的调色效果隐藏。将"前景色"设置为黑色，接着选择工具箱中的"画笔工具"，选择一个柔角画笔笔尖，设置"大小"为 170 像素。在画面中涂抹天空位置，使该调整图层只对画面下半部分显示其调色效果，如图 10-96 所示。

图 10-96

步骤 04 由于图片下方亮度依然偏暗，所以需要继续提高其亮度。执行"图层>新建调整图层>曲线"命令，调整曲线，如图 10-97 所示。画面效果如图 10-98 所示。

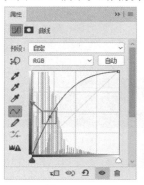

图 10-97

图 10-98

步骤 05 为了表现夕阳昏暗的感觉，所以需要利用图层蒙版将提亮的效果适当隐藏，使画面层次感增加。单击曲线调整图层的图层蒙版将其填充为黑色隐藏调色效果。然后使用白色的柔角画笔在近景位置和天空较亮的位置涂抹(如图 10-99 所示红色框内为涂抹位置)。在涂抹天空位置时，可以适当降低画笔的不透明度，图层蒙版的黑白关系，如图 10-100 所示。画面效果如图 10-101 所示。

图 10-99

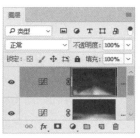

图 10-100

图 10-101

步骤 06 调整画面的色彩倾向，使它呈现出蓝色调。执行"图层>新建调整图层>色彩平衡"命令，在"属性"面板中设置"色彩平衡"的"色调"为"中间调"，"黄色-蓝色"设置为 50，勾选"保留明度"，如图 10-102 所示。画面效果如图 10-103 所示。

图 10-102

图 10-103

图 10-108

图 10-109

步骤 07 单击色彩平衡调整图层的图层蒙版，然后将其填充为黑色隐藏调色效果。接着使用半透明的白色的柔角画笔在画面左右两端及近景处涂抹，如图 10-104 所示。画面效果如图 10-105 所示。

图 10-104

图 10-105

步骤 08 调整晚霞的颜色，使其颜色更浓郁。执行"图层>新建调整图层>自然饱和度"命令，在"属性"面板中设置"自然饱和度"为100，如图 10-106 所示，画面效果如图 10-107 所示。

图 10-106

图 10-107

10.7 梦幻森林

文件路径	资源包\第10章\梦幻森林
难易指数	★★★★★
技术要点	曲线、色彩平衡、可选颜色、混合模式

扫一扫，看视频

案例效果

案例处理前后的效果对比如图 10-108 和图 10-109 所示。

操作步骤

步骤 01 执行"文件>打开"命令，打开素材"1.jpg"，如图 10-110 所示。

图 10-110

步骤 02 提亮画面中心及人物亮度。执行"图层>新建调整图层>曲线"命令，在"属性"面板中的曲线上单击添加两个控制点并向上拖动，调整曲线形状，如图 10-111 所示。此时画面效果如图 10-112 所示。

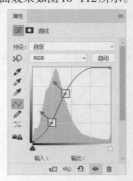

图 10-111

图 10-112

步骤 03 单击调整图层的图层蒙版，将"前景色"设置为黑色，然后使用前景色填充快捷键 Alt+Delete 进行填充，此时调色效果将被隐藏。选择工具箱中的"画笔工具"，然后在"画

中文版Photoshop CC数码照片处理从入门到精通（微课视频 全彩版）

笔选取器"中展开"常规画笔"组,在其中选择一个柔角画笔笔尖,设置"大小"为700像素,适当调整"不透明度"。接着将"前景色"设置为白色,然后在人物及人物周围进行涂抹,如图10-113所示。效果如图10-114所示。

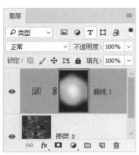

图 10-113

图 10-114

步骤 04 再次调整画面明暗,压暗暗部,营造森林深邃感。执行"图层>新建调整图层>曲线"命令,调整曲线压暗画面的亮度,如图10-115所示。画面效果如图10-116所示。

图 10-115

图 10-116

步骤 05 单击曲线调整图层的图层蒙版,将其填充为黑色隐藏调色效果。然后使用白色的柔角画笔在画面四周和树的阴影处进行涂抹,涂抹位置如图10-117所示。涂抹完成后,蒙版中的黑白关系如图10-118所示。画面效果如图10-119所示。

图 10-117

图 10-118

图 10-119

步骤 06 将画面色调调整为青绿色。执行"图层>新建调整图层>色彩平衡"命令,设置"色调"为"中间调","青色-红色"设置为-70、"洋红-绿色"设置为25、"黄色-蓝色"设置为80,勾选"保留明度"复选框,如图10-120所示。此时画面效果如图10-121所示。

图 10-120

图 10-121

步骤 07 单击调整图层的图层蒙版,选择"画笔工具"设置合适的笔尖"大小",选择一个黑色柔角画笔,适当降低"不透明度",在画面左下角地面和人物身体中颜色厚重的地方涂抹(如图10-122所示红框内为涂抹位置)。涂抹完成后图层蒙版中黑白关系如图10-123所示。此时效果如图10-124所示。

图 10-122

图 10-123

图 10-124

步骤 08 置入光效素材 "3.jpg"，按 Enter 键确定置入操作，然后将该图层栅格化。选择光效图层，在图层面板中设置该图层的"混合模式"为"滤色"，如图 10-125 所示。最终效果如图 10-126 所示。

图 10-125

图 10-126

10.8 浪漫樱花色

文件路径	资源包\第10章\浪漫樱花色
难易指数	★★★★★
技术要点	自然饱和度、色相/饱和度、色彩平衡、高斯模糊、混合模式

扫一扫，看视频

案例效果

案例处理前后的效果对比如图 10-127 和图 10-128 所示。

图 10-127

图 10-128

操作步骤

步骤 01 执行"文件>打开"命令，打开风景素材 "1.jpg"，如图 10-129 所示。单击"背景"图层，单击鼠标右键，执行"复制图层"命令，将"背景"图层进行复制，如图 10-130 所示。

图 10-129

图 10-130

步骤 02 执行"滤镜>模糊>高斯模糊"命令，在"高斯模糊"窗口设置"半径"为5像素，设置完成后单击"确定"按钮，如图 10-131 所示。画面效果如图 10-132 所示。

图 10-131

图 10-132

步骤 03 接着将该图层的"混合模式"设置为"柔光"，如图 10-133 所示。此时画面颜色的对比度增加了，并且产生了一种朦胧的柔光感，效果如图 10-134 所示。

图 10-133

图 10-134

中文版Photoshop CC数码照片处理从入门到精通（微课视频 全彩版）

步骤 04 接下来加强画面自然饱和度。执行"图层>新建调整图层>自然饱和度",在"自然饱和度"面板中设置"自然饱和度"为43,设置"饱和度"为76,参数设置如图10-135所示。此时画面效果如图10-136所示。

图 10-135　　　　　　　图 10-136

步骤 05 执行"图层>新建调整图层>色相/饱和度"命令,在"色相/饱和度"面板中设置"色相"为7,参数设置如图10-137所示。此时画面效果如图10-138所示。

图 10-137　　　　　　　图 10-138

步骤 06 接下来调整樱花颜色,使樱花颜色更鲜艳。执行"图层>新建调整图层>色彩平衡"命令,在"色彩平衡"面板中设置"颜色"为"中间调","青色-红色"为35,"洋红-绿色"为-20,"黄色-蓝色"为0,参数设置如图10-139所示。此时画面效果如图10-140所示。

图 10-139　　　　　　　图 10-140

步骤 07 再将"颜色"设置为"高光","洋红-绿色"为-20,

数设置如图10-141所示。此时画面效果如图10-142所示。

图 10-141　　　　　　　图 10-142

步骤 08 单击选择调整图层的图层蒙版,然后将"前景色"设置为黑色,使用快捷键Alt+Delete以前景色进行填充,此时调色效果将被隐藏。然后再把"前景色"设置为白色,选择工具箱中的"画笔工具" ✎ ,在画笔选取器中设置"大小"为150像素,选择一个柔角笔尖。接着在樱花处涂抹,显示樱花位置的调色效果,如图10-143所示。

图 10-143

步骤 09 增加画面颜色的自然饱和度。执行"图层>新建调整图层>自然饱和度"命令,在"自然饱和度"面板中设置"自然饱和度"为65,如图10-144所示。案例完成效果如图10-145所示。

图 10-144　　　　　　　图 10-145

10.9 打造高色感的通透风光照片

文件路径	资源包\第10章\打造高色感的通透风光照片
难易指数	★★★★★
技术要点	混合模式、曲线调整图层

扫一扫，看视频

案例效果

案例处理前后的效果对比如图10-146和图10-147所示。

图10-146　　　　　　　　图10-147

操作步骤

步骤 01 执行"文件>打开"命令，打开"1.jpg"，风景图片整体对比度有些低，颜色感不足，天空与水面的层次感较弱，如图10-148所示。

图10-148

步骤 02 首先选中背景图层，按快捷键Ctrl+J，复制背景图层，并设置该图层的混合模式为"柔光"，如图10-149所示。此时画面的颜色感以及视觉冲击力都有所增强，如图10-150所示。

图10-149　　　　　　　图10-150

步骤 03 由于这一图层主要针对于水面和远处的山进行调整，所以需要为该图层添加图层蒙版，并使用黑色画笔，在蒙版中涂抹天空以及右侧的山体部分，如图10-151所示。此时只有水面和远处的山对比度增强了，如图10-152所示。

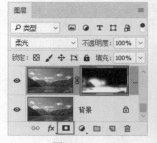

图10-151　　　　　　　图10-152

步骤 04 接下来执行"图层>新建调整图层>曲线"命令，此时在曲线上能够看到色阶中亮部和暗部色阶缺失，所以需要将亮部曲线点向左移动，暗部曲线点向右移动，如图10-153所示。此时画面明暗感被增强，但是云朵部分有些曝光，如图10-154所示。

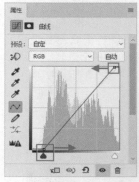

图10-153　　　　　　　图10-154

步骤 05 选择该调整图层的图层蒙版，使用黑色画笔涂抹曝光过度的云朵部分，如图10-155所示。此时画面中云朵的明度恢复正常，效果如图10-156所示。

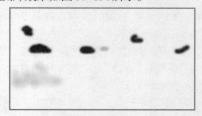

图10-155

图10-156

步骤 06 此时天空的颜色不够饱和，需要增加天空颜色的饱和度，创建曲线调整图层，压暗曲线形态，如图10-157所示。

此时画面整体变暗，如图10-158所示。

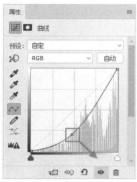

图 10-157   图 10-158

步骤 07 单击该调整图层的蒙版，使用黑色画笔涂抹画面右侧和左侧的山体部分，图层蒙版如图10-159所示。画面效果如图10-160所示。

图 10-159

图 10-160

步骤 08 接下来需要为天空的颜色添加一些"层次感"。创建曲线调整图层，调整曲线形态，如图10-161所示。然后在调整图层蒙版中使用黑色画笔涂抹天空顶部区域，以及山体部分。蒙版如图10-162所示。

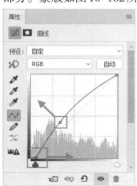

图 10-161   图 10-162

步骤 09 此时天空中间部分被提亮，与顶部偏深色的天空形成很好的对比，带有渐变感的天空更具有空间上的纵深感，如图10-163所示。

图 10-163

步骤 10 进一步压暗天空上部。使用"套索工具"，设置"绘制模式"为"添加到选区"，设置一定的羽化数值，在天空上部和水面底部绘制选区，如图10-164所示。以当前选区创建"曲线调整图层"，压暗曲线，如图10-165所示。

图 10-164

图 10-165

步骤 11 此时天空上部以及水面边缘变得更深一些，如图10-166所示。

图 10-166

步骤 12 接着提亮水面，继续使用"套索工具"，绘制水面部分的选区，如图10-167所示。

图 10-167

步骤 13 创建"曲线调整图层"，提亮曲线，如图10-168所示。此时水面呈现出通透的青绿色，如图10-169所示。

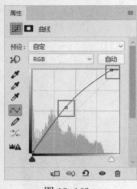

图 10-168

图 10-169

步骤 14 最后对画面上半部分进行压暗。创建曲线调整图层，压暗曲线，如图10-170所示。此时画面整体变暗，如图10-171所示。

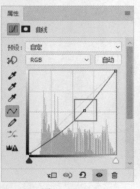

图 10-170

图 10-171

步骤 15 单击该调整图层的蒙版，使用"渐变工具"，在蒙版中填充上白下黑的渐变，如图10-172所示。此时画面效果如图10-173所示。

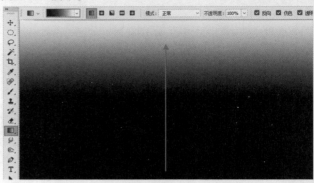

图 10-172

图 10-173

Chapter 11

第11章

人像细节修饰

本章内容简介：

　　本章中的案例是针对人像进行调整，部分案例针对面部五官进行调整，部分案例针对人像整体身形和服饰、环境进行处理。在处理人像时，如果是肖像特写或者面部为视觉中心时，就需要对五官进行细致的刻画；如果是全身像，那就需要对身形、服饰、环境、色彩进行整体的调整。在本章案例中有一些非常实用的小技巧，如添加双眼皮、画眉毛、美白牙齿等，这些在日常修图中非常常用，也是数码后期必学的技能。

优秀作品欣赏

11.1 皮肤处理

11.1.1 去除皱纹

文件路径	资源包\第11章\去除皱纹
难易指数	★★★★★
技术要点	修补工具、仿制图章工具

扫一扫，看视频

案例效果

案例处理前后的效果对比如图11-1和图11-2所示。

图 11-1　　　　　　图 11-2

操作步骤

步骤 01　执行"文件>打开"命令，将素材"1.jpg"打开。如图11-3所示。图片中人物额头有较多皱纹，本案例通过操作将人物额头的皱纹去除。

图 11-3

步骤 02　首先需要将人物额头的大皱纹去掉。选择背景图层，使用快捷键Ctrl+J将背景图层复制一份，然后选择复制得到的背景图层，单击工具箱中的"修补工具"按钮，按住鼠标左键在皱纹处绘制选区，如图11-4所示。接着将光标放在框选的皱纹上，并按住鼠标左键向下拖动，拖动到没有皱纹的位置松开鼠标进行修补，如图11-5所示。操作完成后使用快捷键Ctrl+D取消选区。

图 11-4

图 11-5

步骤 03　接着用同样的方式将额头部位的其他皱纹去除，效果如图11-6所示。

图 11-6

步骤 04　通过操作将大皱纹已经去除，接下来需要对一些细小的皱纹与斑点进一步处理。选择复制得到的图层，单击工具箱中的"仿制图章工具"按钮，在选项栏中设置大小合适的柔边圆画笔，设置完成后，将光标放在额头没有斑点瑕疵的位置，按住Alt键的同时按住鼠标左键单击取样，如图11-7所示。然后将光标放在左眉毛上方位置的斑点处单击，即将斑点去除，如图11-8所示。

图 11-7　　　　　　图 11-8

步骤 05 接着用同样的方式将其他部位的斑点和细小的皱纹去除,效果如图11-9所示。

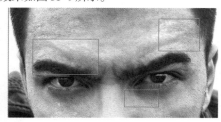

图 11-9

步骤 06 此时人物额头部位还是有较多细小的皱纹。所以继续使用仿制图章工具,在面部平滑的部位取样将皱纹去除,如图11-10所示。此时人物去除皱纹的操作完成。

图 11-10

11.1.2 美白皮肤

文件路径	资源包\第11章\美白皮肤
难易指数	★★★★★
技术要点	曲线

扫一扫,看视频

案例效果

案例处理前后的效果对比如图11-11和图11-12所示。

图 11-11　　　　　　　　图 11-12

操作步骤

步骤 01 执行"文件>打开"命令,将素材"1.jpg"打开,如图11-13所示。图片中人物肤色整体偏暗,本案例通过操作将人物整体提高亮度并对皮肤进行美白。

图 11-13

步骤 02 首先为人物整体提高亮度。执行"图层>新建调整图层>曲线"命令,创建一个曲线调整图层。然后在弹出的"属性"面板中将光标放在曲线中段按住鼠标左键向左上角拖动,如图11-14所示。效果如图11-15所示。

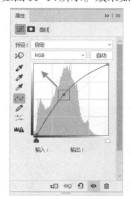

图 11-14　　　　　　　　图 11-15

步骤 03 通过操作,画面整体颜色的亮度提高,但人物脸部的颜色偏暗。在已有"曲线"调整图层的上方再次创建一个"曲线"调整图层,在弹出的"属性"面板中将曲线向左上角拖动,提高人物脸部的亮度,如图11-16所示。效果如图11-17所示。

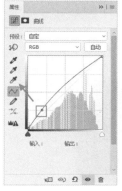

图 11-16　　　　　　　　图 11-17

步骤 04 选择曲线2调整图层的图层蒙版将其填充为黑色，然后单击工具箱中的"画笔工具"按钮，在选项栏中设置大小合适的柔边圆画笔，设置"前景色"为白色，设置完成后在人物脸部和肩膀位置涂抹提高亮度，如图11-18所示。此时皮肤变白，画面效果如图11-19所示。

图 11-18　　　　　　图 11-19

11.1.3　去除密集的斑点

文件路径	资源包\第11章\去除密集的斑点
难易指数	★★★★★
技术要点	高反差保留、通道计算、曲线、色相/饱和度、智能锐化

扫一扫，看视频

案例效果

案例处理前后的效果对比如图11-20和图11-21所示。

图 11-20　　　　　　图 11-21

操作步骤

步骤 01 打开素材"1.jpg"，如图11-22所示。人物面部有大量密集的斑点，不适合使用"污点修复画笔"进行逐个去除。而且斑点相对于肤色而言，通常偏暗一些，可能还带有些许的色差。本案例需要借助高反差保留以及多次通道"计算"，得到斑点的选区，并对斑点选区进行调色操作使之变为与周围相近的颜色，达到去斑的目的。相对而言这种方法不会对面部结构破坏过多。

图 11-22

步骤 02 在背景图层上单击右键，执行"复制图层"命令，将背景图层进行复制。执行"滤镜>其他>高反差保留"，在打开的"高反差保留"窗口设置半径为3，如图11-23所示。此时得到灰度图像，如图11-24所示。

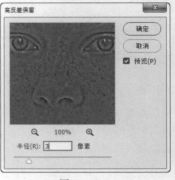

图 11-23　　　　　　图 11-24

步骤 03 接下来需要继续增强蓝通道的黑白反差，选择"蓝通道"执行"图像>计算"命令，打开"计算"面板，在"计算"面板设置"源1"和"源2"的"通道"均为"蓝"，设置"混合"为"颜色减淡"，如图11-25所示。

图 11-25

步骤 04 单击"确定"按钮，得到 Alpha 1，如图11-26所示。图像效果如图11-27所示。

图 11-26　　　　　　图 11-27

步骤 05 选择 Alpha 1 通道，执行"图像>计算"命令，打开"计算"面板，在"计算"面板中设置"源1"和"源2"的"通道"均为"Alpha 1"，设置"混合"为"正片叠底"，如图11-28所示。单击"确定"按钮，得到 Alpha 2 通道。图像效果如图11-29所示。

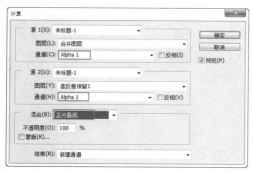

图 11-28

图 11-29

步骤 06 继续强化通道黑白对比(黑白对比增强还会获得相对较为准确的斑点选区)。执行"图像>计算"命令,在"计算"面板中使用默认参数,单击"确定"按钮。将该步骤重复操作3次,分别得到Alpha 3、Alpha 4、Alpha 5通道,如图11-30所示。图像效果如图11-31所示。

图 11-30   图 11-31

步骤 07 选中Alpha 5通道,单击"通道"面板下方的"将通道作为选区"载入按钮 ⊡ ,载入选区,回到图层面板。执行"选择>反选"命令,得到斑点部分的选区,如图11-32所示。执行"图层>新建调整图层>曲线"命令,适当提亮选区中的斑点,调整曲线形状如图11-33所示。此时斑点颜色被明显弱化了,图像效果如图11-34所示。

图 11-32

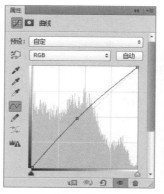

图 11-33

图 11-34

步骤 08 接下来需要进一步去除皮肤上的斑点,仍然需要再次获得残留斑点的选区。使用盖印快捷键Ctrl+Shift+Alt+E将图层盖印,并命名为"合层",执行"滤镜>其他>高反差保留",在打开的"高反差保留"窗口设置"半径"的数值为8像素,如图11-35所示。此时较淡的斑点也被强化了,效果如图11-36所示。

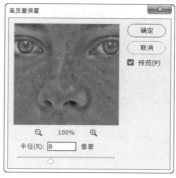

图 11-35

图 11-36

步骤 09 同样进入通道面板,选择蓝通道进行多次的计算,得到斑点部分比较明显的通道效果,如图11-37所示。载入通道选区,选择反向选区得到选区,如图11-38所示。

图 11-37

图 11-38

步骤 10 以当前斑点的选区创建曲线调整图层,压暗绿色通道(减少斑点中黄色的成分)。提亮RGB通道,如图11-39和图11-40所示。使斑点颜色变亮一些,与其他皮肤颜色更加接近,如图11-41所示。

图 11-39　　　　　　　图 11-40

图 11-44

图 11-41

图 11-45

步骤 11 接下来再次盖印当前画面效果。此时面部仍然残留一些斑点,但是斑点数量少,而且也比较分散,可以使用污点修复画笔等修复类工具进行去除,如图 11-42 所示。修复完成效果如图 11-43 所示。

图 11-42　　　　　　　图 11-43

步骤 12 接下来对该图层进行磨皮处理,使皮肤更加细腻一些。选择盖印的图层,执行"滤镜>Imagenomic>Portraiture"命令,打开外挂磨皮滤镜,单击"确定"按钮,如图 11-44 所示。图像效果如图 11-45 所示。

步骤 13 如果没有该滤镜也可以采用"模糊滤镜磨皮法"。选择盖印图层,执行"滤镜>模糊>表面模糊"命令,在弹出的"表面模糊"窗口中设置"半径"为 23 像素,"阈值"为 30 色阶,设置完成后单击"确定"按钮,如图 11-46 所示。图像效果如图 11-47 所示。

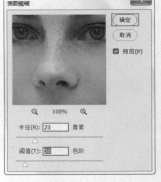

图 11-46　　　　　　　图 11-47

步骤 14 接着执行"窗口>历史记录"命令,在弹出的"历史记录"面板中"表面模糊"操作步骤前单击,标记该步骤。接着回到上一步,此时画面回到清晰的状态,如图 11-48 所示。然后使用"历史记录"画笔,设置合适的画笔"大小","硬度"设置为零,设置完成后在画面中涂抹人物皮肤的部分,使人物皮肤变柔和,如图 11-49 所示。

图 11-48

图 11-49

步骤 15 经过之前的一系列操作，人物皮肤虽然柔和了很多，但是五官、头发以及轮廓结构都有些模糊，需要进行处理。单击图层面板下方的创建组按钮，新建图层组，并将去斑的操作步骤拖曳到组内，如图11-50所示。选择"组1"，单击"创建图层蒙版"按钮 ▣，为"组1"添加图层蒙版，如图11-51所示。

图 11-50

图 11-51

步骤 16 使用黑色半透明柔角画笔，调整画笔"大小"，在人物皮肤以外的部分涂抹，让人物脸部看起来更真实些，如图11-52和图11-53所示。

图 11-52

图 11-53

步骤 17 使用盖印快捷键Ctrl+Shift+Alt+E将图层盖印。选择盖印的图层，执行"滤镜>锐化>智能锐化"命令，在打开的"智能锐化"窗口设置"数量"为88%，"半径"为1像素，单击"确定"按钮，如图11-54所示。图像效果如图11-55所示。

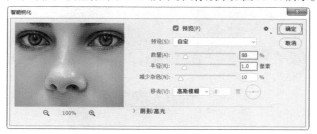

图 11-54

图 11-55

11.1.4　双曲线柔化皮肤

文件路径	资源包\第5章\双曲线柔化皮肤
难易指数	★★★★★
技术要点	黑白、曲线

案例效果

案例处理前后的效果对比如图11-56和图11-57所示。

图 11-56

图 11-57

操作步骤

步骤 01 执行"文件>打开"命令，将素材"1.jpg"打开，如图11-58所示。本案例利用"曲线"调整图层对皮肤进行磨皮。在对人像素材进行处理时，如果将人像照片放大观察，经常可以看到皮肤细节存在一些问题，例如斑点细纹、毛孔比较明显、皮肤表面明暗不均匀等，除此之外还存在面部立体感不足的问题，如图11-59和图11-60所示。

图 11-58　　　　　　　　　　图 11-59

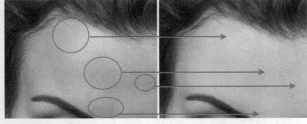

图 11-60

步骤 02 斑点细纹问题可以利用"污点修复画笔""仿制图章"等工具进行去除，而本案例中的毛孔明显、皮肤明暗不均匀以及立体感不足的情况都可以利用曲线进行调整。毛孔明显可以通过将每个毛孔的暗部提亮，使之与亮部明暗接近即可。皮肤明暗不均匀，可以利用曲线将偏暗的局部提亮一些。想要增强面部立体感，则需要强化五官和面颊处的暗部，提亮亮部即可。以上的操作都是基于对皮肤的明暗进行调整，减少了皮肤细节处的明暗反差，肌肤就会变得柔和很多。如图 11-61 所示为明暗不均匀的皮肤效果的校正。

图 11-62

步骤 04 在使用"曲线"柔化皮肤之前要建立两个"观察图层"，方便我们在使用"曲线"调整时观察。执行"图层>新建调整图层>黑白"命令，在弹出的"属性"面板中设置"红色"为 40，"黄色"为 60，"绿色"为 40，"青色"为 60，"蓝色"为 20，"洋红"为 80，如图 11-63 所示。继续执行"图层>新建调整图层>曲线"命令，在弹出的"属性"面板中单击曲线创建控制点，拖动控制点向下，如图 11-64 所示。

图 11-63　　　　　　　　　　图 11-64

步骤 05 用于观察的图层创建完成，如图 11-65 所示。效果如图 11-66 所示。

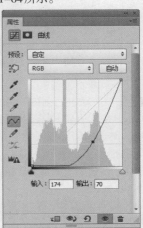

图 11-61

步骤 03 打开人像照片，如果不仔细观察的话，可能很难看到皮肤上细小的明暗和瑕疵。这就为使用曲线调整图层进行调整的过程造成了很大的麻烦。不能明确瑕疵的位置，就无法进行修饰。由于曲线操作主要针对明暗进行调整，所以为了能更加方便地进行修饰操作，在进行皮肤调整之前可以创建用于辅助的"观察图层"，使画面在黑白状态下，能够更清晰地看出画面的明暗。而有些细小的明暗可能很难分辨，所以可以适当增强画面的对比度，以便观察到明暗细节，如图 11-62 所示。对皮肤细节处理的变化效果非常的微妙，需要放大进行仔细查看。

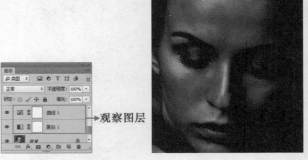

→观察图层

图 11-65　　　　　　　　　　图 11-66

步骤 06 在"观察图层"基础上我们可以看到人物面部黑白阴影分布不均，下面我们要使用曲线调整使人物皮肤黑白明确，皮肤柔和。首先，对整体进行调整，执行"图层>新建调整图层>曲线"命令，在弹出的"属性"面板中单击曲线创建

中文版Photoshop CC数码照片处理从入门到精通（微课视频 全彩版）

控制点，拖动控制点向上，如图11-67所示。设置"前景色"为黑色，单击该调整图层的"图层蒙版缩览图"，使用快捷键Alt+Delete为其填充黑色，如图11-68所示。

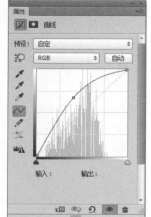

图 11-67　　　　　　　图 11-68

步骤 07　接着单击"工具箱"中的"画笔工具"，在"选项栏"中单击"画笔预设"下拉按钮，在"画笔预设"面板中设置"大小"为20像素，"硬度"为0%，"不透明度"为20%。然后放大额头处，可以看到额头处有明显的明暗不均匀处，如图11-69所示。使用设置好的半透明画笔在额头偏暗处进行涂抹，被涂抹的区域中偏暗的部分被提亮，使这部分区域的明暗均匀，如图11-70所示。

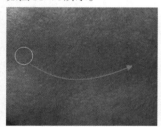

图 11-69　　　　　　　图 11-70

步骤 08　隐藏两个"观察图层"，彩色图片的对比效果如图11-71和图11-72所示。

图 11-71　　　　　　　图 11-72

步骤 09　继续按照之前的操作，仔细观察皮肤上明暗不均匀的地方，并进行细致的涂抹。涂抹过程中需要根据要涂抹区域的大小调整画笔的大小。另外，为了便于观察还需要随

时调整"观察图层"的参数。观察图层状态下的对比效果，如图11-73和图11-74所示。

图 11-73　　　　　　　图 11-74

步骤 10　该曲线调整图层的蒙版效果如图11-75所示，人像皮肤部分的效果如图11-76所示。

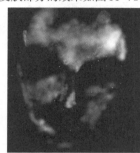

图 11-75　　　　　　　图 11-76

步骤 11　采用同样的方法继续对面颊右侧进行处理。执行"图层>新建调整图层>曲线"命令，创建一个曲线调整图层，调整曲线形态，效果如图11-77所示。使用半透明较小的画笔在蒙版中面颊右侧以及额头偏暗部分进行涂抹，如图11-78所示。对比效果如图11-79所示。

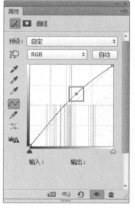

图 11-77　　　　　　　图 11-78

图 11-79

步骤 12 同样对人像额头处进行处理，对比效果如图11-80和图11-81所示。

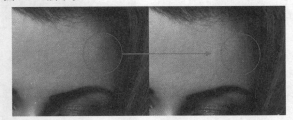

图 11-80

图 11-81

步骤 13 最后，我们对人物脸部两侧添加阴影，使人物更有立体感。执行"图层>新建调整图层>曲线"命令，在弹出的"属性"面板中单击曲线创建控制点，拖动控制点向下，将画面压暗，如图11-82所示。同样先为"图层蒙版"填充为黑色，如图11-83所示。

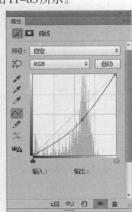

图 11-82 　　　　图 11-83

步骤 14 同样，使用白色半透明的圆形柔角"画笔工具"对人物脸部两侧边缘进行涂抹，显示曲线效果，如图11-84所示。

如图11-85所示为蒙版效果。如图11-86所示为在观察图层下的画面效果，可以看到面颊两侧变暗了，人物面部显得更加立体了。

图 11-84

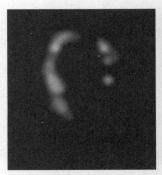 

图 11-85 　　　　　　　图 11-86

步骤 15 以上是对人物的全部调整，关闭观察图层，如图11-87所示。人物皮肤变得柔和，而且面部立体感也有所增强，效果如图11-88所示。

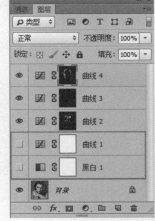

图 11-87 　　　　　　图 11-88

步骤 16 对比效果如图11-89所示。细节对比效果如

图 11-90 ~ 图 11-93 所示。由于人物皮肤质感精修的效果非常微妙，印刷效果可能不明显，请大家在资源包中打开素材以及源文件，观察对比效果。

图 11-89

图 11-90

图 11-91

图 11-92

图 11-93

11.2 眉眼处理

11.2.1 重塑线条感眉毛

文件路径	资源包\第11章\重塑线条感眉毛
难易指数	★★☆☆☆
技术要点	曲线、画笔工具

扫一扫，看视频

案例效果

案例处理前后的效果对比如图 11-94 和图 11-95 所示。

图 11-94　　　　　　　图 11-95

操作步骤

步骤 01　执行"文件>打开"命令，将素材"1.jpg"打开，如图 11-96 所示。图片中人物几乎没有眉毛，本案例采用"绘制"的方法为人物制作逼真的眉毛，这种方式制作的眉毛效果更加逼真，而且灵活度较高。

图 11-96

步骤 02　执行"图层>新建调整图层>曲线"命令，在背景图层上方位置创建一个"曲线"调整图层。然后在弹出的"属性"面板中，将光标放在曲线中段，按住鼠标左键向右下角拖动曲线，接着用同样的方式对曲线的上段和下段进行调整，如图 11-97 所示。然后选择"红"通道，用同样的方式调整曲线，如图 11-98 所示。此时画面整体变暗，眉毛处的颜色比较接近目标颜色，效果如图 11-99 所示。

步骤 03　由于该调整图层是为了加深眉毛部分的颜色，使眉毛展示出来。所以需要在调整图层蒙版中按照眉毛生长的方式将眉毛绘制出来。选择该调整图层的图层蒙版将其填充为黑色，然后单击工具箱中的"画笔工具"按钮，在选项栏中设置最小的画笔大小，设置"不透明度"为50%，设置"前景色"为白色，设置完成后在眉毛位置按照眉毛的生长方式多次绘

359

制，如图11-100所示。继续进行绘制，效果如图11-101所示。

图 11-97 　　　　　　　 图 11-98

图 11-99

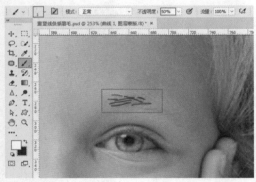

图 11-100

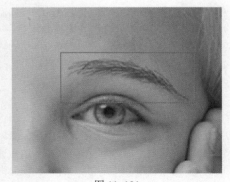

图 11-101

步骤 04 右侧眉毛绘制完成后以同样的方式绘制左侧眉毛，效果如图11-102所示。图层蒙版中的黑白关系如图11-103所示。

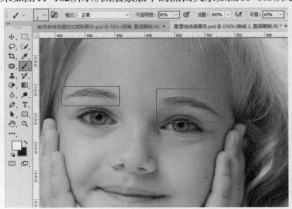

图 11-102

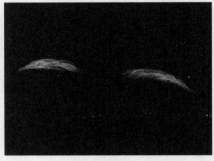

图 11-103

步骤 05 接下来适当压暗眼睛边缘处，使眼睛看起来更具神采。再次创建一个"曲线"调整图层，在弹出的"属性"面板中将曲线向右下角拖动，如图11-104所示。效果如图11-105所示。

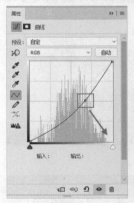 

图 11-104 　　　　　　 图 11-105

步骤 06 选择该调整图层的图层蒙版并将其填充为黑色，然后单击工具箱中的"画笔工具"，在选项栏中设置较小笔尖的半透明柔边圆画笔，设置完成后在人物上下睫毛以及黑眼球边缘部位涂抹，适当降低亮度，使眼睛更具神采，如图11-106所示。此时对眉毛的重塑操作完成，效果如图11-107所示。

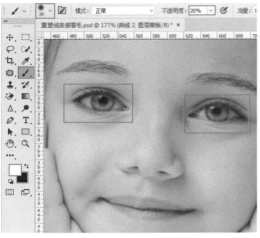

图 11-106

图 11-107

11.2.2 增强眼部神采

文件路径	资源包\第11章\增强眼部神采
难易指数	★★★★★
技术要点	曲线、混合模式

案例效果

案例处理前后的效果对比如图11-108和图11-109所示。

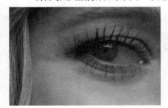

图 11-108

图 11-109

操作步骤

步骤 01 执行"文件>打开"命令，将素材"1.jpg"打开，如图11-110所示。图片中人物眼睛存在整体颜色偏暗、黑眼球与眼白所占区域比例不协调、眼睛没有神采等问题。本案例通过操作，提高眼睛的整体亮度，制作出神采奕奕的眼睛。

图 11-110

步骤 02 首先调整黑眼球与眼白所占区域比例问题。选择背景图层，单击工具箱中的"套索工具"按钮，在选项栏中设置"羽化"为7像素，设置完成后在黑眼球位置绘制选区，如图11-111所示。

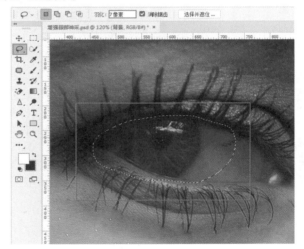

图 11-111

步骤 03 在当前选区状态下，使用快捷键Ctrl+J将选区内的图形复制，形成一个单独的图层，如图11-112所示。接着选择该复制图层，使用自由变换快捷键Ctrl+T调出定界框，将光标放在定界框外，按住Shift键的同时按住鼠标左键将图形进行等比例放大，如图11-113所示。然后按Enter键完成操作。通过操作让眼睛显得更"大"一些，其作用相当于佩戴大直径的"美瞳"。

步骤 04 接着提高整个画面的亮度。执行"图层>新建调整图层>曲线"命令，创建一个曲线调整图层。在弹出的"属性"面板中将曲线向左上角拖动，如图11-114所示。效果如图11-115所示。

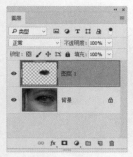

图 11-112

图 11-113

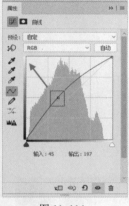

图 11-114

图 11-115

图 11-118

步骤 05 接着提高眼白的亮度。在已有曲线调整图层上方位置再次创建一个曲线调整图层，在弹出的"属性"面板中将曲线向左上角拖动，如图 11-116 所示。选择调整图层的图层蒙版将其填充为黑色，然后单击工具箱中的"画笔工具"，在选项栏中设置"大小"合适的柔边圆画笔，设置"前景色"为白色，设置完成后在眼睛部位涂抹，提高眼白的亮度，图层蒙版效果如图 11-117 所示。画面效果如图 11-118 所示。

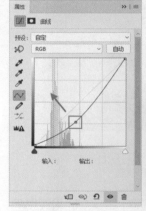

图 11-119

图 11-120

步骤 07 选择曲线调整图层的图层蒙版将其填充为黑色，然后使用"大小"合适的半透明柔边圆画笔，设置"前景色"为白色，设置完成后在眼球周围部位适当涂抹，降低眼球的亮度。图层蒙版效果如图 11-121 所示。画面效果如图 11-122 所示。

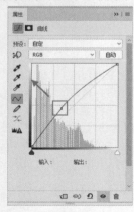

图 11-116

图 11-117

步骤 06 接下来需要增大黑眼球内部的明暗反差。再次创建一个曲线调整图层，将曲线向右下角拖动，如图 11-119 所示。效果如图 11-120 所示。

图 11-121

中文版Photoshop CC数码照片处理从入门到精通（微课视频 全彩版）

图 11-122

步骤 08 再次创建一个曲线调整图层,在弹出的"属性"面板中将曲线中段向左上角移动,然后用同样的方式调整曲线下段的控制点,如图 11-123 所示。选择曲线调整图层的图层蒙版,并将其填充为黑色,然后使用"大小"合适的半透明柔边圆画笔,设置"前景色"为白色,设置完成后在眼球中间位置多次单击鼠标为眼睛增加神采,如图 11-124 所示。效果如图 11-125 所示。

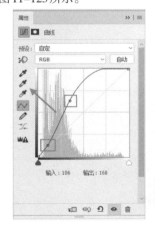

图 11-123   图 11-124

图 11-125

步骤 09 接着为眼球增加一些色彩。在图层面板最上方位置新建一个图层,设置"前景色"为蓝色,然后使用"大小"合适的半透明柔边圆画笔在眼球位置适当涂抹,如图 11-126 所示。设置"混合模式"为"叠加",如图 11-127 所示。效果如图 11-128 所示。

图 11-126

图 11-127   图 11-128

步骤 10 通过操作使得画面整体颜色偏暗,需要进一步提高亮度。在图层面板最上方位置创建一个曲线调整图层,在弹出的"属性"面板中将曲线向左上角拖动,如图 11-129 所示。效果如图 11-130 所示。

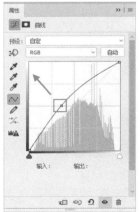

图 11-129   图 11-130

11.2.3 单眼皮变双眼皮

文件路径	资源包\第11章\单眼皮变双眼皮
难易指数	★★★★★
技术要点	描边路径、曲线

案例效果

案例效果如图11-131所示。

图11-131

步骤 01 执行"文件>打开"命令将素材"1.jpg"打开，如图11-132所示。图片中人物为单眼皮，本案例通过操作为人物制作两种不一样的双眼皮效果。

图11-132

步骤 02 制作第一种双眼皮。在背景图层上方新建一个图层，然后选择工具箱中的"钢笔工具"，在选项栏中设置"绘制模式"为"路径"，设置完成后在人物右眼皮位置按照双眼皮的形态绘制一条路径，如图11-133所示。

图11-133

步骤 03 新建图层，然后选择工具箱中的"画笔工具"，在选项栏中设置较小笔尖的柔边圆画笔，设置"前景色"为黑色。在"画笔设置"面板中勾选"形状动态"选项，设置"控制"为

"钢笔压力"。接着单击鼠标右键执行"描边路径"命令，在弹出的"描边路径"窗口中设置"工具"为"画笔"，勾选"模拟压力"复选框，设置完成后单击"确定"按钮，如图11-134所示。得到一个两端细、中间粗的描边效果，如图11-135所示。注意：在使用钢笔工具状态下，单击鼠标右键执行"删除路径"命令，可以删除已有路径。

图11-134   图11-135

步骤 04 载入描边图层的选区。将用钢笔绘制的图层隐藏。在当前选区状态下，执行"图层>新建调整图层>曲线"命令，在弹出的"属性"面板中将曲线向右下角拖动，如图11-136所示。图层蒙版效果如图11-137所示。此时描边选区的部分变暗，产生了淡淡的双眼皮的效果，画面效果如图11-138所示。

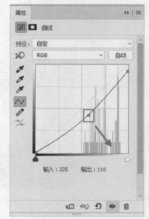

图11-136

图11-137   图11-138

步骤 05 人物右眼的双眼皮制作完成，接着用同样的方式制作人物的左眼双眼皮，效果如图11-139所示。第一种双眼

皮效果制作完成，这种方法比较简单，但制作的双眼皮只有一条"印记"，缺少立体感，对于细节不多的人像处理时可以使用该方法。如果针对于眼部细节非常清晰的人像进行处理时，这种方法制作的双眼皮会显得不真实。

图 11-139

步骤 06 将第一种效果隐藏，接下来制作第二种双眼皮效果。置入素材"2.jpg"，该素材中的双眼皮非常清晰，细节较为丰富，且人物皮肤与本案例素材肤色较为接近。调整合适的大小放在画面中，并将图层栅格化，如图 11-140 所示。

图 11-140

步骤 07 选择素材图层，单击工具箱中的"套索工具"按钮，设置"羽化"为8像素，设置完成后将素材人物双眼皮的轮廓绘制出来，如图 11-141 所示。接着使用快捷键 Ctrl+J 将选区内的图形复制一份，形成一个新的图层，如图 11-142 所示。将素材2图层隐藏。

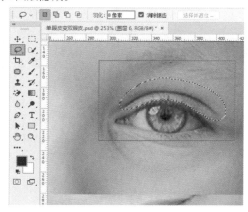

图 11-141

图 11-142

步骤 08 选择该复制图层，使用自由变换快捷键 Ctrl+T 调出定界框，将光标放在定界框外进行旋转，并移动至画面人物右眼皮位置，如图 11-143 所示。按 Enter 键完成操作。注意：也可以在自由变换状态下，单击鼠标右键执行"变形"命令，对双眼皮的形态进行细致的调整，使之与眼型相符。

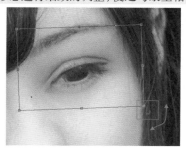

图 11-143

步骤 09 通过操作，人物右眼皮周围有多出来的部分，需要将其隐藏。选择复制得到的眼皮图层，单击面板底部的"添加图层蒙版"按钮为该图层添加图层蒙版。然后使用"大小"合适的柔边圆画笔，设置"前景色"为黑色，设置完成后在人物眼皮周围涂抹，将不需要的部分隐藏，如图 11-144 所示。效果如图 11-145 所示。

图 11-144

图 11-145

步骤 10 此时双眼皮偏暗，需要适当地提高亮度。在复制得到的双眼皮图层上方创建一个"曲线"调整图层，在弹出的"属性"面板中对曲线进行调整，操作完成后单击面板底部的"此调整剪切到此图层"按钮，使调整效果只针对下方图层，如图 11-146 所示。效果如图 11-147 所示。

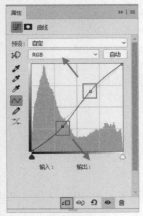

图 11-146　　　　　　图 11-147

步骤 11 接着用同样的方式制作人物左眼的双眼皮，图层面板如图 11-148 所示。画面效果如图 11-149 所示。

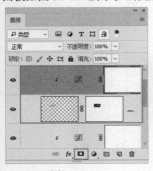

图 11-148　　　　　　图 11-149

11.3 鼻子处理

11.3.1 调整鼻型

文件路径	资源包\第11章\调整鼻型
难易指数	★★★★★
技术要点	液化

扫一扫，看视频

案例效果

案例处理前后的效果对比如图 11-150 和图 11-151 所示。

图 11-150　　　　　　图 11-151

操作步骤

步骤 01 执行"文件>打开"命令，将人物素材"1.jpg"打开，如图 11-152 所示。该案例中人物鼻子鼻梁位置突出，但鼻尖不够饱满，鼻翼较大。本案例将通过操作调整人物鼻型，使人物鼻型更加完美。

图 11-152

步骤 02 调整人物的鼻梁。选择背景图层，使用快捷键 Ctrl+J 将其复制一份。然后选择复制得到的背景图层，执行"滤镜>液化"命令，在弹出的"液化"窗口左边工具栏中单击"向前变形工具"按钮，设置"大小"合适的笔尖，设置完成后在人物鼻梁位置按住鼠标左键沿箭头方向拖动，降低鼻梁的高度，如图 11-153 所示。接下来调整鼻尖的形态，如图 11-154 所示。

图 11-153

图 11-154

中文版Photoshop CC数码照片处理从入门到精通（微课视频 全彩版）

步骤 03 完成对人物鼻梁的调整后，接着调整人物的鼻翼。在人物的鼻翼位置按住鼠标左键向右进行轻微的调整后，单击"确定"按钮，如图11-155所示。此时对人物鼻型的调整操作完成，效果如图11-156所示。

图 11-155

图 11-156

11.3.2 加深眼窝鼻影塑造立体感

文件路径	资源包\第11章\加深眼窝鼻影塑造立体感
难易指数	★★★★★
技术要点	液化、曲线

扫一扫，看视频

案例效果

案例处理前后的效果对比如图11-157和图11-158所示。

图 11-157　　　　　　图 11-158

操作步骤

步骤 01 执行"文件>打开"命令，选择人物素材"1.jpg"，单击"打开"命令将人物素材打开，如图11-159所示。案例图片中人物鼻翼需要收缩，而且鼻梁两侧明暗对比小，立体效果不明显。

图 11-159

步骤 02 收缩人物的鼻翼。选择背景图层将其复制一份，然后选择复制得到的背景图层，执行"滤镜>液化"命令，在弹出的"液化"窗口中单击"向前变形工具"按钮，设置"大小"合适的笔尖，设置完成后在人物左边鼻翼位置按箭头方向拖动光标收缩鼻翼，然后用同样的方式对右边鼻翼进行操作。调整完成后单击"确定"按钮，如图11-160所示。

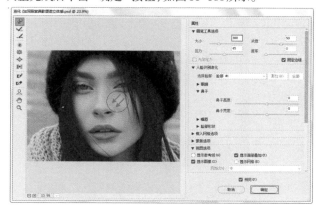

图 11-160

步骤 03 压暗鼻子两侧的亮度，使鼻子更加笔挺。执行"图层>新建调整图层>曲线"命令，创建一个曲线调整图层。在弹出的"属性"面板中将曲线中段向右下角拖动，如图11-161所示。效果如图11-162所示。

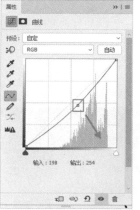

图 11-161　　　　　　图 11-162

步骤 04 选择曲线调整图层的图层蒙版，并将其填充为黑色，然后使用"大小"合适的半透明柔边圆画笔，设置"前景色"为白色，设置完成后在人物鼻影位置涂抹以加深颜色，图层蒙版效果如图11-163所示。画面效果如图11-164所示。

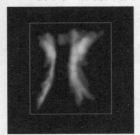

图 11-163

图 11-164

步骤 05 为人物鼻子添加高光制作立体效果。在已有曲线调整图层上方再次创建一个曲线调整图层，在弹出的"属性"面板中将曲线向左上角拖动，如图11-165所示。效果如图11-166所示。

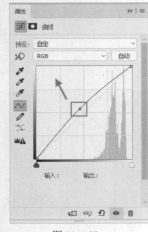

图 11-165

图 11-166

步骤 06 选择曲线调整图层的图层蒙版，并将其填充为黑色，然后使用"大小"合适的柔边圆画笔，设置"前景色"为白色，设置完成后在鼻梁位置涂抹，制作高光效果增加立体感。图层蒙版效果如图11-167所示。画面效果如图11-168所示。此时对人物鼻子的立体效果制作完成。

图 11-167

图 11-168

11.4 唇齿处理

11.4.1 变换唇色

文件路径	资源包\第11章\变换唇色
难易指数	★★★★★
技术要点	曲线

扫一扫，看视频

案例效果

案例处理前后的效果对比如图11-169和图11-170所示。

图 11-169　　　　　图 11-170

操作步骤

步骤 01 执行"文件>打开"命令，将素材"1.jpg"打开。执行"文件>置入嵌入对象"命令，将用于参考的口红颜色图片置入到当前画面，调整大小放在画面左下角位置，如图11-171所示。本案例将参考口红图片颜色来给人物变换唇色。

图 11-171

步骤 02 绘制人物唇形的选区。选择背景图层，单击工具箱中的"钢笔工具"，在选项栏中设置"绘制模式"为"路径"，设置完成后使用钢笔工具将人物的唇形轮廓绘制出来，接着单击鼠标右键执行"建立选区"命令，设置羽化半径为3像素，将路径转换为选区，如图11-172所示。

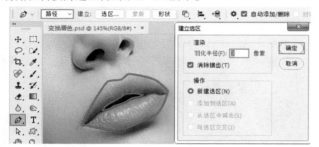

图 11-172

步骤 03 制作口红图片最左边甜蜜橙的唇色。在保留选区的情况下，执行"图层>新建调整图层>曲线"命令，在背景图层上方创建一个曲线调整图层。在弹出的"属性"面板中调整整个画面的明暗度，将曲线向右下角拖动，如图11-173所示。接着选择"红"通道，并将曲线向左上角拖动，增多红色成分，如图11-174所示。效果如图11-175所示。

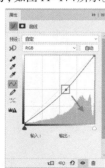
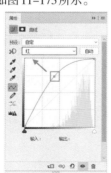

图 11-173　　　　　图 11-174

图 11-175

步骤 04 甜蜜橙的唇色制作完成并将其隐藏，接着制作珊瑚红的唇色，参考口红图片从左数第二个颜色。再次载入人物唇型选区，接着在甜蜜橙图层上方创建一个曲线调整图层，在弹出的"属性"面板中首先选择"红"通道，将曲线向左上角拖动，如图11-176所示。接着选择"绿"通道，将曲线向右下角拖动，如图11-177所示。然后选择"蓝"通道，将曲线轻微地向右下角拖动，如图11-178所示。增多红色，减少绿色、蓝色，调整出珊瑚红的颜色，效果如图11-179所示。

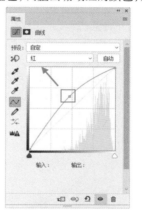
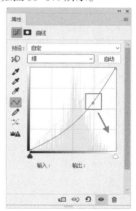

图 11-176　　　　　图 11-177

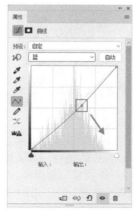

图 11-178　　　　　图 11-179

步骤 05 珊瑚红的唇色制作完成并将其隐藏，接着制作芭比粉的唇色，参考口红图片中间的颜色。载入人物唇型选区，在珊瑚红图层上方新建一个曲线调整图层，接着对全图和红、绿、蓝通道的各个曲线进行调整，如图11-180所示。增加红色、蓝色成分，减少绿色成分，调整出芭比粉的颜色，效果如图11-181所示。

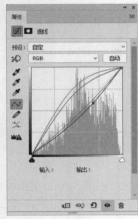

图 11-180　　　　　　　　图 11-181

步骤 06 芭比粉的唇色制作完成并将其隐藏，接着制作粉调珊瑚红的唇色，参考口红图片从右数第二个颜色。载入唇型选区，在芭比粉图层上方新建一个曲线调整图层，接着对全图和红、绿通道的各个曲线进行调整，如图11-182所示。增加红色，减少绿色，调整出粉调珊瑚红的颜色，效果如图11-183所示。

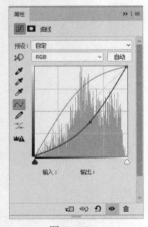

图 11-182　　　　　　　　图 11-183

步骤 07 粉调珊瑚红的唇色制作完成并将其隐藏，接着制作复古红的唇色，参考口红图片最右边的颜色。载入唇型选区，在粉调珊瑚红图层上方新建一个曲线调整图层，接着对全图和红、绿通道的各个曲线进行调整，如图11-184所示。通过操作调整出复古红的颜色，效果如图11-185所示。

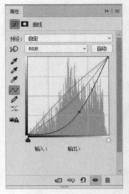

图 11-184　　　　　　　　图 11-185

11.4.2　美白牙齿

文件路径	资源包\第11章\美白牙齿
难易指数	★★★★★
技术要点	液化、自然饱和度、曲线

扫一扫，看视频

案例效果

案例处理前后的效果对比如图11-186和图11-187所示。

图 11-186　　　　　　　　图 11-187

操作步骤

步骤 01 执行"文件>打开"命令，将素材"1.jpg"打开，如图11-188所示。图片中人物存在牙齿部分缺失、牙齿暗淡偏黄等问题，本案例将通过操作将人物牙齿美白，增加视觉美感。

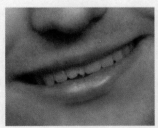

图 11-188

步骤 02 首先需要将人物牙齿缺失的部分补齐。选择背景图层，并将其复制一份，然后选择复制得到的背景图层，执行"滤镜>液化"命令，在弹出的"液化"窗口中单击"向前变形工具"，设置"大小"合适的笔尖，设置完成后在牙齿缺失部位按住鼠标按箭头方向拖动，如图11-189所示。操作完成后单击"确定"按钮。

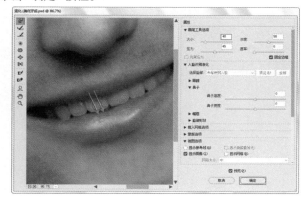

图 11-189

步骤 03 接着调整牙齿的颜色。由于牙齿偏黄，所以首先需要降低黄色牙齿的饱和度，执行"图层>新建调整图层>自然饱和度"命令，在弹出的"属性"面板中设置"自然饱和度"为-100，如图11-190所示。效果如图11-191所示。

图 11-190　　　　　　图 11-191

步骤 04 选择自然饱和度调整图层的图层蒙版，并将其填充为黑色，然后使用"大小"合适的柔边圆画笔，设置"前景色"为白色，设置完成后在人物牙齿位置涂抹，调整人物牙齿颜色。图层蒙版效果如图11-192所示。画面效果如图11-193所示。

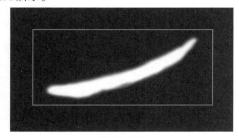

图 11-192

图 11-193

步骤 05 此时人物牙齿颜色偏暗，需要提高亮度。载入上一个调整图层蒙版的选区，执行"图层>新建调整图层>曲线"命令，在弹出的"属性"调整面板中将曲线向左上角拖动，如图11-194所示。此时牙齿的亮度提高，效果如图11-195所示。

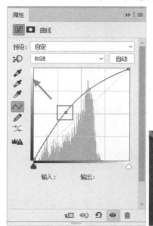

图 11-194　　　　　　图 11-195

11.5 彩妆

11.5.1 塑造立体感面孔

文件路径	资源包\第11章\塑造立体感面孔
难易指数	★★★★★
技术要点	曲线、自然饱和度、画笔工具

扫一扫，看视频

案例效果

　　案例处理前后的效果对比如图11-196和图11-197所示。

图 11-196　　　　　　　图 11-197

操作步骤

步骤 01 执行"文件>打开"命令，将素材"1.jpg"打开，如图 11-198 所示。图片中人物存在颜色偏白、整体立体效果不强、眼神暗淡等问题，本案例通过局部压暗、局部提亮的操作增加人物面部的立体感。

图 11-198

步骤 02 提高人物照片的对比度。执行"图层>新建调整图层>曲线"命令，在背景图层上方创建一个曲线调整图层。在弹出的"属性"窗口中将曲线上段向左上角拖动，将曲线下段向右下角拖动，如图 11-199 所示。需注意调整曲线时轻微拖动即可，若调整过度会使照片整体效果失真，效果如图 11-200 所示。

图 11-199　　　　　　　图 11-200

步骤 03 执行"图层>新建调整图层>自然饱和度"命令，在曲线调整图层上方创建一个自然饱和度调整图层。在弹出的"属性"面板中设置"自然饱和度"为+25，"饱和度"为+5，如图 11-201 所示。效果如图 11-202 所示。

图 11-201　　　　　　　图 11-202

步骤 04 接着为人物面部增强立体感。人物的立体感主要来源于面部结构凸起和凹陷呈现出的明暗对比。所以，针对于面部结构的修饰，通过对脸颊两侧、颧骨下方、眼窝处、鼻翼两侧进行压暗；并对眉骨上方、鼻梁处、颧骨上方等处进行提亮，增强面部的立体感。在自然饱和度调整图层上方创建一个曲线调整图层，在弹出的"属性"面板中将曲线向右下角拖动，如图 11-203 所示。效果如图 11-204 所示。

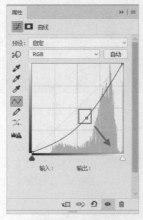

图 11-203　　　　　　　图 11-204

步骤 05 选择曲线调整图层的图层蒙版，并将其填充为黑色，然后使用"大小"合适的半透明柔边圆画笔，设置"前景色"为白色，设置完成后在人物脸颊两侧、颧骨下方、眼窝处、鼻翼两侧进行涂抹，制作立体的阴影效果。图层蒙版效果如图 11-205 所示。画面效果如图 11-206 所示。

中文版Photoshop CC数码照片处理从入门到精通（微课视频 全彩版）

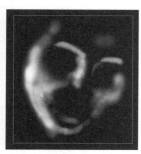

图 11-205　　　　　　　　图 11-206

步骤 08 画面中人物的眼球颜色偏灰，需要将颜色加深。在已有曲线调整图层上方新建一个曲线调整图层，在弹出的"属性"面板中将曲线向右下角拖动，如图11-211所示。效果如图11-212所示。

步骤 06 接着为人物制作立体高光效果。在已有曲线调整图层上方创建一个曲线调整图层，在弹出的"属性"面板中将曲线向左上角拖动，如图11-207所示。效果如图11-208所示。

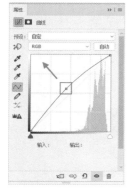

图 11-207　　　　　　　　图 11-208

步骤 07 选择曲线调整图层的图层蒙版，并将其填充为黑色，然后使用"大小"合适的半透明柔边圆画笔，设置"前景色"为白色，设置完成后在人物眉骨上方、鼻梁处、颧骨上方进行涂抹，制作立体高光效果。图层蒙版效果如图11-209所示。画面效果如图11-210所示。

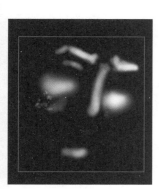

图 11-209　　　　　　　　图 11-210

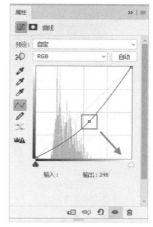

图 11-211　　　　　　　　图 11-212

步骤 09 选择曲线调整图层的图层蒙版，并将其填充为黑色，然后使用"大小"合适的半透明柔边圆画笔，设置"前景色"为白色，设置完成后在人物眼球位置适当涂抹加深眼球的颜色，如图11-213所示。效果如图11-214所示。

图 11-213

图 11-214

步骤 10 在已有曲线调整图层上方新建一个曲线调整图层，

在弹出的"属性"面板中将曲线向左上角拖动，如图11-215所示。效果如图11-216所示。

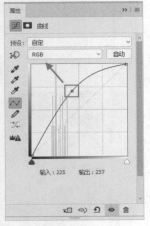

图 11-215　　　　　　　图 11-216

步骤 11　选择曲线调整图层的图层蒙版，并将其填充为黑色，然后使用较小笔尖的半透明柔边圆画笔，设置"前景色"为白色，设置完成后在人物黑眼球下方小心地进行适当涂抹，作为眼球反光。填充蒙版效果如图11-217所示。画面效果如图11-218所示。

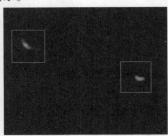

图 11-217

图 11-218

步骤 12　接着为人物眼睛增加神采，在图层面板最上方位置新建一个图层，然后设置"前景色"为白色，使用较小笔尖的半透明柔边圆画笔，设置完成后在人物眼球上方涂抹为人物眼睛增加神采，如图11-219所示。此时对人物面孔立体感的塑造制作完成，效果如图11-220所示。

图 11-219

图 11-220

11.5.2　淡雅桃花妆

文件路径	资源包\第11章\淡雅桃花妆
难易指数	★★★★★
技术要点	Camera Raw滤镜、曲线

扫一扫，看视频

案例效果

案例处理前后的效果对比如图11-221和图11-222所示。

图 11-221　　　　　　　图 11-222

中文版Photoshop CC数码照片处理从入门到精通（微课视频 全彩版）

操作步骤

步骤 01 执行"文件>打开"命令,将人物素材"1.jpg"打开,如图11-223所示。图片中人物整体颜色暗淡、妆容感不强,本案例首先需要将人物肤色调整为健康亮丽的粉嫩肤色,接着为人物绘制甜美的桃花妆。

图 11-223

步骤 02 选择背景图层将其复制一份,然后选择复制得到的背景图层。首先处理人物肤色,执行"滤镜>Camera Raw滤镜"命令,在弹出的Camera Raw窗口中单击"基本"按钮,设置"对比度"为+45,"高光"为+38,"阴影"为+100,"白色"为+24,"清晰度"为+14,如图11-224所示。

图 11-224

步骤 03 接着在当前Camera Raw调整状态下单击"细节"按钮,在"锐化"范围内设置"数量"为77,"半径"为2.1,"细节"为47;"减少杂色"范围内设置"明亮度"为44,"明亮度细节"为53,"明亮度对比"为29。在锐化的同时柔化了皮肤的细节,如图11-225所示。

图 11-225

步骤 04 继续在当前Camera Raw调整状态下单击"HSL 调整"按钮,设置"橙色"为+19,"黄色"为52,设置完成后单击"确定"按钮,此时肤色粉嫩了一些,如图11-226所示。

图 11-226

步骤 05 人物身体部分仍需进一步提高亮度。执行"图层>新建调整图层>曲线"命令,创建一个曲线调整图层。在弹出的"属性"面板中将曲线向左上角拖动,如图11-227所示。选择曲线调整图层的图层蒙版,并将其填充为黑色,然后使用"大小"合适的柔边圆画笔,设置"前景色"为白色,设置完成后在人物身体部位涂抹提高亮度,如图11-228所示。效果如图11-229所示。

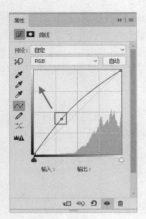

图 11-227　　　　　　　图 11-228

图 11-229

步骤 06 接下来对人物照片中本应为暗部的区域(头发和眼睛)降低亮度。在已有曲线调整图层上方创建一个曲线调整图层,在弹出的"属性"面板中将曲线向右下角拖动,如图 11-230 所示。效果如图 11-231 所示。

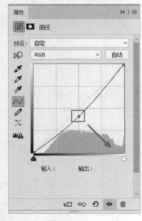

图 11-230　　　　　　　图 11-231

步骤 07 选择曲线调整图层的图层蒙版,并将其填充为黑色,然后使用"大小"合适的柔边圆画笔,设置"前景色"为白色,设置完成后在人物头发和眼睛位置涂抹,如图 11-232 所示。效果如图 11-233 所示。

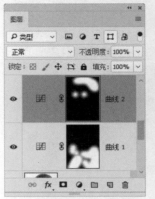
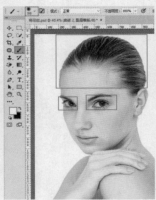

图 11-232　　　　　　　图 11-233

步骤 08 接着为人物添加桃红色的眼影。在图层面板最上方位置新建一个图层,设置其"混合模式"为"柔光",如图 11-234 所示。接着设置"前景色"为粉色,设置较小笔尖的半透明柔边圆画笔,设置完成后在人物眼睛位置涂抹,为人物添加眼影,如图 11-235 所示。在进行涂抹时设置较低的不透明度,进行多次涂抹可以使效果更加真实。

图 11-234

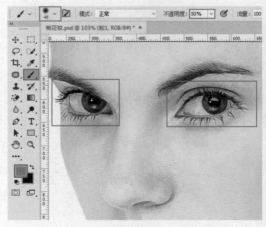

图 11-235

中文版Photoshop CC数码照片处理从入门到精通(微课视频 全彩版)

步骤 09 通过操作，桃花眼妆的效果不是太明显，有些细节需要进一步处理。在原有粉色眼妆图层上方新建图层，使用同样的方式在人物双眼皮位置继续涂抹，增加眼妆的立体效果，如图11-236所示。设置"混合模式"为"强光"，如图11-237所示。

图 11-236

图 11-237

步骤 10 为人物添加腮红。在图层面板最上方位置新建一个图层，设置"前景色"为淡粉色，然后使用大小合适的半透明柔边圆画笔，设置完成后在人物脸颊位置涂抹，制作腮红效果，如图11-238所示。设置"混合模式"为"强光"，如图11-239所示。

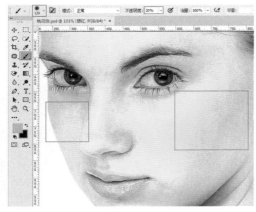

图 11-238

图 11-239

步骤 11 画面中人物的唇色与整体效果不一致，需要更改颜色。在图层面板最上方位置创建一个曲线调整图层，在弹出的"属性"面板中调整全图和红、绿两个通道，如图11-240所示。效果如图11-241所示。

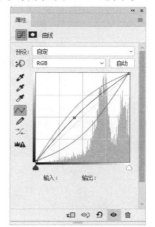 

图 11-240　　　　　　　图 11-241

步骤 12 选择曲线调整图层的图层蒙版，并将其填充为黑色，然后使用大小合适的柔边圆画笔，设置"前景色"为白色，设置完成后在人物唇部涂抹，将唇色更改为桃红色，如图11-242所示。效果如图11-243所示。

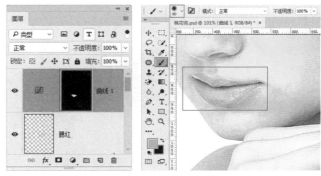

图 11-242　　　　　　　图 11-243

步骤 13 此时人物的桃花妆制作完成，效果如图11-244所示。

图 11-244

11.6 头发处理

11.6.1 修整发际线

文件路径	资源包\第11章\修整发际线
难易指数	★★★★★
技术要点	液化、仿制图章工具

扫一扫，看视频

案例效果

案例处理前后的效果对比如图11-245和图11-246所示。

图 11-245

图 11-246

操作步骤

步骤 01 执行"文件>打开"命令，将人物素材"1.jpg"打开，如图11-247所示。图片中人物额头部位发际线较为凌乱，本案例通过液化滤镜制作整齐美观的发际线。

图 11-247

步骤 02 选择"背景"图层，使用快捷键Ctrl+J将背景图层复制一份，接着执行"滤镜>液化"命令，在弹出的"液化"窗口中单击选择"向前变形工具"，然后设置"大小"为500，接着在发际线的位置按住鼠标左键向下涂抹，将发际线调整为弧形，如图11-248所示。调整完成后单击"确定"按钮，效果如图11-249所示。

图 11-248

图 11-249

步骤 03 接下来修补发际线边缘的细碎毛发。单击工具箱中的"仿制图章工具"，在选项栏里面选择一个柔边圆画笔，设置笔尖"大小"为100像素，设置"流量"为50%，设置完成后在额头干净的位置按住Alt键单击进行取样，如图11-250所示。接着在有凌乱毛发的位置涂抹进行覆盖，效果如图11-251所示。

按住Alt
键单击

图 11-250

中文版Photoshop CC数码照片处理从入门到精通（微课视频 全彩版）

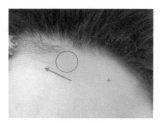

图 11-251

步骤 04 继续以同样的方式处理发际线位置的毛发，如图 11-252 所示。最终效果如图 11-253 所示。

图 11-252

图 11-253

11.6.2 彩色挑染

文件路径	资源包\第11章\彩色挑染
难易指数	★★★★★
技术要点	色彩平衡、曲线

扫一扫，看视频

案例效果

案例处理前后的效果对比如图 11-254 和图 11-255 所示。

图 11-254

图 11-255

操作步骤

步骤 01 执行"文件>打开"命令，打开人像素材"1.jpg"，如图 11-256 所示。图片中人物的发色为棕色，通过操作将人物的部分发色进行彩色挑染。

图 11-256

步骤 02 制作紫色发色。执行"图层>新建调整图层>色彩平衡"命令，在背景图层上方创建一个"色彩平衡"调整图层。在弹出的"属性"面板中设置"色调"为"中间调"，颜色"青色－红色"为65，"洋红－绿色"为－54，"黄色－蓝色"为86，如图 11-257 所示。此时画面效果如图 11-258 所示。

图 11-257

图 11-258

步骤 03 选择色彩平衡调整图层的图层蒙版，并将其填充为黑色，隐藏调色效果。然后使用"大小"合适的半透明柔边圆画笔，设置"前景色"为白色，设置完成后在人物头发位置涂抹，在涂抹过程中可根据头发形状适当调整画笔大小和不透明度。图层蒙版效果如图 11-259 所示。画面效果如图 11-260 所示。

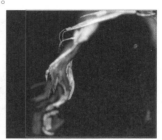

图 11-259

图 11-260

步骤 04 选择该调整图层，设置"混合模式"为"滤色"（如图 11-261 所示），让颜色与头发更好地融为一体，效果如图 11-262 所示。

图 11-261　　　　　　　　图 11-262

步骤 05 制作蓝色发色。在已有色彩平衡调整图层上方位置再次创建一个色彩平衡调整图层。在"属性"面板中设置"色调"为"中间调"，颜色"青色-红色"为-80，"洋红-绿色"为0，"黄色-蓝色"为80，如图 11-263 所示。此时画面效果如图 11-264 所示。

图 11-263　　　　　　　　图 11-264

步骤 06 选择色彩平衡调整图层的图层蒙版，并将其填充为黑色，隐藏调色效果。然后使用大小合适的柔边圆画笔，设置"前景色"为白色，设置完成后在人物发尾部位涂抹，在涂抹过程中可根据头发形状适当调整画笔大小和不透明度，如图 11-265 所示。效果如图 11-266 所示。

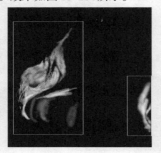

图 11-265

图 11-266

步骤 07 此时蓝色头发缺少光泽感，发质感不真实。选择该色彩平衡调整图层，设置"混合模式"为"颜色"，如图 11-267 所示。此时画面效果如图 11-268 所示。

图 11-267　　　　　　　　图 11-268

步骤 08 发色颜色偏暗，需要提高亮度。执行"图层>新建调整图层>曲线"命令，创建一个曲线调整图层。在弹出的"属性"面板中将曲线向左上角拖动，提高发色的亮度，如图 11-269 所示。选择曲线调整图层的图层蒙版，并将其填充为黑色，隐藏调色效果。然后使用大小合适的柔边圆画笔，设置"前景色"为白色，设置完成后在人物头发部位涂抹，将头发提高亮度。在涂抹过程中可根据头发形状适当调整画笔大小和不透明度，画面效果如图 11-270 所示。案例完成效果如图 11-271 所示。

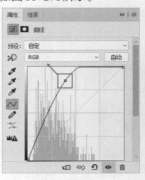 

图 11-269　　　　　　　　图 11-270

中文版Photoshop CC数码照片处理从入门到精通（微课视频 全彩版）

图 11-271

11.6.3　强化头发质感

文件路径	资源包\第11章\强化头发质感
难易指数	★★★★★
技术要点	曲线

扫一扫，看视频

案例效果

案例处理前后的效果对比如图 11-272 和图 11-273 所示。

图 11-272

图 11-273

操作步骤

步骤 01 执行"文件>打开"命令，将人物素材"1.jpg"打开。如图 11-274 所示。图片中人物头发暗淡没有光泽，本案例通过操作将强化人物头发质感，增加视觉效果。

图 11-274

步骤 02 首先为人物头发整体提高亮度。执行"图层>新建调整图层>曲线"命令，在背景图层上方创建一个曲线调整图层。在弹出的"属性"面板中将曲线向左上角拖动，如图 11-275 所示。效果如图 11-276 所示。

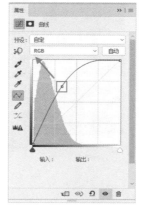

图 11-275

图 11-276

步骤 03 将头发以外的调色效果隐藏。选择曲线调整图层的图层蒙版，并将其填充为黑色，然后使用较大笔尖的半透明柔边圆画笔，设置"前景色"为白色，设置完成后在人物头发位置涂抹，显示头发位置的调色效果，以达到提高头发亮度的目的。图层蒙版效果如图 11-277 所示。画面效果如图 11-278 所示。

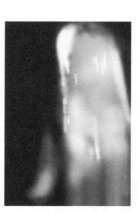

图 11-277

图 11-278

步骤 04 接着为人物头发添加高光制作头发的光泽效果。在已有曲线调整图层上方再次创建一个曲线调整图层，在弹出的"属性"面板中将曲线向左上角拖动，如图 11-279 所示。选择该曲线调整图层的图层蒙版，并将其填充为黑色，然后使用大小合适的半透明柔边圆画笔，设置"前景色"为白色，设置完成后在人物头发位置涂抹，为头发制作高光效果。填充蒙版效果如图 11-280 所示。画面效果如图 11-281 所示。

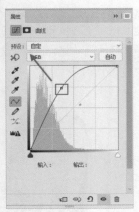

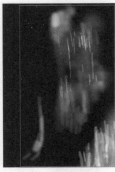

图 11-279　　　　　　　　图 11-280

图 11-281

步骤 05 接下来为人物头发制作立体的阴影效果。在图层面板最上方位置创建一个曲线调整图层，在弹出的"属性"面板中将曲线向右下角拖动，如图 11-282 所示。选择该曲线调整图层的图层蒙版，并将其填充为黑色，然后使用大小合适的半透明柔边圆画笔，设置"前景色"为白色，设置完成后在人物头发位置涂抹，为头发制作立体阴影效果。图层蒙版效果如图 11-283 所示，画面效果如图 11-284 所示，此时对人物头发质感强化的操作完成。

图 11-282　　　　　　　图 11-283

图 11-284

11.7 身形调整

11.7.1 轻松"增高"

文件路径	资源包\第11章\轻松"增高"
难易指数	★★★★★
技术要点	自由变换

扫一扫，看视频

案例效果

案例处理前后的效果对比如图 11-285 所示。

图 11-285

步骤 01 执行"文件>打开"命令，将人物素材"1.jpg"打开。选择背景图层，使用快捷键 Ctrl+J 将背景图层复制一份。然后选择复制得到的背景图层，单击工具箱中的"矩形选框工具"按钮，在人物腿部及背景的位置绘制选区，如图 11-286所示。接着在当前选区状态下，使用自由变换快捷键 Ctrl+T 调出定界框，将光标放在定界框底部的中间控制点上，按住鼠标左键适当地向下拖动，如图 11-287 所示。调整完成后按 Enter 键。

图 11-286   图 11-287

步骤 02 如果想要进一步增高，可以再次绘制人物小腿部分及背景部分的选区，并进一步自由变换拉伸小腿，如图 11-288 所示。操作完成后按 Enter 键，使用快捷键 Ctrl+D 取消选区。此时将人物增高的操作完成，效果如图 11-289 所示。

图 11-288   图 11-289

11.7.2 身形美化

文件路径	资源包\第11章\身形美化
难易指数	★★★★★
技术要点	液化、套索工具、自由变换、曲线

扫一扫，看视频

案例效果

案例处理前后的效果对比如图 11-290 和图 11-291 所示。

图 11-290   图 11-291

操作步骤

步骤 01 执行"文件>打开"命令，将人物素材"1.jpg"打开。首先需要将人物的肚子"减去"。选择背景图层将其复制一份，然后选择复制得到的背景图层，执行"滤镜>液化"命令，在弹出的"液化"窗口中单击"向前变形工具"按钮，设置大小合适的笔尖在人物肚子位置按箭头方向拖动，使人物肚子变得平坦，如图 11-292 所示。

图 11-292

步骤 02 接着用同样的方式对人物的胳膊和腰部瘦身，如图 11-293 所示。在拖动鼠标调整时幅度不宜过大，不然调整效果夸张会使人物画面失真。在调整的同时可根据具体的位置来设置合适的笔尖大小来获得较为满意的调整效果。画面中人物额头发际线过于靠上，单击"向前变形工具"按钮，设置大小合适的笔尖，设置完成后在人物发际线的位置轻微地向下拖动鼠标，如图 11-294 所示。

图 11-293

图 11-294

步骤 03 将人物的脖子适当的拉长。单击"向前变形工具"按钮，设置大小合适的笔尖，设置完成后按住鼠标左键按箭头方向拖动鼠标将人物脖子拉长，操作完成后单击"确定"按钮，如图11-295所示。

图 11-295

步骤 04 此时人物腰部有一些不太美观的褶皱，如图11-296所示。需要将其去除来对腰部进行塑形。选择该图层，单击工具箱中的"套索工具"按钮，在人物腰部褶皱较少的部位绘制选区，如图11-297所示。然后使用自由变换快捷键Ctrl+J将其复制一份，形成一个新图层。

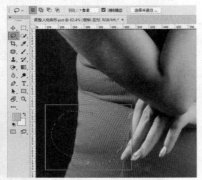

图 11-296   图 11-297

步骤 05 选择该复制图层，向上移动至胳膊下方褶皱较多的部位。然后使用自由变换快捷键Ctrl+T调出定界框，将光标放在定界框外按住鼠标左键进行适当旋转，使其与腰部衣服边缘相吻合，如图11-298所示。接着在当前自由变换状态下，将光标放在定界框一角，按住Shift键的同时，按住鼠标左键将图形进行等比例放大，将褶皱遮盖住，如图11-299所示。

图 11-298   图 11-299

步骤 06 操作完成后按Enter键。如图11-300所示，画面中人物后肩膀位置有缺失的部分，需要将其补充完整。选择该自由变换图层，使用自由变换快捷键Ctrl+J将其复制一份。然后选择复制得到的图层向上移动，接着使用快捷键Ctrl+T调出定界框进行旋转。接着在定界框上方单击鼠标右键执行"变形"命令，然后拖动控制点调整背部的曲线，如图11-301所示。按Enter键确定变换操作。

图 11-300   图 11-301

步骤 07 此时有多余出来的部分需要将其隐藏。选择该图层，单击图层面板底部的"添加图层蒙版"按钮，为该图层添加图层蒙版。然后使用大小合适的硬边圆画笔，设置"前景色"为黑色，设置完成后在多余出来的部分涂抹将其隐藏。图层蒙版效果如图11-302所示。画面效果如图11-303所示。

图 11-302   图 11-303

步骤 08 画面中人物胳膊和脖子位置肤色偏暗需要提高亮度。执行"图层>新建调整图层>曲线"命令，创建一个曲线调整图层。然后在弹出的"属性"面板中将曲线向左上角拖动，如图11-304所示。选择曲线调整图层的图层蒙版，并将其填充为黑色，然后使用大小合适的半透明柔边圆画笔，设置"前景色"为白色，设置完成后在人物的皮肤部位涂抹提高亮度。图层蒙版效果如图11-305所示。画面效果如图11-306所示。

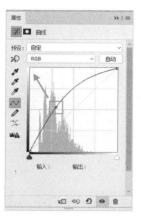

图 11-304 　　　　　　　　　图 11-305

图 11-306

步骤 09 使用快捷键 Ctrl+Shift+Alt+E 将画面盖印,如图 11-307 所示。接着选择盖印图层,单击鼠标右键执行"转换为智能对象"命令,将图层转换为智能对象以备后面操作使用,如图 11-308 所示。

图 11-307 　　　　　　　　　图 11-308

步骤 10 选择转换为智能对象的盖印图层,执行"滤镜>Camera Raw 滤镜"命令,在弹出的 Camera Raw 窗口中单击"细节"按钮,在"锐化"选项组中设置"数量"为116,"半径"为1.3,"细节"为43,此时画面清晰度提高。在"减少杂色"选项组中设置"明亮度"为90,"明亮度细节"为12,"明亮度对比"为42,此时皮肤部分变得很柔和。设置完成后单击"确定"按钮,如图 11-309 所示。

图 11-309

步骤 11 此时人物整体皮肤呈现出的状态有些许失真。选择该智能滤镜蒙版,并将其填充为黑色,然后使用大小合适的柔边圆画笔,设置"前景色"为白色,设置完成后在人物皮肤位置涂抹,如图 11-310 所示。智能滤镜蒙版效果如图 11-311 所示。

图 11-310 　　　　　　　　　图 11-311

步骤 12 接着为人物整体提高亮度。在图层面板的最上方位置创建一个曲线调整图层,在弹出的"属性"面板中将曲线中段向左上角拖动,接着用同样的方式调整曲线下段的控制点,如图 11-312 所示。效果如图 11-313 所示。

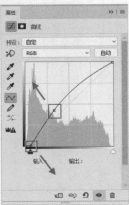

图 11-312　　　　　　　　图 11-313

步骤 13 选择曲线调整图层的图层蒙版，使用黑色画笔涂抹背景部分。图层蒙版效果如图 11-314 所示。画面效果如图 11-315 所示。

图 11-314　　　　　　　　图 11-315

步骤 14 由于背景颜色不均匀，接下来需要处理背景颜色。在图层面板最上方位置新建一个图层，设置"前景色"为灰色（也可以使用吸管工具吸取背景的颜色），然后使用大小合适的半透明柔边圆画笔，在背景上涂抹，使背景显得更加柔和，如图 11-316 所示。此时"图层"面板如图 11-317 所示。至此，完成对人物身体的美化。

图 11-316　　　　　　　　图 11-317

11.8 服饰处理

11.8.1 制作飘动的裙摆

文件路径	资源包\第11章\制作飘动的裙摆
难易指数	★★★★★
技术要点	快速选择工具、自由变换、图层蒙版

扫一扫，看视频

案例效果

案例处理前后的效果对比如图 11-318 和图 11-319 所示。

图 11-318　　　　　　　　图 11-319

操作步骤

步骤 01 执行"文件>打开"命令，将人物素材"1.jpg"打开。图片中人物裙摆较小，本案例通过操作制作出飘动的大裙摆。选择背景图层，单击工具箱中的"快速选择工具"按钮，在选项栏中单击"添加到选区"按钮，设置大小合适的笔尖，设置完成后在人物裙摆位置绘制出选区，如图 11-320 所示。在当前选区状态下，使用快捷键Ctrl+J将选区内的图形复制一份，形成一个新图层，如图 11-321 所示。

图 11-320

图 11-321

中文版Photoshop CC数码照片处理从入门到精通（微课视频 全彩版）

步骤 02 选择该复制图层，使用自由变换快捷键Ctrl+T调出定界框，单击鼠标右键执行"变形"命令，如图11-322所示。然后调整控制点和控制柄的位置，操作完成后按Enter键，如图11-323所示。

图 11-322

图 11-323

步骤 03 放大后的裙摆将人物的手部分遮挡住了，需要将人物的手显示出来。选择该图层，单击图层面板底部的"添加图层蒙版"按钮，为该图层添加图层蒙版。然后使用大小合适的硬边圆画笔，设置"前景色"为黑色，设置完成后在遮挡部分适当涂抹，如图11-324所示。效果如图11-325所示。

图 11-324

图 11-325

步骤 04 此时对人物飘动裙摆的制作完成，效果如图11-326所示。

图 11-326

11.8.2 改变裤子颜色

文件路径	资源包\第11章\改变裤子颜色
难易指数	★★★★★
技术要点	曲线、色相/饱和度、自动混合图层

扫一扫，看视频

案例效果

案例效果如图11-327所示。

图 11-327

操作步骤

步骤 01 一款服装通常会有多个颜色，有时为了节省成本，只会拍摄其中一款颜色服饰的照片，然后通过后期调色的方法制作其他颜色的照片。将素材"1.jpg"打开，如图11-328所示。首先制作粉色的裤子。执行"图层>新建调整图层>

色相/饱和度"命令，在弹出的"新建图层"窗口中单击"确定"按钮，然后在"属性"面板中拖动"色相"滑块去调整画面的颜色，在这里设置"色相"为−180，参数设置如图11-329所示。此时裤子变为了粉色，但画面整体颜色都出现了改变，效果如图11-330所示。

图 11-328

图 11-329

图 11-330

步骤 02 接着单击选择调整图层的图层蒙版，将"前景色"设置为黑色，然后使用快捷键Alt+Delete进行填充。此时画面中调色效果将会被隐藏，如图11-331所示。接着将"前景色"设置为白色，然后设置合适的笔尖大小，在裤子的位置涂抹显示此处的调色效果。涂抹完成后粉裤子的效果就制作完成了，如图11-332所示。

图 11-331

图 11-332

步骤 03 接下来制作白色裤子的效果。按住Ctrl键单击调整图层的图层蒙版，得到裤子的选区，如图11-333所示。接着执行"图层>新建调整图层>色相/饱和度"命令，在弹出的"色相/饱和度"窗口中单击"确定"按钮。可以看到图层蒙版裤子的部分为白色，其他位置为黑色，如图11-334所示。

图 11-333

图 11-334

步骤 04 接着设置"饱和度"为−100，此时裤子变为了白色，然后设置"明度"为10，这样裤子的白色明度被提高了，参数设置如图11-335所示。画面效果如图11-336所示。

图 11-335

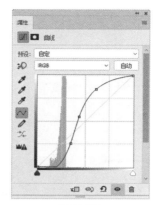

图 11-336

图 11-339

步骤 05 接下来制作黑色裤子效果。载入裤子的选区，然后再次新建一个"色相/饱和度"调整图层，接着在"属性"面板中设置"饱和度"为 -100，"明度"为 -67，参数设置如图 11-337 所示。此时画面效果如图 11-338 所示。

图 11-337

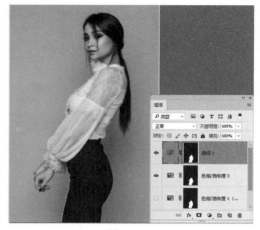

图 11-340

步骤 07 加选制作黑色裤子的两个调整图层，使用快捷键 Ctrl+G 进行编组，然后将图层组更改为"黑色"，如图 11-341 所示。接着将除背景图层以外的图层隐藏，如图 11-342 所示。

图 11-338

步骤 06 此时裤子是灰色的，需要加深裤子的明度。载入裤子的选区，执行"图层>新建调整图层>曲线"命令，在弹出的窗口中单击"确定"按钮，然后在"属性"面板中曲线上方单击添加控制点调整曲线形状，如图 11-339 所示。效果如图 11-340 所示。

图 11-341

图 11-342

步骤 08 接下来制作蓝色裤子。载入裤子的选区，新建一个"色相/饱和度"调整图层。在"属性"面板中先设置"明度"为 -60，降低裤子的明度，然后设置"色相"为 65，这样裤子就有了蓝色的色彩倾向，参数设置如图 11-343 所示。裤子效果如图 11-344 所示。

图 11-343　　　　　　　　　　图 11-344

步骤 09　再次得到裤子的选区，然后新建一个曲线调整图层，在"属性"面板中调整曲线形状，如图 11-345 所示。此时裤子效果如图 11-346 所示。至此几种不同颜色的裤子就制作完成了。

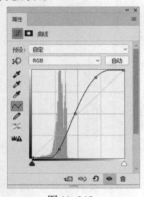

图 11-345　　　　　　　　　　图 11-346

步骤 10　接着进行输出排版。首先在显示蓝裤子的状态下，执行"文件>另存为"命令，在弹出的"另存为"窗口中设置"文件名"为蓝色，然后设置保存类型为JPEG，然后单击"保存"按钮，如图 11-347 所示。用同样的方法将另外3种颜色的裤子分别保存为JPGE格式。

图 11-347

步骤 11　接下来进行排版。首先将蓝色裤子的图片在Photoshop中打开，然后在图层面板中单击背景图层的 按钮，将背景图层转换为普通图层，如图 11-348 所示。接着单击选择工具箱中的"裁剪工具"，按住鼠标左键拖动控制点，横向地增加画板的宽度，如图 11-349 所示。

图 11-348

图 11-349

步骤 12　将另外3个图片置入到文档内，每个图像之间要有一小部分重叠的区域，然后将图层栅格化，如图 11-350 所示。按住 Ctrl 键单击加选这4个图层，如图 11-351 所示。

图 11-350

图 11-351

图 11-352

步骤 13 执行"编辑>自动混合图层"命令，在弹出"自动混合图层"窗口中勾选"堆叠图像"复选框，然后单击"确定"按钮，如图11-352所示。此时画面效果如图11-353所示。

图 11-353

读书笔记

Chapter 12

第12章

高端人像精修

本章内容简介:

　　一张优秀的人像摄影作品不仅要依靠前期的专业拍摄,还需要后期的精修调整。人像精修并非想象中的那么难,要做的工作大致可以归纳为:磨皮、液化、调色、修复拍照时的不足、提高画面质感。在精修照片时,需要积极地发现问题并解决问题。这是一项需要耐心的工作,需要长时间的经验积累才能达到"精修"水平。

优秀作品欣赏

12.1 外景写真人像精修

文件路径	资源包\第12章\外景写真人像精修
难易指数	★★★★★
技术要点	双曲线磨皮法、Camera Raw、修补工具、曲线、可选颜色、图层蒙版

案例效果

案例处理前后的效果对比如图12-1和图12-2所示。

图12-1　　　　　　　图12-2

操作步骤

12.1.1 人像皮肤处理

步骤 01 执行"文件>打开"命令,打开人像素材"1.jpg",如图12-3所示。首先在"图层"面板中创建一个用于观察皮肤瑕疵问题的"观察组"图层,其中包括使图像变为黑白效果的图层(在黑白的画面中更容易看到皮肤明暗不均的问题),以及一个强化明暗反差的图层。执行"图层>新建调整图层>黑白"命令,画面呈现出黑白效果,如图12-4所示。

扫一扫,看视频

图12-3　　　　　　　图12-4

步骤 02 为了更清晰地观察到画面的明暗对比,执行"图层>新建调整图层>曲线"命令,在曲线上单击添加两个控制点创建S形曲线,如图12-5所示。此时画面明暗对比更加强烈。将这两个图层放置在一个图层组中,命名为"观察组",

如图12-6所示。通过观察此时面部皮肤上仍有较多明暗不均匀的情况,需要通过对偏暗的细节进行提亮的方式,使皮肤明暗变得更加均匀。

图12-5　　　　　　　　　　图12-6

步骤 03 使用曲线提亮人物面部。执行"图层>新建调整图层>曲线"命令,在曲线上单击添加一个控制点并向左上角拖曳,提升画面亮度,如图12-7所示。在该调整图层蒙版中填充黑色,并使用白色的、透明度为10%左右的、较小的柔边圆画笔,在蒙版中鼻骨、颧骨、下颚、法令纹及颈部位置按住鼠标左键进行涂抹,蒙版与画面效果如图12-8所示。

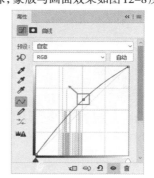

图12-7

图12-8

步骤 04 继续提亮颧骨及脸颊等部位。执行"图层>新建调整图层>曲线"命令,在曲线上单击添加一个控制点并向左上角拖曳,如图12-9所示。设置"前景色"为黑色,使用填充前景色快捷键Alt+Delete填充调整图层的图层蒙版。接着将"前景色"设置为白色,再次单击工具箱中的"画笔工具",在选项栏中设置合适的画笔"大小"及"不透明度",在人物面部

393

涂抹,如图12-10所示。

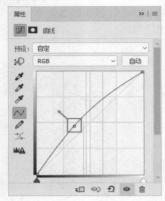

图12-9

图12-10

步骤 05 同样的方式继续新建一个提亮的曲线调整图层,如图12-11所示。将调整图层的图层蒙版填充为黑色,接着将"前景色"设置为白色,选择合适的画笔,在人物眼白、颧骨等位置涂抹,再次进行提亮。此时蒙版效果如图12-12所示。画面效果如图12-13所示。

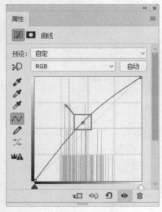

图12-11

图12-12

图12-13

步骤 06 使用快捷键Ctrl+Alt+Shift+E进行盖印。接下来去除颈纹和胳膊处的褶皱。在工具箱中单击"修补工具" 按钮,框选脖子上的颈纹,接着按住鼠标左键向下拖曳,拾取近处的皮肤,释放鼠标后颈纹消失,如图12-14所示。此时效果如图12-15所示。

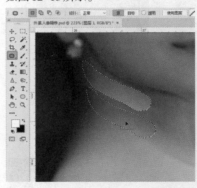

图12-14   图12-15

步骤 07 选择"修补工具",同样的方法去除其他区域的瑕疵,如图12-16所示。此时效果如图12-17所示。

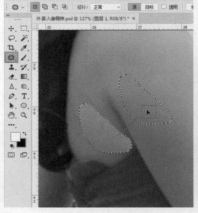

图12-16   图12-17

步骤 08 使用液化调整人物形态。在菜单栏中执行"滤镜>液化"命令,在弹出的"液化"窗口中单击"向前变形工具"按钮 ,设置画笔大小为100,接着将光标移动到左脸下方,按住鼠标左键由外自内进行拖动,此时面部变瘦。如图 12-18 所示。以同样的方法调整腰形及胳膊，如图 12-19 所示。

图 12-18

图 12-19

步骤 09 此时放大图像可以看出人物苹果肌和脖子的位置较暗，接下来进行提亮。再次新建一个曲线调整图层，在"属性"面板中在曲线上单击创建一个控制点，然后按住鼠标左键并向左上拖动控制点，使画面变亮，如图 12-20 所示。此时画面效果如图 12-21 所示。

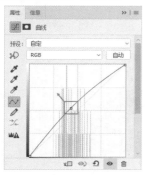
图 12-20

图 12-21

步骤 10 将调整图层的图层蒙版填充为黑色，设置"前景色"为白色，单击"画笔工具"，选择一个柔边圆画笔，设置合适的画笔"大小"和"不透明度"，接着在人物颧骨和脖子的位置涂抹，涂抹过的位置变亮，如图 12-22 所示。

图 12-22

步骤 11 新建一个曲线调整图层，在"属性"面板中的曲线

上单击创建一个控制点，然后按住鼠标左键并向左上拖动控制点，使画面变亮，如图 12-23 所示。将该调整图层的图层蒙版填充为黑色，单击工具箱中的"画笔工具"，并设置画笔"大小"为 200，"不透明度"为 100%，接着使用白色的柔边圆画笔在人物皮肤上涂抹，提亮肤色，效果如图 12-24 所示。蒙版效果如图 12-25 所示。

图 12-23

图 12-24

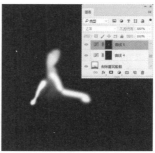
图 12-25

12.1.2 调整天空及海面颜色

步骤 01 去除水面上的建筑和船舶。单击工具箱中"仿制图章"工具，按住 Alt 键拾取附近的可用颜色，然后按住鼠标左键进行涂抹，如图 12-26 所示。接着涂抹水面上的船舶和右侧建筑，涂抹完成后效果如图 12-27 所示。

扫一扫，看视频

图 12-26

图 12-27

步骤 02 调整裙摆色调。新建一个曲线调整图层，在"属性"面板的曲线上单击创建两个控制点并向右下拖动，如图12-28所示。将调整图层的图层蒙版填充为黑色，单击工具箱中的"画笔工具"，设置合适的画笔"大小"和"不透明度"，接着使用白色的柔边圆画笔在裙摆上方涂抹，显现调色效果，如图12-29所示。

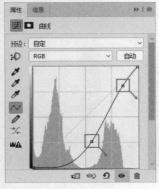

图 12-28   图 12-29

步骤 03 将水面调整为蓝色。执行"图层>新建调整图层>色彩平衡"命令，接着在"属性"面板中设置"色调"为"中间调"，"青色-红色"为-32，"洋红-绿色"为19，"黄色-蓝色"为47，如图12-30所示。在调整图层蒙版中使用黑色填充，并使用白色画笔涂抹海水以外的区域，效果如图12-31所示。

图 12-30

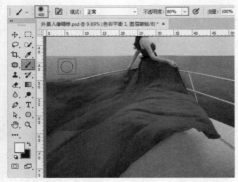

图 12-31

步骤 04 压暗远景水面。再次新建一个曲线调整图层。在曲线上单击创建一个控制点，然后按住鼠标左键并向右下拖动控制点，使画面变暗，如图12-32所示。设置通道为"蓝"，在"蓝"通道中创建一个控制点并向左上拖动，使画面倾向于蓝色，如图12-33所示。在调整图层蒙版中使用黑色填充，并使用白色画笔在远处水面位置涂抹，使水面分界线更加明显，效果如图12-34所示。

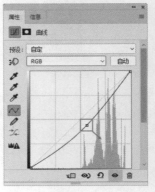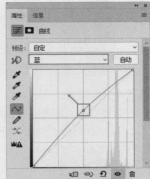

图 12-32   图 12-33

图 12-34

步骤 05 制作天空部分。置入素材"2.jpg"，并栅格化该图层，如图12-35所示。选择素材2所在图层，单击"图层"面板底部的"添加图层蒙版"按钮。接着使用黑色柔边圆画笔涂抹遮挡住人物部分，如图12-36所示。

图 12-35   图 12-36

步骤 06 创建一个曲线调整图层，在曲线上单击创建一个控制点，然后按住鼠标左键向左上拖动，使画面变亮。如图12-37所示。将该调整图层的图层蒙版填充为黑色，选择这个图层蒙版，使用白色的柔边圆画笔在远处天空底部位置涂抹,此时画面效果如图12-38所示。

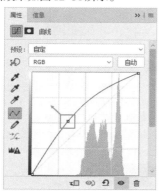

图 12-37

图 12-38

步骤 07 调整天空颜色。执行"图层>新建调整图层>色相/饱和度"命令,得到调整图层。接着在"属性"面板中设置"色相"为-6,"饱和度"为-53,"明度"为22,如图12-39所示。此时画面呈现偏灰效果。在"图层"面板中单击该调整图层的"图层蒙版"将其填充为黑色,并使用白色柔边圆画笔涂抹天空区域,使天空受到该调整图层影响,如图12-40所示。

图 12-39

图 12-40

步骤 08 新建一个曲线调整图层,在弹出来的"属性"面板中单击添加两个控制点,并调整曲线形态,增强画面对比度,如图12-41所示。将该图层的图层蒙版填充为黑色,然后将"前景色"设置为白色,单击工具箱中"画笔工具",选择合适的柔边圆画笔,然后在该调整图层蒙版中使用画笔涂抹裙摆位置,涂抹完成后效果如图12-42所示。

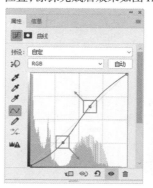

图 12-41   图 12-42

步骤 09 可以看出右侧地面偏红,再次执行"图层>新建调整图层>色相/饱和度"命令,得到调整图层。接着在"属性"面板中设置"饱和度"为-27,如图12-43所示。此时画面效果如图12-44所示。将"色相/饱和度"的图层蒙版填充为黑色,使用白色柔边圆画笔涂抹地面,效果如图12-45所示。

图 12-43   图 12-44

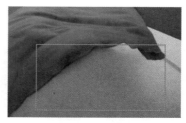

图 12-45

步骤 10 使用盖印快捷键Ctrl+Alt+Shift+E,盖印当前画面效果为一个独立图层。选中该图层,执行"滤镜>Camera Raw"命令,在右侧"基本"参数列表中设置"黑色"为18,将画面中暗部区域变亮一些;单击顶部的"细节"按钮,设置"数量"为100,"半径"为0.5,"明亮度"为20,"明亮度细节"为

40，使画面锐度提升；单击顶部的"效果"按钮，设置"数量"为−70，"中点"为50，"羽化"为50，此时画面四周出现暗角效果，画面主体人物显得更加突出（注意：此处的数值设置与图像尺寸有关，所以处理不同尺寸的图像时，需要注意根据实际情况设置相应数值）。单击右下角的"确定"按钮，完成操作。各参数设置情况如图12-46所示。此时画面效果如图12-47所示。

图 12-46

图 12-47

12.2 写真照片精修

文件路径	资源包\第12章\写真照片精修
难易指数	★★★★★
技术要点	污点修复画笔、仿制图章、液化、曲线、外挂磨皮滤镜

案例效果

案例处理前后的效果对比如图12-48和图12-49所示。

图 12-48

图 12-49

操作步骤

12.2.1 面部瑕疵的去除

扫一扫，看视频

步骤 01 执行"文件>打开"命令，打开一张人像照片"1.jpg"，如图12-50所示。本案例将在保留人物照片真实度的前提下对画面进行美化。首先对画面进行提亮，执行"图层>新建调整图层>曲线"命令，调整曲线形态，如图12-51所示。画面变亮，效果如图12-52所示。

图 12-50　　　　　　图 12-51

图 12-52

步骤 02 将画面调整为正常的曝光度后，我们可以观察图像。画面中的人物存在很多瑕疵，例如杂乱的发丝，下眼袋处的褶皱，嘴角与面颊处的阴影，脖颈处的褶皱，以及背景中的杂物等，如图12-53所示。这些内容我们可以通过使用"污点修复画笔""仿制图章"等工具进行去除。使用盖印快捷键Ctrl+Alt+Shift+E，盖印当前画面效果。单击工具箱中的"污点修复画笔"工具，在选项栏中设置合适的画笔"大小"（画笔大小能够覆盖需要去除的瑕疵即可），然后将光标移动到右眼下放的瑕疵处，我们可以沿这两条阴影进行涂抹，如图12-54所示。

图 12-53

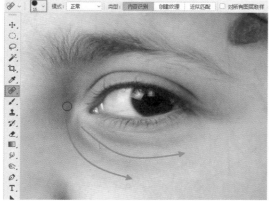

图 12-54

步骤 05 同样使用"污点修复画笔"去除左侧眼睛下方的细纹,调整合适的画笔"大小",在细纹处按住鼠标左键并拖动,如图 12-59 所示。细纹去除,效果如图 12-60 所示。

图 12-59

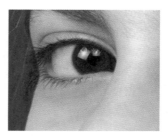

图 12-60

步骤 03 按住鼠标左键并拖动,如图 12-55 所示。松开光标后这部分偏暗的区域被自动修复,如图 12-56 所示。

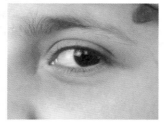

图 12-55　　　　　　　　图 12-56

步骤 06 将照片放大,可以看到鼻子左侧的面颊处有一根发丝和一条纵线,如图 12-61 所示。这类比较细小的瑕疵都可以使用"污点修复画笔"进行去除。设置合适的画笔"大小",将光标放在发丝上,如图 12-62 所示。

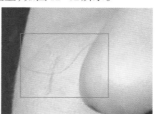

图 12-61

步骤 04 在眼睛下方另外一个阴影处,按住鼠标左键并拖动,进行修复,如图 12-57 和图 12-58 所示。

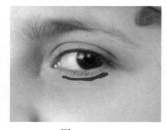

图 12-57　　　　　　　　图 12-58

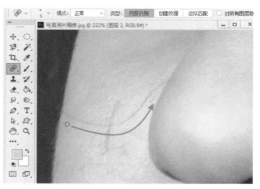

图 12-62

步骤 07 按住鼠标左键并拖动，如图 12-63 所示。松开光标后，发丝即可自动消失，如图 12-64 所示。

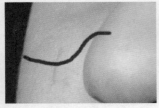 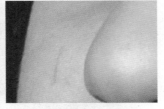

图 12-63　　　　　　　　图 12-64

步骤 08 使用同样的方法，适当增大画笔大小，在纵向的线条上按住鼠标左键并拖动，如图 12-65 所示。效果如图 12-66 所示。

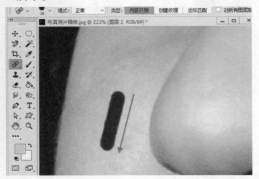

图 12-65

图 12-66

步骤 09 使用同样的方法可以去除面部其他位置的细小瑕疵，同时可以放大画面仔细观察，在处理不同大小的瑕疵时要更改不同的画笔尺寸，如图 12-67 所示。去除效果如图 12-68 所示。

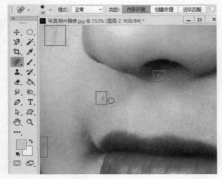

图 12-67

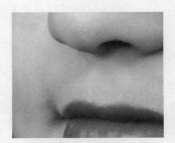

图 12-68

步骤 10 继续向下移动画面，可以看到脖颈处有两条明显的褶皱，如图 12-69 所示。仍然使用"污点修复画笔"进行去除，如图 12-70 所示。去除效果如图 12-71 所示。

图 12-69　　　　　　　　图 12-70

图 12-71

步骤 11 内眼角左侧有一部分较暗的部分，可以使用"仿制图章"工具进行修复。单击工具箱中的"仿制图章"工具，在选项栏中设置合适的画笔"大小"，降低"不透明度"。然后在阴影左侧正常的皮肤处，按住 Alt 键的同时单击鼠标左键取样，然后将光标移动到需要修复的区域，按住鼠标左键并拖动，如图 12-72 所示，即可以正常的皮肤填补这部分阴影。效果如图 12-73 所示。

 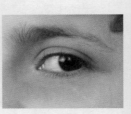

图 12-72　　　　　　　　图 12-73

步骤 12 继续使用"仿制图章"工具,在嘴角上方,按住Alt键的同时单击鼠标左键取样。在选项栏中设置合适的画笔"大小",降低画笔"不透明度",然后在嘴角偏暗的部分进行涂抹,如图12-74所示。涂抹之后嘴角的暗部消失了,如图12-75所示。

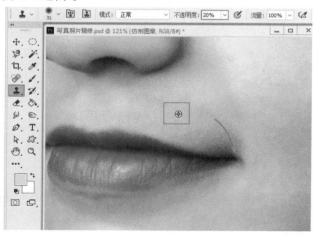

图 12-74

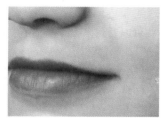

图 12-75

步骤 13 使用同样的方法处理其他位置的暗部,如图12-76所示。

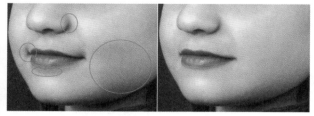

图 12-76

12.2.2 面部结构调整

步骤 01 对人物面部结构进行调整。原本的嘴唇边缘参差不齐。首先针对嘴唇的形态进行调整,执行"滤镜>液化"命令。在这里可以使用"向前变形工具",设置较小的画笔,在嘴唇边缘每个小凹陷的部分,按住鼠标左键并向外拖动,如图12-77所示。调整完成后得到平滑的嘴唇外轮廓,如图12-78所示。

扫一扫,看视频

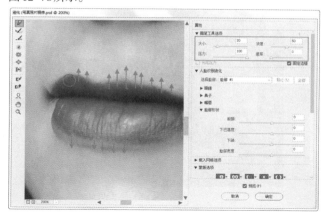

图 12-77

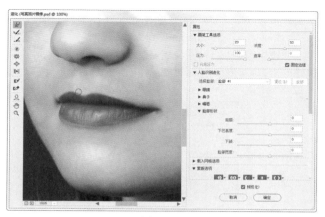

图 12-78

步骤 02 设置成较大的画笔,继续使用"向前变形工具"调整头发以及面部的轮廓,如图12-79所示。调整完成后单击"确定"按钮,如图12-80所示。

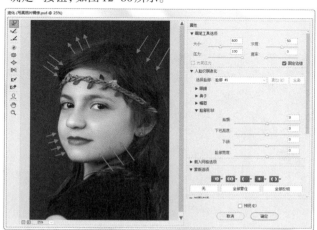

图 12-79

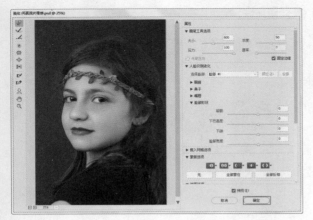

图 12-80

步骤 03 对人物进行"磨皮"操作。这里使用了一款外挂滤镜Portraiture，这是一款简单有效的外挂磨皮滤镜，执行"滤镜>Imagenomic>Portraiture"命令，如图 12-81 所示。接着弹出滤镜窗口，我们只需使用左侧的"吸管工具"在人物皮肤处单击，即可自动进行磨皮，完成后单击"确定"按钮，如图 12-82 所示。

图 12-81

图 12-82

步骤 04 这款磨皮滤镜能够最大程度上保留肌肤的细节，并去除瑕疵，效果如图 12-83 所示。感兴趣的朋友可以在网络上搜索了解一下相关内容。

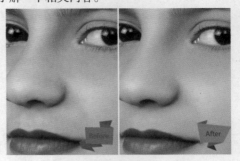

图 12-83

12.2.3 五官美化

步骤 01 对眼睛进行处理。单击工具箱中的"套索工具"，设置"绘制模式"为"添加到选区"，然后设置一定的"羽化"半径，接着在黑眼球处绘制选区，如图 12-84 所示。在当前选区执行"图层>新建调整图层>曲线"命令，调整曲线形态，如图 12-85 所示。可以看到黑眼球变亮了很多，人物显得更有神采，如图 12-86 所示。

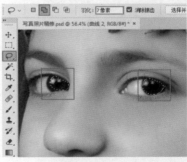
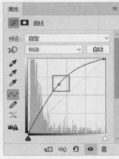

图 12-84　　　　　　　　图 12-85

图 12-86

步骤 02 为眼球添加一些"光泽"。再次创建曲线调整图层，提亮曲线，如图 12-87 所示。由于该图层只在眼球底部的一个很小的区域起作用。所以需要在该调整图层的蒙版中填充黑色，然后使用较小的白色画笔涂抹黑眼球底部的部分区域，如图 12-88 所示。蒙版效果如图 12-89 所示。

图 12-87

图 12-88

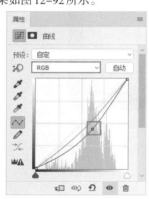
图 12-89

步骤 03 接下来处理"眉毛"部分,由于眉毛尾部颜色较淡,显得眉毛很稀少,所以对眉毛部分进行"压暗"处理。创建"曲线调整"图层,调整 RGB 曲线,如图 12-90 所示。接着设置通道为"红",压暗红通道曲线,如图 12-91 所示。此时画面效果如图 12-92 所示。

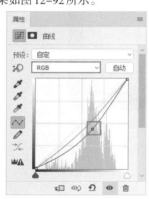

图 12-90 图 12-91

图 12-92

步骤 04 接着选中该调整图层的蒙版,使用黑色进行填充,然后使用较小的白色画笔在蒙版中眉尾以及上下眼睑处涂

抹,蒙版效果如图 12-93 所示。使眉毛和眼睛显得更加"清晰",如图 12-94 所示。

图 12-93

图 12-94

12.2.4 增强面部明暗

步骤 01 创建一个"曲线调整图层",调整曲线形态,如图 12-95 所示,此时画面变亮。但是此调整图层只需要针对头发、眼窝、颧骨以及脖颈处的暗部进行调整,如图 12-96 所示。

扫一扫,看视频

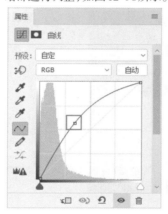
图 12-95

图 12-96

步骤 02 调整图层蒙版中填充黑色,使用白色画笔涂抹需要提亮的区域,蒙版效果如图 12-97 所示。此时画面效果如图 12-98 所示。

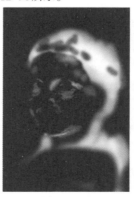
图 12-97

图 12-98

步骤 03 通过前面的操作，人物面部肌肤已经非常白皙光滑。但是也由于白皙得过于"平均"，使面部结构不够明确，下面我们为面部增添一些"亮部区域"。首先使用"套索工具"，在选项栏中设置一定的"羽化"数值，设置"绘制模式"为"添加到选区"，然后在面部绘制需要提亮的选区，包括颧骨、鼻梁、眉骨、额头、下颌，如图 12-99 所示。接着以当前选区创建"曲线调整图层"，提亮曲线，如图 12-100 所示。此时人物面部局部"亮"了起来，如图 12-101 所示。

图 12-99

图 12-100

图 12-101

步骤 04 制作面部的高光区域，继续使用"套索工具"绘制高光部分的选区，如图 12-102 所示。再次创建"曲线调整图层"，提亮曲线，如图 12-103 所示。此时眉骨、鼻梁、颧骨以及上唇出现了高光，如图 12-104 所示。

图 12-102

图 12-103

图 12-104

步骤 05 为面部添加一些阴影。创建"曲线调整图层"，压暗曲线，如图 12-105 所示。此时人物面部局部变暗。这部分压暗只需要针对面部边缘、鼻翼以及上眼睑处，如图 12-106 所示。

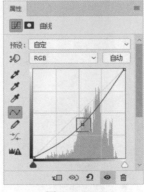
图 12-105

图 12-106

步骤 06 将该调整图层的蒙版填充黑色，使用白色画笔涂抹需要压暗的部分，蒙版效果如图 12-107 所示。此时画面效果如图 12-108 所示。

图 12-107　　　　　　　　　图 12-108

12.2.5　背景调色

步骤 01 下面对画面进行调色，使用"套索工具"绘制带有羽化数值的背景部分的选区，如图 12-109 所示。以当前选区创建"曲线"调整图层，压暗 RGB 曲线，如图 12-110 所示。接着设置通道为"红"，提亮红通道，如图 12-111 所示。

扫一扫，看视频

图 12-109

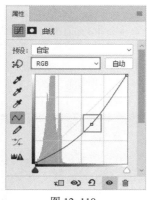

图 12-110

图 12-111

步骤 02　接着设置通道为"蓝"，提亮蓝通道，如图 12-112 所示。此时背景变为紫色，而且头发边缘还出现了一些轮廓光，如图 12-113 所示。

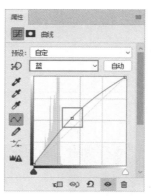

图 12-112　　　　　　　　　图 12-113

步骤 03　接下来制作暗角效果。单击工具箱中的"椭圆选框工具"，在选项栏中设置较大的"羽化"数值，然后在画面中绘制一个大的椭圆形选区。接着单击鼠标右键执行"选择反向"命令，如图 12-114 所示。得到四角处的选区，如图 12-115 所示。

图 12-114　　　　　　　　　图 12-115

步骤 04　接着以当前选区创建"曲线调整图层"，压暗曲线，如图 12-116 所示。使画面四角变暗，效果如图 12-117 所示。

图 12-116　　　　　　　　　图 12-117

12.3 冰雪主题彩妆

文件路径	资源包\第18章\冰雪主题彩妆
难易指数	★★★★★
技术要点	调整图层、混合模式、污点修复画笔、液化滤镜

案例效果

案例处理前后的效果对比如图12-118和图12-119所示。

图 12-118

图 12-119

操作步骤

12.3.1 对人物整体进行调整

步骤 01 执行"文件>打开"命令，打开素材"1.jpg"，如图12-120所示。为了避免破坏原图层，使用快捷键Ctrl+J，复制背景图层。

扫一扫，看视频

图 12-120

步骤 02 接下来单击工具箱中的"污点修复画笔"按钮，在选项栏中设置画笔"大小"为20，接着将光标移动到画面中的人物颈纹上方，按住鼠标左键沿颈纹方向进行涂抹，如图12-121所示。松开鼠标后，画笔涂抹过的颈纹消失，自动识别为周围的皮肤，如图12-122所示。

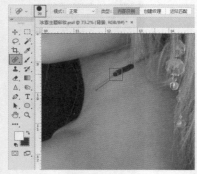
图 12-121

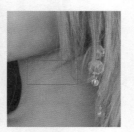
图 12-122

步骤 03 可以看出人物的下颚及颈部棱角过于明显，接下来执行"液化"操作。执行"滤镜>液化"命令，单击"向前变形工具"按钮，设置画笔"大小"为100，然后将光标移动到人物左侧下颚处，按住鼠标左键由左向右拖动，可以看出此时下颚变得更加圆滑，如图12-123所示。接下来液化人物颈部，在颈部边缘处继续按住鼠标左键向身体内侧拖动，操作完成后，单击"确定"按钮，如图12-124所示。

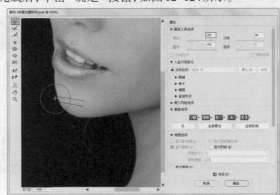
图 12-123

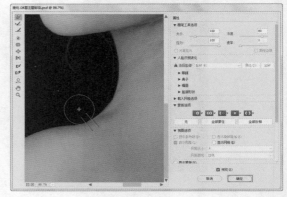
图 12-124

步骤 04 接下来将画面整体进行亮度。执行"图层>新建调整图层>曲线"命令，在弹出的"新建图层"窗口中单击"确定"按钮。在"属性"面板中的曲线上方单击添加两个控制点，并向左上角拖动调整曲线形状，如图12-125所示。画面效果如图12-126所示。

图 12-125

图 12-126

中文版Photoshop CC数码照片处理从入门到精通（微课视频 全彩版）

步骤 05 单击工具箱中的"快速选择工具"按钮，在选项栏中单击"添加到选区"按钮 ⟲ ，拖动创建背景部分选区，如图12-127所示。执行"图层>新建调整图层>曲线"命令，调整曲线形态，此时背景部分变亮，画面效果如图12-128所示。

图 12-127　　　　　图 12-128

步骤 06 对人物后背部分进行局部调色。执行"图层>新建调整图层>曲线"命令，调整曲线形态，如图12-129所示。在该调整图层蒙版中填充黑色，并使用白色柔边圆画笔涂抹后背区域，此时画面效果如图12-130所示。

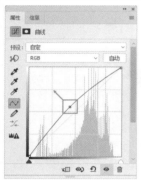

图 12-129　　　　　图 12-130

步骤 07 为人物添加蓝色的发色及蓝色眼影。再次执行"图层>新建调整图层>曲线"命令，分别调整RGB以及红、绿、蓝各通道的形态，具体如图12-131～图12-134所示。此时画面偏蓝。

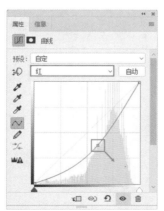

图 12-131　　　　　图 12-132

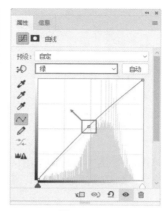
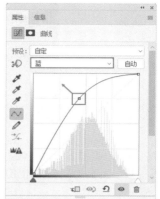

图 12-133　　　　　图 12-134

步骤 08 选择曲线调整图层的蒙版，在该调整图层蒙版中填充黑色，并使用白色柔边圆画笔涂抹头发以及发饰、眼睛的区域，如图12-135所示。此时其他区域还原为正常颜色，效果如图12-136所示。

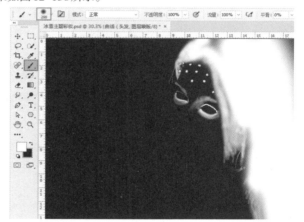

图 12-135

图 12-136

步骤 09 为人物唇部添加颜色，绘制嘴唇部分选区，如图12-137所示。

图 12-137

步骤 10 保留当前选区状态下，执行"图层>新建调整图层>曲线"命令，分别调整 RGB 以及红、绿、蓝各通道的形态，具体如图 12-138 ~ 图 12-141 所示。

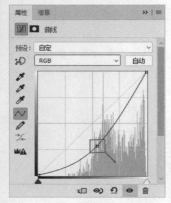

图 12-138

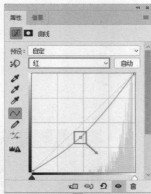

图 12-139

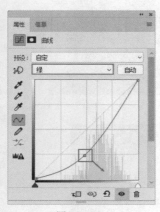

图 12-140

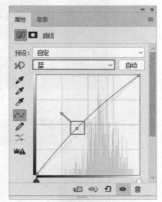

图 12-141

步骤 11 此时嘴唇效果如图 12-142 所示。

图 12-142

步骤 12 接下来针对眉毛部分进行调整。执行"图层>新建调整图层>曲线"命令，在"属性"面板中将曲线顶部控制点向下拖动，如图 12-143 所示。接着将通道设置为"绿"，继续按同样的方式将绿色曲线顶部的控制点向下拖动，如图 12-144 所示。在该调整图层蒙版中填充黑色，并使用白色柔边圆画笔涂抹眉毛部分，此时画面效果如图 12-145 所示。

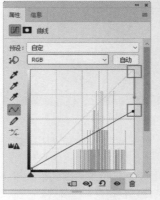

图 12-143

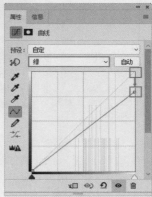

图 12-144

图 12-145

12.3.2 制作人物眼妆部分

步骤 01 使用曲线制作人物紫色的眼球。执行"图层>新建调整图层>曲线"命令，分辨调整 RGB 以及蓝通道的形态，具体如图 12-146、图 12-147 所示，这时画面产生了一个变亮、且倾向于蓝色的效果。

扫一扫，看视频

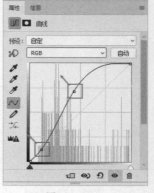

图 12-146

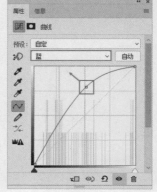

图 12-147

步骤 02 在该调整图层蒙版中填充黑色，并使用白色柔边圆画笔涂抹眼球上需要变色的区域，蒙版效果如图 12-148 所示。画面效果如图 12-149 所示。

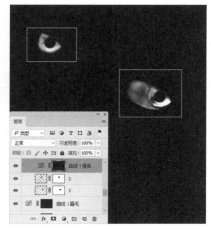

图 12-148

图 12-149

步骤 03 压暗瞳孔，使眼球对比更强烈。执行"图层>新建调整图层>曲线"命令，在"属性"面板中的曲线上单击添加一个控制点并向右下角拖动压暗画面亮度，如图 12-150 所示。在该调整图层蒙版中填充黑色，并使用白色柔边圆画笔涂抹瞳孔中心，此时画面效果如图 12-151 所示。

图 12-150 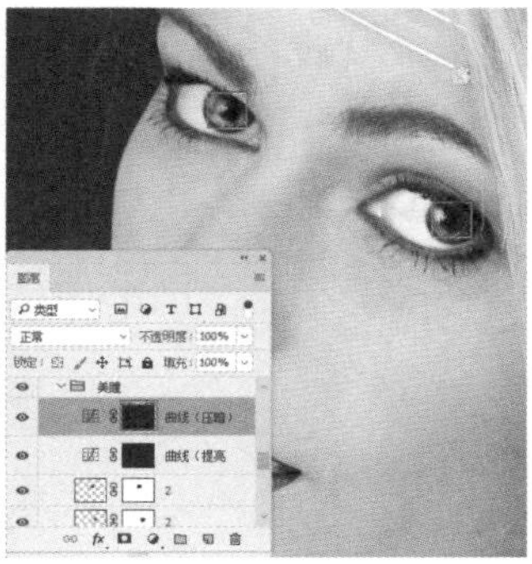　　　　　图 12-151

步骤 04 制作粉色眼影效果。执行"图层>新建调整图层>曲线"命令，分辨调整 RGB 以及红、绿、蓝各通道的形态，具体如图 12-152 ~ 图 12-155 所示。此时画面偏粉色。

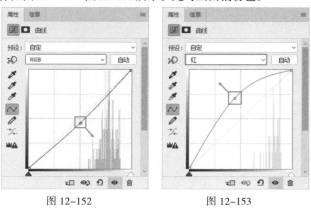

图 12-152　　　　　图 12-153

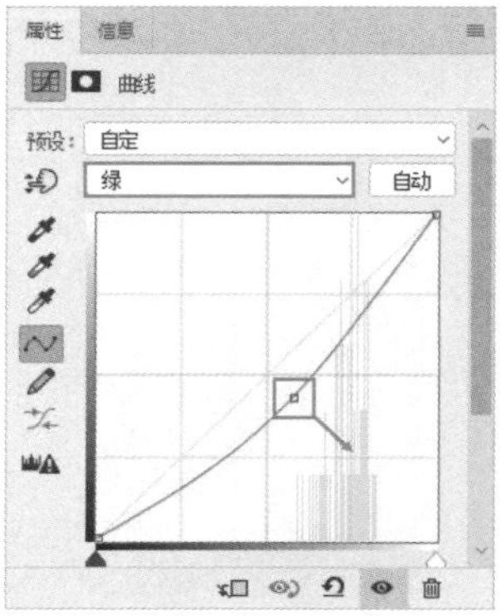

图 12-154 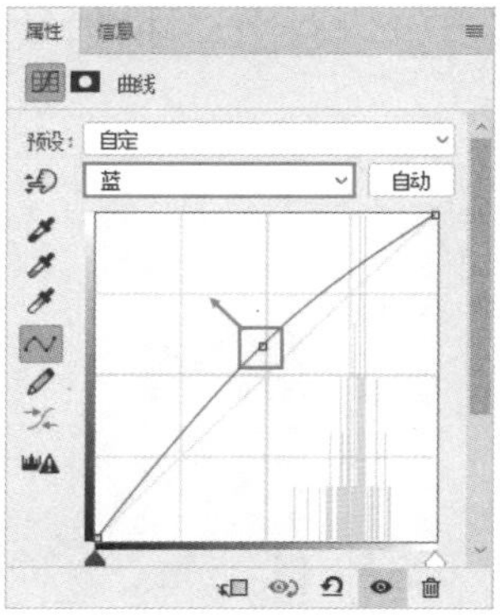　　　　　图 12-155

步骤 05 在该调整图层蒙版中填充黑色，并使用半透明的白色柔边圆画笔涂抹上眼睑的部位，涂抹时要注意靠下的区域可以涂抹得多一些，靠近眉毛的部分需要淡一些，如图 12-156 所示。

图 12-156

步骤 06 提亮眉弓骨的受光区域亮度。执行"图层>新建调整图层>曲线"命令，提亮曲线，如图12-157所示。在该调整图层蒙版中填充黑色，并使用半透明白色柔边圆画笔涂抹眉弓骨的上部分。效果如图12-158所示。

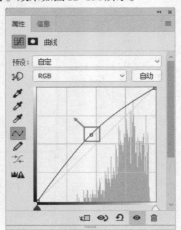

图 12-157

图 12-158

步骤 07 制作眼部高光。执行"文件>置入嵌入对象"命令，置入眼影盘素材"3.jpg"，放大并旋转到合适角度，如图12-159所示。完成置入后并栅格化。

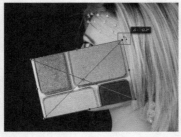

图 12-159

步骤 08 继续选择该图层，在"图层"面板中设置图层的"混合模式"为"叠加"，如图12-160所示。使眼影盘上的珠光效果保留在画面中，此时画面效果如图12-161所示。

图 12-160　　　　　　　　图 12-161

步骤 09 接着单击"图层"面板底部的"添加图层蒙版"按钮，并将图层蒙版填充为黑色，如图12-162所示。然后使用半透明的白色柔边圆画笔涂抹上眼睑的区域，如图12-163所示。

图 12-162

图 12-163

步骤 10 使用同样的方式制作左侧眼皮上方的高光,如图12-164所示。

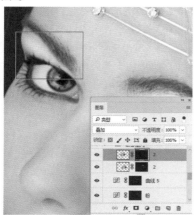

图 12-164

步骤 11 接下来为眼部添加睫毛。执行"编辑>预设>预设管理器"命令,在弹出的"预设管理器"窗口中设置"预设类型"为"画笔",单击"载入"按钮,如图12-165所示。在弹出的"载入"窗口中选择"4.abr",单击"载入"按钮,如图12-166所示。接着在"预设管理器"中单击"完成"按钮。

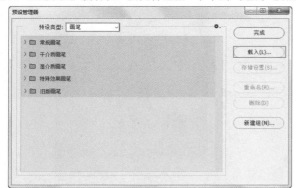

图 12-165

图 12-166

步骤 12 在"图层"面板中单击面板底部的"创建新图层"按钮,新建一个空白图层。此时选择工具箱中的"画笔工具",在选项栏中打开"画笔预设"选取器,新载入的画笔组"3"出现在画笔面板列表的末端,接着打开睫毛画笔组,选择合适的睫毛笔刷,设置"大小"为150,如图12-167所示。接着在下睫毛处单击鼠标左键,此时可以看出睫毛画笔与人物的睫毛所在位置并不吻合,接着使用"自由变换"快捷键Ctrl+T。此时对象进入自由变换状态,将光标定位到定界框以外,当光标变为带有弧度的双箭头时,按住鼠标左键并拖动,进行旋转,如图12-168所示。调整完成后按Enter键确定变换操作。

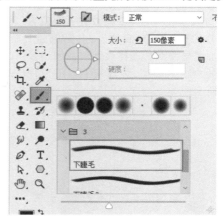

图 12-167

图 12-168

步骤 13 使用同样的方法选择合适的睫毛画笔笔刷,制作其他睫毛,多余的部分可以使用橡皮擦擦除,或者使用图层蒙版隐藏。效果如图12-169所示。

图 12-169

图 12-173、图 12-174 所示。

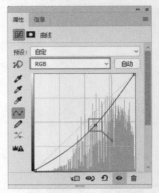 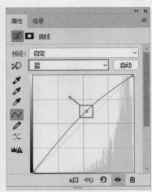

图 12-173　　　　　图 12-174

步骤 14 接下来为眼部添加羽毛。执行"文件>置入嵌入对象"命令，置入素材"4.png"，摆放在右眼位置，如图 12-170 所示。接着按 Enter 键完成置入，并对其进行栅格化。为该图层添加图层蒙版。选择该图层的图层蒙版，然后单击工具箱中的"画笔工具"，擦除羽毛右下角较小的羽毛，如图 12-171 所示。

步骤 02 在该调整图层蒙版中填充黑色，并使用白色柔边圆画笔涂抹鼻翼、眼窝、两腮、人中凹陷部分、头饰以及部分过亮的头发部分，此时蒙版如图 12-175 所示。效果如图 12-176 所示。

图 12-170　　　　　　　图 12-171

步骤 15 复制该图层。使用自由变换快捷键 Ctrl+T，调整羽毛的位置。同样的方式继续复制该图层，制作左侧眼睛上方的羽毛，如图 12-172 所示。

图 12-175

图 12-172

12.3.3　调整整体颜色并制作画面环境

步骤 01 在画面中制作阴影部分，增强人物立体感。执行"图层>新建调整图层>曲线"命令，分别调整 RGB 以及"蓝"通道的形态，如

扫一扫，看视频

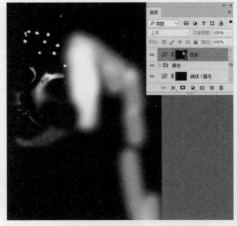

图 12-176

中文版Photoshop CC数码照片处理从入门到精通（微课视频 全彩版）

步骤 03 接着制作面部高光部分。继续执行"图层>新建调整图层>曲线"命令，调整曲线形态，如图12-177所示。在该调整图层蒙版中填充黑色，并使用白色柔边圆画笔涂抹额头、鼻梁、颧骨以及人中凸出部分。在该调整图层蒙版中填充黑色，并使用白色柔边圆画笔涂抹人物额头、鼻骨、颧骨、人中等位置涂抹，使这部分变亮，人物面部更具立体感，如图12-178所示。

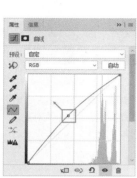

图12-177　　　　　　　　图12-178

步骤 04 将画面进行整体提亮并适当增强画面对比度。执行"图层>新建调整图层>曲线"命令，在"属性"面板中的曲线上方单击添加两个控制点将曲线制作成S形，如图12-179所示。选择该调整图层的图层蒙版，使用黑色柔边圆画笔在鼻翼处涂抹，隐藏调色效果，如图12-180所示。

图12-179　　　　　　　　图12-180

步骤 05 执行"文件>置入嵌入对象"命令，置入素材"5.png"，摆放在人物肩膀处，接着将素材适当缩小并按Enter键完成置入，如图12-181所示，然后将其进行栅格化。下面制作背景部分：执行"文件>置入嵌入对象"命令，置入素材"6.jpg"，摆放在人物左侧，调整合适的大小后，按Enter键完成置入，并将其进行栅格化，如图12-182所示。

图12-181　　　　　　　　图12-182

步骤 06 选择素材"6.jpg"图层，在"图层"面板中将"混合模式"设置为"变亮"，如图12-183所示。此时画面效果如图12-184所示。

图12-183　　　　　　　　图12-184

步骤 07 在头发上方制作飘雪效果。执行"文件>置入嵌入对象"命令，置入素材"7.jpg"，接着按Enter键完成置入，然后将其进行栅格化。在"图层"面板中选择该图层，接着设置该图层的"混合模式"为"变亮"，如图12-185所示。此时画面效果如图12-186所示。

图12-185　　　　　　　　图12-186

步骤 08 单击"图层"面板底部的"添加图层面板" ◻ 按钮，为该图层添加图层蒙版，并将蒙版填充为黑色，如图12-187所示。将"前景色"设置为白色，选择该图层的图层蒙版，然后单击"画笔工具"，在选项栏中设置画笔"大小"为200，"不透明度"为100%，然后在头发上方进行涂抹，如图12-188所示。

图 12-187

图 12-188

步骤 09 制作暗角效果。执行"图层>新建调整图层>曲线"命令,在"属性"面板中的曲线上单击添加一个控制点,并向右下角拖动压暗画面亮度,如图 12-189 所示。将"前景色"设置为黑色,选择调整图层的图层蒙版,单击"画笔工具",在选项栏中设置为画笔"大小"为2500,然后在画面中心位置单击鼠标左键,此时效果如图 12-190 所示。

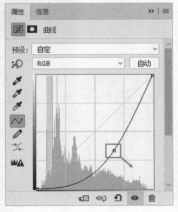

图 12-189

图 12-190

步骤 10 调整画面对比度。执行"图层>新建调整图层>亮度/对比度"命令,在"属性"面板中设置"亮度"为-9,"对比度"为34,如图 12-191 所示。画面最终效果如图 12-192 所示。

图 12-191

图 12-192

12.4 还原年轻面庞

文件路径	资源包\第12章\还原年轻面庞
难易指数	★★★★★
技术要点	修补工具、仿制图章、液化滤镜、调整图层、混合模式

案例效果

案例处理前后的效果对比如图 12-193 和图 12-194 所示。

图 12-193

图 12-194

中文版Photoshop CC数码照片处理从入门到精通(微课视频 全彩版)

操作步骤

12.4.1 去除皱纹

步骤 01 执行"文件>打开"命令，打开人物图像，如图12-195所示。本案例中要将人像"恢复"到年轻时的样子，主要需要去除面部褶皱，提升下坠的皮肤和肌肉，更改肌肤的颜色，柔化皮肤质感，更改瞳孔和眼白的颜色，将白发变为金发等一系列操作。

图 12-195

步骤 02 新建图层组，复制人像图层并将其置于该图层组中。为了使对比效果更加明显，我们只对人物的右半边脸进行操作。使用工具箱中"多边形套索工具"，在画面右半部分绘制不规则的选区，如图12-196所示。以当前选区为"组1"添加图层蒙版，如图12-197所示。

图 12-196　　　　　图 12-197

提示：制作对比效果

为了产生对比效果，后面的操作都需要在图层组1中进行，创建的新图层以及调整图层也需要放置在图层组1中。

步骤 03 执行"图层>新建调整图层>曲线"命令，在组1中，人像图层上方创建曲线调整图层，调整曲线的形状，如

图12-198所示。提亮人物的肤色，如图12-199所示。

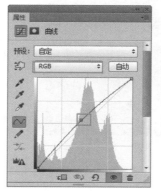

图 12-198　　　　　图 12-199

步骤 04 选择该调整图层蒙版，使用黑色画笔涂抹头发和背景部分，如图12-200所示。此时只有皮肤部分被提亮了，如图12-201所示。

图 12-200　　　　　图 12-201

步骤 05 按下快捷键Ctrl+Shift+Alt+E盖印图层，下面开始"去皱"。首先去除眼睛下方的皱纹。单击工具箱中的"污点修复画笔"，调整画笔"大小"，将光标移动到眼睛下方的皱纹处，如图12-202所示。按住鼠标左键并拖动，得到效果如图12-203所示。

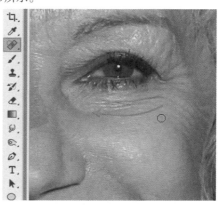

图 12-202

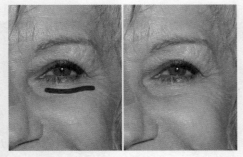

图 12-203

步骤 06 继续使用"污点修复画笔"涂抹下眼睑处的褶皱，如图 12-204 所示。按住鼠标左键并拖动，如图 12-205 所示。松开光标这个部分被自动修复，如图 12-206 所示。

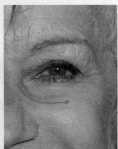

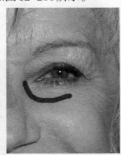

图 12-204   图 12-205

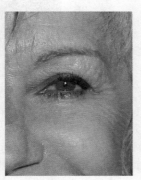

图 12-206

步骤 07 眼睛周围还有一些细纹，设置稍小的画笔，继续对这些细纹进行去除，分别如图 12-207 ~ 图 12-210 所示。

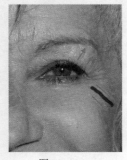
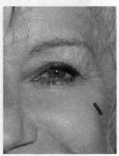

图 12-207   图 12-208

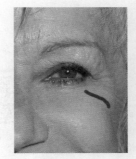
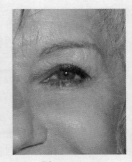

图 12-209   图 12-210

步骤 08 上眼睑处还有一些不太明显的细纹，仍然使用"污点修复画笔"进行去除，如图 12-211 和图 12-212 所示。

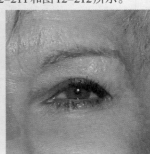

图 12-211   图 12-212

步骤 09 仔细观察额头处，可以看到比较明显的肌肤纹理，使用"污点修复画笔"进行去除，如图 12-213 所示。

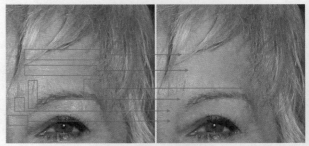

图 12-213

步骤 10 观察一下嘴角处，法令纹和皱纹比较明显，下面需要对这部分的皱纹进行去除，如图 12-214 所示。

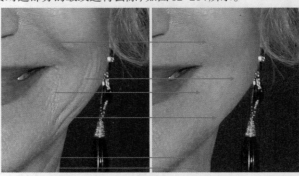

图 12-214

步骤 11 单击工具箱中的"修补工具",绘制法令纹部分的选区,如图12-215所示。然后将光标定位到选区内,接着按住鼠标左键向右上处拖动,如图12-216所示。松开光标后这部分区域的法令纹和暗部都消失了,如图12-217所示。

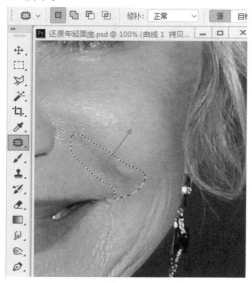

图 12-215

图 12-216

图 12-217

步骤 12 继续在脸颊附近的皱纹处使用"修补工具"绘制区域,如图12-218所示。然后将光标定位到选区内,按住鼠标左键向正常的皮肤处拖动,如图12-219所示。松开光标,这个部分的皱纹被去除,如图12-220所示。

图 12-218

图 12-219

图 12-220

步骤 13 右侧边缘处还有一部分皱纹,仍然使用"修补工具"绘制区域,如图12-221所示。将光标移动到没有皱纹的部分,如图12-222所示。松开光标即可去除皱纹,如图12-223所示。

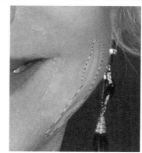

图 12-221

图 12-222

图 12-223

步骤 14 皮肤瑕疵修饰完毕,效果如图12-224所示。去除了皱纹和多余的暗部,人像显得年轻了很多,肌肉松弛的感觉也有所缓解。

图 12-224

12.4.2 肤色调整

扫一扫，看视频

步骤 01 对人像进行肤色调整，这里使用到外挂滤镜Portraiture，执行"滤镜>Imagenomic>Portraiture"命令，如图12-225所示。在外挂滤镜中使用吸管工具，在面部单击，滤镜会自动检测面部皮肤部分，并进行磨皮，单击"确定"按钮完成操作，如图12-226所示。

图 12-225

图 12-227

图 12-228

步骤 02 我们可以注意到画面中人物的脸部肌肉有点"下垂"，显得比较老态。接下来执行"滤镜>液化"命令，使用"向前变形工具"，设置画笔"大小"为240，在画面中调整右侧面部的形状。增大右侧眼睛，提升右侧面颊的高度，如图12-227所示。单击"确定"按钮结束操作，此时画面效果如图12-228所示。

图 12-226

步骤 03 将人物稀疏的额发补齐。单击工具箱中的"修补工具"按钮，在选项栏中单击"目标"，然后在人物头发较密的地方绘制选区，然后移动到缺失的额发处，如图12-229所示。松开光标后该区域会被自动填充为头发效果，如图12-230所示。

图 12-229　　　　　　图 12-230

步骤 04 为了使人物的肤色更加自然红润，执行"调整>新建调整图层>色相/饱和度"命令，选择"黄色"通道，设置"色相"数值为-22，如图12-231所示。使皮肤更倾向于粉色，此时画面效果如图12-232所示。

中文版Photoshop CC数码照片处理从入门到精通（微课视频 全彩版）

图 12-231　　　　　　　图 12-232

步骤 05 继续执行"图层>新建调整图层>曲线"的命令，在曲线上建立两个控制点，向上拖动曲线，如图 12-233 所示。此时人物的肤色变得明亮了，但画面整体颜色也变得明亮了，设置"前景色"为黑色，单击工具箱中"画笔"工具，在选项栏中选择圆形柔角的画笔，设置合适的"大小"。在人物肤色以外的地方轻轻涂抹，使其他区域恢复原貌。画面效果如图 12-234 所示。

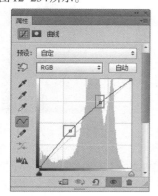

图 12-233　　　　　　　图 12-234

步骤 06 执行"图层>新建调整图层>自然饱和度"命令，设置"自然饱和度"为40，此时人物肤色变得红润，如图 12-235 所示。画面效果如图 12-236 所示。

图 12-235　　　　　　　图 12-236

步骤 07 制作人物脸部的红晕。执行"图层>新建调整图层>曲线"的命令，选择RGB通道，在曲线中下方的位置建立一个控制点，向下拖动曲线。再次选择"红色"通道，在曲线中间建立一个控制点，向上拖动曲线。如图 12-237 所示。

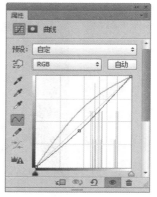

图 12-237

步骤 08 选中该曲线的图层蒙版，设置"前景色"为黑色，使用填充快捷键 Alt+Delete 进行快速填充，此时画面恢复为最初的状态。单击工具箱中的画笔工具，设置"前景色"为白色。在选项栏中选择圆形柔角的画笔，设置合适的笔尖大小，在蒙版中人物的脸颊部分涂抹，制造出红晕感觉。图层蒙版如图 12-238 所示。制作完成后，画面对比效果如图 12-239 和图 12-240 所示。

图 12-238

图 12-239　　　　　　　图 12-240

步骤 09 调整嘴唇的颜色。执行"图层>新建调整图层>曲线"的命令，选择RGB通道，在曲线中间的位置建立一个控制点，向上拖动曲线，如图12-241所示。在该调整图层的蒙版中使用黑色进行填充，然后使用白色画笔涂抹嘴唇部分，此时画面效果如图12-242所示。

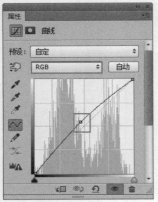

图 12-241　　　　　　　　图 12-242

12.4.3　美化五官

步骤 01 选中该曲线的图层蒙版，设置"前景色"为黑色，使用填充快捷键Alt+Delete进行快速填充，此时画面恢复最初的状态。单击工具箱中的画笔工具，设置"前景色"为白色。在选项栏中选择圆形柔角的画笔，设置合适的笔尖大小，在人物的嘴唇右边涂抹。画面对比效果如图12-243和图12-244所示。

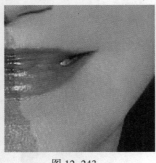

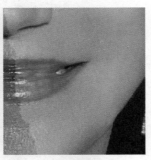

图 12-243　　　　　　　　图 12-244

步骤 02 执行"文件>置入嵌入的智能对象"命令，置入嘴唇素材"2.png"，执行"图层>栅格化>智能对象"命令，使之与人物的嘴唇重合，如图12-245所示。单击图层下方的"新建图层蒙版"按钮，为新的嘴唇图层添加蒙版。选中该图层的蒙版，设置"前景色"为黑色，使用填充快捷键Alt+Delete进行快速填充。单击工具箱中的"画笔工具"，设置"前景色"为白色。在选项栏中选择圆形柔角的画笔，设置合适的笔尖大小，在蒙版中嘴边缘的部分涂抹，使嘴唇素材融合到当前画面中，如图12-246所示。

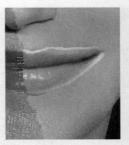

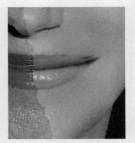

图 12-245　　　　　　　　图 12-246

步骤 03 调整新的嘴唇素材的颜色。执行"图层>新建调整图层>曲线"的命令，选择RGB通道，在曲线中下方的位置建立一个控制点，向下拖动曲线。再次选择"红色"通道，在曲线中间建立一个控制点，向下拖动曲线。单击"此调整剪贴到此图层"按钮，使其只对嘴唇图层的颜色起作用，如图12-247所示。此时画面效果如图12-248所示。

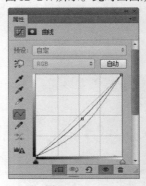

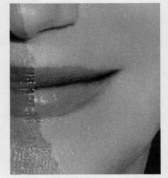

图 12-247　　　　　　　　图 12-248

步骤 04 使眼睛变得明亮。执行"图层>新建调整图层>曲线"的命令，选择RGB通道，在曲线中上方的位置建立一个控制点，向上拖动曲线，如图12-249所示。选中该曲线的图层蒙版。设置"前景色"为黑色，使用填充快捷键Alt+Delete进行快速填充，此时画面恢复为最初的状态。单击工具箱中的画笔工具，设置"前景色"为白色。在选项栏中选择圆形柔角的画笔，设置合适的笔尖大小，在人物的眼白部分和眼周涂抹，使其变得明亮。蒙版如图12-250所示。画面对比效果如图12-251所示。

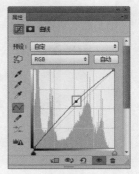

图 12-249

图 12-250　　　　　　　图 12-251

步骤 05 下面为黑眼球增添"神采"。使用"套索工具"，在选项栏中设置一定的"羽化"数值，设置"绘制模式"为"添加到选区"，然后在眼白和眼球反光处绘制选区，如图 12-252 所示。执行"图层>新建调整图层>曲线"的命令，选择 RGB 通道，在曲线中间的位置建立一个控制点，向上拖动曲线。再次选择"红色"通道，在曲线中间建立一个控制点，向下拖动曲线，如图 12-253 所示。此时画面效果如图 12-254 所示。

图 12-252

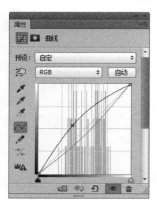

图 12-253　　　　　　　图 12-254

步骤 06 改变人物眼珠的颜色。使用"套索工具"，在选项栏中设置一定的"羽化"数值，设置"绘制模式"为"添加到选区"，然后绘制黑眼球选区，如图 12-255 所示。执行"图层>新建调整图层>曲线"的命令，选择 RGB 通道，在曲线中间和下方的位置建立两个控制点，拖动曲线。再次选择"蓝色"通道，在曲线中间建立一个控制点，向上拖动曲线，如图 12-256 所示。此时画面效果如图 12-257 所示。

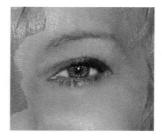

图 12-255

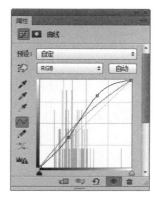

图 12-256

图 12-257

步骤 07 为人物添加睫毛，使眼睛变得更加迷人。执行"编辑>预设>预设管理器"命令，设置预设类型为"画笔"，单击"载入"按钮，在弹出的"载入"对话框中选择睫毛笔刷素材文件"4.abr"，单击"载入"按钮，完成载入操作，如图 12-258 和图 12-259 所示。

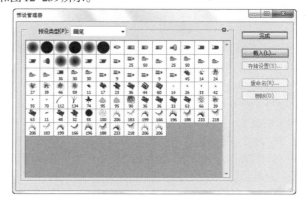

图 12-258

图 12-259

图 12-263　　　　　　图 12-264

步骤 08 新建图层，单击工具箱中的"画笔"工具，在画笔预设面板中选择睫毛笔刷，设置合适的笔尖大小，如图 12-260 所示。将"前景色"设为黑色，在人物的眼部单击鼠标，绘制出睫毛。使用快捷键 Ctrl+T 调制出定界框，旋转睫毛使其与人物的睫毛重合，如图 12-261 所示。按 Enter 键完成操作，效果如图 12-262 所示。

步骤 10 继续对眉毛的颜色进行适当调整。执行"图层>新建调整图层>自然饱和度"命令，设置"自然饱和度"数值为 -54。单击"此调整剪切到此图层"按钮，使其只对眉毛起作用，如图 12-265 所示。此时眉毛变成了与当前任务相匹配的灰色，如图 12-266 所示。

图 12-260

图 12-265　　　　　　图 12-266

步骤 11 改变人物的头发颜色。新建图层，选中该图层。设置"前景色"为淡黄色，使用画笔工具在人物的右半边头发上涂抹，如图 12-267 所示。在"图层"面板中设置黄色图层的"混合模式"为"颜色加深"，如图 12-268 所示。画面效果如图 12-269 所示。

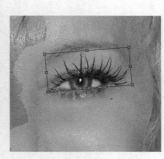

图 12-261　　　　　　图 12-262

步骤 09 修饰眉毛部分。执行"文件>置入嵌入的智能对象"命令，置入素材"3.jpg"，使用自由变换快捷键 Ctrl+T，旋转素材使其与人物的眉毛重合。执行"图层>栅格化>智能对象"命令，将其转化为智能对象，如图 12-263 所示。为眉毛图层添加图层蒙版，单击工具箱中的画笔工具，设置"前景色"为黑色。在选项栏中选择圆形柔角的画笔，设置合适的笔尖大小。在蒙版中使用黑色画笔涂抹眉毛以外的部分，

图 12-267　　　　　　图 12-268

图 12-269

12.4.4　修饰背景与分割线

步骤 01 执行"选择>色彩范围"命令，使用吸管工具单击右侧的背景部分，设置较小的"颜色容差"，如图12-270所示。单击"确定"按钮，画面出现选区，如图12-271所示。单击工具箱中的"吸管"工具，在左侧背景上单击鼠标，将"前景色"设为当前画面中的背景颜色。新建图层，使用填充快捷键Alt+Delete进行填充，使其与背景色一致。

扫一扫，看视频

图 12-270

图 12-271

步骤 02 制作一种画面撕裂的效果。单击工具箱中的"套索工具"，沿着人物分界处绘制不规则的选区，如图12-272所示。新建图层，设置"前景色"为白色，使用填充快捷键Alt+Delete进行快速填充。得到白色的"分割线"，如图12-273所示。

图 12-272

图 12-273

步骤 03 选中刚刚绘制的"分割线"图层，单击鼠标右键，在弹出的快捷菜单中选择"复制图层"命令。复制完成后，按住Ctrl键单击该图层，则出现选区。设置"前景色"为黑色，使用填充快捷键Alt+Delete进行快速填充，得到黑色的图层，如图12-274所示。将黑色图层移到白色"分割线"图层的后方，使其稍微显露，制造一种撕裂的阴影效果。最终效果如图12-275所示。

图 12-274

图 12-275

 **读书笔记**

Chapter
13
第13章

静物照片处理

本章内容简介:

　　"静物照片处理"大家可能比较陌生,但是"产品精修"大家肯定不会陌生。在电商平台中展示的商品照片大多都是精修图,这是因为前期拍摄的照片由于灯光、环境、相机等多方面原因多少都会有一些瑕疵,产品精修能够修复瑕疵并进行润色,达到锦上添花的效果。

优秀作品欣赏

13.1 使用自动混合制作清晰的图像

文件路径	资源包\第13章\使用自动混合制作清晰的图像
难易指数	★★★★★
技术要点	自动混合图层命令

扫一扫，看视频

案例效果

案例处理前后的效果对比如图13-1和图13-2所示。

图13-1　　　　　　　　图13-2

操作步骤

步骤 01 当我们拍摄静物时，经常会由于多个物体距离较远，而无法全部出现在焦点范围内，从而导致拍摄出来的照片效果局部清晰、局部模糊。为了得到整个画面全部清晰的照片，可以分别以不同的焦点拍摄多次，并利用"自动混合"命令制作出清晰图像。执行"文件>打开"命令，在弹出的"打开"窗口中找到素材位置，单击选择素材"1.jpg"，单击"打开"按钮，如图13-3所示。接着素材即可在Photoshop中打开，如图13-4所示。

图13-3

图13-4

步骤 02 按住Alt键双击背景图层，将其转换为普通图层，如图13-5所示。将其重命名为1，如图13-6所示。

图13-5　　　　　　　　图13-6

步骤 03 执行"文件>置入嵌入的智能对象"命令，在打开的"置入嵌入对象"窗口中找到素材位置，单击选择素材"2.jpg"，单击"置入"按钮，如图13-7所示。接着按Enter键，完成置入操作，效果如图13-8所示。

图13-7

图13-8

步骤 04 此时置入的对象为智能对象,不能进行自动混合,需要将图层进行栅格化。选择该图层,单击鼠标右键执行"栅格化图层"命令(如图13-9所示),即可将智能图层转换为普通图层。

图 13-9

步骤 05 按住Ctrl键单击加选图层1、2,执行"编辑>自动混合图层"命令,在弹出的"自动混合图层"窗口中设置"混合方法"为"堆叠图像",然后单击"确定"按钮完成设置,如图13-10所示。最终效果如图13-11所示。

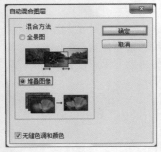

图 13-10   图 13-11

13.2 制作不同颜色的珍珠戒指

文件路径	资源包\第13章\制作不同颜色的珍珠戒指
难易指数	★★★★★
技术要点	椭圆选框工具、曲线、混合模式、色相/饱和度、可选颜色

案例效果

案例处理前后的效果对比如图13-12和图13-13所示。

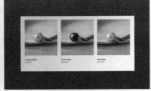

图 13-12   图 13-13

操作步骤

13.2.1 调整不同颜色的珍珠

扫一扫,看视频

步骤 01 本案例通过对原有珍珠进行调整,制作其他颜色的珍珠。首先制作金色的珍珠。执行"文件>打开"命令,在弹出的"打开"窗口中选择素材"1.jpg",单击"打开"按钮,将素材打开,如图13-14所示。

图 13-14

步骤 02 选择工具箱中的"椭圆选框工具",按住Shift键的同时按住鼠标左键在画面中框选珍珠,如图13-15所示。由于框选的范围与珍珠的边缘不太吻合,接着单击鼠标右键执行"变换选区"命令,对选区再次进行调整,使其与珍珠的边缘相吻合,如图13-16所示。调整完成后按Enter键完成操作。

图 13-15

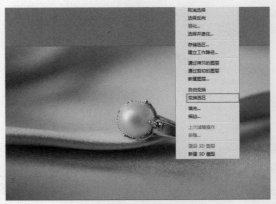

图 13-16

步骤 03 经过操作,珍珠选区边缘存在一些细节需要处理,所以选择该图层,使用"缩放工具"将画面放大一些,接着选择工具箱中的"快速选择工具",在选项栏中单击"从选区减去"按钮,设置较小的画笔,如图13-17所示。按住

中文版Photoshop CC数码照片处理从入门到精通(微课视频 全彩版)

鼠标左键拖动，仔细地将珍珠右边的金属部分减去，效果如图13-18所示。

图13-17

图13-18

步骤 04 执行"图层>新建>图层"命令，新建一个图层"金珠"。在当前选区的基础上，设置"前景色"为褐色，使用快捷键Alt+Delete填充前景颜色，接着设置该图层"混合模式"为"叠加"，如图13-19所示。此时珍珠变为金色，效果如图13-20所示。

图13-19

图13-20

步骤 05 此时珍珠呈现出的颜色较亮，所以在刚刚创建的珍珠选区基础上执行"图层>新建调整图层>曲线"命令，创

建一个"曲线"调整图层。在弹出的窗口中将光标放在曲线左下角位置，按住鼠标左键往右下方拖动，接着调节中间的控制点，往左上方拖动，如图13-21所示。此时珍珠的颜色变暗，效果如图13-22所示。

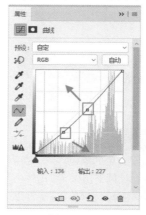

图13-21　　　　　　图13-22

步骤 06 将金色珍珠的图层放置在一个图层组中，并隐藏。接着制作粉色的珍珠。按住Ctrl键单击"金珠"图层缩览图，载入珍珠部分的选区，执行"图层>新建调整图层>色相/饱和度"命令，创建一个"色相/饱和度"调整图层。在弹出的"属性"窗口中设置"色相"为-15，"饱和度"为-25，"明度"为+15，如图13-23所示。粉珠效果如图13-24所示。

图13-23　　　　　　图13-24

步骤 07 将粉色珍珠的图层放置在一个图层组中，并隐藏。接着制作黑色的珍珠。再次按住Ctrl键单击"金珠"图层缩览图，载入珍珠部分的选区。执行"图层>新建调整图层>曲线"命令，创建一个"曲线"调整图层。在弹出的"属性"窗口中将光标放在曲线左下角位置，按住鼠标左键往下方拖动，接着调节中间的控制点，如图13-25所示。此时珍珠的颜色变暗，效果如图13-26所示。

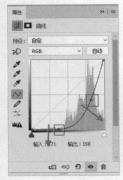

图 13-25

图 13-26

步骤 02 向当前文件中置入之前储存好的JPG格式的珍珠照片，并将该图层放置在图层3的上方，如图13-31所示。将珍珠照片摆放在左侧的黑框处，缩放到合适比例，如图13-32所示。

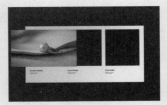

图 13-31

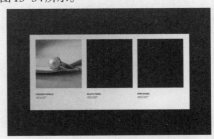

图 13-32

步骤 08 经过调整，珍珠虽然变为了深色，但是颜色倾向于红色，本案例需要制作出的是倾向于青色的黑色珍珠。接着载入珍珠部分的选区，执行"图层>新建调整图层>可选颜色"命令，创建一个"可选颜色"调整图层。设置"颜色"为中性色，调整"青色"为+30%，"洋红"为10%，"黄色"为-15%，"黑色"为0%，如图13-27所示。黑珠效果如图13-28所示。

步骤 03 选择这个珍珠图层，执行"图层>创建剪贴蒙版"命令，效果如图13-33所示。同样的方法处理其他的照片，最终效果如图13-34所示。

图 13-27

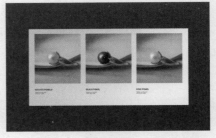

图 13-33

图 13-28

13.2.2　制作多款戒指排版效果

步骤 01 制作3种不同颜色珍珠的展示效果。首先需要将这3种效果分别存储为JPG格式，以备之后调用。接下来执行"文件>打开"命令，打开素材"3.psd"（这个素材为分层素材），如图13-29和图13-30所示。

扫一扫，看视频

图 13-34

13.3 美化灰蒙蒙的商品照片

文件路径	资源包\第13章\美化灰蒙蒙的商品照片
难易指数	★★★★★
技术要点	画笔工具、曲线、可选颜色、曝光度、自然饱和度

案例效果

案例处理前后的效果对比如图13-35和图13-36所示。

图 13-29

图 13-30

图 13-35

图 13-36

操作步骤

13.3.1 处理食物及餐具

步骤 01 执行"文件>打开"命令，在弹出的"打开"窗口中选择素材"1.jpg"，单击"打开"按钮，将素材打开，如图 13-37 所示。画面整体颜色偏暗，摆放的物件没有光泽，给人沉闷的感觉，效果不突出。

扫一扫，看视频

图 13-37

步骤 02 单击工具箱中的"椭圆选框工具"，在圆盘上绘制一个圆形选区，如图 13-38 所示。

图 13-38

步骤 03 在保留当前选区的状态下，执行"图层>新建调整图层>曲线"命令，创建一个"曲线"调整图层。将鼠标放在曲线中段，按住鼠标左键往左上方拖动，然后再调节曲线顶部的控制点，如图 13-39 所示。此时圆盘部分变亮，如图 13-40 所示。

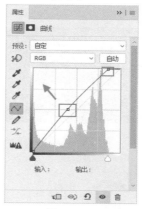

图 13-39　　　　　　图 13-40

步骤 04 经过调整，白色盘子的上半部分出现曝光过度的问题。接下来单击曲线调整图层的图层蒙版，选择工具箱中的"画笔工具"，设置合适的画笔"大小"，选择软边圆画笔，在选项栏中设置画笔的"不透明度"为 30%，然后在蒙版中曝光过度的盘子部分进行涂抹，此时效果如图 13-41 所示。

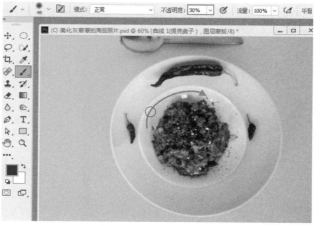

图 13-41

步骤 05 接下来提亮辣椒部分，执行"图层>新建调整图层>曲线"命令，创建一个"曲线"调整图层。将鼠标放在曲线中段，按住鼠标左键往左上方拖动，如图 13-42 所示。接着单击该调整图层的蒙版，在蒙版中填充黑色，接着设置"前景色"为白色，使用合适大小的柔边圆画笔涂抹蒙版中辣椒的部分，使该调整图层只对辣椒部分起作用。蒙版效果如图 13-43 所示。画面效果如图 13-44 所示。

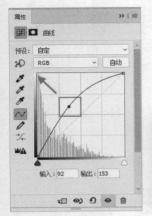

图 13-42

图 13-43

图 13-46

图 13-47

步骤 08 通过操作，黄绿色圆盘边缘存在曝光过度问题。接下来执行"图层>新建调整图层>曲线"命令，创建一个"曲线"调整图层。将鼠标放在曲线下方，按住鼠标左键往右下角拖动，然后再调节中间的控制点，如图13-48所示。

图 13-44

步骤 06 为了提高圆盘中间菜的亮度，接下来执行"图层>新建调整图层>曲线"命令，创建一个"曲线"调整图层。将鼠标放在曲线中段，按住鼠标左键往左上方拖动，如图13-45所示。

图 13-48

步骤 09 接着单击该调整图层的蒙版，在蒙版中填充黑色，接着设置"前景色"为白色，使用合适大小的柔边圆画笔涂抹蒙版中黄绿色圆盘的边缘部分，使该调整图层只对边缘部分起作用，蒙版效果如图13-49所示。降低了圆盘边缘的亮度。画面效果如图13-50所示。

图 13-49

图 13-50

步骤 10 选择工具箱中的"钢笔工具"，在选项栏中设置"绘制模式"为"路径"，设置完成后将画面中勺子的轮廓绘制出来，按快捷键Ctrl+Enter将路径转化为选区，如图13-51所示。接下来执行"图层>新建调整图层>亮度/对比度"命令，创建一个"亮度/对比度"调整图层，在弹出的"属性"面板中设置"亮度"为20，"对比度"为60，如图13-52所示。提高了勺子的亮度，效果如图13-53所示。

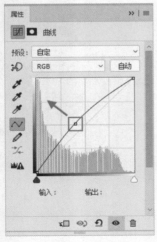

图 13-45

步骤 07 接着单击该调整图层的蒙版，在蒙版中填充黑色，设置"前景色"为白色，使用合适大小的柔边圆画笔涂抹蒙版中圆盘中间菜的部分，使该调整图层只对中间菜的部分起作用，蒙版效果如图13-46所示。圆盘中间菜的部分被提亮，画面效果如图13-47所示。

图 13-51

图 13-52　　　　　　　　图 13-53

步骤 11 通过操作，画面中的勺子存在颜色偏黄、没有金属质感等问题。接着按住 Ctrl 键的同时单击"亮度/对比度"调整图层蒙版，载入勺子选区。执行"图层>新建调整图层>自然饱和度"命令，创建一个"自然饱和度"调整图层，在弹出的"属性"面板中设置"自然饱和度"为-100，"饱和度"为0，如图 13-54 所示。通过设置降低了勺子的自然饱和度，让勺子更具金属质感，效果如图 13-55 所示。

图 13-54　　　　　　　　图 13-55

13.3.2　处理桌面颜色

步骤 01 经过调整，画面背景颜色暗淡。接下来为其调整一个鲜艳的颜色。执行"图层>新

扫一扫，看视频

建调整图层>可选颜色"命令，创建一个"可选颜色"调整图层，在弹出的"属性"面板中设置"颜色"为"中性色"，调整"青色"为+60%，"洋红"为0%，"黄色"为-100%，"黑色"为+100%，如图 13-56 所示。效果如图 13-57 所示。

图 13-56　　　　　　　　图 13-57

步骤 02 接着单击该调整图层的蒙版，使用快速选择工具获取勺子和盘子的选区，然后设置"前景色"为黑色，使用快捷键 Alt+Delete 进行填充，使该调整图层只对背景起作用，蒙版效果如图 13-58 所示。画面效果如图 13-59 所示。

图 13-58　　　　　　　　图 13-59

步骤 03 为了使画面主体更加突出，需要为画面添加暗角效果，执行"图层>新建调整图层>曝光度"命令，创建一个"曝光度"调整图层，在弹出的"属性"面板中设置"预设"为自定，"曝光度"为-3.89，"位移"为0，"灰度系数校正"为1.00，如图 13-60 所示。效果如图 13-61 所示。

图 13-60　　　　　　　　图 13-61

步骤 04 选择图层蒙版，接着选择工具箱中的"画笔工具"，

设置较大的软边圆"画笔",如图13-62所示。设置"前景色"为黑色,在蒙版中间进行涂抹,使该调整图层只对画面四角起作用,效果如图13-63所示。

图 13-62　　　　　　　图 13-63

步骤 05 画面整体偏暗,存在颜色饱和度不够的问题。执行"图层>新建调整图层>自然饱和度"命令,创建一个"自然饱和度"调整图层,在弹出的"属性"面板中设置"自然饱和度"为+100,"饱和度"为0,如图13-64所示。提高了整个画面的饱和度,效果如图13-65所示。

图 13-64　　　　　　　图 13-65

步骤 06 选择工具箱中的"横排文字工具",设置合适的字体、字号和颜色,设置完成后在画面的左边单击并添加文字,让整个画面更加饱满。最终效果如图13-66所示。

图 13-66

13.4　化妆品图像精修

文件路径	资源包\第13章\化妆品图像精修
难易指数	★★★★★
技术要点	修复画笔、仿制图章、画笔工具、渐变工具、调整图层

案例效果

案例处理前后的效果对比如图13-67和图13-68所示。

图 13-67　　　　　　　图 13-68

操作步骤

13.4.1　抠图并制作背景

扫一扫,看视频

步骤 01 首先执行"文件>打开"命令,打开拍摄好的化妆品照片,从中可以看到,画面整体偏暗,产品所处的环境比较脏乱。放大图像观察细节还能够看到产品瓶盖上有一些手印和脏污,瓶身高光暗部颜色不均匀,底部文字变形严重。这些问题都将在后面的操作中一一处理。首先需要将化妆品进行抠图。单击工具箱中的"钢笔工具",在选项栏中设置绘制模式为"路径",接着沿瓶身绘制路径,如图13-69所示。路径绘制完成后按快捷键Ctrl+Enter将路径转换为选区,如图13-70所示。得到选区后使用复制图层快捷键Ctrl+J,将选区中的内容复制为单独的图层,如图13-71所示。

图 13-69

图 13-70

图 13-71

步骤 02 下面进行新背景的制作。首先新建一个图层，单击工具箱中的"渐变工具"，编辑一种淡蓝色的渐变，在选项栏中设置渐变方式为"径向渐变"，然后在画面中从中心向四周按住鼠标左键进行拖曳填充，如图 13-72 所示。接着执行"文件>置入嵌入的智能对象"命令，置入素材"2.jpg"，并将该图层栅格化，如图 13-73 所示。

图 13-72

图 13-73

步骤 03 选中该图层，在图层面板中设置"混合模式"为"叠加"，不透明度为60%，如图 13-74 所示。此时效果如图 13-75 所示。

图 13-74

图 13-75

步骤 04 接着置入素材"3.png"，并栅格化。将冰块元素摆放在画面中间偏下的位置，如图 13-76 所示。为该图层添加图层蒙版，使用黑色画笔在蒙版中涂抹，如图 13-77 所示。隐藏左侧的两个冰块，如图 13-78 所示。

图 13-76

图 13-77

图 13-78

步骤 05 选中冰块图层，使用快捷键 Ctrl+J，复制该图层，并执行"编辑>变换>水平翻转"命令，移动到第一个冰块左侧，如图 13-79 所示。将之前抠好的化妆品图层放在最上层，效果如图 13-80 所示。

图 13-79

图 13-80

13.4.2 瓶盖修饰

步骤 01 现在开始进行产品细节的修饰，首先放大画面(快捷键：多次按下 Ctrl 键和 + 键)。观察瓶盖部分，可以看到瓶盖暗部区域瑕疵比较明显，有很多的指纹和脏污(这些问题本应该在前期拍摄时快速地处理干净，而一旦遗留到

扫一扫，看视频

后期则需要通过Photoshop进行细致的修饰，比较费时），如图13-81所示。

图 13-81

步骤 02 瓶盖部分的暗部主要为左、中、右共3个部分。首先处理右侧的暗部，在右侧暗部区域绘制路径，如图13-82所示。接着按快捷键Ctrl+Enter，将路径转换为选区，如图13-83所示。注意：为了能够看清路径和选区，这里将化妆品图层调为半透明，实际操作时无须调整透明度。

图 13-82　　　　　　图 13-83

步骤 03 单击工具箱中的"渐变工具"，在"渐变编辑器"中编辑一种黑色到深灰色的渐变，如图13-84所示。新建图层，在选项栏里设置"渐变方式"为"线性渐变"，然后在新建的图层中水平拖曳填充，如图13-85所示。

图 13-84

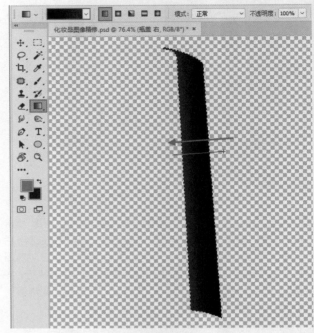

图 13-85

步骤 04 显示出其他图层，可以看到右侧暗部区域"干净"了很多，如图13-86所示。以同样的方法制作左侧暗部区域，如图13-87所示。

图 13-86　　　　　　图 13-87

步骤 05 接着使用"钢笔工具"绘制中间部分的路径，如图13-88所示。然后使用快捷键Ctrl+Enter将其转换为选区，同样使用"渐变工具"，编辑一种两端深灰，中间黑色的渐变，如图13-89所示。新建图层并填充，如图13-90所示。

图 13-88

中文版Photoshop CC数码照片处理从入门到精通（微课视频 全彩版）

图 13-89

图 13-90

步骤 06 到这里，瓶盖部分就处理完成了，观察一下对比效果，如图 13-91 所示。

图 13-91

13.4.3 文字部分修饰

步骤 01 接下来需要处理瓶身的文字部分，从图中可以看到由于瓶身两侧存在高光，使高光中的文字效果不清晰，而产品的名称对于整个产品摄影的画面是非常重要的，所以需要对文字进行强化处理。首先使用工具箱中的"套索工具"，在选项栏中设置"绘制模式"为"添加到选区" ，然后绘制出

扫一扫，看视频

处于高光中的文字的选区，如图 13-92 所示。接着选中"化妆品"图层，使用快捷键 Ctrl+J，进行复制，复制为独立图层，并摆放在图层面板上方，如图 13-93 所示。

图 13-92

图 13-93

步骤 02 由于文字偏亮，所以需要对文字部分进行压暗处理。执行"图层>新建调整图层>曲线"命令，在曲线窗口中调整曲线形态，单击"此调整剪贴到此图层"按钮，如图 13-94 所示。将文字部分压暗，如图 13-95 所示。

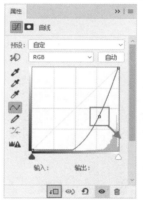

图 13-94

图 13-95

步骤 03 由于文字图层中还带有一些非文字的部分，所以在压暗该图层的同时，有些多余的部分也被压暗了。单击曲线调整图层的蒙版，我们需要在蒙版中使用黑色的较小的画笔涂抹多余的区域，如图 13-96 所示。使文字以外的部分还原回之前的颜色，如图 13-97 所示。

图 13-96

图 13-97

13.4.4 瓶身修饰

扫一扫，看视频

步骤 01 处理瓶身上的细节。由于化妆品瓶子为蓝色透明玻璃瓶，所以瓶身表面会有一些多余的反光，以及由于透明和折射产生的或深或浅的多余细节。对于这部分细节，我们需要将画面放大并仔细观察。以瓶底部分为例，瓶底左、右两侧均有一些稍浅色的地面部分的反光，需要去除；中间部分有一些颜色不均匀的区域；瓶底两侧由于玻璃厚度不均匀，也呈现出不流畅的线条，这些都需要进行一一处理，如图13-98所示。为了避免破坏原图层，框选瓶底部分，并复制为独立图层进行操作，如图13-99所示。

图 13-98

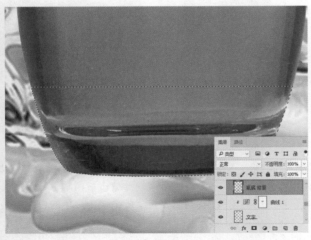

图 13-99

步骤 02 对于这些小瑕疵的去除可以使用的工具比较多，例如"仿制图章""修复画笔""修补工具"均可，更小一些的瑕疵也可以使用"污点修复画笔"。除此之外，由于瓶身是单一颜色的，甚至也可以使用半透明的画笔对细节进行处理。这里我们使用"修复画笔"，单击工具箱中的"修复画笔工具"按钮，在选项栏中设置合适的画笔大小（画笔大小刚好覆盖要修饰的区域即可），然后在要修复的区域附近的相似内容处，按住Alt键单击进行取样。接着将光标移动到要修复的部分进行涂抹，如图13-100所示。涂抹过的部分中，多余的内容会被去除，如图13-101所示。

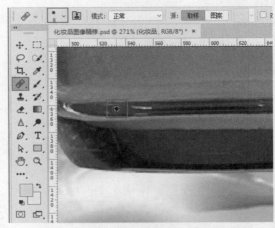

图 13-100

图 13-101

> **提示：修复细节时的注意事项**
>
> 在使用"仿制图章""修复画笔""修补工具"等工具修复画面细节处的瑕疵时，经常会出现这样的情况：虽然原有的瑕疵去掉了，但是却出现了新的瑕疵。遇到这种情况不要怕，如果新出现的瑕疵较小，可以对这个部分进行单独的修补；如果新瑕疵过大，那么撤销上一步操作，重新制作即可。在重新修复的时候需要注意取样点的位置是否合适。而且在修复的时候也可以进行多次取样，以避免出现多余的瑕疵。

步骤 03 继续对瓶底上部的这个"湖蓝色"的横条区域上的瑕疵进行去除。去除不同部分的瑕疵时需要设置合适的画笔大小，并重新取样，如图13-102所示。

图 13-102

步骤 04 继续处理瓶底右侧的部分,这个部分由于玻璃厚度不均匀,产生了一些不平滑的效果。而修复时可以在相对较为平滑的部分进行取样。此处使用"仿制图章工具",在选项栏中设置合适的"大小",然后上部较为平滑的部分按住 Alt 键单击取样,如图 13-103 所示。接着在稍下方的部分按住鼠标左键进行细致的涂抹,效果如图 13-104 所示。注意:修复后的结果是经过很多次涂抹修复得到的,并不是一次就能修复完成,千万不要急于求成。

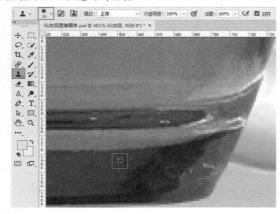

图 13-103

图 13-104

步骤 05 继续使用同样的方法修复中间的这个线条。这部分跟上个区域的问题相同。同样按住 Alt 键单击进行取样,然后按住鼠标左键进行涂抹修复,如图 13-105 所示。继续涂抹,减少这部分的细节,如图 13-106 所示。

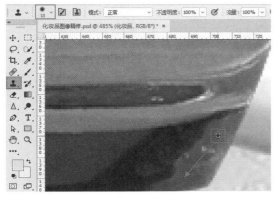

图 13-105

图 13-106

步骤 06 瓶底左侧部分的修饰方式也是一样的,这里不做重复讲解。只需要放大图像,并细心观察,找到瑕疵,并在合适的位置取样,然后涂抹修复即可。具体使用哪一种工具都不是固定的,选择适合自己的即可。对比效果如图 13-107 所示。

图 13-107

步骤 07 接下来对瓶身中间的反光以及底部的扭曲文字进行去除。仔细观察需要修复的这两个区域所处的位置,基本为单一的颜色,所以可以直接使用画笔进行"覆盖",如图 13-108 所示。

图 13-108

步骤 08 单击工具箱中的"吸管工具",在瓶身处单击,拾取前景色,如图 13-109 所示。接着单击工具箱中的"画笔工具",设置合适的画笔"大小","硬度"设置为 0,"不透明度"设置为 50%。接着在瓶身下方需要去除的部分按住鼠标左键并拖曳绘制,如图 13-110 所示。

图 13-109

图 13-110

步骤 09 其他需要颜色均匀的区域也可以采用同样的方法进行处理。绘制时重新选取合适的颜色即可,如图 13-111 所示。此时瓶身效果如图 13-112 所示。

图 13-111

图 13-112

步骤 10 下面对瓶身下半部分的边缘处缺失的暗部进行处理。暗部区域大致分为两个部分,稍深一些的蓝和稍浅一些的蓝。首先绘制一个浅蓝的选区,并填充颜色(此处的颜色应从上方正常的区域进行拾取)。接着绘制外边缘深蓝色区域的选区,并填充与上方相同的颜色,如图 13-113 所示。放大图像观看,可以看到外圈的深蓝色暗部其实并不是一种颜色,而是由多种明暗不同的蓝构成的,为了使细节更加丰富,可以绘制大小不同的区域,并填充深浅不同的蓝,如图 13-114 所示。

图 13-113　　　　　　　图 13-114

步骤 11 下面绘制高光部分。使用"钢笔工具"沿着之前高光的形态绘制高光路径,如图 13-115 所示。新建图层,按快捷键 Ctrl+Enter 转换为选区后,填充白色,如图 13-116 所示。

图 13-115　　　　　　　图 13-116

步骤 12 接着需要为这一图层添加图层蒙版,如图 13-117 所示。在蒙版中使用半透明的黑色柔角画笔涂抹底部区域,使高光柔和的渐隐,使用细小的画笔涂抹遮挡住文字的部分,如图 13-118 所示。效果如图 13-119 所示。

图 13-117

中文版Photoshop CC数码照片处理从入门到精通(微课视频 全彩版)

图 13-118　　　　　　图 13-119

步骤 13 到这里瓶子部分的细节修饰完成了,如图13-120所示。可以将关于瓶子细节修饰的图层全部放在一个图层组中,如图13-121所示。

图 13-120　　　　　　图 13-121

13.4.5　整体调色

步骤 01 下面对画面整体进行调色。首先执行"图层>新建调整图层>曲线"命令,调整曲线形态,将画面压暗。单击"此调整剪贴到此图层"按钮,使该调整图层只对"瓶子"图层组起作用,如图13-122所示。然后在该调整图层的蒙版中使用黑色画笔涂抹瓶盖处,如图13-123所示。使瓶盖还原之前的颜色,如图13-124所示。

扫一扫,看视频

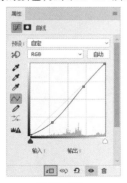

图 13-122　　　　　　图 13-123

图 13-124

步骤 02 继续创建曲线调整图层,提亮曲线,并单击"此调整剪贴到此图层"按钮,如图13-125所示。此时画面效果如图13-126所示。

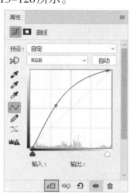

图 13-125　　　　　　图 13-126

步骤 03 单击"椭圆选框工具"按钮,在选项栏中设置"羽化"为200像素,然后在瓶身的下半部分绘制选区,如图13-127所示。以当前选区创建"曲线调整图层",提亮曲线,并单击"此调整剪贴到此图层"按钮,如图13-128所示。使瓶身下半部分产生一种"通透感",如图13-129所示。

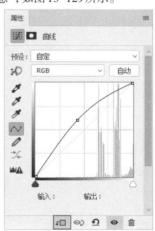

图 13-127　　　　　　图 13-128

图 13-129

步骤 04 再次置入冰块素材"3.png",使用"套索工具"绘制中间冰块的选区,如图 13-130 所示。按 Delete 键删除这部分,如图 13-131 所示。

图 13-130

图 13-131

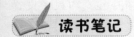 读书笔记

步骤 05 上面制作的瓶子效果是不透明的(例如乳液等不透明的化妆品),如果想要制作出透明的化妆品(例如爽肤水、香水等)效果,则可以在"瓶子"图层组上添加图层蒙版,如图 13-132 所示。使用黑色半透明柔角画笔,在瓶身玻璃部分的中间区域,轻轻涂抹,使之透出部分背景元素,如图 13-133 所示。

图 13-132

图 13-133

中文版Photoshop CC数码照片处理从入门到精通(微课视频 全彩版)

照片创意合成

本章内容简介：

　　"创意合成"是将多个元素放在一个场景中，给人以趣味、震撼、惊奇等不同的感受。我们需要将天马行空的想象落实在画面中，并且要考虑环境、颜色、光线等因素，这样看来其实"合成"不难，难在"创意"、难在"自然"。创意合成作品应用非常广泛，无论是广告设计还是书籍装帧都有它的身影，本章将通过四个案例来练习创意合成。

优秀作品欣赏

14.1 梦幻儿童摄影

文件路径	资源包\第14章\梦幻儿童摄影
难易指数	⭐⭐⭐⭐⭐
技术要点	快速选择工具、通道抠图、调色命令、动感模糊、智能滤镜

案例效果

案例处理前后的效果对比如图14-1和图14-2所示。

图 14-1

图 14-2

操作步骤

14.1.1 制作背景

步骤 01 首先制作背景部分。创建方形的空白文件，置入素材"2.jpg"和"3.jpg"，接着将置入的素材栅格化。将置入的素材3图层放在素材2图层上方，如图14-3所示。画面效果如图14-4所示。

扫一扫，看视频

图 14-3

图 14-4

步骤 02 为了让置入的的两个素材背景更加融合，选择置入的素材3图层，为该图层添加图层蒙版。接着单击工具箱中的"画笔工具"按钮，在选项栏中选择大小合适的柔边圆画笔，设置"前景色"为黑色。然后在蒙版中按住鼠标右键在素材的上方和下方进行涂抹，将生硬的图像边缘隐藏掉，将两个素材背景较好地融合在一起，如图14-5所示。此时"图层"面板如图14-6所示。

图 14-5

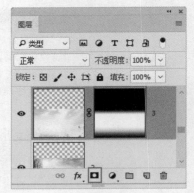

图 14-6

步骤 03 接下来制作顶部的背景，再次置入素材"3.jpg"，放在之前置入的素材图层上方，并将图层栅格化。选择该素材图层，单击工具箱中的"画笔工具"按钮，在选项栏中设置一个较大的柔边圆画笔，设置"前景色"为黑色，设置完成后在蒙版中素材的下方进行涂抹将其隐藏，如图14-7所示。此时"图层面板"如图14-8所示。

图 14-7

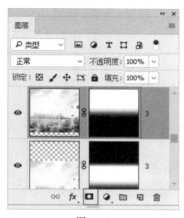

图 14-8

14.1.2　主体人物处理

步骤 01 将人物素材置入到画面中并栅格化，并将其他图层隐藏。接下来需要将人物从背景中抠出来，人物抠图分为两个部分：花朵与人物部分以及头发部分。花朵与人物部分可以使用钢笔工具进行抠图，选择工具箱中的"钢笔工具"，在选项栏中设置"绘制模式"为路径，设置完成后在画面中紧贴人物绘制出轮廓，然后使用快捷键Ctrl+Enter加选出人物选区，如图14-9所示。将人物复制为独立图层，如图14-10所示。

图 14-9

图 14-10

步骤 02 由于头发部分边缘较为复杂，需要使用"通道抠图"处理。选择完整的人物图层，单击工具箱中的"套索工具"按钮，将人物的头发大致轮廓绘制出来，如图14-11所示。接着

使用快捷键Ctrl+J将绘制出来的选区单独复制出来，形成一个新的图层，并将其他图层隐藏。

图 14-11

步骤 03 执行"窗口>通道"命令，在弹出的"通道"面板中选择主体物与背景黑白对比最强烈的通道。经过观察，"蓝"通道中头发与背景之间的黑白对比较为明显。接着选择"蓝"通道，单击鼠标右键执行"复制通道"命令，在弹出的"复制通道"面板中单击"确定"按钮，创建出"蓝 拷贝"通道，如图14-12所示。

图 14-12

步骤 04 为了将头发与背景区分开，需要增强对比度。选择"蓝 拷贝"通道，使用快捷键Ctrl+M调出"曲线"命令，在弹出的"曲线"窗口中单击"在图像中取样以设置黑场"按钮，然后在人物头发边缘处单击，此时头发部分变为黑色，如图14-13所示。

图 14-13

步骤 05 单击窗口下方的"在图像中取样以设置白场"按

钮，然后单击背景部分，此时背景变为白色，如图14-14所示。设置完成后，单击曲线窗口的"确定"按钮。

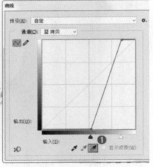

图14-14

步骤 06 人物调整完成后，接着选择工具箱中的"画笔工具"，设置大小合适的硬边圆画笔，将工具箱底部的"前景色"设置为黑色，然后按住鼠标左键将人物面部涂抹成黑色，如图14-15所示。接着可以配合"减淡工具"对背景中的灰色部分进行减淡处理。

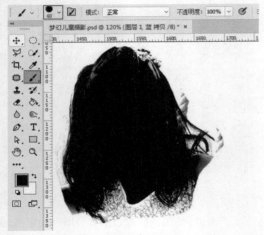

图14-15

步骤 07 在"蓝 拷贝"通道中，按住Ctrl键的同时单击通道缩略图得到选区，选中复制的头发图层，按Delete键删除背景，如图14-16和图14-17所示。

图14-16   图14-17

步骤 08 显示出身体部分和背景图层，效果如图14-18所示。接着置入翅膀素材"4.png"，并将素材栅格化，调整图层顺序将翅膀图层放在人物图层下方，效果如图14-19所示。

图14-18   图14-19

步骤 09 接下来制作左边翅膀。选中右侧翅膀，将其复制一份，然后使用自由变换快捷键Ctrl+T调出定界框，单击鼠标右键执行"水平翻转"命令，将翅膀进行翻转，如图14-20所示。在当前状态下将光标放在定界框的任意一角按住鼠标左键拖动进行旋转，如图14-21所示。

图14-20

图14-21

步骤 10 画面中人物需要适当强化对比度。选择人物合并图层，执行"图层>新建调整图层>曲线"命令，将光标放在曲线下段位置按住鼠标左键向右下方拖动，然后调整上方曲线，接着单击"此调整剪切到此图层"按钮（如图14-22所示），使提亮效果只针对人物图层，效果如图14-23所示。

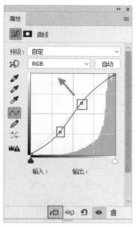

图 14-22　　　　　　　　图 14-23

步骤 11 接下来调整人物下方篮子的颜色。执行"图层>新建调整图层>色彩平衡"命令，在弹出的"属性"窗口中设置"色调"为"中间调"，设置颜色"青色－红色"为22，"洋红－绿色"为－27，"黄色－蓝色"为－65，设置完成后单击"此调整剪切到此图层"按钮，使调色效果只针对人物图层，如图 14-24 所示。效果如图 14-25 所示。

图 14-24　　　　　　　　图 14-25

步骤 12 通过操作，调色效果应用到整个人物图层，所以单击色彩平衡调整图层的蒙版，在蒙版中填充黑色，接着设置"前景色"为白色，选择工具箱中的"画笔工具"，设置大小合适的半透明柔边圆画笔在篮子上进行涂抹，为篮子提亮，效果如图 14-26 所示。蒙版效果如图 14-27 所示。

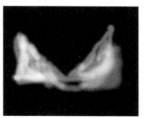

图 14-26　　　　　　　　图 14-27

步骤 13 接下来对篮子边缘的毯子和人物上身衣服进行提亮。执行"图层>新建调整图层>曲线"命令，将光标放在曲线中段按住鼠标左键向左上方拖动，接着单击"此调整剪切到此图层"按钮，如图 14-28 所示。使提亮效果只针对人物图层。在该调整图层蒙版中填充黑色，并使用白色柔边圆画笔涂抹篮子和衣服部分，效果如图 14-29 所示。

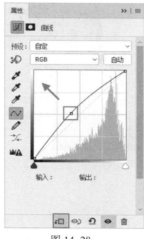

图 14-28　　　　　　　　图 14-29

步骤 14 调整绳子的颜色。再次创建"色彩平衡"调整图层，设置"色调"为中间调，设置颜色"青色－红色"为22，"洋红－绿色"为－27，"黄色－蓝色"为－65，设置完成后单击"此调整剪切到此图层"按钮，使调色效果只针对人物图层，如图 14-30 所示。在该调整图层蒙版中填充黑色，并使用白色柔边圆画笔涂抹绳子部分，效果如图 14-31 所示。

图 14-30　　　　　　　　图 14-31

步骤 15 画面中人物右边裙子偏暗，需要提高亮度。创建"曲线"调整图层，将曲线向左上角拖动，操作完成后单击"此调整剪切到此图层"按钮，如图 14-32 所示。在该调整图层蒙版中填充黑色，并使用白色柔边圆画笔涂抹右侧裙子部分，效果如图 14-33 所示。

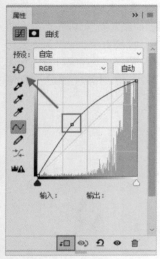

图 14-32　　　　　　　　　图 14-33

14.1.3　丰富画面效果

步骤 01 置入素材 "5.jpg"，将素材放到画面中的合适位置并将图层栅格化。接着需要将素材顶部的气球单独抠出来，选择工具箱中的 "快速选择工具"，绘制出气球的选区，如图 14-34 所示。在当前选区状态下为该图层添加图层蒙版，将气球单独抠出来。效果如图 14-35 所示。

扫一扫，看视频

图 14-34

图 14-35

步骤 02 需要提高气球亮度。接着创建 "曲线" 调整图层，将曲线向左上角拖动，操作完成后单击 "此调整剪切到此图层" 按钮，如图 14-36 所示。使调色效果只针对气球图层，效

果如图 14-37 所示。

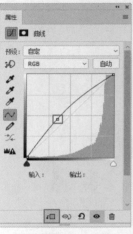

图 14-36　　　　　　　　　图 14-37

步骤 03 接着再次置入素材 "3.jpg"，放在画面的下方位置，并栅格化图层，如图 14-38 所示。然后为该图层添加图层蒙版，选择工具箱中的 "画笔工具"，使用黑色的大小合适的半透明柔边圆画笔，在蒙版中上方的位置进行涂抹将其隐藏，效果如图 14-39 所示。

图 14-38　　　　　　　　　图 14-39

步骤 04 置入鸽子素材 "6.png"，放在气球的右下角位置，接着使用自由变换快捷键 Ctrl+T 调出定界框，将光标放在定界框以外进行旋转，旋转完成后按 Enter 键完成操作。然后将图层栅格化，如图 14-40 所示。接着将该鸽子图层复制一份，用同样的方法将其缩放旋转到合适的位置，效果如图 14-41 所示。

图 14-40　　　　　　　　　图 14-41

步骤 05 置入氢气球素材 "7.png" 和 "8.png"，分别放置在画面中的右下角和左上角位置并栅格化图层，如图 14-42 所示。

图 14-42

步骤 06 画面中置入的素材 8 的几个氢气球颜色较暗，需要提高亮度。选择素材 8 所在图层，执行"曲线"命令，单击鼠标右键在曲线上添加控制点并分别向左上角拖动，操作完成后单击"此调整剪切到此图层"按钮，如图 14-43 所示。使调色效果只针对素材 8 所在图层，效果如图 14-44 所示。

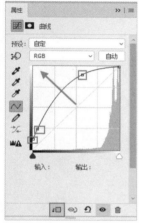

图 14-43

图 14-44

步骤 07 接着置入素材"9.png"，放在画面中橘色氢气球的旁边位置。为了制造近景远景的画面效果，选择该素材图层，执行"滤镜>模糊>高斯模糊"命令，在弹出的"高斯模糊"窗口中设置"半径"为 21 像素，然后单击"确定"按钮完成操作，如图 14-45 所示。画面效果如图 14-46 所示。

图 14-45

图 14-46

步骤 08 此时氢气球的颜色过重，所以创建一个"曲线"调整图层，调整曲线形态，操作完成后单击"此调整剪切到此图层"按钮，如图 14-47 所示。使调色效果只针对素材 9 所在图层，效果如图 14-48 所示。

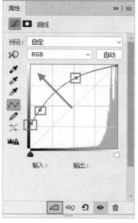

图 14-47

图 14-48

步骤 09 接着按住 Ctrl 键将置入的氢气球图层和相应的调整图层依次加选，使用快捷键 Ctrl+G 编组。然后选择该编组图层执行"曲线"命令，将曲线向左上角拖动，操作完成后单击"此调整剪切到此图层"按钮，如图 14-49 所示。为氢气球进行整体提亮。使调色效果只针对编组的氢气球图层组，效果如图 14-50 所示。

图 14-49

图 14-50

步骤 10 单击该调整图层的蒙版，在蒙版中填充黑色；接着设置"前景色"为白色；选择工具箱中的"画笔工具"，在选项栏中选择大小合适的柔边圆画笔；然后在氢气球上进行涂抹，将氢气球提亮，效果如图 14-51 所示。蒙版效果如图 14-52 所示。

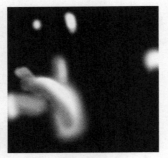

图 14-51　　　　　　　　图 14-52

步骤 11　置入素材"10.jpg"，调整大小使其能够充满整个画面并将图层栅格化，如图14-53所示。接着选择该素材图层，设置"混合模式"为"滤色"，如图14-54所示。效果如图14-55所示。

图 14-53

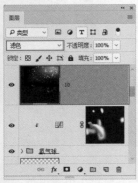

图 14-54　　　　　　　　图 14-55

步骤 12　接下来为画面增加云雾效果。新建一个图层，选择该图层，单击工具箱中的"画笔工具"按钮，在选项栏中设置"大小"合适的柔边圆画笔，"透明度"设置为5%，设置"前景色"为白色，设置完成后在画面下方位置进行绘制，效果如图14-56所示。

图 14-56

步骤 13　置入花瓣素材"11.png"，调整大小使其能够充满整个画面，先不要将该图层栅格化，如图14-57所示。接着为了让画面有花瓣飘落的感觉，执行"滤镜>模糊>动感模糊"命令，在弹出的"动感模糊"窗口中设置"角度"为53度，"距离"为258像素，设置完成后单击"确定"按钮完成操作，如图14-58所示。效果如图14-59所示。

图 14-57

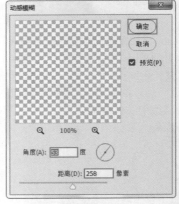

图 14-58　　　　　　　　图 14-59

步骤 14　此处运动模糊的效果只需要对部分花朵起作用即可，所以需要单击该花瓣图层的"智能滤镜"的蒙版(如图14-60所示)，在智能滤镜的蒙版中填充黑色；接着设置"前景色"为白色；选择工具箱中的"画笔工具"，在选项栏中选择较小的柔边圆画笔，然后在花瓣上进行涂抹，使部分花瓣产生随风飘动的运动模糊效果，让花瓣的飘落效果更加真实。蒙版效果如图14-61所示。最终效果如图14-62所示。

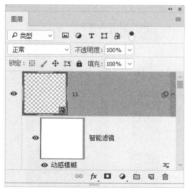

图 14-60

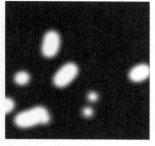

图 14-61

图 14-62

14.2 复古感电影海报

文件路径	资源包\第14章\复古感电影海报
难易指数	★★★★★
技术要点	曲线、可选颜色、图层蒙版、混合模式

案例效果

案例处理前后的效果对比如图14-63和图14-64所示。

图 14-63

图 14-64

操作步骤

14.2.1 制作复古感背景

步骤 01 执行"文件>打开"命令，打开背景素材"1.jpg"，如图14-65所示。执行"文件>置入嵌入对象"命令置入花纹素材"2.png"，将该图层栅格化，如图14-66所示。

图 14-65

图 14-66

步骤 02 置入窗帘素材"3.png"，并将该图层栅格化，如图14-67所示。选中窗帘图层，使用快捷键Ctrl+J将该图层复制。接着选中复制的图层，执行"编辑>变换>水平翻转"命令，然后将复制的窗帘移动到画面的左侧，如图14-68所示。

图 14-67

图 14-68

步骤 03 再次将窗帘复制一份。然后使用自由变换快捷键Ctrl+T，将光标定位到定界框以外，按住鼠标左键拖动，将窗帘进行旋转，如图14-69所示。按Enter完成变换，效果如图14-70所示。

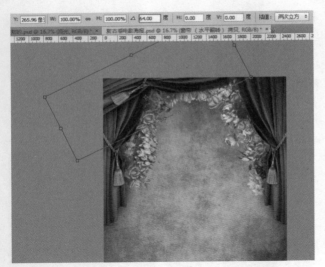

图 14-69

图 14-70

步骤 04 选择顶端的窗帘图层，然后单击"图层"面板底部的"添加图层蒙版"按钮，为该图层添加图层蒙版。然后使用黑色的柔角画笔，在图层蒙版中左上角进行涂抹将其隐藏，如图 14-71 所示。画面效果如图 14-72 所示。

图 14-71   图 14-72

步骤 05 置入复古元素素材"4.jpg"，并将其移动到合适位置，然后将其栅格化。选中置入的复古元素图层，选择工具箱中的"魔棒工具"，在画面中空白的位置上单击，得到留声机以外的选区，如图 14-73 所示。使用快捷键 Ctrl+Shift+I 将选

区反选，选择该图层，然后单击"图层"面板底部的"添加图层蒙版"按钮，基于选区为该图层添加图层蒙版，如图 14-74 所示。背景部分被隐藏，效果如图 14-75 所示。

图 14-73

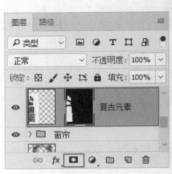

图 14-74

图 14-75

14.2.2 制作主体人物

扫一扫，看视频

步骤 01 置入底部花朵素材"5.png"并将其栅格化，如图 14-76 所示。置入相框素材"6.png"并将其栅格化，如图 14-77 所示。

图 14-76

图 14-77

步骤 02 在相框图层下方新建一个图层，选择工具箱中的

中文版Photoshop CC数码照片处理从入门到精通（微课视频 全彩版）

"椭圆选框工具"，在画面上绘制一个椭圆形选框，如图14-78所示。设置"前景色"为白色，按快捷键Alt+Delete填充前景色，按快捷键Ctrl+D取消选区，如图14-79所示。

图14-78　　　　　　　　图14-79

步骤 03 设置渐变。选中绘制的椭圆形图层，执行"图层>图层样式>渐变叠加"命令，设置"混合模式"为"正常"，设置一个黄色系渐变，"样式"为"径向"，"角度"为90度，"缩放"为100%，单击"确定"按钮完成设置，如图14-80所示。此时画面效果如图14-81所示。

图14-80

图14-81

步骤 04 置入人物素材"7.jpg"，并将其栅格化，如图14-82所示。单击工具箱中的"钢笔工具"，在选项栏上设置"绘制模式"为"路径"，沿着人像边缘绘制路径，按下转换为选区快捷键Ctrl+Enter，选择人像图层，如图14-83所示。

图14-82　　　　　　　　图14-83

步骤 05 单击"图层面板"底部的"添加图层蒙版"按钮，如图14-84所示。基于选区为该图层添加图层蒙版，效果如图14-85所示。

图14-84　　　　　　　　图14-85

步骤 06 为人物调色。选中人像图层，执行"图层>新建调整图层>可选颜色"命令，在弹出的窗口中设置"颜色"为"红色"，调整"青色"为-50%，"黄色"为+100%，如图14-86所示。继续在"可选颜色"窗口中设置"颜色"为"中性色"，调整"黄色"为20%，单击"此调整剪切到此图层"按钮，如图14-87所示。此时人像倾向于黄色，画面效果如图14-88所示。

图14-86　　　　　　　　图14-87

图 14-88

步骤 07 继续选中人像图层，执行"图层>新建调整图层>曲线"命令，在弹出的窗口中设置"通道"为蓝，在曲线中间调部分单击并向下拖动，如图 14-89 所示。接着设置"通道"为红，在曲线中间调部分单击并向上微移，如图 14-90 所示。

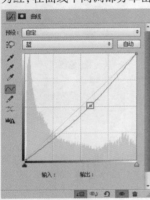

图 14-89

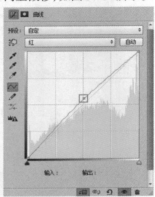

图 14-90

步骤 08 继续在"曲线"窗口中设置"通道"为 RGB，在曲线中间调部分单击并向下拖动，单击"此调整剪切到此图层"按钮，如图 14-91 所示。此时画面效果如图 14-92 所示。

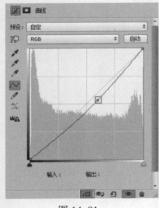

图 14-91

图 14-92

14.2.3　制作装饰文字

步骤 01 选择工具箱中"直排文字工具"，在选项栏中设置合适的字体、字号，在画面中输入文字，如图 14-93 所示。接着新建图层，将"前景色"设置为白色，然后选择一个硬角画笔，设置"大小"为 5 像素，然后按住 Shift 键绘制 3 段直线，如图 14-94 所示。

图 14-93

图 14-94

步骤 02 单击工具箱中的"矩形工具"，在选项栏中"设置绘制"模式为"形状"，"填充"为无，"描边"为淡黄色，"描边宽度"为 5 像素，然后在画面的右上角绘制一个矩形框，如图 14-95所示。继续绘制矩形作为边框和分割线，如图 14-96 所示。

图 14-95

图 14-96

步骤 03 使用"横排文字工具"输入文字,如图14-97所示。接着将边框与文字图层加选并进行编组,然后适当旋转,如图14-98所示。

图 14-97　　　　　　　　图 14-98

步骤 04 再次单击工具箱中"横排文字工具",在选项栏上设置合适的字体、字号,设置文本颜色为白色,在画面上单击输入文字,如图14-99所示。

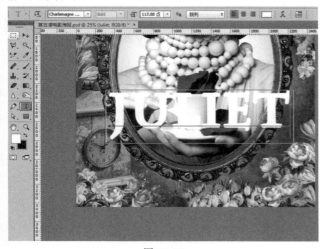

图 14-99

步骤 05 选中该文字图层,执行"图层>图层样式>投影"命令,设置"混合模式"为"正片叠底","不透明度"为75%,"角度"为120度,"距离"为15像素,"大小"为10像素,单击"确定"按钮完成设置,如图14-100所示。此时画面效果如图14-101所示。

图 14-100　　　　　　　　图 14-101

步骤 06 再次置入素材"1.jpg",并将该图层栅格化,如图14-102所示。继续选择该图层,将该图层放在文字上方,单击鼠标右键,执行"创建剪贴蒙版"命令,此时画面效果如图14-103所示。用同样的方式制作其他文字,效果如图14-104所示。

图 14-102　　　　　　　　图 14-103

图 14-104

步骤 07 再次置入素材"1.jpg",并将该图层栅格化,然后设置该图层的"混合模式"为"强光","不透明度"为60%,如图14-105所示。接着单击图层面板底部的添加图层蒙版按钮,为该图层添加图层蒙版,然后使用黑色的柔角画笔在蒙版中遮挡人像的部分进行涂抹,只保留画面边缘的效果。案例最终效果如图14-106所示。

图 14-105   图 14-106

14.3   自然主题创意合成

文件路径	资源包\第14章\自然主题创意合成
难易指数	★★★★★
技术要点	钢笔工具、图层蒙版、渐变工具、画笔工具

案例效果

案例处理前后的效果对比如图 14-107 和图 14-108 所示。

图 14-107   图 14-108

操作步骤

14.3.1   制作背景

扫一扫，看视频

步骤 01   执行"文件>新建"命令，新建一个竖版的文件。单击"工具箱"中的"渐变工具"，在选项栏中单击"渐变色条"，在弹出的"渐变编辑器"中编辑一个黑色到蓝色的渐变，设置"渐变方式"为"径向渐变"，将光标定位在画面中间位置按住鼠标左键向外拖曳填充的渐变，如图 14-109 所示。

图 14-109

步骤 02   执行"文件>置入嵌入对象"命令，在弹出的置入窗口中选择素材"8.jpg"，单击"置入"按钮，按 Enter 键完成置入。执行"图层>栅格化>智能对象"命令，将该图层栅格化为普通图层，如图 14-110 所示。在"图层"面板中设置"混合模式"为"正片叠底"，"不透明度"为80%，如图 14-111 所示。效果如图 14-112 所示。

图 14-110   图 14-111

图 14-112

14.3.2   制作主题文字

扫一扫，看视频

步骤 01   制作文字部分。单击工具箱中的"矩形工具"，在选项栏中设置"绘制模式"为"形状"，"填充"为"无"，"描边"为黄色，"描边宽度"为4点，"描边类型"为"直线"。在画面上部按住鼠标左键拖曳绘制矩形，如图14-113所示。选择"钢笔工具"，在选项栏中设置"绘制模式"为"形状"，在矩形框上绘制一条分割线，如图14-114所示。

图14-113

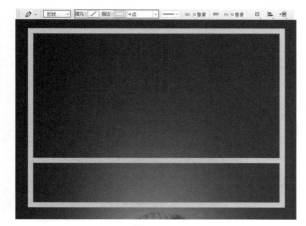

图14-114

步骤 02 执行"文件>置入嵌入对象"命令，在弹出的"置入"窗口中选择树叶"1.png"。单击"置入"按钮，将其放置在适当位置，按Enter键完成置入。执行"图层>栅格化>智能对象"命令，将该图层栅格化为普通图层，如图14-115所示。

图14-115

步骤 03 单击工具箱中的"画笔工具"，在选项栏中单击"画笔预设"下拉按钮，在"画笔预设"面板中选择一个柔边圆画笔，设置合适的画笔"大小"，"硬度"为0%，"不透明度"为50%。接着在树叶图层下方新建一个图层，命名为"阴影"，使用画笔在该图层上绘制一些阴影，如图14-116所示。

图14-116

步骤 04 将"阴影"图层摆放在矩形框图层的上方，如图14-117所示；单击鼠标右键，执行"创建剪贴蒙版"命令，使超出矩形框的阴影隐藏，如图14-118所示。

图14-117　　　　　　图14-118

步骤 05 在矩形框中添加文字，单击工具箱中的"横排文字工具"，在选项栏中设置合适的字体、字号，"填充"为白色，在画面中单击并输入文字，如图14-119所示。使用同样的方法输入其他文字，如图14-120所示。

图14-119

图 14-120

14.3.3 制作主体物

步骤 01 下面制作蜥蜴。执行"文件>置入嵌入对象"命令,在弹出的置入窗口中选择素材"3.jpg",单击"置入"按钮,按Enter键完成置入。执行"图层>栅格化>智能对象"命令,将该图层栅格化为普通图层,如图14-121所示。单击工具箱中的"魔棒工具",在选项栏中单击选择"添加到选区"按钮,设置"取样大小"为"取样点","容差"为30,勾选"消除锯齿""连续"复选框,将光标定位在画面中白色区域,单击获得背景选区,如图14-122所示。

扫一扫,看视频

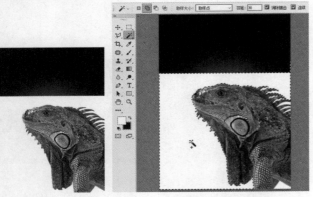

图 14-121   图 14-122

步骤 02 虽然大面积的白色背景被选中,但是还有一部分没被选中。接着将光标定位在画面中右下角白色区域单击,如图14-123所示。再将光标定位在蜥蜴背部的白色区域单击加选,如图14-124所示。

图 14-123   图 14-124

步骤 03 为了完整地抠出蜥蜴,我们在图片以外的区域也进行单击加选,如图14-125所示。按Delete键,删除背景,效果如图14-126所示。

图 14-125   图 14-126

步骤 04 本案例将蜥蜴分成3个部分,首先制作第一个部分。复制蜥蜴图层并隐藏其中一个图层,以备后面使用。选择蜥蜴图层单击图层面板底部的"添加图层蒙版"按钮,为该图层创建图层蒙版,单击工具箱中的"钢笔工具",在选项栏中设置"绘制模式"为"路径",接着在画面中蜥蜴头部绘制路径,如图14-127所示(为了便于观看,此处隐藏了蜥蜴图层)。

图 14-127

步骤 05 使用快捷键Ctrl+Enter将路径转化为选区,选择图层蒙版缩览图,设置"前景色"为黑色,使用快捷键Alt+Delete填充选区,如图14-128所示。效果如图14-129所示。

图 14-128   图 14-129

步骤 06 制作蜥蜴头部的底纹。执行"文件>置入嵌入对象"

中文版Photoshop CC数码照片处理从入门到精通(微课视频 全彩版)

命令，在弹出的"置入"窗口中选择素材"2.jpg"，单击"置入"按钮，按Enter键完成置入。执行"图层>栅格化>智能对象"命令，将该图层栅格化为普通图层，如图14-130所示。单击工具箱中的"钢笔工具"，在选项栏中设置"绘制模式"为"路径"，在画面在中单击添加锚点，继续按住鼠标左键并拖曳绘制路径，如图14-131所示。

图 14-130 图 14-131

步骤 07 使用快捷键Ctrl+Enter将路径转化为选区，单击图层面板底部的"添加图层蒙版"按钮，如图14-132所示。将该图层移动到蜥蜴图层下方，如图14-133所示。

图 14-132 图 14-133

步骤 08 为蜥蜴制作厚度和投影，选择蜥蜴图层。单击右键执行"复制图层"命令，对复制的图层执行"图层>图层面板>颜色叠加"命令，在弹出的"图层样式"窗口中设置"混合模式"为"正常"，"叠加颜色"为墨绿色，"不透明度"为78%，单击"确定"按钮完成设置，如图14-134所示。隐藏其他图层，观察此图层，效果如图14-135所示。

图 14-134

图 14-135

步骤 09 选择该图层，将其移动到原图层下面，适当向右侧移动。显示出蜥蜴图层，此时出现了厚度效果，如图14-136所示。在该图层蒙版缩览图上单击鼠标右键，执行"应用图层蒙版"命令，应用之前的蒙版，如图14-137所示。接着再次为该图层单击"添加图层蒙版"按钮，使用黑色"画笔工具"在图层蒙版中蜥蜴头部以及左下方进行涂抹，隐藏多余部分。如图14-138所示为蒙版效果。

图 14-136

图 14-137 图 14-138

步骤 10 为镂空部分制作黑色阴影。在木板图层上方新建图层，如图14-139所示。单击工具箱中的"画笔工具"，在选项栏中单击"画笔预设"下拉按钮，在弹出的"画笔预设"面板中设置合适"大小"的画笔，"硬度"为0%。设置"前景色"为黑色，接着在蜥蜴边缘处涂抹，绘制出阴影。效果如图14-140所示。

图 14-139　　　　　　　　　　　图 14-140

步骤 11　添加植物装饰。执行"文件>置入嵌入对象"命令，分别置入植物素材"7.png"和"4.png"，并分别将这两个图层栅格化为普通图层，如图 14-141 和图 14-142 所示。

图 14-141　　　　　　　　　　　图 14-142

步骤 12　继续执行"文件>置入嵌入对象"命令，置入白色花朵素材"5.png"并栅格化，如图 14-143 所示。

图 14-143

步骤 13　制作花的黑色阴影，按 Ctrl 键单击图层缩览图创建选区。设置"前景色"为黑色，新建图层，使用快捷键 Alt+Delete 填充选区。对其执行"滤镜>模糊>高斯模糊"命令，在弹出的"高斯模糊"面板中设置"半径"为 10 像素，得到模糊的黑色图层，如图 14-144 所示。选择该图层，将其移动到原图层下面，效果如图 14-145 所示。

图 14-144　　　　　　　　　　　图 14-145

步骤 14　下面制作蜥蜴的第二个部分。复制完整的蜥蜴图层，将该图层移动至图层最顶部。单击工具箱中的"钢笔工具"，在选项栏中设置"绘制模式"为"路径"，在画面中蜥蜴头部位置绘制路径(为了便于观看路径的形态，隐藏了其他图层)，如图 14-146 所示。使用快捷键 Ctrl+Enter 将路径转化为选区，如图 14-147 所示。使用快捷键 Ctrl+J 将选区中的部分复制为独立图层，隐藏完整蜥蜴的图层。并适当向右侧移动，使这部分呈现出错位效果，如图 14-148 所示。

图 14-146

图 14-147　　　　　　　　　　　图 14-148

提示：绘制路径时的注意事项

在绘制包含镂空部分的路径时，首先在选项栏中需要设置"路径运算"方式为"减去顶层形状" 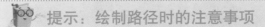，然后进行绘制。

　458

步骤 15 选中蜥蜴的第二部分。执行"图层>图层样式>内发光"命令,设置"混合模式"为"滤色","不透明度"为42%,"杂色"为0%,"发光颜色"为黄色,"方法"为"柔和","源"为"边缘","阻塞"为0%,"大小"为9像素,单击"确定"按钮完成设置,如图14-149所示。效果如图14-150所示。

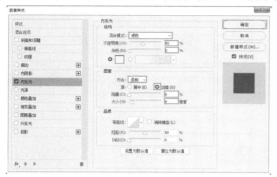

图 14-149

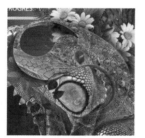

图 14-150

步骤 16 用同样的方式制作这一部分的厚度和阴影,如图14-151和图14-152所示。

图 14-151

图 14-152

步骤 17 继续从完整的蜥蜴图层上复制出第三个部分,如图14-153所示。使用同样的方法制作出有厚度和阴影的蜥蜴眼睛,分别如图14-154和图14-155所示。

图 14-153

图 14-154

图 14-155

步骤 18 在蜥蜴各个部分的周围添加植物元素,作为装饰。注意素材摆放的位置以及阴影的添加,如图14-156和图14-157所示。

图 14-156

图 14-157

步骤 19 最后对蜥蜴的整体进行调色,执行"图层>新建调整图层>曲线"命令,在弹出的"属性"面板中将光标定位在曲线上,单击添加控制点并向上拖曳,将光标移动到曲线上另一点单击添加控制点并向下拖曳,使曲线形成"S"形增强画面对比度,如图14-158所示。效果如图14-159所示。

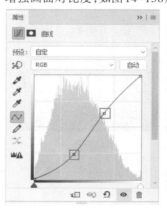

图 14-158

图 14-159

步骤 20 在"图层"面板中选择曲线图层的图层蒙版缩览图。设置"前景色"为黑色,在图层蒙版中使用快捷键Alt+Delete填充图层蒙版为黑色;接着单击工具箱中的"画笔工具"按钮,在选项栏中打开"画笔预设"选取器,从中设置合适的"大小","硬度"设置为0%;设置"前景色"为白色;然后在图层蒙版中蜥蜴位置进行涂抹,图层蒙版缩览图如图14-160所示。最终效果如图14-161所示。

图 14-160   图 14-161

14.4 魔幻风格创意人像

文件路径	资源包\第14章\魔幻风格创意人像
难易指数	★★★★★
技术要点	Camera Raw滤镜、图层蒙版、曲线、色相/饱和度、曝光度

案例效果

案例处理前后的效果对比如图14-162和图14-163所示。

图 14-162

图 14-163

操作步骤

14.4.1 人物处理

步骤 01 执行"文件>打开"命令，将人物素材"1.jpg"打开。人物整体锐度相对较低，首先需要处理一下这个问题。选择背景图层使用快捷键Ctrl+J将其复制一份。首先将人物照片的清晰度增强一些，选择复制得到的背景图层执行"滤镜>Camera Raw滤镜"命令，在弹出的Canera Raw窗口中单击"基本"按钮，设置"清晰度"为+42；再单击"细节"按钮，在"锐化"选项组中设置"数量"为42，"半径"为1.0，"细节"为

扫一扫，看视频

25；随着锐度的增加，画面中噪点也出现了很多，所以需要在"减少杂色"选项组中设置"明亮度"为49，"明亮度细节"为50，设置完成后单击"确定"按钮完成操作，如图14-164所示。效果如图14-165所示。

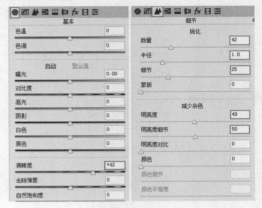

图 14-164

图 14-165

步骤 02 更改人物的唇色。在眼睛整体图层组上方位置创建一个"色相/饱和度"调整图层，在弹出的"属性"面板中设置"色相"为-30，如图14-166所示。选择该调整图层的图层蒙版将其填充为黑色，然后使用"大小"合适的柔边圆画笔，设置"前景色"为白色，设置完成后在蒙版中人物唇部分涂抹更改颜色，如图14-167所示。画面效果如图14-168所示。

图 14-166

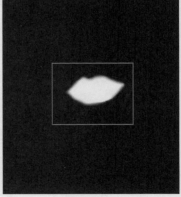

图 14-167

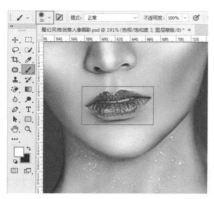

图 14-168

步骤 03 接着为人物制作鹿角。执行"文件>置入嵌入对象"命令，在窗口中选择素材"2.png"，然后单击"置入"按钮将素材置入到画面中。调整大小放在人物左边位置。效果如图 14-169 所示。

图 14-169

步骤 04 鹿角的清晰度较低，与人物部分不符。选择置入的鹿角图层，执行"滤镜>Camwra Raw 滤镜"命令，在弹出的 Camwra Raw 窗口中单击"基本"按钮，设置"清晰度"为 +68；接着单击"细节"按钮，在"锐化"选项组中设置"数量"为 66，"半径"为 1.0，"细节"为 25，设置完成后单击"确定"按钮完成操作，如图 14-170 所示。效果如图 14-171 所示。

图 14-170

图 14-171

步骤 05 选择操作完成的鹿角图层，使用快捷键 Ctrl+J 将其复制一份。然后选择复制得到的鹿角图层，使用自由变换快捷键 Ctrl+T 调出定界框，单击右键执行"水平翻转"命令，将鹿角进行水平翻转，并将其移动至人物右边位置，如图 14-172 所示。按 Enter 键完成操作，按住 Ctrl 键依次加选两个鹿角图层，将其编组命名为"鹿角"。

图 14-172

步骤 06 此时两个鹿角的颜色偏暗，需要提高亮度。在鹿角图层组上方位置创建一个"曲线"调整图层，在弹出的"属性"面板中对曲线进行调整，操作完成后单击面板底部的"此调整剪切到图层"按钮，使调整效果只针对下方图层组，如图 14-173 所示。效果如图 14-174 所示。

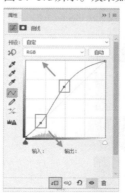

图 14-173

图 14-174

步骤07 鹿角的颜色饱和度偏低较低，需要适当地提高饱和度。在曲线调整图层上方创建一个"自然饱和度"调整图层，在弹出的"属性"面板中，设置"自然饱和度"为+100，"饱和度"为+15，设置完成后单击面板底部的"此调整剪切到此图层"按钮，使调整效果只针对下方图层组，如图14-175所示。效果如图14-176所示。接着使用快捷键Ctrl+Shift+Alt+E将之前操作的图层盖印，将效果合并为一个图层。

图 14-175

图 14-176

14.4.2 制作背景

步骤01 接着制作人物的背景以及周边的元素。最终效果中背景虽然看起来复杂，但是通过仔细观察可以看到人物周围其实只有几类素材：带有一些发光感的云朵（来自素材"3.jpg"）、四周的粒子（来自素材"4.jpg"）、金属质感的羽毛（来自素材"5.jpg"）。但是在不同的位置摆放的效果却不相同，如图14-177所示。

扫一扫，看视频

实际上这些背景元素是通过在已有素材中提取不同的部分，并经过多次复制、变形、堆叠摆放得到的。主要应用到图层的自由变换，使用图层蒙版隐藏多余部分等基础操作。应用技术较为简单，但是相对比较耗时。所以，在制作过程中可以根据实际情况多次复制相应元素进行摆放，无须与最终效果一模一样。

图 14-177

步骤02 置入带有一些发光感的云朵素材"3.jpg"，这个素材主要通过多次复制、变形，摆放在人物周围，用于渲染环境。调整大小放在人物头顶位置并将图层栅格化，如图14-178所示。选择该素材图层，设置"混合模式"为"滤色"，让素材与画面整体更好地融为一体，如图14-179所示。效果如图14-180所示。

图 14-178

图 14-179

图 14-180

步骤03 置入的素材边界比较清晰，需要进一步处理。选择该素材图层，为该图层添加图层蒙版。然后使用"大小"合适的半透明柔边圆画笔，设置"前景色"为黑色，设置完成后在画面中涂抹，使素材与画面整体较好地融为一体，如图14-181所示。效果如图14-182所示。

图 14-181

图 14-182

色,设置完成后在人物脸部涂抹将其显示出来,如图 14-186
所示。效果如图 14-187 所示。

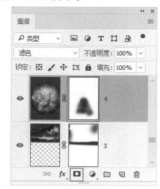

图 14-186

步骤 04 置入带有放射状粒子的素材"4.jpg",调整大小放
在画面中间位置并将图层栅格化,如图 14-183 所示。选择
该素材图层,设置"混合模式"为"滤色",如图 14-184 所示。
效果如图 14-185 所示。

图 14-183

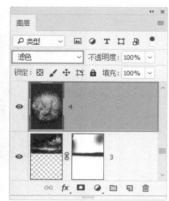

图 14-184

图 14-187

步骤 06 继续置入素材"5.jpg",调整大小放在画面中间
位置并将图层栅格化。该素材将作为人物头饰的底层,如
图 14-188 所示。此时素材将人物遮挡且有不需要的部分,需
要进一步处理。选择该图层为该图层添加图层蒙版,然后使
用"大小"合适的柔边圆画笔,设置"前景色"为黑色,设置
完成后在画面中涂抹将不需要的部分隐藏,将人物显示出来,
如图 14-189 所示。效果如图 14-190 所示(注意,由于素材是
作为背景层,为了表现空间感,所以可以适当模糊一些)。

图 14-185

步骤 05 置入的素材将人物的脸部遮挡住了,需要将人物的
脸显示出来。选择该素材图层,为该图层添加图层蒙版,然后
使用"大小"合适的半透明柔边圆画笔,设置"前景色"为黑

图 14-188

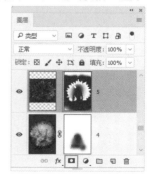

图 14-189

第14章 照片创意合成

463

图 14-190

步骤 07 将该素材图层复制一份，然后选择复制得到的图层，选择该图层的图层蒙版，使用"大小"合适的柔边圆画笔对素材进一步涂抹，让画面效果更加丰富，如图 14-191 所示。效果如图 14-192 所示。

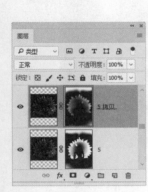

图 14-191　　　　图 14-192

步骤 08 复制得到的素材颜色偏暗，需要提高亮度。在复制得到的素材图层上方创建一个"曲线"调整图层，在弹出的"属性"面板中对曲线进行调整，操作完成后单击面板底部的"此调整剪切到此图层"按钮，使调整效果只针对下方图层，如图 14-193 所示。效果如图 14-194 所示。

图 14-193

图 14-194

步骤 09 再次置入素材"5.jpg"，放大到更大的比例，并将图层栅格化，如图 14-195 所示。接着选择该图层为该图层添加图层蒙版，并将蒙版填充为黑色。然后使用"大小"合适的半透明柔边圆画笔，设置"前景色"为白色，设置完成后在画面中涂抹，如图 14-196 所示。效果如图 14-197 所示。

图 14-195　　　　图 14-196

图 14-197

步骤 10 制作金属羽毛。置入素材"6.jpg"，并将图层栅格化。单击工具箱中的"钢笔工具"按钮，在选项栏中设置"绘制模式"为"路径"，接着在素材中绘制出部分羽毛的路径，然后单击选项栏中的建立"选区"按钮，将绘制的路径转换为选区，如图 14-198 所示。接着使用快捷键 Ctrl+J 将选区内的图形复制一份形成一个单独的图层，并将置入的素材 6 图层隐藏，如图 14-199 所示。后续操作中需要多次从该素材中提取羽毛，并经过多次复制、变形、擦除以及颜色调整等操作，制作出人物头部周围的羽毛装饰。

中文版Photoshop CC数码照片处理从入门到精通（微课视频 全彩版）

图 14-198

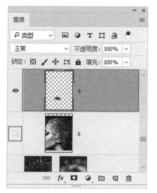

图 14-199

步骤 11 选择复制的图层，使用自由变换快捷键Ctrl+T调出定界框，将光标放在定界框外按住Shift键的同时按住鼠标左键进行等比例缩放，并将图形移动至人物左肩膀位置，按Enter键完成操作，效果如图14-200所示。

图 14-200

步骤 12 选择该素材图层，设置"混合模式"为"明度"，接着为该图层添加图层蒙版，然后使用"大小"合适的柔边圆画笔，设置"前景色"为白色，设置完成后在素材位置涂抹，将不需要的部分隐藏，如图14-201所示。效果如图14-202所示。

图 14-201

图 14-202

步骤 13 将羽毛元素复制并适当旋转，摆放在右侧。创建一个"曲线"调整图层，在弹出的"属性"面板中首先对全图进行调整，将曲线向左上角拖动，如图14-203所示。接着选择"红"通道对曲线进行调整，操作完成后单击面板底部的"此调整剪切到此图层"按钮，使调整效果只针对下方图层，如图14-204所示。画面效果如图14-205所示。

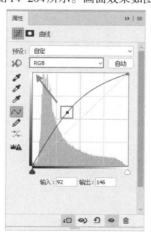

图 14-203

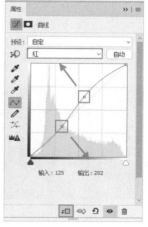

图 14-204

图 14-205

步骤 14 继续复制并进行颜色调整,如图14-206所示。效果如图14-207所示。

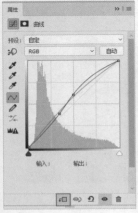

图 14-206

图 14-207

步骤 15 需要通过复制出多个金属羽毛图层,并通过旋转、缩放等操作将素材摆放在合适位置上,还需要借助图层蒙版隐藏多余部分,以丰富画面效果。如需调整金属羽毛的颜色可以借助调整图层,效果如图14-208所示。按住Ctrl键依次加选各个羽毛图层,将其编组命名为"金属羽毛",如图14-209所示。

图 14-208

图 14-209

步骤 16 需要制作出蛇在人物脖子后面的效果。置入素材"7.jpg",调整大小放在画面下方位置并将图层栅格化,如

图14-210所示。选择该素材图层,为该图层添加图层蒙版,使用黑色画笔进行涂抹,将不需要的部分隐藏。画面效果如图14-211所示。

图 14-210

图 14-211

步骤 17 在该素材上方位置创建一个"曲线"调整图层,调整曲线形态,增强对比度,并使调整效果只针对下方图层,如图14-212所示。效果如图14-213所示。按住Ctrl键依次加选素材8图层和相对应的曲线调整图层两个图层,将其编组命名为"蛇"。

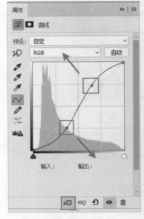

图 14-212

图 14-213

步骤 18 继续为画面添加光效。置入素材"3.jpg",调整大小放在画面右边位置,并栅格化。效果如图14-214所示。选择该素材图层,设置"混合模式"为"滤色",并通过图层蒙版隐藏多余部分,如图14-215所示。效果如图14-216所示。

图 14-214   图 14-215

图 14-216

步骤 19 需要在光影效果上方再次添加金属羽毛以及光效元素,并配合图层蒙版隐藏多余部分,如图14-217和图14-218所示。

图 14-217   图 14-218

步骤 20 此时人物的头饰部分制作完成,需要将人物头部原有的装饰和鹿角显示出来。选择盖印图层,单击工具箱中的"快速选择工具"按钮,在选项栏中单击"添加到选区"按钮,设置"大小"合适的笔尖,设置完成后将人物的头部装饰和鹿角的选区绘制出来,如图14-219所示。在当前状态下,使用快捷键Ctrl+J将其单独复制出来,形成一个新图层,并将该图层移动至"图层"面板最上方位置,效果如图14-220所示。

图 14-219

图 14-220

步骤 21 选择该复制图层为其添加图层蒙版,然后使用"大小"合适的柔边圆画笔,设置"前景色"为黑色,设置完成后在人物额头位置涂抹,将不需要的部分隐藏,如图14-221所示。效果如图14-222所示。

图 14-221

图 14-222

图 14-226

步骤 22 此时复制的鹿角头饰部分偏暗,需要提高亮度。在该复制图层上方位置创建一个"曲线"调整图层,在弹出的"属性"面板中对曲线进行调整,操作完成后单击面板底部的"此调整剪切到此图层"按钮,使调整效果只针对下方图层,如图 14-223 所示。效果如图 14-224 所示。

步骤 24 接着进一步丰富画面整体的光影效果。置入素材"3.jpg",单击右键执行"顺时针旋转 90 度"命令,将素材顺时针旋转 90 度,如图 14-227 所示。按 Enter 键完成操作,同时将该素材图层进行栅格化处理。选择该素材图层,设置"混合模式"为"滤色",如图 14-228 所示。效果如图 14-229 所示。

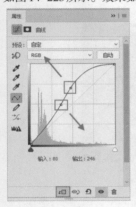

图 14-223

图 14-224

步骤 23 此时人物头顶部的 3 个珠花过亮,需要适当的降低亮度。选择该曲线调整图层的图层蒙版,使用"大小"合适的半透明柔边圆画笔,设置"前景色"为黑色,设置完成后在珠花的位置涂抹,适当降低亮度,如图 14-225 所示。效果如图 14-226 所示。

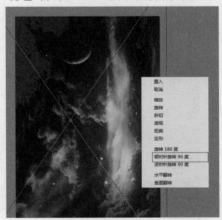

图 14-227

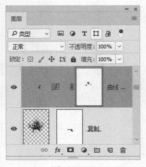

图 14-225

图 14-228

图 14-229

步骤 25 画面右侧光效过多,需要隐藏。选择该素材图层为该图层添加图层蒙版,然后使用"大小"合适的半透明柔边

中文版Photoshop CC数码照片处理从入门到精通(微课视频 全彩版)

圆画笔，设置"前景色"为黑色，设置完成后在人物右边位置涂抹将其隐藏，如图14-230所示。效果如图14-231所示。

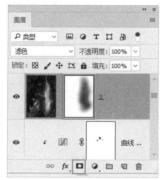

图 14-230

图 14-231

步骤 26 创建一个"曲线"调整图层，在弹出的"属性"面板中对曲线进行调整，操作完成后单击面板底部的"此调整剪切到此图层"按钮，使调整效果只针对下方图层，如图14-232所示。此时画面对比度增强，效果如图14-233所示。

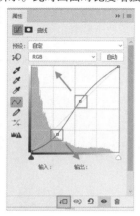

图 14-232

图 14-233

步骤 27 接着用同样的方式在人物头部位置继续添加光影效果。画面效果如图14-234所示。此时"图层"面板如图14-235所示。

图 14-234

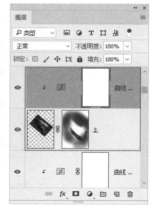

图 14-235

14.4.3 合成人物服装

步骤 01 为人物的服装部分增添一些细节。置入素材"9.jpg"，调整大小放在画面下方位置并将素材进行适当旋转，如图14-236所示。选择该素材图层，设置"混合模式"为"强光"，让素材与画面更好地融为一体，如图14-237所示。效果如图14-238所示。

扫一扫，看视频

图 14-236   图 14-237

图 14-238

步骤 02 此时素材有多余出来的部分，需要将其隐藏。选择该素材图层，为该图层添加图层蒙版。然后使用"大小"合适的半透明柔边圆画笔，设置"前景色"为黑色，设置完成后在素材位置涂抹，将不需要的部分隐藏，如图14-239所示。效果如图14-240所示。

图 14-239

图 14-240

步骤 03 接着再次置入素材"9.jpg"，用同样的方式对人物衣服下方位置进行操作。此时"图层"面板如图14-241所示。画面效果如图14-242所示。

图 14-241

图 14-242

步骤 04 接下来需要适当压暗画面下部。新建一个图层，然后使用"大小"合适的半透明柔边圆画笔，设置"前景色"为黑色，设置完成后在画面下方位置涂抹绘制一些黑色的效果。效果如图14-243所示。

图 14-243

步骤 05 在新建图层上方位置创建一个"曲线"调整图层，在弹出的"属性"面板中将曲线向右下角拖动，如图14-244所示。此时调整效果应用到整个画面，选择该曲线调整图层的图层蒙版，使用较大笔尖的柔边圆画笔，设置"前景色"为黑色，设置完成后在画面中间位置涂抹，将人物显示出来，如图14-245所示。此时画面四周变暗，效果如图14-246所示。

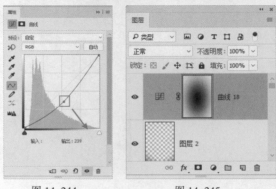

图 14-244　　　　　图 14-245

图 14-246

图 14-247

步骤 06 接着为画面制作暗角效果。在曲线调整图层上方位置创建一个"曝光度"调整图层,在弹出的"属性"面板中设置"曝光度"为 -20.00,"位移"为 -0.3542,"灰度系数校正"为 1.00,如图 14-247 所示。选择该调整图层的蒙版,使用较大笔尖的柔边圆画笔,设置"前景色"为黑色,设置完成后在画面中涂抹,将该调整图层只应用于画面四角处,如图 14-248 所示。最终效果如图 14-249 所示。

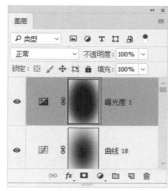

图 14-248

图 14-249

读书笔记